■面向 21 世纪高等院校规划教材·生物技术与生

PRINCIPLES AND TECHNOLOGY OF GENE ENGINEERING

基因工程原理和技术

主　编　邹克琴
副主编　叶子弘

ZHEJIANG UNIVERSITY PRESS
浙江大学出版社

面向 21 世纪高等院校规划教材·生物技术与生物工程系列

《基因工程原理和技术》

编委会成员

主　编　邹克琴

副主编　叶子弘

编　者　（按姓氏拼音顺序排列）

　　　　陈忠正（华南农业大学食品学院）

　　　　刘　献（哈尔滨学院）

　　　　王　兰（华南农业大学农学院）

　　　　王为民（中国计量学院生命科学学院）

　　　　叶子弘（中国计量学院生命科学学院）

　　　　赵彦宏（鲁东大学）

　　　　张海燕（新疆塔里木大学）

　　　　邹克琴（中国计量学院生命科学学院）

前　言

　　生命科学是当今发展十分迅速的科学领域。由生命科学领域中的生物化学、分子生物学、细胞生物学以及分子遗传学的发展所催生的基因克隆技术,已经广泛渗透到医学、农业、工业、食品、环保等众多学科领域。基因工程诞生已近40年,它的飞速发展正改变着世界经济。这使得越来越多的人想了解基因克隆的相关理论和技术,尤其是近几年来新技术、新应用不断涌现,例如转基因技术、荧光定量PCR技术、RNAi干扰技术、Gateway通路克隆技术等,而这些新技术、新理论在相关的教科书中还未曾见到。为此,我们感到编写一本既能系统地阐明基因克隆的基本原理知识,又能详细介绍基因克隆的新技术、新应用,将基础理论与技术相结合的教科书显得十分必要和迫切。

　　本书第1、12章由叶子弘编写,第2、3章由邹克琴编写,第4章由王兰、邹克琴编写,第5章由陈忠正、邹克琴编写,第6章由叶子弘、邹克琴编写,第7章由叶子弘、赵彦宏编写,第8章由张海燕编写,第9章由刘献编写,第10、11章由王为民编写,全书由主编统稿和定稿。

　　鉴于基因工程的发展非常迅速,基因克隆的新技术、新进展不断涌现,资料浩瀚,编写时间仓促,水平有限,难免会有疏漏和错误之处,敬请读者批评指正,不胜感激。

邹克琴

目　　录

第 1 章

基因工程概述

人们对基因的认识经历了长时间的发展过程,而且随着生命科学的发展,基因的概念还在不断深化。

19 世纪中叶,Gregor Mendel 通过阐明分离和独立分配规律来解释生物性状的遗传现象,提出了遗传因子(hereditary factor)的概念,他将控制豌豆性状的遗传因素称为遗传因子,形成了基因的雏型。1909 年,丹麦遗传学家 W. Johanssen 根据希腊语"给予生命"之义,创造了"gene"一词。之后,随着 T. H. Morgan、O. T. Avery、J. Watson 和 F. Crike 等人的工作,人们对基因的概念逐渐形成。基因(gene)是一段可以编码具有某种生物学功能物质的核苷酸序列。基因的研究为基因工程的创立奠定了坚实的理论基础,基因工程的诞生是基因研究发展的必然结果;而基因工程技术的发展和应用,又深刻并有力地影响着基因的研究,使我们对基因的研究提到了空前的高度。随着研究的进一步深入,科学家提出了移动基因(又称为转位因子,transposable elements)、断裂基因(split gene)、假基因(pseudogene)、重叠基因(overlapping genes)或嵌套基因(nested genes)等基因的现代概念。

基因具有以下特点:① 不同基因具有相同的物质基础。原则上,所有生物的 DNA 都是可以重组互换的,因为地球上的一切生物,无论是高等还是低等,它们的基因都是一个具有遗传功能的特定核苷酸序列的 DNA 片断,而所有生物的 DNA 结构都是一样的。有些病毒的基因定位在 RNA 上,但这些病毒 RNA 可以通过反转录产生 cDNA,并不影响不同基因的重组互换。② 基因是可以切割的。基因在染色体上的存在形式是直线排列。大多数基因彼此之间存在着间隔,少数基因是重叠排列的。③ 基因是可以转移的。生物体内有的基因是可以在染色体上移动的,甚至可以在不同的染色体上跳跃,插入到靶 DNA 分子中。基因在转移的过程中就完成了基因间的重组。④ 多肽与基因之间存在对应关系。现在普遍认为,一种多肽就有一种相对应的基因。因此,基因的转移或重组可以根据其表达产物多肽的性质来检查。⑤ 遗传密码是通用的。一系列的三联密码子(除极少数外)同氨基酸之间的对应关系,在所有生物中都是相同的。⑥ 基因可以通过复制把遗传信息传递给下一代。经重组的基因一般来说是能传代的,可以获得相对稳定的转基因生物。

1.1 基因工程的定义

基因工程(genetic engineering)也叫基因操作、遗传工程或重组 DNA 技术,是按着人们的科研或生产需要,在分子水平上,用人工方法提取或合成不同生物的遗传物质(DNA 片段),在体外切割、拼接形成重组 DNA,然后将重组 DNA 与载体的遗传物质重新组合,再将其引入到没有该 DNA 的受体细胞中,进行复制和表达,生产出符合人类需要的产品或创造出生物的新性状,并使之稳定地遗传给下一代。广义的基因工程,是指 DNA 重组技术的产业化设计与应用,分为上游和下游技术。上游技术包括外源基因重组、克隆和表达的设计与构建,即狭义的基因工程。下游技术包括含有外源基因的生物细胞(基因工程菌或细胞)的大规模培养以及外源基因的表达、分离、纯化过程。按目的基因的克隆和表达系统的不同,基因工程分为原核生物基因工程、酵母基因工程、植物基因工程和动物基因工程。

基因工程有两个重要的特征,一是可以通过一定的技术手段把来自供体的基因转移到受体细胞中,因此可以实现按照人们的愿望,改造生物的遗传特性,创造出生物的新性状;二是某一段 DNA 可在受体细胞内进行复制,为准备大量纯化的 DNA 片段提供了可能,拓宽了分子生物学的研究领域。

1.2 基因工程的诞生和发展

1.2.1 基因工程的诞生

由于分子生物学和分子遗传学发展的影响,基因分子生物学的研究也取得了前所未有的进步,为基因工程的诞生奠定了坚实的理论基础。这些成就主要包括 3 个方面:第一,在 20 世纪 40 年代确定了遗传信息的携带者,即基因的分子载体是 DNA 而不是蛋白质,从而明确了遗传的物质基础问题;第二,是在 20 世纪 50 年代揭示了 DNA 分子的双螺旋结构模型和半保留复制机制,解决了基因的自我复制和传递的问题;第三,是在 20 世纪 50 年代末和 60 年代初,相继提出了中心法则和操纵子学说,并成功地破译了遗传密码,从而阐明了遗传信息的流向和表达问题。随着 DNA 的内部结构和遗传机制的秘密一点一点呈现在人们的眼前,特别是当人们了解到遗传密码是由信使 RNA 转录表达以后,生物学家不再仅仅满足于探索、揭示生物遗传的秘密,而是开始跃跃欲试,设想在分子水平上去干预生物的遗传特性。如果将一种生物的 DNA 中的某个遗传密码片断连接到另外一种生物的 DNA 链上去,将 DNA 重新组织一下,不就可以按照人类的愿望,设计出新的遗传物质并创造出新的生物类型吗? 这与过去培育生物新品种的传统做法完全不同,它很像技术科学的工程设计,即按照人类的需要把这种生物的这个“基因”与那种生物的那个“基因”重新“施工”,“组装”成新的基因组合,创造出新的生物。这种完全按照人的意愿,由重新组装基因到新生物产生的生物科学技术,就被称为“基因工程”,或者称为“遗传工程”。

由于基因工程是一门内容广泛、综合性的生物技术学科,在 20 世纪 60 年代科学发展的水平下真正实施基因工程,还存在许多问题,特别是在技术方面。生物有机体,尤其是具有复杂结构的真核生物,其 DNA 含量是十分庞大的。首先要解决的是 DNA 核苷酸序列的整体结构问题,能否有效地分离单基因,以实现在体外对它的结构与功能进行深入的研究,是进行基因操作的重要环节。在 20 世纪 70 年代两项关键技术(DNA 分子的切割与连接技术、DNA 的核苷酸序列分析技术)从根本上解决了 DNA 的结构分析问题。基因操作的第二大技术是载体的使用。在 20 世纪 70 年代,将外源 DNA 分子导入大肠杆菌的转化获得成功,1972 年美国斯坦福大学的S. Cohen等人报道,经氯化钙处理的大肠杆菌细胞同样也能够摄取质粒的 DNA。从此,大肠杆菌便成了分子克隆的良好的转化受体。不到四年,世界上第一家基因工程公司"Genetech"注册登记,意味着基因工程的实际应用已跨入商业运作的门槛。随着 1970 年逆转录酶的发现,无论在理论上还是技术上都已经具备了开展 DNA 重组工作的条件。1972 年,美国斯坦福大学的 P. Berg 博士领导的研究小组,率先完成了世界上第一次成功的 DNA 体外重组实验,并提出了体外重组的 DNA 分子进入宿主细胞的过程,以及在其中进行复制和有效表达等问题。在 20 世纪 60 年代还发展出了琼脂糖凝胶电泳和 Southern 转移杂交技术,这对于 DNA 片断的分离、检测十分有用,并很快被应用于基因操作实验。1973 年,Cohen 等首次完成了重组质粒 DNA 对大肠杆菌的转化,同时与 S. Boyer 合作,将非洲爪蟾含核糖体基因的 DNA 片段与质粒 pSC101 重组,转化大肠杆菌,转录出相应的 mRNA。此研究成果表明基因工程已正式问世,并说明了质粒分子可以作为基因克隆的载体能携带外源基因导入宿主细胞,也说明了真核生物的基因可以转移到原核生物细胞中并在其中实现功能表达。

1.2.2 基因工程的发展

自基因工程问世以后的这二十几年是基因工程迅速发展的阶段。如果说 20 世纪八九十年代是基因工程基础研究趋向成熟,那么 21 世纪初将是基因工程应用研究的鼎盛时期。基因工程诞生和发展大事记见表 1.1 所示。

表 1.1 基因工程诞生和发展大事记

时　　间	事　　件
1866 年	提出了遗传因子(hereditary factor)的概念
1909 年	创造了"gene"一词
1910 年	发现了连锁交换定律并提出遗传粒子学说
1944 年	首次证实遗传物质的基础是 DNA,基因位于 DNA 上
1953 年	创立 DNA 双螺旋模型
1955 年	正式使用"顺反子(cristron)"这个术语
1956 年	发现 DNA 聚合酶 I
1960 年	提出了操纵元(操纵子)的概念
1967 年	发现了 DNA 连接酶
1970 年	发现 T4DNA 连接酶具有更高的连接活性
1972 年	发现 $EcoR$ I 核酸内切限制酶
1972 年	发现经氯化钙处理的大肠杆菌细胞同样也能够摄取质粒的 DNA
1972 年	完成了世界上第一次成功的 DNA 体外重组实验
1973 年	完成 DNA 的切割与连接

时　间	事　件
1977 年	提出了基因测序方法
1978 年	人重组胰岛素被生产
1980 年	将 α-干扰素基因成功引入细菌
1981 年	首个转基因小鼠完成
1982 年	大鼠生长激素基因转入小鼠
1983 年	Ti 质粒导入植物细胞,完成首个植物转基因
1984 年	获得人重组白细胞介素-2(IL-2)
1990 年	腺苷脱氨酶(ADA)基因治疗重度联合免疫缺陷症(SDID)
1991 年	提出人类基因组计划,计划利用 15 年时间,投入 30 亿美元
1995 年	嗜血流感菌 *Hemophilus influenzae* 全基因序列测定首次完成
1997 年	完成首个从体细胞克隆的动物:"多莉"绵羊
1998 年	首个动物基因组完成测序:线虫(*C. elegans*)
2000 年	首个植物基因组图谱:拟南芥(*Arabidopsis thaliana*)
2001 年	首个粮食作物基因组图谱:水稻(*Oryza Sativa* L.)
2002 年	人类基因组草图完成

1.3　基因工程研究的主要内容

1.3.1　基因工程的基本过程

对于整个基因操作过程来讲,目的基因的获取是关键,它直接涉及产物,而且还影响到产物的量。在基因操作过程中,目的基因是很难获得的,所以通常采取先生成基因文库的方法,然后从基因文库中筛选。如果目的基因的序列以及它的调控等信息很清楚,可以直接通过PCR 或 cDNA 获取,这样就大大减少了选择目的基因的盲目性。基因工程主要包括以下过程:

(1) 材料准备:包括目的基因的制备、受体细胞(宿主)的准备;

(2) 制备重组载体 DNA:包括选择合适的载体,用限制性内切酶分别将外源 DNA 和载体分子切开,将目的基因与载体于体外重组,形成重组载体 DNA 分子;

(3) 重组的 DNA 分子引入受体细胞,并建立起无性繁殖系;

(4) 筛选出所需要的无性繁殖系,并保证外源基因在受体细胞中稳定遗传、正确表达;

(5) 表达的外源蛋白的分离纯化。

概括地说,基因工程的过程包括目的基因的获得、载体制备、重组体制备、基因转移、基因表达、产品分离纯化等。

1.3.2　基因工程研究的主要内容

(1) 从复杂的生物有机体基因组中,经过酶切消化或 PCR 扩增等步骤,分离出带有目的基因的 DNA 片段;

(2) 在体外,将带有目的基因的外源 DNA 片段连接到能够自我复制的并具有选择记号的载体分子上,形成重组 DNA 分子;

(3) 将重组 DNA 分子转移到适当的受体细胞(宿主细胞),并与之一起增殖;

(4) 从大量的细胞繁殖群体中,筛选出获得了细胞重组 DNA 分子的受体细胞克隆;

(5) 从这些筛选出来的受体细胞克隆中提取出已经得到扩增的目的基因,供进一步分析研究使用;

(6) 将目的基因克隆到表达载体上,导入宿主细胞,使之在新的遗传背景下实现功能表达,生产出人类所需要的物质。

基因工程的主体思想是获得外源基因的高效表达,可从四方面达到目的: ① 利用载体 DNA 在受体细胞中独立于染色体 DNA 而自主复制的特性与载体分子重组,通过载体分子的扩增提高外源基因在受体细胞中的剂量,借此提高宏观表达水平。② 筛选、修饰重组基因表达的转录调控元件:启动子、增强子、上游调控序列、操作子、终止子。③ 修饰和构建蛋白质生物合成的翻译调控元件:序列、密码子。④ 工程菌(微型生物反应器)的稳定生产及增殖。

1.4　基因工程的研究意义

虽然基因工程的出现给人类带来了一些生物安全性问题,尤其是经基因工程改造的转基因食品,使人们产生了疑虑和担心,但是实践表明,基因工程将产生难以估计的经济效益和社会效益,特别是在解决人类所面临的粮食、能源、疾病、环境等问题。基因工程技术已经在医学、工业、农业等各个领域得到了广泛的应用,必将为人类作出巨大贡献。

1.4.1　基因工程技术在医学领域中的应用

1. 基因工程制药或疫苗

生产基因工程药物的基本方法是,将目的基因用 DNA 重组的方法连接在载体上,然后将载体导入靶细胞(微生物、哺乳动物细胞或人体组织靶细胞),使目的基因在靶细胞中得到表达,最后将表达的目的蛋白质提纯及制成制剂,从而成为蛋白类药或疫苗。

目前,已经可以按照需要,通过基因工程生产出大量廉价优质的新药物和诊断试剂,诸如人生长激素、人胰岛素、尿激酶、红细胞生成素、白细胞介素、干扰素、细胞集落刺激因子、表皮生长因子等。具有高度特异性和针对性的基因工程蛋白质多肽药物的问世,不仅改变了制药工业的产品结构,而且为治疗各种疾病如糖尿病、肾衰竭、肿瘤、侏儒症等提供了有效的药物。2001 年全球生物技术公司总数已达 4284 家,其中上市公司有 622 家,销售总额约为 348 亿美元,其中基因药物的销售额为 250 亿美元,占总销售额的 70%。美国至今已批准了 120 多种基因工程药物上市,还有近 400 种处于临床研究阶段,约 3000 种处于临床前研究阶段,基因工程药物的产值和销售额已超过 200 亿美元。每年平均有 3~4 个新药或疫苗问世,在很多领域特别是疑难病症上,起到了传统化学药物难以达到的作用。

治疗糖尿病的胰岛素,是一种由 51 个氨基酸残基组成的蛋白质,1982 年美国 EliLilly

公司推出利用基因工程技术制造的人胰岛素,商品名为 Humulin。传统的生产方法是从牛的胰脏中提取,每 1000 磅牛胰脏才能得到 10 克胰岛素。通过基因工程方法,把编码胰岛素的基因转入大肠杆菌细胞中去,造出能生产胰岛素的工程菌,从 200 升发酵液就可得到 10 克胰岛素。

干扰素(interferon,IFN)是由英国科学家 Isaacs 于 1957 年利用鸡胚绒毛尿囊膜研究流感病毒干扰现象时首先发现的。它是人和动物细胞受到病毒感染,或者受核酸、细菌内毒素、促细胞分裂素等作用后,由受体细胞分泌的一种具有高度生物学活性的糖蛋白。干扰素被发现时,人们以为其抗病毒活性为其唯一特性,随着研究的不断深入,人们逐渐发现 IFN 除了具有抗病毒活性外,还具有免疫调节、抗肿瘤等生物学功能。但是,通常情况下人体内干扰素基因处于“睡眠”状态,因而血液中一般测不到干扰素。即使经过诱导,从人血中提取 1mg 干扰素,还是需要人血 8000mL,其成本高得惊人。据计算,要获取 1 磅(453g)纯干扰素,其成本高达 200 亿美元,使大多数病人没有使用干扰素的能力。1980 年后,干扰素与乙肝疫苗一样,采用基因工程技术进行生产,其基本原理及操作流程与乙肝疫苗十分类似。现在要获取 1 磅(453g)纯干扰素,其成本不到 1 亿美元。从人血中分离纯化干扰素治疗一个肝炎病人的费用高达二三万美元,用基因工程技术生产干扰素治疗一个肝炎病人大约只需二三百美元。基因工程生产出来的大量干扰素,是基因工程药物对人类的又一重大贡献。

常用的制备疫苗的方法,一种是弱毒活疫苗,一种是死疫苗。两种疫苗各有自身的弱点,活疫苗隐含着感染的危险性,死疫苗免疫活性不高,需加大注射量或多次接种。利用基因工程制备重组亚基疫苗,可以克服上述缺点,亚基疫苗指只含有病原物的一个或几个抗原成分,不含病原物遗传信息。重组亚基疫苗就是用基因工程方法,把编码抗原蛋白质的基因重组到载体上去,再送入细菌细胞或其他细胞中而大量生产。这样得到的亚基疫苗往往效价很高,但绝无感染毒性等危险。

防治乙肝的方法是把一定量的 HBsAg(乙肝病毒 HBV 的外壳蛋白)注射入人体,就使机体产生对 HBV 抗衡的抗体。传统乙肝疫苗的来源,主要是从 HBV 携带者的血液中分离出来的 HBsAg,但这种血液中可能混有其他病原体,而且血液来源也是极有限的,使乙肝疫苗的供应远不能满足需要。基因工程疫苗解决了这一难题。在酵母中表达乙型肝炎表面抗原 HBsAg 产量可达每升 2.5mg,已于 1984 年问世。建立在重组 HBs 病毒样颗粒的基因工程乙肝疫苗纯度高,免疫效果好,美国于 1986 年首先批准了基因工程乙肝疫苗的生产。来源于酵母菌的 HBs 疫苗不仅是首次,也是至今唯一批准的重组疫苗。截至 2000 年 3 月已有 116 个国家将乙肝疫苗纳入常规免疫接种项目中。然而疫苗逃避突变的出现提出了如何改进的问题,综合策略是增加靶(B 细胞、T 细胞和 CTL 表位)的数量,例如来源于 PrS、核心蛋白质等其他 HBV 的抗原,这样一个或一些突变不至于使病毒逃避免疫监测。目前已研制的包含 Pres 的肝核心疫苗能够加强和加快细胞和体液免疫应答,解决抗 HBs 的非应答。其他包含 Pres 的 HBs 疫苗的候选疫苗具有快的血清保护和预防决定簇 α 逃避突变的作用。已有研究显示外源性和细胞内产生的 HBc 有导致细胞应答的潜能,能够控制 HBV 病毒,并最后消灭 HBV 感染。因此,HBc 颗粒独异的免疫特性以及 CTL 表位等都可能为新的治疗性 HBV 疫苗的发展提供机会。

2. 基因工程用于基因治疗

人体基因的缺失,将导致一些遗传疾病。若将缺失的目的基因用 DNA 重组的方法连接在载体上,然后将载体导入人体组织靶细胞,使目的基因表达,达到治疗的目的,即基因治疗,这已成为基因工程在医学方面应用的又一重要内容。1979—1980 年,美国加州大学洛杉矶分校的研究员 Martin Cline 博士进行了人类历史上第一次替代基因治疗,将重组 DNA 转入来自意大利和以色列的 2 例遗传性血液病患者的骨髓细胞中,由于此次治疗事前并未征得加州大学主管部门及 RAC 的批准,也未向患者所在国家政府部门详细通报有关情况,因此遭到了社会舆论的谴责。1990 年 9 月 14 日,Blease 等做了人类历史上经批准的第一次基因治疗,受试对象为 1 例 4 岁严重复合性免疫缺陷(severe combined immunodeficiency,SCID)患儿,SCID 为腺苷脱氨酶(adenosine deaminase,ADA)缺乏所致,患儿生活在免疫隔离状态下。治疗时,先提取患儿适量白细胞,经实验室处理,插入正常人 ADA 基因后,再输入患儿体内,治疗后患儿免疫力增强,不再反复发生感冒,并可上学。

目前,基因治疗的前期与临床研究绝大部分是针对肿瘤的。治疗方案的设计包括目的基因的选择、载体的选择及治疗方式的选择等。方案设计的原则是最大限度地满足有效性、安全性和特异性三方面的要求,其中特异性与有效性和安全性均有关系。在基因治疗的病毒载体选择方面,应用最早的为逆转录病毒载体。由于病毒滴度低,以及可能存在的插入突变、同源重组等,使其应用受到限制。但由于逆转录病毒可持久表达,无需反复应用,且只感染"生长"性细胞,特别是生长旺盛的癌细胞,使治疗具有一定的针对性,这在很大程度上避免了外源基因对正常组织的损伤,所以,逆转录病毒仍具有一定的优势。目前研究较多的病毒载体为腺病毒及腺病毒相关病毒。腺病毒虽然感染性强,滴度高,但不能在细胞内持久表达,因为腺病毒基因不能插入宿主染色体内,且能引起宿主强烈的免疫反应,致使宿主器官严重损害而危及生命。1999 年 9 月 13 日,美国宾州大学人类基因治疗研究所利用腺病毒作载体对一名 18 岁患者进行鸟氨酸氨基甲酰转移酶基因治疗,4 天后患者死亡,死亡原因为腺病毒引起的免疫反应导致重症肝炎、多器官功能衰竭。因此,腺病毒作为载体的安全性令人担忧。

现有的胰岛素治疗方法包括胰岛素泵、胰岛细胞及胰腺的移植等,均存在许多弊端,如低血糖、供体不足、免疫排斥等。基因工程细胞能模拟正常胰岛 β 细胞的功能,表达、储存、分泌胰岛素并实现葡萄糖介导的胰岛素分泌,可用于糖尿病胰岛素替代治疗。用于糖尿病基因治疗的细胞系包括神经内分泌细胞和非神经内分泌细胞。将葡萄糖转运子 2、葡萄糖激酶、细胞外信号调节激酶 1/2、CD38、胰十二指肠同源盒-1 等基因导入神经内分泌细胞系 ArT-20、RIN、BTC、MIN、GTC-1,可使它们具有葡萄糖刺激的胰岛素分泌能力;将点突变的胰岛素基因、furin 及磷酸烯醇式丙酮酸羧激酶启动子、含葡萄糖反应元件、葡萄糖-6 磷酸酶基因的启动子等转入各种非神经内分泌细胞系中,也实现了胰岛素基因的调控表达和分泌,并产生成熟的胰岛素。无论是神经内分泌细胞,还是非神经内分泌细胞经基因修饰、改建后均可大量分泌具有生物活性的胰岛素,但胰岛素表达的调控,特别是葡萄糖调控下的胰岛素基因的表达及胰岛素分泌还未较好地解决,这也是今后研究的方向。如何将具有治疗作用的基因工程细胞导入糖尿病动物体内甚至糖尿病患者体内,使其在体内能正常发挥作用仍是糖尿病基因治疗中需要解决的问题。

1.4.2 基因工程在农业领域中的应用

1983 年首例转基因作物(烟草、马铃薯)问世,1986 年首批转基因作物批准进行田间试验,1992 年中国成为世界上第一个商品化种植转基因作物的国家,开创了转基因作物商品化应用的先河。当时种植的是一种抗黄瓜花叶病毒(CMV)和抗烟草花叶病毒(TMV)的双价转基因烟草,种植面积达到 8600 公顷。1994 年美国孟山都公司下属 Calgene 公司研制的延熟保鲜转基因番茄在美国批准上市,这是发达国家批准商业化的第一个转基因作物。随后,转基因作物的商业化种植面积和经济效益迅速扩大。在过去的十几年里,全球转基因植物的种植面积由1996 年的 170 万公顷增长到了 2007 年的 1.143 亿公顷。我国实施"863"计划多年来,生物技术水平不断提高,生物技术产业也初具规模,应用生物技术育种的许多转基因作物得到大面积的推广。

运用基因工程技术,把特定的基因转入农作物中,构建转基因植物,具有抗虫害,抗病毒、细菌和真菌病害,抗除草剂,良好的开花习性(如开花时间和花色),良好的果实和球茎成熟储藏特性(如延迟成熟、延长花架期的番茄、减少马铃薯储藏是使用发芽抑制剂用量),抗逆(如冷、热、渍、旱和盐碱土壤),保鲜,高产,高质的优点。例如,苏云金芽孢杆菌(*Bacillus thuringiensis*)所产生的毒素蛋白(BT)对许多鳞翅类害虫有杀灭作用,已有喷洒苏云金芽孢杆菌发酵产物或提纯了的 BT 于农作物叶面,用于虫害防治的实验。1996 年浙江农业大学核农所教授高明尉等带领课题组运用转基因技术将苏云金杆菌的杀虫蛋白基因(Bt 基因)导入水稻,并于 1998 年获得了抗螟虫的种质资源克螟稻 1 号和 2 号。克螟稻稳定地传递和表达了抗螟基因,对常见的二化螟、三化螟和纵卷叶具有高度的抗性,危害水稻的螟虫的幼虫一旦吃了这种水稻的茎叶,两天之内就会死亡。另外,转基因动物实验首先在小鼠获得成功,之后随着"多莉"羊、恒河猴等动物转基因实验的不断成功,现在转基因动物技术已用于牛、羊,使得从牛/羊奶中可以生产蛋白质药物,称为"乳腺反应器"工程。把生长激素基因转入奶牛或肉牛,提高牛奶产量,提高饲料转化率等等,亦有实验报道。但是,转基因植物/动物真正达到实际应用,还需许多基础研究,还有很长的路要走。

1.4.3 基因工程在工业领域中的应用

除转基因动物和植物外,工程菌也获得了快速的发展,并在环境工程、工业生产等领域得到广泛的应用。油轮的海上事故常常使海面和海岸产生严重的石油污染,造成生态问题。早在 1979 年美国 GEC 公司构建成具有较大分解烃基能力的工程菌,并经美国联邦最高法院裁定,获得专利。这是第一例基因工程菌专利。无冰晶细菌帮助草莓抗霜冻基因工程可以绕过远缘有性杂交的困难,使基因在微生物、植物、动物之间交流,迅速并定向地获得人类需要的新的生物类型。

酿酒、食品、发酵、酶制剂等工业门类均利用微生物代谢过程。基因工程方法在改造所用微生物的特性中有极大潜力,因此,可以应用在工业生产的许多方面,提高质量、改进工艺或发展新产品。在啤酒酿造中,主要的发酵微生物是酿酒酵母(*Saccharomyces cerevisiae*),酿酒酵母可把麦芽汁中的葡萄糖、麦芽糖、麦芽二糖等成分转变成乙醇。但是麦芽汁中还有约占碳水化合物总数 20% 的糊精不能被酿酒酵母利用。另一种酵母叫糖化酵母(*S. diastaticus*),能分泌把糊精切开成为葡萄糖的酶,但由此生产的啤酒口味不好。用基因工程技术,把糖化酵母中编码切开糊精的酶的 DNA 基因引入酿酒酵母中,这样的酿酒酵母工程菌能最大限度地利用麦芽中的糖成分,使啤酒产量大为提高,并且因为残余糊精量的降低,亦提高了啤酒的质量。在白酒和黄酒的酿造中,常用霉菌产生的淀粉水解酶使淀粉糖化,然后由酿酒酵母把糖转化为乙醇,淀粉需先经高温蒸煮,淀粉颗粒溶胀糊化,才能被霉菌产生的淀粉糖化酶所作用。蒸煮消耗的能量甚多,不少实验室已经试验将淀粉糖化酶基的基因转入酿酒酵母,使淀粉糖化及乙醇发酵两步操作均由酵母来完成,并且力求免去蒸煮过程,可以大大节约能源。干酪是高附加值奶制品,且有极高的营养价值。制造干酪需要大量的凝乳酶。传统的方法是从哺乳小牛的第四个胃中提取凝乳酶粗制品,这当然很不经济。现在已经做到将小牛的凝乳酶基因转入酿酒酵母中去,经酵母菌培养生产出大量具天然活性的凝乳酶,用于干酪制造业。近来把乳酸克鲁维酵母(*Kluyveromyces lactis*)的水解乳糖的基因转入酿酒酵母,使得可利用乳清发酵来产生酒精。

本 章 小 结

　　本章简要介绍了基因工程的概念、基因工程诞生的基本理论基础和技术基础、基因工程的发展,以及基因工程的研究内容、基本过程和基本原理,并用实例说明基因工程在医学、农业、工业等领域中的应用。

思考题

1. 什么是基因工程,基因工程的三大理论基石是什么?
2. 基因工程的基本步骤是什么?
3. 请举例说明基因工程在医学、农业及工业等领域的应用。

(叶子弘)

第 **2** 章

基因工程操作的工具酶

在基因工程中,大量应用的是作用于核酸的酶。生物体内与核酸有关的酶很多,例如核酸聚合酶、核酸水解酶等。核酸酶类是基因工程操作中必不可少的工具酶,基因克隆的许多步骤都需要使用一系列功能各异的核酸酶来完成。本章主要介绍以限制性核酸内切酶、DNA 连接酶、DNA 聚合酶等为主的多种核酸酶的性质和用途。

2.1 限制性核酸内切酶

2.1.1 限制性核酸内切酶的发现

限制性核酸内切酶(restriction endonuclease)是一种核酸水解酶,主要从细菌中分离得到。在 20 世纪 50 年代,人们在研究噬菌体的宿主范围时,发现在不同大肠杆菌菌株(例如 K 菌株和 B 菌株)上生长的 λ 噬菌体(分别称为 λ.K 和 λ.B)能高频感它们各自的大肠杆菌宿主细胞 K 菌株和 B 菌株,但当它们分别与其宿主菌交叉混合培养时,则感染频率下降。一旦 λ.K 噬菌体在 B 菌株中感染成功,由 B 菌株繁殖出的噬菌体的后代便能像 λ.B 一样高频感染 B 菌株,但却不再感染它原来的宿主 K 菌株,原因是大肠杆菌 K 菌株和 B 菌株中含有各自不同的限制与修饰系统,λ.K 和 λ.B 分别长期寄生在大肠杆菌的 K 菌株和 B 菌株中,宿主细胞内的甲基化酶已将其染色体 DNA 和噬菌体 DNA 特异性保护,封闭了自身所产生的限制性核酸内切酶的识别位点。当外来 DNA 入侵时,便遭到宿主限制性核酸内切酶的特异性降解。在降解过程中,偶尔会有极少数的外来 DNA 分子幸免而得以在宿主细胞内复制,并在复制过程中被宿主的甲基化酶修饰。此后,入侵噬菌体的子代便能高频感染同一宿主菌,但却丧失了在其原来宿主细胞中的存活力。这种由宿主控制的对外源 DNA 的限制(restriction)和对内源 DNA 的修饰(modification)现象称为宿主细胞的限制和修饰作用。

几乎所有的细菌都能产生限制性核酸内切酶。由于限制性核酸内切酶的发现,基因操作才成为可能。为此,在发现限制性核酸内切酶工作中做出突出贡献的科学家 W. Arber、H. Smith 和 D. Nathans 荣获了 1978 年度诺贝尔生理学或医学奖。

宿主细胞的限制与修饰现象广泛存在于原核细菌中,它有两方面的作用,一是保护自身

DNA 不受限制;二是破坏入侵的外源 DNA,使之降解。细菌正是利用限制与修饰系统来区分自身 DNA 与外源 DNA 的。外源 DNA 可以通过多种方式进入某一生物体内,但是它必须被修饰成受体细胞的限制性内切酶无法辨认的结构形式,才能在宿主细胞内得以生存,否则会很快被破坏。因此,在基因工程中,常采用缺少限制作用的菌株作为受体,以保证基因操作的顺利完成。例如,大肠杆菌 K12 的限制缺陷型 $R_k^- m_k^+$,不能降解外源 DNA,但具有修饰功能,这类突变株经常常用于转化实验。$R_k^- m_k^-$ 属于限制和修饰缺陷型,既无限制功能,又无修饰功能,也常用于转化实验。

2.1.2 限制性核酸内切酶的分类

目前已经鉴定出三种不同类型的限制性核酸内切酶,M. Meselson 和 R. Yuan(1968)最早从大肠杆菌的限制与修饰系统中分离到限制性核酸内切酶,这种酶后来被命名为 Ⅰ 型限制性核酸内切酶。Ⅰ 型限制性核酸内切酶具有核酸内切酶、甲基化酶、ATP 酶和 DNA 解旋酶四种活性,其切割作用是随机进行的,一般在距离识别位点上千碱基对以外的随机位置上切割,不产生特异片段。因此,Ⅰ 型限制性核酸内切酶在基因操作中没有实用价值。

1970 年,H. O. Smith 和 K. W. Wilcox 首先从流感嗜血杆菌(*Haemophilus influenzae*)分离出第一个 Ⅱ 型限制性核酸内切酶 *Hind* Ⅱ。Ⅱ 型限制性核酸内切酶仅需要 Mg^{2+},可识别双链 DNA 分子上的特定序列,并且其切割位点与识别位点重叠或靠近,产生具有一定长度的 DNA 片段,因此在基因克隆中广泛使用。

Ⅲ 型限制性核酸内切酶是由两个亚基组成的蛋白质复合物,具有限制与修饰双重作用,其中 M 亚基负责位点的识别与修饰,R 亚基具有核酸酶活性,酶的切割作用需要 ATP、Mg^{2+} 和 S-腺苷甲硫氨酸等辅助因子。切割位点则在识别序列一侧的若干碱基对处,无序列特异性,只与识别位点的距离有关,而且不同酶的这一距离不同,在基因克隆中很少使用Ⅲ型限制性核酸内切酶。

2.1.3 限制性核酸内切酶的命名以及识别特点

由于发现的限制性核酸内切酶越来越多,所以需要有一个统一的命名规则。H. O. Smith 和 D. Nathans 于 1973 年提议的命名系统已被广大学者所接受。他们提议的命名原则包括以下几点:

(1) 用具有某种限制性内切酶有机体属名的第一个字母(大写)和种名的前两个字母(小写)组成酶的基本名称。例如大肠杆菌(*Escherichia coli*)用 *Eco* 表示,流感嗜血菌(*Haemophilus influenzae*)用 *Hin* 表示。

(2) 用一个写在右方的字母代表菌株或型,例如 *Ecok*。如果限制与修饰体系在遗传上是由病毒或质粒引起的,则在缩写的宿主菌的种名右方附加一个标注字母,表示这是染色体外的成分。

(3) 如果一种特殊的菌株中,具有几个不同的限制修饰体系,则以罗马数字表示在该菌株中发现某种酶的先后次序。例如,流感嗜血菌 Rd 菌株的几个限制与修饰体系分别表示为 *Hind* Ⅰ,*Hind* Ⅱ,*Hind* Ⅲ 等,*Hind* Ⅲ 是在 *Haemophilus influenzae*(流感嗜血杆菌)的 d 菌株中发现的第三个酶;*Eco*R Ⅰ 表示在 *Escherichia coli*(大肠杆菌)中的抗药性 R 质粒上发现的第一个酶。

(4) 有的限制酶,除了以上名称外,前面还冠以系统名称。限制性核酸内切酶的系统名称为

R,甲基化酶为 M。例如 R. *Hind* Ⅲ表示限制性核酸内切酶,相应的甲基化酶用 M. *Hind* Ⅲ表示。但在实际应用中,限制性内切酶的系统名称 R 常被省略。

Ⅱ 型限制性核酸内切酶的识别特点有以下方面:

(1) 大多数Ⅱ型限制性核酸内切酶的识别序列长度为 4～6 个碱基对,一般富含 GC。有少数限制性内切酶可识别 6 个以上的核苷酸序列,称为稀有酶,如 *Not* I(GCGGCCGC)。

(2) 识别序列具有双重旋转对称的回文结构(palindromic sequence)。对称轴位于第三和第四位碱基之间;对于由 5 对碱基组成的识别序列而言,其对称轴为中间的一对碱基。

例如:

*Eco*R Ⅰ识别 6 个核苷酸的序列,在特定的 G–A 之间切割 DNA 分子。

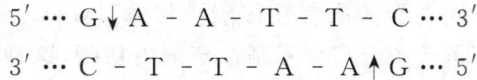

$$5'\cdots G\downarrow A-A-T-T-C\cdots 3'$$
$$3'\cdots C-T-T-A-A\uparrow G\cdots 5'$$

*Bam*H Ⅰ识别 6 个核苷酸的序列,在特定的 A–A 之间切割 DNA 分子:

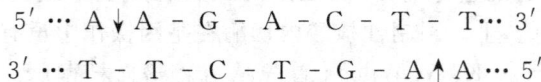

$$5'\cdots A\downarrow A-G-C-T-T\cdots 3'$$
$$3'\cdots T-T-C-T-G-A\uparrow A\cdots 5'$$

Pst Ⅰ酶切识别 6 个核苷酸的序列,在特定的 A–G 之间切割 DNA 分子:

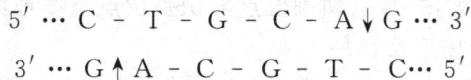

$$5'\cdots C-T-G-C-A\downarrow G\cdots 3'$$
$$3'\cdots G\uparrow A-C-G-T-C\cdots 5'$$

Bal Ⅰ酶切识别 6 个核苷酸的序列,在特定的 G–C 之间切割 DNA 分子:

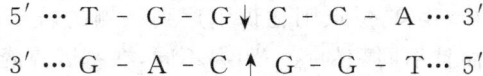

$$5'\cdots T-G-G\downarrow C-C-A\cdots 3'$$
$$3'\cdots G-A-C\uparrow G-G-T\cdots 5'$$

Sma Ⅰ酶切识别 6 个核苷酸的序列,在特定的 G–C 之间切割 DNA 分子:

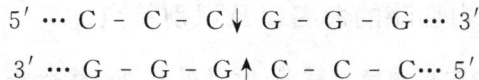

$$5'\cdots C-C-C\downarrow G-G-G\cdots 3'$$
$$3'\cdots G-G-G\uparrow C-C-C\cdots 5'$$

(3) 大多数酶的识别序列严格,但有些酶的识别序列仅第一二位严格专一,例如,*Hind* Ⅱ可识别 4 种核苷酸序列:$5'-GTYRAC-3'$,其中,Y 表示嘧啶碱基 C 或 T,R 表示嘌呤碱基 A 或 G。

2.1.4 Ⅱ型限制性核酸内切酶的切割方式

大多数Ⅱ型限制性核酸内切酶均在其识别位点内部水解磷酸二酯键中 $3'$ 位的酯键,产生 $3'$ 端为羟基、$5'$ 端为磷酸基团的片段。切割后形成 3 种不同末端结构的 DNA 片段:① 在识别序列的对称轴上同时切割,形成平端(blunt end),如 *Sma* Ⅰ;② 在识别序列对称轴的 $5'$ 端切割,产生 $5'$ 端突出的末端,如 *Eco*R Ⅰ;③ 在识别序列对称轴的 $3'$ 端切割,产生 $3'$ 端突出的末端,如 *Pst* Ⅰ。任何一种Ⅱ型酶产生的两个突出末端,都能在适当温度下,退火互补,因此这种末端称为黏性末端(cohesive end)。限制性核酸内切酶识别的靶序列与 DNA 来源无关,根据这一特性,我们可以将任意两个不同来源的 DNA 片段连接,构成一种新的重组 DNA 分子。

有些不同微生物来源的酶,能识别相同的序列,切割位点相同或不同,其中识别位点与切割位点均相同的不同来源的酶称为同裂酶(isoschizomer)。例如 *Hpa* Ⅱ与 *Msp* Ⅰ的识别序列和切割位点都相同（C↓CGG），它们是一对同裂酶，Sma Ⅰ（CCC↓GGG）和 Xma Ⅰ（C↓CCGGG），识别序列相同，但切割位点不同，前者产生平头末端，后者产生黏性末端。

表 2.1　部分限制性核酸内切酶的识别序列

末端名称	酶	识别序列
	Acc Ⅰ	GT↓MKAC
	Acc Ⅲ	T↓CCGGA
	Apy Ⅰ	CC↓WGG
	Asu Ⅰ	G↓GNCC
	Asu Ⅱ	TT↓CGAA
	Atu Ⅱ	CC↓WGG
	Ava Ⅰ	C↓YCGRG
	Ava Ⅱ	G↓GWCC
产生 5′ 突出的黏性末端	Avr Ⅱ	C↓CTAGG
	BamH Ⅰ	G↓GATCC
	Bcl Ⅰ	T↓GATCA
	Bgl Ⅱ	A↓GATCT
	$BssH$ Ⅱ	G↓GTNACC
	Cla Ⅰ	AT↓CGAT
	$EcoR$ Ⅰ	G↓AATTC
	$EcoR$ Ⅱ	↓CCWGG
	$Hinf$ Ⅰ	G↓ANTC
	Aat Ⅱ	GACGT↓C
	Apa Ⅰ	GGGCC↓C
	Bgl Ⅰ	GCCNNNN↓NGGC
产生 3′ 突出的黏性末端	Pst Ⅰ	CTGCA↓G
	Pvu Ⅰ	CGAT↓CG
	Sac Ⅰ	GAGCT↓C
	Sac Ⅱ	CCGC↓GG
	Sph Ⅰ	GCATG↓C
	Acc Ⅱ	CG↓CG
	Afa Ⅰ	GT↓AC
	Alu Ⅰ	AG↓CT
	Aos Ⅰ	TGC↓GCA
	Bal Ⅰ	TGG↓CCA
产生平头末端	Dra Ⅰ	TTT↓AAA
	$EcoR$Ⅴ	GAT↓ATC
	$FnuD$ Ⅱ	CG↓CG
	$Hinc$ Ⅱ	GTY↓RAC
	$Hind$ Ⅱ	GTY↓RAC
	Hpa Ⅰ	GTT↓AAC

注：识别序列中采用了标准的多义碱基缩写符号［国际生物化学学会命名委员会（NC—IuB），1985］：R=G 或 A，Y：C 或 T，M=A 或 C，K=G 或 T，N＝A 或 T 或 G 或 C。切割位点用 ↓ 表示。

另外，还有一些限制性核酸内切酶，它们来源各异，识别序列也各不相同，但切割后产生相同的黏性末端，特称之为同尾酶（isocaudamer）。显然，由两种同尾酶切割产生的黏性末端可以彼此连接，如 BamH Ⅰ（5-G↓GATCC-3）与 BglⅡ（5-A↓GATCT-3）的酶切片段可以彼此连接起来。

Ⅱ型酶的甲基化修饰活性由相应的甲基化酶承担。它们识别相同的 DNA 序列,但是作用不同。如 EcoRⅠ限制性核酸内切酶与 EcoRⅠ甲基化酶,两者均识别 GAATTC 序列,而前者能对 G↓AATTC 序列进行切割,后者的作用是使第二个 A 甲基化。

2.1.5　Ⅱ型限制性核酸内切酶的反应条件

在合适的温度和缓冲液中,在 $20\mu L$ 反应体系中,1h 完全降解 $1\mu g$ DNA 所需要的酶量,称为一个单位的限制性核酸内切酶。加入的酶过量,其贮存液中的甘油会影响反应,而且许多限制性核酸内切酶过量可导致识别序列的特异性下降。当 DNA 酶切后不需进行进一步的酶反应时,可加入酚/氯仿抽提,然后乙醇沉淀,使酶终止反应。

限制性核酸内切酶切割 DNA 是基因重组技术中的重要环节,直接关系到整个实验的成败,因此在操作过程中,应注意下列问题:① 浓缩的酶液可在使用前用 1×限制酶缓冲液稀释(不能用水稀释,以免酶变性),稀释的酶液不能保存过长时间,要尽快用完。② 限制性核酸内切酶在含 50% 甘油的缓冲液中,于 −20℃ 稳定保存。一般总是在其他试剂加完后,再加入限制性核酸内切酶。每次取酶必须使用新的无菌吸头。应尽快操作避免反复冻融。

2.1.6　影响限制性核酸内切酶活性的因素

1. DNA 的纯度

限制性核酸内切酶消化 DNA 底物的反应效率在很大程度上取决于所使用的 DNA 本身的纯度。DNA 制剂中的其他杂质,如蛋白质、酚、氯仿、酒精、乙二胺四乙酸、十二烷基磺酸钠(SDS)以及高浓度的盐离子等,都有可能抑制限制性核酸内切酶的活性。应用微量碱抽提法制备的 DNA 制剂,常常含有这类杂质。为了提高限制性核酸内切酶对低纯度 DNA 制剂的反应效率,一般采用增加限制性核酸内切酶的用量,扩大酶催化反应的体积和延长酶催化反应的保温时间等措施。

2. DNA 的甲基化程度

限制性核酸内切酶是原核生物限制—修饰体系的组成部分,因此识别序列中特定核苷酸的甲基化作用便会强烈地影响酶的活性。通常从大肠杆菌宿主细胞中分离出来的质粒 DNA,都混有两种作用于特定核苷酸序列的甲基化酶,一种是 dam 甲基化酶,催化 GATC 序列中的腺嘌呤残基甲基化;另一种是 dcm 甲基化酶。因此,从正常的大肠杆菌菌株中分离出来的质粒 DNA,只能被限制性核酸内切酶局部消化,甚至完全不被消化,是属于对甲基化作用敏感的一类。

为了避免产生这样的问题,在基因工程操作中通常使用丧失了甲基化酶的大肠杆菌菌株制备质粒 DNA。哺乳动物的 DNA 有时也会带有 5-甲基胞嘧啶残基,而且通常是在鸟嘌呤核苷残基的 5′ 侧。因此,不同位点之间的甲基化程度是互不相同的,且与 DNA 来源的细胞类型有密切的关系。可以根据各种同裂酶所具有的不同的甲基化的敏感性对真核基因组 DNA 的甲基化作用模式进行研究。例如,当 CCGG 序列中内部胞嘧啶残基被甲基化之后,MspⅠ仍会将它切割,而 HpaⅡ(正常情况下能切割 CCCG 序列)对此类的甲基化作用则十分敏感。

限制性核酸内切酶不能够切割甲基化的核苷酸序列,这种特性在有些情况下具有特殊的用途。例如,当甲基化酶的识别序列同某些限制酶的识别序列相邻时,就会抑制限制酶在这些位点发生切割作用,这样便改变了限制酶识别序列的特异性。另一方面,若要使用合成的衔接物修饰 DNA 片段的末端,一个重要的处理是必须在被酶切之前,通过甲基化作用将内部的限制酶识别位点保护起来。

3. 酶切反应的温度

DNA 消化反应的温度是影响限制性核酸内切酶活性的另一重要因素。不同的限制性核酸内切酶具有不同的最适反应温度,而且彼此之间有相当大的变动范围。大多数限制性核酸内切酶的标准反应温度是 37℃,但也有许多例外的情况,有些限制性核酸内切酶的标准反应温度低于标准的 37℃,例如 Sma Ⅰ 是 25℃,Apa Ⅰ 是 30℃。消化反应的温度低于或高于最适温度都会影响限制性核酸内切酶的活性,甚至导致酶的完全失活。

4. DNA 的分子结构

DNA 分子的不同构型对限制性核酸内切酶的活性也有很大的影响。某些限制性核酸内切酶切割超螺旋的质粒 DNA 所需要的酶量要比消化线性的 DNA 高出许多倍,最高的可达 20 倍。此外,还有一些限制性核酸内切酶切割位于 DNA 不同部位的限制位点,其效率亦有明显的差异。

5. 限制性核酸内切酶的缓冲液

限制性核酸内切酶的标准缓冲液的组分包括氯化镁、氯化钠或氯化钾、Tris·HCl、β-巯基乙醇或二硫苏糖醇(DTT)以及牛血清白蛋白(BSA)等。酶活性的正常发挥,需要 2 价阳离子,通常是 Mg^{2+}。不正确的 NaCl 或 Mg^{2+} 浓度,不仅会降低限制酶的活性,而且还可能导致识别序列特异性的改变。缓冲液 Tris·HCl 的作用在于,使反应混合物的 pH 值恒定在酶活性所要求的最佳数值范围内。对绝大多数限制酶来说,在 pH=7.4 的条件下,其功能最佳。巯基试剂对于保护某些限制性核酸内切酶的稳定性是有用的,而且还可使其免于失活。在"非最适的"反应条件下(包括高浓度的限制性核酸内切酶、高浓度的甘油、低离子强度、用 Mn^{2+} 取代 Mg^{2+} 以及高 pH 值等等),有些限制性核酸内切酶识别序列的特异性会发生改变,导致从识别序列以外的其他位点切割 DNA 分子。有的限制性核酸内切酶在缓冲液成分的影响下会产生所谓的"星号"活性。

2.2　DNA 连接酶

2.2.1　连接机理

1967 年,世界上有数个实验室几乎同时发现了一种能够催化在两条 DNA 链之间形成磷酸二酯键的酶,即 DNA 连接酶(DNA ligase)。DNA 连接酶广泛存在于各种生物体内。在大肠杆菌及其他细菌中,DNA 连接酶催化的连接反应是利用 NAD^+(烟酰胺腺嘌呤二核苷酸)作为能源;在动物细胞及噬菌体中,DNA 连接酶则是利用 ATP(腺苷三磷酸)作为能源。其催化的基本反应是将一条 DNA 链上的 3′末端游离羟基与另一条 DNA 链上的 5′末端磷酸基团共价结合形成 3′,5′-磷酸二酯键,使两个断裂的 DNA 片段连接起来,因此它在 DNA 复制、修复以及体内体外重组过程中起着重要作用。

DNA 连接酶催化的连接反应分为三步:① 由 ATP(或 NAD^+)提供 AMP,形成酶-AMP 复合物,同时释放出焦磷酸基团(PPi)或烟酰胺单核苷酸(NMN);② 激活的 AMP 结合在 DNA 链 5′端的磷酸基团上,产生含高能磷酸键的焦磷酸酯键;③ 与相邻 DNA 链 3′端羟基相连,形成磷酸二酯键,并释放出 AMP。

值得注意的是,DNA 连接酶所连接的是切口(nick),无法连接裂口。另外,DNA 连接酶不能连接两条单链 DNA 分子或环化的单链 DNA 分子,被连接的 DNA 链必须是双螺旋 DNA 分子的一部分。

2.2.2 DNA 连接酶的种类

已发现的 DNA 连接酶主要有两种:T4 噬菌体 DNA 连接酶(又称 T4 DNA 连接酶)和大肠杆菌 DNA 连接酶。

T4 噬菌体 DNA 连接酶(又称 T4 DNA 连接酶)的相对分子质量为 68000,最早是从 T4 噬菌体感染的大肠杆菌中提取的。T4 噬菌体 DNA 连接酶可以连接:① 两个带有互补黏性末端的双链 DNA 分子;② 两个带有平头末端的双链 DNA 分子;③ 一条链带有切口的双链 DNA 分子;④ RNA∶DNA 杂合体中 RNA 链上的切口,也可将 RNA 末端与 DNA 链连接。由于 T4 噬菌体 DNA 连接酶可连接的底物范围广,尤其是能有效地连接 DNA 分子的平头末端,因此在 DNA 体外重组技术中广泛应用。

虽然两个完全断开的平头末端 DNA 分子在 T4 噬菌体 DNA 连接酶作用下可以连接,但是连接速度非常缓慢,因此需要回收大量的酶切片段。在平头末端连接反应中,若加入适量的一价阳离子和低浓度的 PEG,可提高 T4 噬菌体 DNA 连接酶对平头末端的连接活性。

大肠杆菌 DNA 连接酶的相对分子质量为 75000,需要 NAD^+ 作辅助因子。大肠杆菌 DNA 连接酶几乎不能催化两个平头末端 DNA 分子的连接,它的适合底物是一条链带切口的双链 DNA 分子和具有同源互补黏性末端的不同 DNA 片段。

2.2.3 DNA 连接酶的反应体系

由于 T4 噬菌体 DNA 连接酶既能连接黏性末端,又能连接平头末端,所以比大肠杆菌 DNA 连接酶应用广泛。T4 噬菌体 DNA 连接酶的活性单位有多种定义,较通用的是韦氏(Weiss)单位。一个韦氏单位是指在 37℃,20min 内催化 1nmol ^{32}P 从焦磷酸根置换到 $γ$,$β-^{32}P-ATP$ 所需要的酶量。

连接反应根据 DNA 片段的分子大小及末端结构,在 12~30℃ 下反应 1~16h。对于黏性末端一般在 12~16℃ 之间进行反应,以保证黏性末端退火及酶活性、反应速率之间的平衡。平头末端连接反应可在室温进行,并且需用比黏性末端连接大 10~100 倍的酶量。终止反应可加入 $2μL$ 0.5mol/L 的 EDTA 或者 75℃ 水浴 10min。

2.2.4 影响连接反应的因素

DNA 片段的连接过程与许多因素有关,如 DNA 末端的结构、DNA 片段的浓度和相对分子质量、不同 DNA 末端的相对浓度、反应温度、离子浓度等。

重组子的分子构型与 DNA 片段浓度及 DNA 分子长度存在密切关系。对于长度一定的 DNA 分子,其浓度降低有利于分子环化。DNA 浓度增加,有利于分子间的连接,形成线性二聚体或多聚体分子。对于两个以上的 DNA 分子的连接,如载体 DNA 与外源插入片段,要考虑载体与插入片段的末端浓度的比例。

对于黏性末端,一般在 12~16℃ 之间进行反应。平头末端连接反应的最适温度一般为 10~20℃,温度过高(>30℃)会导致 T4 噬菌体 DNA 连接酶的不稳定。

2.3　DNA 聚合酶

DNA 聚合酶(DNA polymerase)催化以 DNA 为模板合成 DNA 的反应。它能在引物和模板的存在下,把脱氧核糖单核苷酸连续地加到双链 DNA 分子引物链的 $3'$-OH 末端,催化核苷酸的聚合作用。根据 DNA 聚合酶所使用的模板不同,将其分为两类:① 依赖于 DNA 的 DNA 聚合酶,包括大肠杆菌 DNA 聚合酶 I(全酶)、大肠杆菌 DNA 聚合酶 I 的 Klenow 大片段酶、T4 DNA 聚合酶、T7 DNA 聚合酶和耐高温的 DNA 聚合酶等;② 依赖于 RNA 的 DNA 聚合酶,有逆转录酶。

2.3.1　大肠杆菌 DNA 聚合酶 I

目前,已从大肠杆菌中分离到三种不同类型的 DNA 聚合酶,即 DNA 聚合酶 I、DNA 聚合酶 II 和 DNA 聚合酶 III。在大肠杆菌中,DNA 聚合酶 I 和 DNA 聚合酶 II 的主要功能是参与 DNA 的修复,而 DNA 聚合酶 III 与 DNA 复制有关。在分子克隆中常用的是 DNA 聚合酶 I。

DNA 聚合酶 I 也称为 Kronberg 酶,是 Kronberg 等于 1956 年发现的第一个 DNA 聚合酶。它具有 3 种活性,即 $5'\rightarrow3'$ DNA 聚合酶活性、$5'\rightarrow3'$ 外切酶活性和 $3'\rightarrow5'$ 外切酶活性。$3'\rightarrow5'$ 外切酶活性的主要功能是识别并切除错配碱基,通过这种校正作用保证 DNA 复制的准确性。

大肠杆菌 DNA 聚合酶 I 的主要用途是通过 DNA 切口平移来制备杂交探针。在 Mg^{2+} 存在时,用低浓度的 DNA 酶 I(DNase I)处理双链 DNA,使之随机产生单链断裂,这时 DNA 聚合酶 I 的 $5'\rightarrow3'$ 外切酶活性和聚合酶活性可以同时发生。外切酶活性可以从断裂处的 $5'$ 端除去一个核苷酸,而聚合酶则将一个单核苷酸添加到断裂处的 $3'$ 端。由于大肠杆菌 DNA 聚合酶 I 不能使断裂处的 $5'$-P 和 $3'$-OH 形成磷酸二酯键而连接,所以随着反应的进行,即 $5'$ 端核苷酸不断去除,而 $3'$ 端核苷酸同时加入,导致断裂形成的切口沿着 DNA 链按合成的方向移动,这种现象称为切口平移(nick translation)。如果在反应体系中加入放射性核素标记的核苷酸,则这些标记的核苷酸将取代原来的核苷酸残基,产生带标记的 DNA 分子,这就是所谓的 DNA 分子杂交探针。

2.3.2　Klenow 片段

大肠杆菌 DNA 聚合酶 I 被枯草杆菌蛋白酶处理后可切割产生两个大小片段,其中较大的片段具有聚合酶活性和 $3'\rightarrow5'$ 外切酶活性,称为 Klenow 片段或 Klenow 聚合酶。较小的片段具有 $5'\rightarrow3'$ 外切酶活性,定位于酶分子的 N 末端;Klenow 片段具有 $5'\rightarrow3'$ 聚合酶活性和 $3'\rightarrow5'$ 外切酶活性。

在分子克隆中,Klenow 酶的主要用途是:① 补平 DNA 的 $3'$ 凹陷末端,包括带裂口的双链 DNA 的修复;② 对带 $3'$ 凹陷末端的 DNA 分子进行末端标记;③ 在 cDNA 克隆中,用于合成 cDNA 第二链;④ 用于 Sanger 双脱氧末端终止法进行 DNA 的序列分析。

与切口平移法不同,DNA 末端标记并不是将 DNA 片段的全长进行标记,而是只将其一端($5'$ 或 $3'$)进行部分标记。在使用 Klenow 酶进行 DNA 末端标记时,DNA 片段应具有 $3'$ 凹陷末端。Klenow 酶不能直接用于 $3'$ 突出末端 DNA 的标记。

2.3.3　T4 噬菌体 DNA 聚合酶

T4 噬菌体 DNA 聚合酶来源于 T4 噬菌体感染的大肠杆菌,相对分子质量为 1140。具有 $5'{\rightarrow}3'$ 聚合酶活性和 $3'{\rightarrow}5'$ 外切酶活性,而且 $3'{\rightarrow}5'$ 外切酶活性对单链 DNA 的作用比对双链 DNA 更强,T4 DNA 聚合酶的外切酶活性比 Klenow 酶高 100～1000 倍。

T4 噬菌体 DNA 聚合酶可以补平或标记带 $3'$ 凹陷末端的 DNA 分子,还可进行平头末端或 $3'$ 突出末端的双链 DNA 的标记以及特异探针的制备。另外,T4 噬菌体 DNA 聚合酶还能将双链 DNA 的末端转化成平头末端。

2.3.4　T7 噬菌体 DNA 聚合酶与测序酶

T7 噬菌体 DNA 聚合酶来源于 T7 噬菌体感染的大肠杆菌,是所有已知的 DNA 聚合酶中持续合成能力最强的一个酶。此外,T7 噬菌体 DNA 聚合酶还具有很强的对单链和双链 DNA 的 $3'{\rightarrow}5'$ 外切酶活性,其活性约为 Klenow 酶的 1000 倍。T7 噬菌体 DNA 聚合酶在分子克隆中主要用于催化大分子模板(如 M13 噬菌体)的引物延伸反应,它可以在同一引物模板上有效地合成数千个核苷酸且不受二级结构的影响;也可类似 T4 噬菌体 DNA 聚合酶应用于 DNA 分子的 $3'$ 末端标记。

测序酶是通过化学修饰或基因工程方法对 T7 噬菌体 DNA 聚合酶进行改造的酶,它不具备 T7 噬菌体 DNA 聚合酶的 $3'{\rightarrow}5'$ 外切酶活性,保留其聚合活性,具有很强的持续合成能力,是 Sanger 双脱氧末端终止法对长片段 DNA 进行测序的理想用酶。

2.3.5　Taq DNA 聚合酶

Taq DNA 聚合酶是第一个被发现的耐热的 DNA 聚合酶,它最初是从极度嗜热的栖热水生菌(*Thermus aquaticus*)中纯化而来的。Taq DNA 聚合酶具有 $5'{\rightarrow}3'$ 聚合酶活性和 $3'{\rightarrow}5'$ 外切酶活性,需要 Mg^{2+} 作辅助因子,最适温度为 75～80℃。由于 Taq DNA 聚合酶具有高度的耐热性,所以在分子克隆中主要是通过聚合酶链反应(PCR)对 DNA 分子的特定序列进行体外扩增。

已从多种耐热菌中分离出耐热性更好的 DNA 聚合酶,如从 *Thermus thermophilus* 中分离出来的 Tth DNA 聚合酶,从 *Thermococcus litoralis* 中分离出来的"Vent"DNA 聚合酶,从 *Bacillus stermophilus* 中分离出来的 Bst DNA 聚合酶等。

2.3.6　逆转录酶

逆转录酶(reverse transcriptase)又称为 RNA 指导的 DNA 聚合酶。已经从许多种 RNA 肿瘤病毒中分离到这种酶,现在常用的两种逆转录酶分别来自纯化的鸟类骨髓母细胞瘤病毒(avian myeloblastosis virus,AMV)和 Moloney 鼠白血病病毒(Moloney murine leukemia virus,Mo - MLV)。AMV 逆转录酶反应的最适温度为 41～45℃,最适 pH 为 8.3。逆转录酶具有以下催化活性:① $5'{\rightarrow}3'$ 聚合酶活性,逆转录酶能以 RNA 或 DNA 为模板合成 DNA 分子,但是后者的合成很慢;② RNA 酶 H 活性,能从 $5'$ 或 $3'$ 方向特异地降解 DNA:RNA 杂交分子中的 RNA 链。

在体外以 mRNA 为模板合成其互补 DNA 是逆转录酶的最主要用途。它可应用两种引物,一种是寡聚脱氧胸腺嘧啶核苷,即 oligo(dT),另一种是随机序列的核苷酸寡聚体。另外,逆转录酶还用于 3′凹陷末端的标记、杂交探针的制备和 DNA 序列测定。

2.4　末端脱氧核苷酸转移酶

末端脱氧核苷酸转移酶(terminal deoxynucleotidyl transferase)简称末端转移酶。末端转移酶能在二价阳离子作用下,催化 DNA 的聚合作用,这种聚合作用不需要模板,反应需要 Mg^{2+},其合适底物为带有 3′- OH 突出末端的双链 DNA。对于平头末端或带 3′- OH 凹陷末端的双链 DNA 和单链 DNA,末端转移酶催化的聚合作用仍能进行,但需 Co^{2+} 激活,且反应效率低。

在分子克隆中,末端转移酶的主要用途是给载体和外源 DNA 分别加上互补的同聚体尾巴,以便两者在体外连接。末端转移酶的另一个用途是进行 DNA 的 3′- OH 末端标记,标记物可以是放射性的,如 $\alpha - ^{32}P - dNTP$,也可以是非放射性的,如生物素- 11 - dUTP,它们可用于 DNA 序列分析、DNase Ⅰ足迹分析、分子杂交等实验中。

2.5　S1 核酸酶

S1 核酸酶来源于米曲酶菌(*Aspergillus oryzae*),是一种高度单链特异的核酸内切酶。它可用于切掉 DNA 片段的单链突出末端产生平头末端、在双链 cDNA 合成时切除发夹环结构等实验操作中。通常水解单链 DNA 的速率要比水解双链 DNA 快 75000 倍。这种酶需要低水平的 Zn^{2+} 激活,最适 pH 值范围为 $4.0\sim4.3$。S1 核酸酶作图(S1 nuclease mapping)法在测定杂交核酸分子(DNA∶DNA 或 DNA∶RNA)的杂交程度、RNA 分子定位、确定真核基因中内含子的位置、内含子与外显子剪切位点的定位、转录起始位点与终止位点的测定中,都是十分有效的工具。

当克隆的基因组 DNA 片段与细胞的 mRNA 混合时,DNA 中的外显子序列与相应的 mRNA 之间通过碱基互补,形成杂合双链分子,而内含子序列仍保持单链,并突出成为环状。用 S1 核酸酶处理,该酶能水解所有的单链区域,结果得到一个因内含子被降解而带有切口的 DNA∶mRNA 分子。再用碱处理破坏 RNA 链,回收的 DNA 片段就是该基因的编码序列,其大小和数目可通过琼脂糖凝胶电泳来判断,所以用这种方法可以测定内含子的大小。

2.6　核酸外切酶

核酸外切酶(exonuclease)是一类从多核苷酸链的末端开始逐个降解核苷酸的酶。按照酶对底物二级结构的专一性,将其分为三类:① 作用于单链的核酸外切酶,如大肠杆菌核酸外切酶Ⅰ和大肠杆菌核酸外切酶Ⅶ;② 作用于双链的核酸外切酶,如大肠杆菌核酸外切酶Ⅲ、λ 噬菌体核酸外切酶等;③ 既可作用于单链又可作用于双链的核酸外切酶。

大肠杆菌核酸外切酶Ⅶ可以从单链 DNA 的两个末端降解 DNA 分子,产生短的寡核苷酸片段;对于带黏性末端的双链 DNA,大肠杆菌核酸外切酶Ⅶ可将末端削平,变为平头末端。反应不需要 Mg^{2+}。它主要应用于测定基因组 DNA 中内含子和外显子的位置。

大肠杆菌核酸外切酶Ⅲ对双链 DNA 具有高度特异性,可降解平头末端、3′凹陷末端及有切口的 DNA,但不能降解单链 DNA 和带 3′突出末端的双链 DNA,要求 Mg^{2+} 或 Mn^{2+} 作辅助因子。核酸外切酶Ⅲ的主要用途是通过部分降解双链 DNA 片段,产生部分单链 DNA 区域,作为 DNA 聚合酶的模板。生成的 DNA 分子可以用作特异探针的制备。

Bal31 核酸酶来源于埃斯波加纳互生单胞菌 Bal 31(*Alteromonas espejiana* Bal 31),主要表现为 3′外切酶活性,同时伴有 5′外切及较弱的内切活性,需要 Mg^{2+} 和 Ca^{2+}。对于单链 DNA,具有特异的内切酶活性,可从 3′-OH 末端迅速降解 DNA,而 5′端切割速率较慢。对于双链 DNA,具有 3′→5′外切酶活性和 5′→3′外切酶活性,可从 3′和 5′两端切除核苷酸,其机理是以 3′外切酶活性迅速降解一条链,随后在互补链上进行缓慢的 5′端内切反应。

2.7 T4 噬菌体多核苷酸激酶

T4 噬菌体多核苷酸激酶(T4 phage polynucleotide kinase)来源于 T4 噬菌体感染的大肠杆菌细胞。已在多种哺乳动物细胞中发现了多核苷酸激酶。该酶具有多种功能,例如 T4 噬菌体多核苷酸激酶可催化 ATP 的 γ-磷酸基团转移到单链或双链 DNA 或 RNA 的 5′-OH 末端。另外,它还具有 3′-磷酸酶活性。T4 噬菌体多核苷酸激酶能催化寡核苷酸的 3′-磷酸水解成为 3′-OH,底物可以是 3′-磷酸脱氧核苷、3′,5′-二磷酸脱氧核苷和 3′-磷酸多核苷酸。

在实际应用中,主要是利用多核苷酸激酶能进行 DNA 或 RNA 的 5′末端标记和在连接反应之前,使缺乏 5′-磷酸的 DNA 或接头磷酸化。

2.8 碱性磷酸酶

常用的碱性磷酸酶有两种,一种来源于大肠杆菌,叫做细菌碱性磷酸酶(bacterial alkaline phosphatase,BAP);另一种来源于小牛肠,叫做小牛肠碱性磷酸酶(calf intestinal alkaline phosphatase,CIP)。小牛肠碱性磷酸酶(CIP)的相对分子质量约为 140000,是一种含 Zn^{2+} 的金属糖蛋白,由两个亚基组成。它们都可以催化核酸分子的脱磷作用,使 DNA 或 RNA 的 5′-磷酸变为 5′-OH 末端。

CIP 可在 68℃ 10min 内加热失活或通过酚抽提变性失活,而 BAP 则不能。因为 BAP 对高温和去污剂的耐受性较强,故需要进行多次酚/氯仿抽提及凝胶电泳纯化 DNA 片段。此外,CIP 的活性比 BAP 高 10~20 倍,所以实验中一般选用 CIP。

碱性磷酸酶的主要用途有:① 5′末端标记前的处理;② 去除 DNA 片段的 5′-磷酸基团,防止自身连接。

在载体和目的基因的重组过程中,如果载体与外源 DNA 是使用同一种限制性核酸内切酶消化的,则它们的连接产物有自身环化形式。为了防止线性载体的自身环化作用,必须在连接之前使用碱性磷酸酶处理,去除其 5′末端的磷酸基团。通过碱性磷酸酶预处理线性载体,有效防止了载体的自身环化,提高了载体与外源 DNA 的连接效率,从而降低了细菌转化时的背景。

本 章 小 结

催化 DNA 各种特异性反应的酶是分子生物学家进行 DNA 操作的基本工具。在分子克隆过程中,制备好目的 DNA 之后,下一步就是使用限制性核酸内切酶将待克隆的 DNA 片段切割下来,与特异性切割的载体在 DNA 连接酶作用下连接形成重组分子。这一系列操作不仅用到了限制性核酸内切酶和 DNA 连接酶,而且还需要 DNA 聚合酶、核酸外切酶、多核苷酸激酶和碱性磷酸酯酶等的参与,以提高特异性 DNA 片段的连接效率。由于以上各种酶类的发现,特别是限制性核酸内切酶和 DNA 连接酶的应用,使不同分子之间的连接成为可能,而且分子克隆的方法不断创新,基因克隆工作更加简单,应用范围更广。除了基因克隆外,其他研究(如 DNA 的生化特性测定、基因的结构分析和基因表达调控研究等),也都要用到这些酶。可以说,几乎所有的 DNA 操作都离不开它们。工具酶在基因工程中占据着极其重要的地位。

根据这些工具酶催化的反应类型,可将其分为四大类:① 核酸酶,用于切割或降解核酸分子;② 连接酶,可以把核酸分子连接起来;③ 聚合酶,用于核酸分子的扩增或拷贝;④ 修饰酶,能够给核酸分子添加或去除核苷酸或某些化学基团。有些酶兼有数种功能,如大肠杆菌 DNA 聚合酶 I,除了能合成新的 DNA 分子外,还有 DNA 外切降解作用。

思考题

1. 限制性核酸内切酶的活性受哪些因素影响?
2. 简述 DNA 连接酶的作用机制及其特点。
3. 说明使用切口移位法进行 DNA 标记的原理及其步骤。
4. 什么是 S1 核酸酶作图法? 有何用途?
5. 如何进行 DNA 片段的末端标记?
6. 在基因克隆中,如何防止载体分子的自身环化作用?

(邹克琴)

第 **3** 章

基因工程载体

一个外源基因 DNA 进入细胞的几率非常低,在新的细胞内不能进行复制和表达,原因主要是外源 DNA 不带有新细胞的复制系统,也不具备宿主的功能表达调控系统,因此最终外源 DNA 会随着细胞分裂而丢失。在基因克隆中,需要借助于一种运载工具,其携带外源基因进入宿主细胞,并使外源基因持续稳定地复制表达,这种工具我们称之为载体(vector)。

基因工程载体根据来源和性质不同可分为质粒载体、噬菌体载体、黏粒载体、噬菌粒载体、病毒载体、人工染色体等。载体的本质是 DNA 复制子。目前使用得最多的载体是经过改造的质粒载体或噬菌体载体。根据功能和用途不同,基因工程载体又可分为克隆载体、表达载体、测序载体、穿梭载体等。克隆质粒载体是指专用于基因或 DNA 片段无性繁殖的质粒载体,而表达质粒载体是指专用于在宿主细胞中高水平表达外源蛋白质的质粒载体。穿梭质粒载体(shuttle plasmid vector)是指一类由人工构建的具有两种不同复制起点和选择标记,因而可在两种不同的宿主细胞中存活和复制的质粒载体。由于这类质粒载体可以携带着外源 DNA 序列在不同物种的细胞之间,特别是在原核和真核细胞之间往返穿梭,因此在基因工程研究工作中是十分有用的。常见的穿梭载体有大肠杆菌-土壤农杆菌穿梭质粒载体、大肠杆菌-枯草芽孢杆菌穿梭质粒载体、大肠杆菌-酿酒酵母穿梭质粒载体等。根据受体细胞不同,基因工程载体又可分为原核生物载体、真核生物载体等。

作为基因工程的载体必须具备以下基本条件:① 具有复制子,能在宿主细胞内进行独立和稳定的自我复制。② 具有合适的限制性内切酶位点。在载体上每一种限制性核酸内切酶的酶切位点最好是单一的,这样可以将不同限制性核酸内切酶切割后的外源 DNA 片段准确地插入载体。③ 具有合适的选择标记基因。最常用的标记基因是抗药性基因,如抗氨苄青霉素、抗四环素、抗氯霉素、抗卡那霉素等抗生素的抗性基因。④ 具有较多的拷贝数,易与宿主细胞的染色体 DNA 分开,便于分离提纯。⑤ 具有较小的相对分子质量,易于操作。⑥ 具有较高的遗传稳定性。

3.1 质粒载体

在自然界中,质粒分布广泛,无论是真核生物细胞还是原核生物细胞,都已经发现质粒的存在,它非常适合作为外源基因的载体在相应的宿主细胞中复制、表达,是基因克隆操作中非常重要的工具。

3.1.1　质粒的基本特性

1. 分子特性

质粒是染色体外能自我复制的小型 DNA 分子。它广泛存在于细菌细胞中,也存在于霉菌、蓝藻、酵母和少数动植物细胞中,甚至线粒体中都发现有质粒的存在。质粒的大小从 1kb 到 200kb 以上不等。绝大多数质粒都是双链闭合环状 DNA 分子。除了酵母的杀伤质粒 (killer plasmid)是一种 RNA 分子外,其他质粒都是 DNA 分子。

质粒 DNA 分子具有 3 种不同的构型:① 共价闭合环状 DNA(covalently closed circle DNA, cccDNA),其两条多核苷酸链均保持着完整的环状结构,这样的 DNA 通常呈超螺旋构型,即 SCDNA。② 开环 DNA(open circle DNA,ocDNA),其两条多核苷酸链只有一条保持着完整的环状结构,另一条链出现一至数个切口,此即 OC 构型。③ 线形 DNA(liner DNA,LDNA),闭合环状 DNA 分子双链断裂成为线形 DNA 分子,此即 L 构型。在体内,质粒 DNA 是以负超螺旋构型存在的。在琼脂糖凝胶电泳中,走在最前沿的是 SCDNA,其后依次是 LDNA 和 OCDNA。

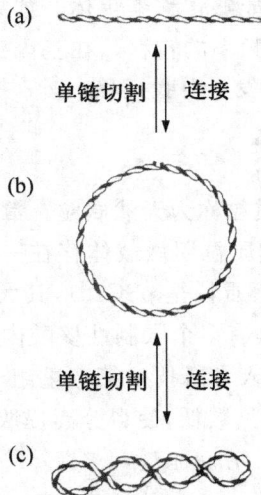

图 3-1　质粒 DNA 的分子构型

(a) L 构型　(b) OC 构型　(c) SC 构型

(引自吴乃虎,2000)

2. 复制特性

根据质粒 DNA 复制与宿主之间的关系或质粒在宿主细胞中拷贝数的多少,可将质粒分成两种不同的复制类型:严紧型和松弛型。严紧型质粒的复制受宿主染色体 DNA 复制的严格控制,两者紧密相关,因此,质粒在宿主细胞中拷贝数较少,一般只有 1～3 个拷贝。松弛型质粒的复制受宿主的控制比较松,在宿主细胞中质粒拷贝数较多,一般有 10～200 个拷贝,有时可达 700 个拷贝。因此,通常选用松弛型质粒作为基因工程载体,以期获得高产量的重组质粒。

3. 质粒的不亲和性

在没有选择压力的情况下,两种不同质粒不能够在同一个宿主细胞系中稳定地共存的现象,称为质粒的不亲和性。原因可能是在细胞的增殖过程中,其中必有一种会被逐渐稀释、排斥掉。质粒的不亲和性只有在确实证明第二种质粒 B 已经进入含有第一种质粒 A 的宿主细胞,在没有选择压的情况下,这两种质粒不能长期稳定共存,在这种情况下认为 A 和 B 是不亲和性质粒。

彼此不相容的质粒属于同一个不亲和群(incompatibility group)。ColE1 质粒和 pMB1 质粒及其派生质粒都是彼此不相容的,属于同一个不亲和群。pSC101、F 和 RP4 质粒,它们归属于不同的不亲和群,所以这些质粒或其派生的质粒载体,彼此能够在同一个细胞中稳定地共存。

4. 质粒的转移性

质粒的转移性是指质粒从一个细胞转移到另一个细胞的特性。根据质粒是否携带控制细菌配对和质粒接合转移的基因,可将其分为接合型(conjugative)与非接合型(nonconjugative)两种。接合型质粒又叫自我转移质粒,如 F 因子,其相对分子质量一般都较大,除了携带自主复制所必需的遗传信息之外,还带有一套控制细菌配对和质粒接合转移的基因,因此能从一个细胞自我转移到另一个细胞中,它们多属于严紧型质粒。非接合型质粒又叫不能自我转移质粒,如 ColE1,其相对分子质量较小,虽然携带自主复制所必需的遗传信息,但不携带控制细菌配对和质粒接合转移的基因,因此不能从一个细胞自我转移到另一个细胞中。

从安全角度考虑,基因工程中所用的主要是非接合型质粒,这是因为接合型质粒不仅能够从一个细胞转移到另一细胞,而且还能够转移染色体。如果接合型质粒已经整合到细菌染色体的结构上,就会牵动染色体发生高频率的转移。在基因工程中所用的非接合型质粒载体缺乏转移所必需的 *mob* 基因,因此不能发生自我迁移。

3.1.2 质粒载体的必备条件

一般没有经过体外修饰改造的质粒称为天然质粒。常见可用于基因工程的天然质粒载体有 pSC101、ColE1 等。直接采用天然质粒用做载体存在一些缺陷,因此限制了它在基因工程中的使用。最早用于基因克隆的天然质粒是 pSC101,其大小为 9.09kb,是一个严紧型质粒。每个宿主细胞中仅有 1~2 个拷贝,具有多个限制性核酸内切酶的单一酶切位点,但pSC101只有一个选择性标记 *Tet*r,不能使用插入失活技术筛选重组子。此外,pSC101 的相对分子质量较大,克隆外源 DNA 的能力有限,拷贝数低,使得分离提取质粒 DNA 的工作难度大。

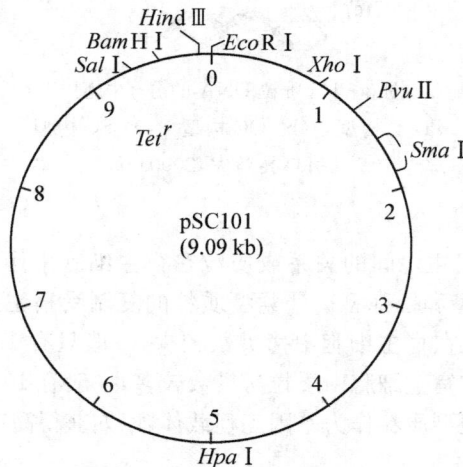

图 3-2 质粒 pSC101

(引自 Morrow 等,1973)

另一个天然质粒载体是 ColE1,它的唯一单酶切位点 *Eco*R I 位于大肠杆菌素 E1 的编码基因内,插入外源基因后,引起插入失活,不能合成大肠杆菌素 E1,因此可以根据对大肠杆菌素 E1 的免疫性选择重组子。但 ColE1 的克隆位点有限,并且大肠杆菌素 E1 的免疫筛选,在实际应用上比较麻烦。

一种理想的质粒载体一般应具备以下条件:① 具有较小的相对分子质量和较高的拷贝数;② 具有多个单一的限制性核酸内切酶的酶切位点。基因工程中所使用的载体一般有一个多克隆位点(multiple cloning site,MCS)。所谓多克隆位点(或称多接头),是指载体上人工合成的含有紧密排列的多种限制性核酸内切酶的酶切位点的 DNA 片段。它提供了各种各样可单独或联合使用的克隆靶位点,以便克隆由多种限制性核酸内切酶中任意一种或几种酶切割后产生的 DNA 片段。③ 具有两种以上的选择标记基因。④ 具有安全性。缺失 *mob* 基因后质粒就不会从一个细胞转移到另一个细胞中,减少了基因工程体扩散的危险性。

3.1.3 常用的质粒载体类型

目前常用的克隆质粒载体有 pBR322、pUC 及其派生质粒载体。pBR322 质粒及其派生质粒具有较小的相对分子质量,可以克隆大到 6kb 的外源 DNA 片段,具有两种选择标记,可利用氨苄青霉素和四环素来筛选重组体,具有多种限制性核酸内切酶的单一酶切位点,其中 *Hind* III、*Bam*H I、*Sal* I、*Eco*R V、*Sph* I 的酶切位点位于 *Tet*' 中,*Pst* I 的酶切位点位于 *Amp*' 中,在这些位点克隆外源基因可利用插入失活法筛选重组体。在宿主细胞内具有较高的拷贝数,而且经过氯霉素处理扩增后,每个细胞中可积累 1000～3000 个拷贝。

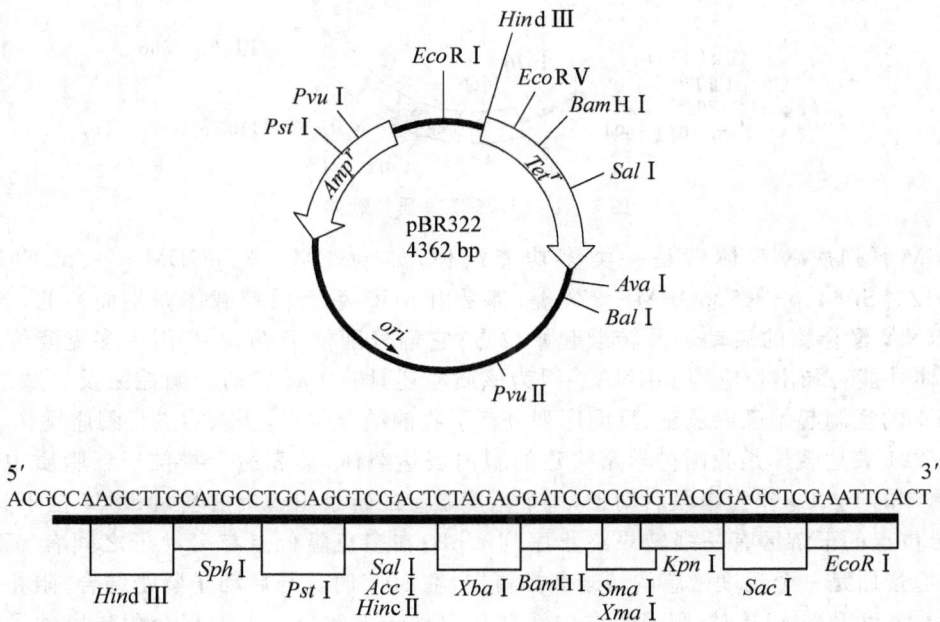

图 3-3 pBR322 质粒载体

pUC 系列的质粒载体通常是成对构建的,如 pUC18/pUC19,两者的差别仅在于多克隆位点的方向相反。pUC 系列的质粒载体除含有克隆载体的一般元件以外,还包括大肠杆菌乳糖操纵子的 β-半乳糖苷酶基因(*lacZ*)的启动子和 β-半乳糖苷酶氨基端头 146 个氨基酸片段的编码序列,此结构特称为 *lacZ'* 基因,表达产生 α 肽;当无外源基因片段插入时,质粒表达的 α 肽可与宿主菌上表达的 β-半乳糖苷酶的 C 端片段融为一体,形成具有酶学活性的 β-半乳糖苷酶,产生 lacZ$^+$ 表型,实现了基因内互补,这种互补现象叫做 α 互补。

具有酶学活性的 β-半乳糖苷酶在诱导物异丙基-β-D-硫代半乳苷(IPTG)存在时,可以将生色底物 5-溴-4-氯-3-吲哚-β-D-半乳糖苷(X-gal)分解,形成蓝色产物,在平板上形成蓝色的菌落。当多克隆位点中插入外源 DNA 片段时,α 互补作用遭到破坏,在含有 IPTG 和 X-gal 的平板上将出现白色菌落。这种方法又称 α 筛选。当然,当插入的 DNA 片段较小,不破坏 α 肽的读码框时,重组子菌落可表现出浅蓝色。

在 pBR322 基础上构建的 pUC 质粒载体,仅保留了氨苄青霉素抗性基因和复制起点,相对分子质量更小,如 pUC8/pUC9 为 2750bp,pUC18/pUC19 为 2686bp,而且利用组织化学法筛选重组体,更方便省时。因此,pUC 系列质粒是目前最广泛使用的质粒载体。pUC18/19 质粒载体见图 3-4 所示。

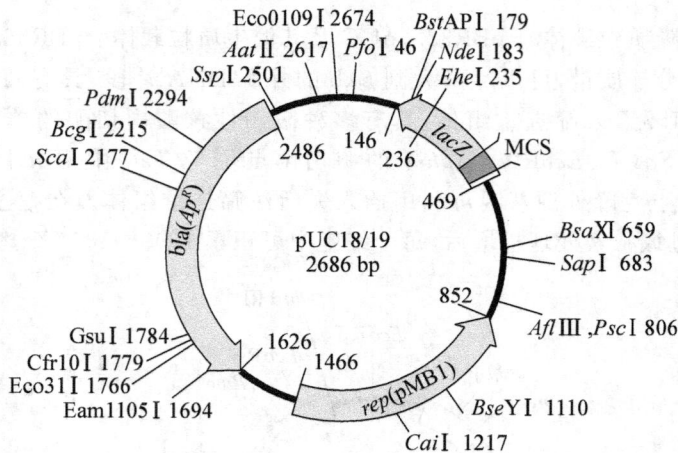

图 3-4 pUC18/19 质粒载体

pGEM 系列质粒载体就是一类多功能载体,如 pGEM-3、pGEM-4、pGEM-3Z、pGEM-4Z、pSP64、pSP65、pGEM-3Zf 等,都是由 pUC 系列质粒载体派生而来的,含有 T7 及 SP6 RNA 聚合酶的启动子及转录起始位点,它们分别位于 *lacZ'* 基因中多克隆位点的两侧,故在体外能转录出相应的 mRNA。因为该质粒还具有 Lac 启动子调控区及 α 肽编码区,噬菌体 F1 的复制起始区以及正、反向序列分析引物的结合位点,所以能进行测序操作。

pBV221 表达载体是我国科学家构建的胞内表达载体,其表达产物位于细胞质中。它利用 λ 噬菌体的 P$_L$、P$_R$ 作为串联启动子,一个温度敏感的转录阻遏蛋白基因 cI857 位于其上游;在多克隆位点的下游区有一强转录终止序列 rrnB;在多克隆位点与启动子之间有 SD 序列。cI857 阻遏蛋白是一个温度敏感的转录调控蛋白,在 30℃时其与启动子紧密结合,阻止转录起始;当培养温度升到 42℃时,阳遏蛋白失活并从启动子上解离,RNA 聚合酶与启动子结合而起始转录,这种可诱导的启动子使得基因能高效表达。

pTA1529 是分泌型表达载体,在启动子之后有一信号肽编码序列。外源基因插入到信号肽序列后的酶切位点,使外源基因的第一个密码子正好与信号肽最后一个密码子相接。外源基因连同信号肽基因一起转录,然后翻译成带有信号肽的外源蛋白。当蛋白质分泌到位于大肠杆菌细胞膜与细胞外壁之间的周质时,信号肽被信号肽酶所切割,得到成熟的外源蛋白。

pTA1529 由大肠杆菌碱性磷酸酯酶基因启动子(PhoA)及其信号肽(由 21 个氨基酸组成)基因构建而成。在磷酸盐饥饿的状态下，外源蛋白得以表达并分泌到细胞周质中。大肠杆菌中常用介导分泌的信号肽除 PhoA 的信号肽外，还有大肠杆菌外膜蛋白(Omp)类的信号肽等。

根据复制模式，可将酵母的质粒分成 5 种不同的类型：YIp、YRp、YCp、YEp 和 YLp。其中，除了线性质粒 YLp 之外，全能与大肠杆菌质粒构成穿梭载体。在动物体系中也已经发展出类似的穿梭质粒载体，最早是由大肠杆菌质粒载体和牛乳头状瘤病毒(bovine papilloma virus，BPV)构建而成的。例如，pBPV-BV1 就是一种典型的动物细胞系统穿梭质粒载体，它既可在大肠杆菌细胞中复制，亦可在动物细胞中复制。但是，目前还没有发展出适用的大肠杆菌-植物细胞穿梭质粒载体。

3.2　λ 噬菌体载体

细菌质粒载体为基因克隆提供了方便，但是其克隆容量仅在 10kb 左右，不能满足诸如构建基因组文库等的要求。因为需要找到一种克隆容量更大的载体，λ 噬菌体载体便应运而生。

3.2.1　λ 噬菌体的生物学特性

λ 噬菌体由一个包裹着 DNA 的正二十面体的蛋白质头部和一个中空管状的蛋白质尾部组成，属温和噬菌体。当它感染大肠杆菌时，尾部吸附在大肠杆菌细胞壁上，头部中的 DNA 经尾部注入到细菌细胞中，蛋白质外壳留在细菌细胞外面。噬菌体 DNA 进入细菌细胞内后，可有溶菌周期和溶原性周期两种生活周期。在溶菌周期中，λ 噬菌体的 DNA 分子便可借助宿主的复制和转录系统进行复制和外壳蛋白合成，同时两者组装成完整的噬菌体颗粒，20min 后就可使宿主细胞发生裂解，释放出大约 100 个噬菌体颗粒。在溶原性周期中，λ 噬菌体的 DNA 分子并不马上复制，而是在特定的位点整合到宿主染色体 DNA 中，与宿主染色体形成一体，并随宿主染色体的复制而复制，随宿主的分裂繁殖而传给其子代细胞(图 3-5)。但这种潜伏的 λ 噬菌体 DNA 在某种营养条件或环境条件胁迫下，可以从宿主染色体 DNA 上切割出来，并进入溶菌周期。

λ 噬菌体基因组是一条线性双链 DNA 分子，大小为 48502bp，其上有 12 个碱基的单链互补黏性末端，当 λDNA 进入细菌细胞后，便迅速通过黏性末端配对形成双链环状的 DNA 分子，这种由黏性末端结合形成的双链区段称为 cos 位点(cohesive-end site)。这是将 λDNA 包装到噬菌体颗粒中所必需的 DNA 序列。

λ 噬菌体基因组分为 3 个区域：① 左侧区，自基因 A 到基因 J，包含外壳蛋白的全部编码基因。② 中间区，介于基因 J 与基因 N 之间，这个区又称为非必需区，与噬菌斑形成无关，被外源 DNA 片段取代后，并不影响噬菌体的生命活动。中间区包含重组基因和一整合切割基因。③ 右侧区，位于 N 基因的右侧，包含全部的主要调节基因及复制基因和裂解基因。

在裂解周期的早期，环状的 λDNA 分子按 θ 型进行双向复制，到了晚期，控制滚环型复制的开关被启动，复制从 θ 型转变成滚环型复制，合成出由一系列 λDNA 线性排列的多聚体分子。线性的 λDNA 多聚体分子不能被包装进头部，必须经过核酸酶的切割作用，从 cos 位点将它分成单位长度的单体分子，才能够被包装起来。cos 位点是 λ 噬菌体正确包装的必需位点。

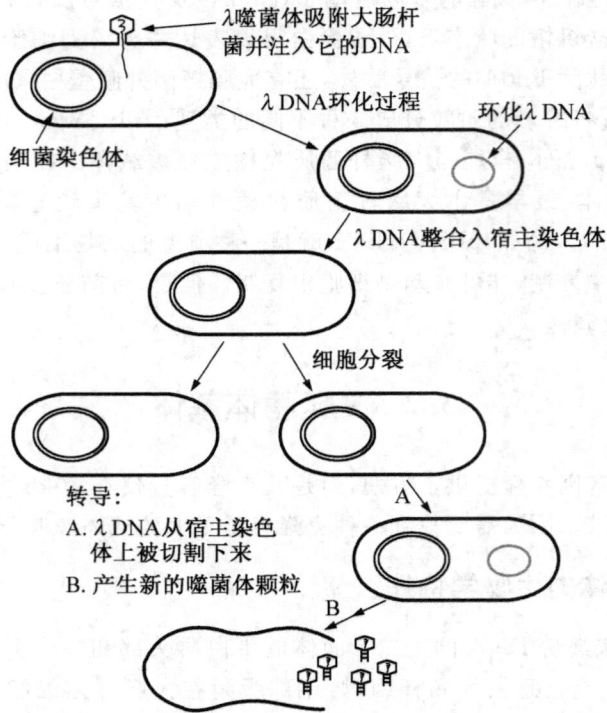

图 3-5 λ 噬菌体的溶原性周期

在溶原性周期,λDNA 稳定地整合到宿主染色体上并随之一起复制。在进行这种复制时,只有 CI 基因得以表达,合成出一种可以使参与溶菌周期活动的所有基因被阻遏的蛋白质。

3.2.2 常见的 λ 噬菌体载体的构建

野生型的 λ 噬菌体 DNA 基因组大而复杂,不适于直接用作基因克隆的载体,而且 λ 噬菌体外壳只能接纳一定长度(即相当于野生型 λ 基因组大小的 75%～105%)的 DNA 分子。因此必须对野生型 λDNA 进行改造。

根据理想基因工程载体的条件,并针对野生型 λ 噬菌体作为基因工程载体的缺陷,对 λDNA 进行了以下几方面的改造:① 切除掉 λDNA 的非必需区段,扩充 λ 噬菌体载体的克隆容量;② 除去 λDNA 必需区段中的限制性核酸内切酶识别位点,在非必需区引入合适的限制性核酸内切酶位点;③ 引入适当的选择性标记以方便重组子的筛选;④ 通过在某些必需基因中引入无义突变使之成为安全载体,以利于生物学防护等。

早期构建的 λ 噬菌体载体有插入型和取代型两种不同的类型:只具有一个限制性核酸内切酶的酶切位点可供外源 DNA 插入的 λ 噬菌体派生载体,称为插入型载体,如 λgt10、λgt11、λBV2、λNM540、λNM1590、λNM607 等。具有两个限制性核酸内切酶的酶切位点,它们之间的 DNA 区段可被外源 DNA 片段所取代,这类 λ 噬菌体派生载体称为取代型载体(或称置换型载体),如 Charon4、Charon10、Charon35、λgtWES、λEMBL3 等。这两种载体特点不同,用途也不尽相同。插入型载体只能承载较小的外源 DNA 片段,一般在 10kb 以内,广泛应用于 cDNA 及小片段 DNA 的克隆;对于取代型载体,除去中间填充片段,其左右两臂通过融合所形成的基因组如果太短,就无法包装成有侵染力的噬菌体;只有当一定大小的外源 DNA 片段插入之后,才能包装成有侵染力的噬菌体,并形成噬菌斑。由此可见,这种载体对重组噬菌体有正向选择作用。

取代型载体可承载 20kb 左右的外源 DNA 片段,常用来克隆高等真核生物的染色体DNA。随着多克隆位点技术的应用,现在常规使用的 λ 噬菌体载体都带有多克隆位点,其中许多既可用作插入型又可用作取代型。

3.2.3　常见的 λ 噬菌体载体

在 λ 噬菌体载体的非必需区段插入 *LacZ′* 基因,其中带有多克隆位点,如 λgt11、λgt18～23 等,它们在生色底物(X-gal)和诱导物(IPTG)存在时,与相应的 Lac⁻ 宿主通过 α 互补作用在平板上可形成深蓝色噬菌斑。如果 β-半乳糖苷酶基因被外源 DNA 片段插入失活,所产生的重组噬菌体丧失 α 互补能力,则在含有 X-gal 和 IPTG 的平板上形成无色噬菌斑。因此,对于这类 λ 噬菌体载体,可通过组织化学方法进行重组子的筛选。这类载体有 λgt11、λgt18～23、Charon2 等,都含有 *lacZ′* 基因,其上具有多种限制性核酸内切酶的单一酶切位点,可用组织化学法筛选重组体。

噬菌体 434 是 λ 噬菌体家族的成员之一,它的免疫区段(imm⁴³⁴)具有 *Eco*R I 和 *Hind*III两种限制性核酸内切酶的单切位点,当由这些位点插入外源 DNA 片段时,就会使载体所具有的合成活性阻遏物的功能遭到破坏。因此,凡带有外源 DNA 片段的重组体只能形成清晰的噬菌斑,而没有外源 DNA 插入的亲本则形成混浊的噬菌斑,所以不同的噬菌斑形态可作为筛选重组体的标志。科学工作者通过噬菌体杂交的办法,已经将 imm⁴³⁴ 免疫区段导入 λ 噬菌体基因组,构建成许多免疫功能失活的插入型载体。这类常用的载体有 λgt10、λNM1149 及Charon6、Charon7 等,可根据噬菌斑的形态筛选重组体。

Charon 系列取代型载体专门设计用来克隆大片段 DNA,常用的有 Charon32～35、Charon40、Charon21A 等。Charon34 的中间填充片段为 16.4kb 的大肠杆菌 DNA 的 *Bam*H I 片段,Charon35 的中间填充片段为 15.6 kb 的大肠杆菌 DNA 的 *Bam*H I 片段,它们在填充片段的两侧都有一个反向的多克隆位点。

λEMBL 系列取代型载体也是用来克隆 DNA 大片段的,常用的载体有 λEMBL3、λEMBL4、λEMBL3A 等。λEMBL4 的中间填充片段为 13.2kb,其两侧为限制性核酸内切酶的单切位点。λEMBL3A 是在 λEMBL3 的基础上使 *A* 基因发生琥珀突变而构建的。

3.3　单链 DNA 噬菌体载体

单链 DNA 噬菌体载体主要是由 M13 噬菌体构建发展起来的一类载体。它们具有其他载体所不具备的优越性:① 它们不存在包装限制问题,已成功地包装了总长度为 M13 DNA 6倍的 DNA 分子,能克隆较大的 DNA 片段。② 可从噬菌体颗粒中产生大量含有外源 DNA 序列的单链 DNA 分子。这种重组体单链 DNA 分子在基因定点突变、DNA 序列测定、杂交探针制备中特别有用。③ 应用这类载体,可以容易地测定出外源 DNA 片段的插入方向。④ 可从大肠杆菌中制备双链的复制型 DNA,如同质粒一样,能在体外进行基因克隆操作。⑤其两种形式的 DNA 分子都能够转染感受态的大肠杆菌,或产生噬菌斑,或形成侵染的菌落。因此,它们在基因工程中具有特别重要的作用,越来越受到人们的重视。

3.3.1　M13 噬菌体的生物学特性

M13 噬菌体含有一个 6.4kb 的单链闭环 DNA 分子,外形呈丝状,大小为 900nm×9nm,这条感染性的单链 DNA 称为 M13 噬菌体的正链 DNA[(+)DNA]。M13 噬菌体基因组的 90％以上是编码蛋白质基因,M13 噬菌体并不像 λ 噬菌体那样存在插入外源 DNA 的非必需区域。

M13 噬菌体在感染大肠杆菌时通过性纤毛进入宿主细胞内,故其只能感染大肠杆菌雄性菌株。M13 噬菌体的繁殖并不会导致宿主细胞发生溶菌现象,感染的细胞能够继续生长和分裂,一般认为,M13 噬菌体首先吸附在性纤毛的末端,然后外壳蛋白脱落,(+)DNA 在附于其上的基因Ⅲ编码蛋白的引导下,进入大肠杆菌细胞内(图 3-6)。在宿主细胞内复制酶的作用下,以(+)DNA 为模板,合成其互补的(-)DNA,形成双链 DNA,称为复制型 DNA(replication form DNA,RFDNA),它按 θ 形式进行 DNA 复制。当在宿主细胞内积累约 200 个 RFDNA 分子后,M13 噬菌体的基因Ⅱ产物便在 RFDNA 的正链特定位点上作用,产生一个切口,正式开始 M13 基因组的复制。其基本特点是利用大肠杆菌 DNA 聚合酶Ⅰ,以(-)DNA 为模板按滚环方式合成(+)DNA,复制叉每环绕负链整整一周时,被取代的正链由基因Ⅱ产物切除下去,经环化后形成单位长度的 M13 噬菌体基因组 DNA。这种滚环复制是不对称的,因为基因 V 编码的单链特异结合蛋白,与(+)DNA 结合,阻断(-)DNA 的合成。新产生的游离(+)DNA 按一种特异方式包装成噬菌体颗粒。这时与基因 V 产物形成 DNA-蛋白质复合物的(+)DNA 转移到细胞膜上,同时基因 V 蛋白从(+)DNA 上脱落下来,(+)DNA 从宿主细胞膜上溢出,并在此过程中被外壳蛋白质包装成噬菌体颗粒。这种包装方式不需要预先形成固定结构,被包装的单链 DNA 大小不像 λ 噬菌体那样有严格的限制,因此 M13 噬菌体载体具有较大克隆能力。

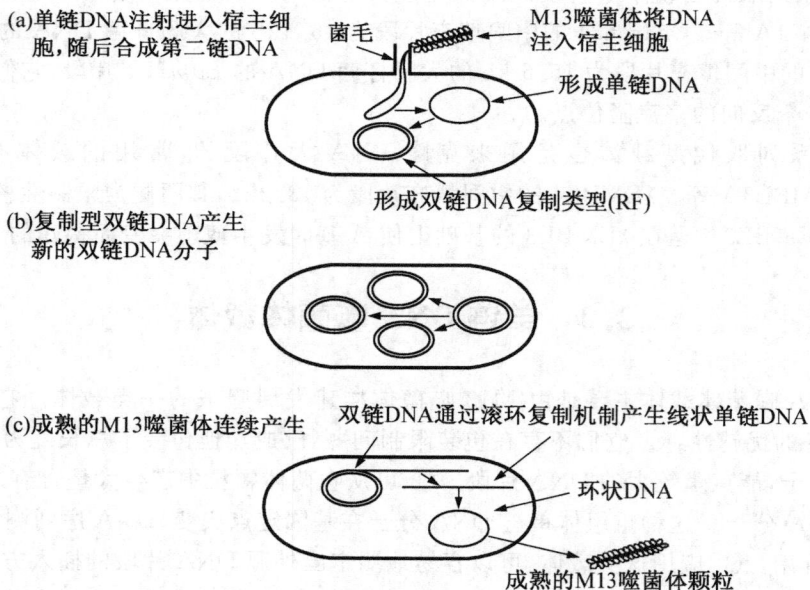

图 3-6　M13 噬菌体感染大肠杆菌过程示意图

3.3.2　常见的 M13 噬菌体载体

大多数 M13 噬菌体载体都是成对构建的，例如 M13mp8/M13mp9、M13mp10/M13mp11、M13mp18/M13mp19 等，它们之间的区别在于相同的多克隆位点取向相反。M13mp1 是构建的第一个 M13 噬菌体载体，随后构建的一系列 M13 载体都是在此基础上经改建派生出来的。例如 M13mp2、M13mp3、M13mp7~11 及 M13mp18 和 M13mp19 等，其中 M13mp18 和 M13mp19 是目前最常用的 M13 噬菌体载体。

M13mp8~11 及 M13mp18 和 M13mp19 等的多克隆位点是非对称排列的，对某一限制性核酸内切酶只有单一酶切位点。因此，可用来克隆具有不同限制末端的外源 DNA 片段，而且克隆片段插入的方向是固定的。

M13 噬菌体载体的主要用途：第一，可以制备单链 DNA 进行 DNA 序列分析，例如可以用一个引物（通用引物），从两个相反的方向，同时测定同一个外源 DNA 片段双链的核苷酸顺序，获得彼此重叠又相互印证的 DNA 序列结构资料。第二，可以制备只与外源 DNA 的任意一条链互补的 DNA 探针。第三，可以在寡核苷酸介导的基因定点突变中用来制备含有目的基因的单链 DNA 模板。

M13 噬菌体载体也存在不足，插入的外源 DNA 片段不稳定，片段越大，越容易发生缺失或重排。一般情况下其有效的最大克隆能力仅 1.5kb。理论上，M13 噬菌体载体克隆外源 DNA 片段有两种插入方向，但实际上外源 DNA 总是按一种主要的方向插入的。

3.4　噬菌粒载体

噬菌粒载体（phagemid vector, phasmid vector）集质粒和丝状噬菌体载体的长处于一体，具有很大的优越性：① 分子较小，约为 3kb，可克隆 10kb 的外源 DNA 片段。② 由于它们既具有质粒的复制起始点，又具有 M13 噬菌体的复制起点，因此在宿主细胞内可按质粒双链 DNA 分子形式复制，形成的双链 DNA 既稳定又高产。当辅助噬菌体存在时，复制按 M13 噬菌体的滚环复制模型进行复制，产生单链 DNA 分子。③ 具有多种功能，用一个噬菌粒载体可以进行多种多样的工作，例如，外源 DNA 片段的克隆、产生单链模板 DNA 用于基因定点突变、直接测定插入的外源 DNA 片段的序列、对外源基因进行体外转录和翻译等。

pUC118 和 pUC119 噬菌粒载体是把含有 M13 噬菌体复制起点的 476bp 长的片段分别插入到 pUC18 和 pUC19 质粒载体的 *Nde* I 位点上构建而成的。除了多克隆位点的取向相反外，两者的分子结构完全一样，都含有 *Amp*r 选择标记和乳糖操纵子的调控序列及 α 肽编码区，因此，可利用氨苄青霉素和组织化学法筛选重组子。此外，在多克隆位点的两侧具有 T7 噬菌体 RNA 聚合酶启动子，可进行体外转录。

3.5　黏粒载体

λ 噬菌体载体克隆外源 DNA 的能力，虽然理论上的极限值可达 24kb，但事实上较为有效的克隆范围仅为 15kb 左右。而许多真核基因的大小比通常预期的要大得多，有的可达 35~45kb，甚至更大。因此，为了克隆和增殖真核基因组 DNA 大片段，科学工作者设计并构建了一类具有较大克隆能力的新型克隆载体——黏粒载体（cosmid vector），又称柯斯质粒载体。

黏粒载体是一类含有 λ 噬菌体的 COS 序列的质粒载体。

3.5.1　黏粒载体的基本特点

1. 具有 λ 噬菌体的体外包装、高效感染等特性

黏粒载体本身不能在体外被包装成噬菌体颗粒,只有在克隆了合适长度的外源 DNA 片段后才能被包装成噬菌体颗粒,因此,它具有正选择重组子的作用。这种噬菌体颗粒可以高效感染对 λ 噬菌体敏感的大肠杆菌细胞。黏粒载体的重组子 DNA 分子进入宿主细胞后,便按照 λ 噬菌体同样的方式环化起来。但黏粒载体并不含有 λ 噬菌体的全部必需基因,因此它不能够形成子代噬菌体颗粒。

2. 具有质粒载体的易于克隆操作、选择及高拷贝等特性

黏粒载体具有质粒的复制起点,在宿主细胞内像质粒 DNA 一样进行复制,并且在氯霉素作用下可进一步扩增。黏粒载体通常具有抗菌素抗性选择标记,其中有一些还带有引起插入失活的克隆位点。此外,黏粒载体的相对分子质量较小,易于克隆操作。

3. 具有高容量的克隆能力

黏粒载体的分子较小,一般为 5～10kb。按 λ 噬菌体的包装限制(38～52kb),黏粒载体的平均最大克隆容量约为 42kb(28～50kb),平均最低克隆容量约为 33kb(11～34kb)。由此可见,黏粒载体用于克隆 DNA 大片段特别有效。

4. 具有与同源序列的质粒进行重组的能力

当黏粒载体与一种带有同源序列的质粒共存于同一个宿主细胞中时,它们之间便会通过同源重组形成共合体。

3.5.2　黏粒载体的构建

应用黏粒载体构建基因组文库所遇到的最大问题是黏粒载体经过酶切产生的线性 DNA 片段彼此之间会首尾相连形成多聚体分子;其次是酶切的基因组 DNA 片段,在随后的连接反应中,往往会出现两个或数个片段随机再连接,串联地插入到载体上,而它们的结合顺序并不符合在真核基因中的固有排列顺序。因此,使用含有这种插入片段的克隆作 DNA 序列分析,所得出的染色体结构将是错误的。除了用克隆方法解决此问题外,还通过对黏粒载体进行改良,设计并构建了一些新颖的黏粒载体来解决此问题。例如,使用仅含有一个 cos 位点的黏粒载体进行克隆实验,需要经过碱性磷酸酶的脱磷酸处理和凝胶电泳纯化等烦琐的操作程序,其结果使得载体双臂 DNA 的最终获得率极低,为此,Bates 和 Swift(1983)构建了一种具有两个 cos 位点的黏粒载体——c2XB。这个载体具有 *Bam*H Ⅰ 单克隆位点,产生平头末端的 *Sma* Ⅰ 限制性核酸内切酶的酶切位点位于两个 cos 位点之间。因此,载体经双酶切后,得到中间具有一个 cos 位点、两端分别为平头末端(*Sma* Ⅰ)和黏性末端(*Bam*H Ⅰ)的载体双臂 DNA 片段,这样有效地阻止了载体双臂 DNA 片段自我连接形成多聚体分子,从而提高了克隆效率,降低了假阳性的比例。

3.5.3　黏粒载体在基因克隆中的应用

应用黏粒载体克隆真核基因组 DNA 大片段的技术,称为黏粒克隆(cosmid cloning)。它的一般程序是:先用特定的限制性核酸内切酶局部消化真核生物的 DNA,产生出高相对分子质量的外源 DNA 片段,与经同样的限制性核酸内切酶切割过的黏粒载体线性 DNA 分子进行体外连接

反应。由此形成的连接产物群体中,有一定比例的分子是两端各有一个 cos 位点、中间为长度 40kb 左右的真核 DNA 片段,而且这两个 cos 位点在取向上是一样的。这种分子与在 λ 噬菌体感染晚期所产生的分子是类似的。因此,当加入 λ 噬菌体的包装连接物时,它将能识别并切割这种两端各由一个 cos 位点包围着的 35～45kb 长的真核 DNA 片段的重组分子,并把这些分子包装进 λ 噬菌体的头部。当然,由包装形成的含有这种 DNA 片段的 λ 噬菌体头部是不能够作为噬菌体生存的,但它们可以用来感染大肠杆菌。感染之后,注入细胞内的这种重组分子便通过 cos 位点环化起来,并按质粒分子的方式进行复制和表达其抗药性选择标记。

黏粒克隆存在技术上的两大缺陷。为此,一般都在连接反应之前,先用碱性磷酸酶对线性的黏粒载体 DNA 做预处理,使之脱磷酸,以阻止它们之间发生自我连接作用。另一比较有效的办法是,在进行连接反应之前,先将局部消化产物通过凝胶电泳做大小分级分离,然后将长度在 31～45kb 范围的 DNA 片段再与线性化的黏粒载体 DNA 进行连接。然而,即使经过了这样的处理,在实际的黏粒克隆中,也依然会出现一些由原来彼此不相邻的两条 DNA 片段连接形成的串联插入。因此,人们从克隆方法和构建的一些新颖的黏粒载体的基础上,设计了特殊的克隆方案,解决了黏粒克隆中存在的技术难点。

3.5.4　常用的黏粒载体及应用

在基因工程中常用的黏粒载体有:pJt38、c2XB、pHC79、pcosEMBL、pWE15、pWE16、Charomid 系列等。pJB8 这个黏粒载体的最大特点是在克隆位点 $BamH I$ 的两侧,各有一个 $EcoR I$ 酶切位点,因此,可用 $EcoR I$ 切割,从重组体分子中重新获得插入的 DNA 片段,它带有氨苄青霉素抗性选择标记,其克隆能力为 31～47kb。

黏粒载体的主要优点是克隆容量大,转化率高。因此,它主要用于真核生物的基因组文库构建。这样,不仅可以减少基因组文库的克隆数,大大减少工作量,而且可以提高筛选时阳性克隆的检出率(包装正选择等)。尽管黏粒克隆的技术困难已基本得到解决,但由于 λ 噬菌体载体具有多功能性和较高的克隆效率,因此,λ 噬菌体载体仍然是目前构建基因组文库时首选的克隆载体。黏粒载体只有在以下两种特定的情况下使用:① 在单个重组体中克隆和增殖完整的真核基因;② 克隆与分析组成某一基因家族的真核 DNA 区段。总之,在克隆大容量目的基因时使用黏粒载体具有明显的优势。

3.6　人工染色体

3.6.1　酵母人工染色体

由于许多真核基因过于庞大,特别是人类基因组计划、水稻基因组计划需要能克隆更长 DNA 片段的载体,于是一系列人工染色体(artificial chromosome)应研究需要而产生。酵母人工染色体(YAC)是目前能克隆最大 DNA 片段的载体,可插入 100～2000kb 的外源 DNA 片段。YAC 是由酵母的自主复制序列(autonomously replicating sequence,ARS)、着丝粒(centromere,CEN)、四膜虫的端粒(telomere,TEL)以及酵母选择性标记组成的能自我复制的酵母线性克隆载体。着丝粒主管染色体在细胞分裂过程中正确地分配到各子细胞中;端粒位于染色体末端,对于染色体的稳定及端粒复制具有重要意义;自主复制序列即染色体上 DNA 复制的起始位点。首先构建两臂,左臂含有端粒、酵母筛选标记 Trpl、自主复制序列

ARS 和着丝粒,右臂含有酵母筛选标记 Ura3 和端粒,然后在两臂之间插入 DNA 大片段,从而构建成酵母人工染色体。

　　YAC 虽然可容纳较长的 DNA 片段,但是用其克隆外源基因易出现嵌合体和不稳定现象,而且 YAC 克隆不容易与酵母自身染色体(15Mb)相分离。

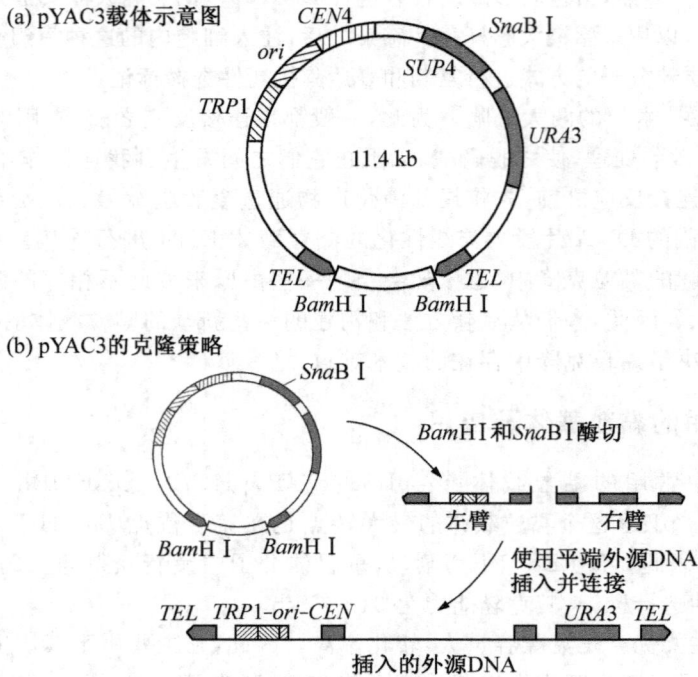

图 3-7　酵母人工染色体的构建

3.6.2　细菌人工染色体

　　细菌人工染色体(BAC)是以细菌 F 因子(细菌的性质粒)为基础构建的细菌克隆载体。BAC 除去了 F 因子的转移区及整合区等复制非必需区段,并引入多克隆位点及选择标记。BAC 克隆容量可以达 300kb,重组 DNA 比较稳定,比 YAC 易分离,但是拷贝数低。

3.6.3　哺乳动物人工染色体

　　如果能从哺乳动物细胞中分离出复制起始区、端粒以及着丝粒,就可以构建成哺乳动物人工染色体(MAC),它可以克隆大于 1000kb 的外源 DNA 片断。MAC 有广泛的应用领域,可以研究哺乳类细胞中染色体的功能。MAC 也可以用于体细胞基因治疗,原因是由于 MAC 能在宿主细胞中自主复制,可以将整套的基因,甚至将有一串与特定遗传病有关的基因及其表达调控序列转入受体细胞中,不会将 DNA 插入到病人基因组而引起插入突变,使基因治疗变得更有效。

3.7　植物基因工程载体

　　理想的植物基因工程载体要求其相对分子质量不能太大,能携带外源 DNA 进入植物细胞并整合到基因组中,插入较大的外源 DNA 片段而不影响其复制和转化细胞的能力;具有选择标记,能有效地筛选转基因植株等特点。

3.7.1　质粒转化载体

Ti 质粒是从根癌农杆菌(*Agrobacterium tumefaciens*)中分离出来的一种肿瘤诱导质粒。Ri 质粒是从发根农杆菌(*Agrobacterium rhizogenes*)中分离出来的一种毛状根诱导基因。根癌农杆菌和发根农杆菌是两种宿主非常广泛的土壤细菌,在自然状态下它们能通过伤口侵染植物,分别导致冠瘿瘤和毛状根的发生。Ti 质粒和 Ri 质粒上含有 T－DNA 区段,T－DNA 能够高频率插入植物基因组中。将外源基因插入到 T－DNA 中,外源基因可以随着 T－DNA 整合到植物基因组中从而实现基因的转移。因此,Ti 质粒和 Ri 质粒是植物基因工程最理想的转化载体。关于 Ti 质粒和 Ri 质粒的详细内容在第 11 章介绍。

3.7.2　植物病毒转化载体

植物病毒种类繁多,在已知的 300 多种植物病毒中有大约 91% 为单链 RNA 病毒。病毒侵染植物细胞后,病毒的 DNA 或 RNA 能自发地进行基因转移,并且在植物细胞中复制和表达。因此,植物病毒可以作为植物的基因转化载体。

迄今为止所知的双链 DNA 病毒只有花椰菜花叶病毒组和黄瓜黄脉病毒组。其中花椰菜花叶病毒(CaMV)的性质、功能、基因组结构是研究得轻清楚的,被认为是病毒转化载体的最佳候选者。

花椰菜花叶病毒(CaMV)是一种双链 DNA 病毒,目前发现 12bp 的外源小片段可以在 CaMV 的四个区域插入:编码区 Ⅱ,也称基因 Ⅱ 或 *Orf* Ⅱ;编码区 Ⅰ 和 Ⅵ 之间的大间隔区;编码区 Ⅳ 的 C 末端区域和编码区 Ⅵ 区域。研究发现,当插入 500bp 的较大片段时,大部分 CaMV 就丢失了 DNA,从 CaMV 的插入外源 DNA 限制来看,这种植物基因转化载体还需要进一步改进。

单链 DNA 病毒又称为双联体病毒或孪生病毒(GeNV),感染范围较广,包括双子叶植物和单子叶植物,其传播媒介是昆虫。该病毒由两个连接在一起的病毒颗粒组成,其大小 18～20nm,含有 1～2 个长为 2.5～3.0kb 的单链环状 DNA 分子。例如菜豆金花叶病毒(BGMV)、番茄金花叶病毒(TGMY)含有感染所必需的两个单链环状 DNA 分子,小麦矮化病毒(WDV)含有一个单链环状 DNA 分子。

在双子叶植物中,TGMV 的衣壳蛋白基因被 Npt－Ⅱ 和 Cat 取代,并得到复制和表达,进一步说明 GeNV 是一种很有前景的转化载体。

烟草脆裂病毒(TRV)是一种单链 RNA 病毒,TRV 基因组由两段独立的 RNA 组成,每一段都包装成棒状的病毒颗粒。其中较长的一段 RNA 因为不含有衣壳蛋白的编码序列,所以单独存在时只能产生不包装 RNA 分子。较短的 RNA 编码衣壳蛋白,但其复制必须有较长 RNA 的存在才能进行。利用这两种病毒颗粒共同感染植物,可以使病毒基因组得到正常的复制和表达。一般认为,利用 RNA 病毒作为转化载体首先单链的病毒 RNA 在反转录酶的作用下反转录成一条单链的 cDNA,然后单链 cDNA 在 DNA 聚合酶的作用下形成双链 cDNA,通过重组技术 cDNA 双链插入到克隆质粒中,使在克隆质粒中的病毒 cDNA 连同外源基因先转录成 RNA 转录体,再用此来感染植物。

3.8　动物基因工程载体

　　将外源基因转入动物细胞,通常应用由动物病毒构建的一类载体。病毒具备异常有效的入侵细胞的能力,因此它是功能强大的基因转移载体。例如 SV40 病毒载体、杆状病毒载体在动物基因工程中已愈来愈普遍地应用。但是在构建病毒载体时,因为病毒本身的致病性,所以往往利用致病力弱的动物病毒或某些病毒的弱毒株进行改造,构建成基因载体。

　　动物病毒侵入动物细胞后,呈现裂解感染和整合性感染两种生长状态。裂解感染是依靠宿主细胞的酶和调控系统合成病毒核酸和结构蛋白,病毒 DNA 大量复制,在感染的细胞内有着大量的病毒 DNA 拷贝,病毒在细胞内装配成完整的子代病毒颗粒,释放到细胞外,扩大感染,感染细胞则大多数因代谢障碍而死亡。整合性感染是病毒核酸整合到细胞染色体中,随着细胞 DNA 的复制而扩增。病毒 DNA 的序列中往往具有几个很强的启动子,它可使排列在其后方的基因高效表达。如果将外源基因插入在病毒 DNA 强启动子的后方,那么随病毒 DNA 在细胞内大量复制的同时,也将得到外源基因的高效表达。

3.8.1　SV40 病毒载体

　　SV40 是一种猿猴空泡病毒,环状双链 DNA 分子,全长 5241bp。根据基因组内转录的时间顺序和方向,分为两个转录区域,即早期转录区和晚期转录区。当它感染猿猴细胞时,其DNA 进入细胞核后,开始依次进行早期转录、DNA 复制、晚期转录。在早期转录中产生 T 抗原和 t 抗原。当细胞内 T 抗原和 t 抗原积累到足够时,T 抗原启动 DNA 复制,并启动顺时针方向的转录。在晚期转录中,产生病毒外壳蛋白 VP1、VP2、VP3,并与新复制的病毒 DNA 装配成病毒颗粒,细胞内病毒颗粒达到 10^5 个时,细胞破裂,释放出病毒颗粒。此过程称为裂解感染,这种敏感细胞称为受纳细胞。当 SV40 感染啮齿动物细胞(如仓鼠、小鼠细胞)时,DNA整合到宿主细胞的染色体 DNA 上,随染色体 DNA 复制而复制,不会使细胞破裂,最终导致细胞癌变,不产生病毒颗粒,这个过程称为非裂解感染,这类细胞是非受纳细胞。SV40 致瘤的原因主要是其基因组整合入宿主基因组,可以整合病毒基因组的某些片段,也可以整合 10 拷贝以上的病毒基因组;但至今人们对整合机制还不清楚。

　　SV40 病毒基因组中,早期区域和晚期区域是相对独立的转录单元,因此可以有晚期区被取代和早期区被取代两种类型的取代型载体。SV40 颗粒包装对分子大小有严格限制,构建载体只能是取代型的,被取代的 DNA 不能超过基因组全长的 30%。

　　对于晚期区取代型载体,由于缺失晚期区域,不能将重组 DNA 包装成新的病毒颗粒,因此这样的克隆载体必须与辅助病毒一起感染受体细胞。辅助病毒是一种不产生 T 抗原,但能产生外壳蛋白的突变体。在受体细胞内,依赖辅助病毒产生的外壳蛋白,重组 DNA 包装进新的病毒颗粒。

　　对于早期转录区取代型载体,由于缺失早期区域,不能产生 T 抗原,缺失复制功能,必须具有 T 抗原互补功能的辅助病毒,或者建立含 SV40 早期转录区的辅助细胞系(如 COS、HFS细胞系)。一般用后者把 SV40 早期转录区 DNA 序列整合到敏感动物细胞基因组中,使其有效表达 T 抗原。当早期区 DNA 序列被外源 DNA 取代的重组 SV40DNA 导入这种细胞时,T抗原得到互补,重组 SV40DNA 能进行有效复制。

3.8.2　反转录病毒载体

反转录病毒又称逆转录病毒,是一类 RNA 病毒。该类病毒大多数具有致瘤性,故又称为 RNA 肿瘤病毒。其基因组 RNA 进入宿主细胞后通过自身编码的反转录酶合成双链 DNA,这种 DNA 能随机整合到宿主细胞基因组中,随宿主细胞基因组一起复制或转录,转录产生的正链 RNA 可以装配成病毒颗粒,也可以不发生装配,成为病毒蛋白合成的模板。

反转录病毒的基因组为两条相同的单链 RNA 组成的二聚体,通常长为 8~10kb,其两端含有相同的结构,即长末端重复序列(long terminal repeat,LTR),其长度为几百个碱基。逆转录病毒能在宿主细胞中永久性地表达外源基因,具有构建载体的良好特性。此外,它能感染几乎所有类型的细胞,受体细胞的范围广泛。

反转录病毒载体的类型,早期构建的多为单基因载体,是以单个外源基因取代反转录病毒的反式作用序列。由于这种载体的外源基因表达只受 LTR 中病毒的唯一启动子调控,因而应用受到局限。后来构建的并被广泛应用的是多基因载体,例如双表达载体、自灭活载体、自分解载体等。双表达载体保留了大部分的病毒顺式作用序列。病毒载体携带 2 个外源基因,均处于 5′端 LTR 中启动子的控制下,这种载体的特点是提供了病毒基因转移、表达的顺式作用序列,即 5′端 LTR 中的启动子、增强子、3′端 LTR 中的多聚 A 信号和内含子剪切位点。但是转移的基因只在病毒启动子有活性的细胞中才能表达。自灭活载体通过缺失 LTR 中的部分启动子和增强子,产生的自灭活载体在感染宿主细胞后形成的前病毒 DNA 不能进行转录,外源基因由自身融合的启动子控制表达,因而不会发生插入激活作用。此类载体的特点是比较安全,但不足之处是大多数载体产生病毒感染的滴度较低,不能进行有效的基因转移。自分解载体含有反转录病毒的内部附着序列,病毒基因组的结构不完整,病毒复制两次后前病毒 DNA 整合到宿主基因组中,外源基因的内部启动子控制进行特异的表达。此种载体不能产生复制性病毒粒子,因而也是一种安全的反转录病毒载体。

以反转录病毒作载体进行基因转移具有基因转移效率高、病毒感染力强等优点,而且反转录病毒有广泛的宿主范围,不仅适用于单层细胞,也适用于悬浮培养的淋巴细胞、前髓细胞及造血干细胞等多种骨髓来源的细胞;经特殊构建的反转录病毒载体是缺陷型,不易产生感染性病毒粒子,比较安全。不过,有的反转录病毒载体可能具有潜在激活癌基因的作用。

3.8.3　痘苗病毒载体

痘苗病毒的基因组是一个线性双链 DNA,长约 185kb,其中有一个 28kb 的区域是病毒复制的非必需区,可以被外源基因取代。痘苗病毒能在宿主的细胞质中独立地复制和转录,高度稳定,宿主范围广,因此,可以作为良好的载体。痘苗病毒载体的构建需要采用同源重组的方法。重组痘苗病毒表达外源基因,需要在基因两端组装上胸腺嘧啶核苷激酶的 *tk* 基因或 *ha* 基因同源重组,将外源基因整合到痘苗病毒基因组上。痘苗病毒载体通常具有三个主要成分:痘苗病毒的调控序列、胸腺嘧啶核苷激酶基因(*tk* 基因)以及位于 *tk* 基因中供外源基因插入的克隆位点,利用 *tk* 基因插入失活作为选择标记。

痘苗病毒载体的主要用途是构建痘苗病毒活疫苗。迄今为止,用痘苗病毒载体表达的外源基因有:乙型肝炎表面抗原基因、流感病毒血凝素基因、狂犬病毒表面糖蛋白基因,以及单纯疱疹病毒、EB 病毒、水泡性口炎病毒、伪狂犬病毒和疟原虫等的抗原基因。

3.8.4 腺病毒载体

腺病毒是一种二十面体的颗粒线状双链 DNA 病毒,其基因组大小为 32～36kb,分为哺乳动物和禽类两个属。在线性 DNA 两端各存在 1 个含 103～162bp 的反向末端重复序列(inverted terminal repeat,ITR),因此变性后的两条链可能分开成单链,彼此形成一个茎环结构。ITR 为病毒 DNA 复制的起始位点。

野生型腺病毒容纳外源 DNA 的最大容量为 2kb。如果将病毒的非必要区域删去,用外源 DNA 取代,可以增加病毒接受外源 DNA 的容量,又不影响重组病毒的复制和包装。理论上,基因组除了两端各约 500bp 的序列结构是复制和包装所必需的,其他部分均可以被外源 DNA 取代。人腺病毒具有易感染性,宿主范围广,而且外源 DNA 不会整合到宿主染色体上,具有较高的安全性,已成为较有前途的基因转移载体之一。

腺病毒载体在转移和表达外源基因方面具有许多优点:① 其基因组较小,易于操作;② 有多个外源基因插入位点;③ 腺病毒 DNA 不整合到宿主染色体上,不会引起插入突变;④ 腺病毒致病性小,重组腺病毒结构稳定;⑤ 重组病毒滴度高。

本 章 小 结

基因工程载体是指基因工程中携带外源基因进入受体细胞的"运载工具",它的本质是 DNA 复制子。作为基因工程载体必须具备 3 个基本条件:① 能在宿主细胞内进行独立和稳定的自我复制。② 具有合适的限制性核酸内切酶位点。③ 具有合适的选择标记基因。使用最多的基因工程载体是质粒载体和噬菌体载体。

质粒载体主要有克隆质粒载体、表达质粒载体、穿梭质粒载体等。常用的克隆质粒载体是 pBR322 及 pUC 系列。噬菌体载体主要有 λ 噬菌体载体和 M13 噬菌体载体。它们的克隆容量大于质粒载体,用于基因文库的构建。插入型 λ 噬菌体载体的克隆容量小于取代型 λ 噬菌体载体,前者只能克隆 10kb 以下的外源 DNA 片段,后者可克隆 20kb 左右的外源 DNA 片段。M13 噬菌体载体在制备单链 DNA 中有重要用途。黏粒载体是一类含有 λ 噬菌体的 cos 序列的质粒载体,它的克隆容量较大,一般为 35～45kb,主要用于真核基因文库的构建。但上述载体的克隆容量有限,不能满足基因组计划的大片段 DNA 的克隆,因此,构建了一系列的人工染色体。YAC 的克隆容量为 100～2000kb。BAC 的克隆容量可达 300kb。利用植物病毒构建了病毒转化载体,但转移的外源基因不能整合到植物基因组上,以游离拷贝的形式存在。动物基因工程载体主要来自动物病毒,用于基因高效表达和基因治疗的研究。相对于植物病毒转化载体来说,动物病毒载体大多数都能将外源基因整合到宿主基因组上,随宿主染色体的复制而遗传给后代,主要有 SV40 病毒载体、反转录病毒载体、痘苗病毒载体、腺病毒载体等。

思考题

1. 构建基因工程载体的基本原则是什么?
2. 构建 λ 噬菌体载体的主要内容是什么?
3. M13 噬菌体载体的主要用途是什么?
4. 黏粒载体具有哪些优缺点?

(邹克琴)

第 4 章

基因工程基本操作技术

基因工程操作能够跨越天然物种屏障,把来自任何生物的基因插入到新的宿主细胞中并扩增。在体外将核酸分子插入病毒、质粒或其他载体分子,构成遗传物质的新组合,使之进入原先并无该类分子的细胞内并持续稳定增殖和表达。基因工程的所有操作,基本上都依赖于核酸的操作技术,也就是常说的基因操作的相关实验技术。

4.1 核酸的提取与纯化

核酸在细胞中的含量很少,如核 DNA,每个细胞中只有 $10^{-15} \sim 10^{-10}$ g。不同物种细胞核中 DNA 的平均含量变动很大,但同一物种不同个体及个体的不同组织,其细胞核中 DNA 的含量是恒定的。RNA 分子较小,相对分子质量约为 $2.5 \times 10^4 \sim 2 \times 10^6$。DNA 分子很大,相对分子质量约为 $10^6 \sim 10^{11}$。真核生物的 DNA 主要存在于细胞核中,只有约 5% 存在于线粒体、叶绿体等细胞器中,真核生物的 RNA 则 75% 左右存在于细胞质中,约 15% 存在于细胞器中,约 10% 存在于细胞核中。原核生物的 DNA 集中在核质区。RNA 分散在细胞质里,细胞质中的 RNA 中,以 rRNA 的数量最多,tRNA 其次,mRNA 最少。真核生物的染色体 DNA 是双链线状,细胞器 DNA、原核生物"染色体"DNA 、质粒 DNA 是双链环状的。多数生物体的 RNA 分子是单链线状的。病毒、类病毒所含的 DNA 和 RNA 形式多样。

基因工程的主要操作对象就是核酸,所提取的核酸质量好坏就直接关系到实验的成败。通常,细胞内的 DNA 包括基因组 DNA 和质粒 DNA 两大类。基因组 DNA 的提取一般依据实验材料来选择合适的方法,相对较为简单;而质粒 DNA 通常作为载体来进行转化,关系到转化的效率,所以显得尤为重要。

基因组 DNA 的提取通常用于构建基因组文库、Southern 杂交、限制性核酸多态性(RFLP)分析以及运用 PCR 技术分离目的基因等。利用基因组 DNA 较长的特性,可以将其与细胞器或质粒等小分子 DNA 分离。加入一定量的异丙醇或乙醇,基因组的大分子 DNA 即沉淀形成纤维状絮团飘浮其中,可用玻棒将其挑出,而小分子 DNA 则只形成颗粒状沉淀附于壁上及底部,从而达到提取 DNA 的目的。在提取过程中,染色体会发生机械断裂,产生大小不同的片段,因此分离基因组 DNA 时应尽量在温和的条件下操作,尽量减少酚-氯仿抽提,混匀过程要轻缓,以保证得到较长的 DNA 片段,如利用甲酰胺-火棉胶袋法,可以得到 200kb 以上的 DNA 片段。一般来说,构建基因组文库,初始 DNA 长度必须在 100kb 以上,否则酶切后很少有带合适末端的有效片段。而进行 RFLP 和 PCR 分析,DNA 长度可短至 50kb,在该长度以上,可保证酶切后产生 RFLP 片段(20kb 以下),并保证含有 PCR 扩增所需要的片段(一般 2kb 以下)。

不同生物(植物、动物和微生物)基因组 DNA 的提取方法有所不同;不同种类或同一种类的不同组织其细胞结构及所含的组分不同,分离方法也有差异。在提取某种特殊组织的 DNA 时必须参照相关文献和经验建立相应的提取方法,以获得可用的 DNA 大分子。尤其是组织中的多糖和酚类物质对随后的酶切、PCR 等有较强的抑制作用,因此用富含这类物质的材料提取基因组 DNA 时,应考虑除去多糖和酚类物质。

质粒 DNA 的分离方法很多,其依据是利用分子大小不同、碱基组成的差异以及质粒 DNA 的超螺旋共价闭合环状结构的特点来进行。目前常用的有碱变性抽提法、煮沸法、去污剂(如 SDS)裂解法、羟基磷酸灰石柱层析法、质粒 DNA 释放法、酸酚法等。碱变性抽提法和煮沸法反应比较剧烈,均可破坏碱基配对,使宿主细胞的线性染色体 DNA 变性,而共价闭合环状 DNA 由于拓扑缠绕,两条链不会互相分离。当外界条件恢复正常时,质粒 DNA 的双链又迅速恢复原状,重新形成天然的超螺旋分子,而较大的线性染色体 DNA 则难以复性,这两种方法适用于较小的质粒。去污剂裂解法的条件则比较温和,一般用来分离大质粒(>15kb)。以上方法均有利弊,有的难以控制,有的得率不高,有的手续繁琐,还有的纯度不高,因此在制备质粒时,不但要考虑该质粒的特性,还要考虑提取的质粒 DNA 的用量与用途,最终选择最佳的实验方法。

有时所得的 DNA 纯度不符合进一步操作的需要,还需要进一步纯化。质粒 DNA 纯化的方法都是利用质粒 DNA 相对较小和它的共价闭合环状特性。常用的纯化方法有 CsCl-溴化乙锭梯度平衡离心和 PEG 差别沉淀。前者可完全分离闭合环状 DNA 分子,适用于纯化易于产生切口的较大的质粒(>15kb)。后者省钱省时,但不能有效地将质粒 DNA 的切口环状分子与闭合环状分子分开。然而,这两种纯化方法都可得到足以胜任分子克隆中各种复杂工作的质粒 DNA。许多厂家根据离子交换、凝胶过滤等方法的原理设计了各种商品层析柱,也可快速分离纯化微量的质粒 DNA。基因组 DNA 可用 oligo(dT)-纤维素、Polyu-琼脂糖柱层析、超离心、分子杂交、电泳等方法纯化。

4.1.1　核酸提取与纯化的基本原理

DNA 是基因的物质载体,是基因操作的重点对象。在实际操作中主要涉及两类 DNA,其一是目的物种或细胞的基因组 DNA,其二是克隆载体和装载在载体中的克隆化基因。

在进行 DNA 抽提之前,需进行细胞破碎。细菌细胞有坚硬的细胞壁,因此必须除去细胞壁才能把细胞内容物释放出来。细胞壁除去的方法有：① 机械法,如超声波、研磨法或匀浆法。② 化学试剂处理,即用 EDTA 和去离子剂 SDS(十二烷基磺酸钠)处理,EDTA 能螯合二价离子,因而使细菌外膜不稳定,从而抑制了 DNase 的活性,保护 DNA 不被降解,而去离子剂则具有溶解膜脂的作用。③ 酶解法,加入溶酶使细胞壁破碎。植物细胞也有细胞壁,但结构与细菌不同,因此需要采用不同的方法处理,一般采用机械法或酶解法处理。动物细胞没有细胞壁,因此只用温和的去离子剂溶解细胞膜即可。

破碎的细胞或组织,去除了细胞壁或细胞质膜所得到的混合物中包括 DNA、RNA 与蛋白质、脂肪和碳水化合物。由于细胞突然被裂解，会导致部分染色体断裂，特别是细菌染色体在自然状态下应该是环形的，此时会有部分开环，变成线形。因此，如果要获得大片段染色体DNA，温和的裂解条件是很重要的。

破碎细胞后，需采用不同的方法分离 DNA、RNA 或蛋白质，以获得高纯度的核酸。① 去除 DNA 中的 RNA。用 RNase 消化即可去除 DNA 中的 RNA。RNase 是一种热稳定酶，能够除去痕量的 DNase，否则 DNase 会降解 DNA。RNase 在使用之前要加热。② 去除 RNA 中的 DNA。去除 RNA 中的 DNA 要复杂得多，因为需要无 RNase 活性的 DNase。不过现在有商品化的无 RNase 活性的 DNase，也有无 DNase 活性的 RNase。③ 去除蛋白质。核蛋白常用蛋白水解酶消化，如蛋白酶 K；也可用高浓度的氯化钠溶液，在高盐溶液中，核蛋白易解聚，游离出 DNA。

去除蛋白质是核酸提取至关重要的一步。由于细胞中含有大量降解核酸的酶，某些蛋白会结合核酸从而干扰核酸提取过程。常见的去除蛋白质的方法是酚-氯仿法（酚：氯仿：异戊醇＝25：24：1），酚和氯仿皆不溶于水。苯酚作为蛋白质的变性剂，可以抑制 DNase 的降解作用。当用苯酚处理匀浆液时，由于蛋白质与 DNA 的联结作用已被蛋白酶 K 打断，蛋白质分子表面又含有许多极性基团，与苯酚相似相容，所以蛋白质分子溶于酚相，而 DNA 溶于水相。因此，当酚和氯仿加到细胞提取液中分层，提取液经充分混合后，蛋白质会变性并沉积于中间层。

酚和氯仿都有变性蛋白质的作用，但酚的变性作用要大于氯仿。水饱和酚的比重略大于水，在高浓度的盐溶液中，会有部分酚跑到水相中，这不利于 DNA 的回收。加入氯仿后增加比重，使酚-氯仿始终在下层，方便水相的回收。此外，酚和水有一定程度的互溶性，如果单独用酚抽提会有大量的酚溶到水相中，抑制后续的 PCR 操作。可以通过多次酚-氯仿抽提来保证除去痕量的酚。酚是剧毒物质，操作时务必戴手套。而异戊醇的作用仅仅是为了在离心时起消泡的作用，使水相与有机相更加清晰，以便于水相的回收。

经过酚-氯仿处理的匀浆液会分成三层，上层为水相，蛋白质位于中间层，下层为有机相。经过酚-氯仿抽提后，蛋白质被去除。但提取液中的核酸浓度很低，而且还含有少量酚-氯仿（酚可以部分溶解于水），会导致以后步骤（如 PCR）中酶变性。最好的方法是沉淀核酸，如加入酒精或异丙醇。当存在一价阳离子（Na^+，K^+，NH_4^+）时，核酸被沉淀的同时，一些盐也会被沉淀下来，可以用 70% 的酒精除去沉淀中的盐。

在抽提动物细胞核 DNA 时存在两个困难（高等植物与此类似）：① 从处死动物、分离组织器官到破碎细胞费时长，在此期间 DNA 可能会被 DNase 降解；动物组织，特别是肌肉组织很难破碎，即使是较易破碎的肝、肾等组织也往往使用组织匀浆器，易造成 DNA 断裂。② 动物细胞核的 DNA 相对分子质量大，一般比细菌的大 2～3 个数量级，比病毒的大 4～5 个数量。因此对不同生物材料，要根据具体情况选择适当的分离提取方法。

4.1.2　植物细胞核 DNA 的提取

植物细胞 DNA 包括细胞核 DNA、线粒体 DNA 与叶绿体 DNA。对于基因组文库的构建，常常需要高质量的细胞核 DNA，为了保证文库的插入片段大、基因组覆盖率高，抽提时常采取一些特殊的处理；而对于普通用途的细胞核 DNA 的抽提相对简单。由于细胞壁及植物特有的细胞内物质，从植物中分离高产量和高质量的 DNA 并不是一件容易的事，因此需要用与动物及微生物不同的方法抽提。下面以水稻为例分别介绍这两种用途的细胞核 DNA 的提取。

1. 基因组文库构建所需细胞核 DNA 的抽提

取幼苗约 30g，用液氮研磨成粉末后置于烧杯中，加入 200mL 预冷的抽提缓冲液 (10mmol/L Tris·HCl pH9.5，10mmol/L EDTA pH8.0，100mmol/L KCl，500mmol/L 蔗糖，4mmol/L 亚精胺，1mmol/L 精胺，0.1% β-疏基乙醇)，冰浴下充分匀浆，依次用 150、200、400 目的尼龙筛网过滤并不断搅拌。在滤液中加入 100mL 含 20% Triton-X100 的抽提缓冲液，冰浴搅拌，按每管 50mL 分别装入离心管中，4℃ 1500g 离心 10min，收集细胞核，用抽提缓冲液洗涤一遍。用 1mL 吸管头将核悬浮并拌匀，45℃ 水浴中保温 2min，加入 1/2 体积的 1.5% 低熔点琼脂糖，拌匀后注入凝胶片模板并放于 4℃ 冰箱促进凝固，制备好的琼脂糖凝胶块用 5 倍体积裂解液(0.45mol/L EDTA，1% Sarkosyl，0.25mg/mL 蛋白酶 K)50℃ 轻轻摇动洗涤，50℃ 保温 1～2 天，用 TE 洗凝胶片 3 次，每次 20min。再用含 1mmol/L PMSF(phenylmethyl sulfonl fluoride，溶于异丙醇中)的 TE 在 50℃ 保温 1h。通过上述处理后，琼脂糖凝胶块中包含制备好的超大片段基因组 DNA。

高相对分子质量基因组 DNA 的制备是构建基因组文库的一大难关，关键是控制好细胞核包埋在琼脂糖凝胶块中的质量，包括细胞核的质量和浓度、琼脂糖凝胶的浓度等。若细胞核在包埋之前破裂、细胞核浓度太低、琼脂糖浓度过高等，都会造成失败。为了防止细胞核的破裂，用于建库的组织始终在液氮中研磨且不能研磨得过细，做细胞核悬浮时动作必须轻柔。包埋的琼脂糖浓度过高会影响酶切效果，甚至造成无法酶切。研磨时液氮充分，大片段的操作除酶切外全部在 4℃ 以下进行，这样就有效防止了 DNA 的物理损伤和降解。选用绿色嫩叶为原材料，对粗提的细胞核进行洗涤时，可以减少叶绿体的污染情况，纯净的细胞核是浅黄色的，若颜色偏绿，可通过增加洗涤次数和降低离心速度来减少叶绿体的污染。若在进行脉冲电泳分离后切下的片段太大，则连接效率就太低，故切下大小为 100～300kb 的片段，连接效率高，产生的白色菌落多，蓝色菌落很少。

2. 非构建文库所使用的细胞核 DNA 的抽提

常采用 CTAB 法和 SDS 法来抽提植物基因物总 DNA，抽提出来的 DNA 基本上是细胞核 DNA。CTAB 法提出的 DNA 纯度较高，且能除去多糖类物质，但如果所需要的 DNA 量不多，要求也不高，可使用 SDS 法微量抽提。SDS 法提取 DNA 时，只需要取新鲜叶片 1g 左右，用液氮研磨成粉末，倒入 2mL 的离心管，加入 800μL 1.5% SDS 微量抽提液，65℃ 水浴 30min，加入等体积的氯仿/异戊醇/乙醇(76：4：20)，混匀后，12000r/min 离心 8min，上清液转移到 1.5mL 离心管，加入等体积异丙醇或 2 倍体积无水乙醇沉淀，12000r/min 离心 3min，弃上清，用 0.5mL 70% 的乙醇漂洗，风干，溶于 50～100μL TE 备用。

对于植物细胞核 DNA 的抽提，应根据实验目的选用不同的抽提方法。另外，不同的植物材料，抽提的方法也略有不同，如果是植物材料本身含糖量比较高，通常采用以下方法处理：① 在 DNA 未溶出之前，先用一些缓冲液洗去多糖。如可用缓冲液：100mmol/L Tris·HCl (pH=8.0)、5mmol/L EDTA 和 0.35mol/L Sorbitol 洗几次。② 使 DNA 提取液中的多糖先沉淀。在提取液中加入 0.35 倍体积的无水乙醇，迅速混匀，多糖会先沉淀。③ 沉淀 DNA 时，使多糖保留在溶液中。如用乙醇沉淀时，在待沉淀溶液中加入 1/2 体积的 5mol/L NaCl，或加 NH_4Ac，使终浓度为 10mmol/L；或 0.5mL DNA 液中加 0.125mL 4mol/L NaCl 和 0.625mL 13% PEG8000 (冰浴 1h)。④ 多糖和 DNA 的共沉淀物进行再分离。如用 TE 缓冲液反复清洗共沉淀物，将清洗液合并再用乙醇沉淀 DNA，或将沉淀物溶解后，经琼脂糖电泳，切下 DNA 部分再将胶回收，或者用多糖水解酶将多糖降解。还有在提取缓冲液中加一定量的氯苯（1/2 体积），氯苯可以与多糖的羟基作用而去除多糖。

上述方法还可组合使用，以达到最佳效果。然而这些方法均会在一定程度上降低 DNA 的提取量；如果材料较少或要求较高，则可考虑用柱层析方法，使用对 DNA 具有特异性吸附的树脂来纯化 DNA。

4.1.3 核外 DNA 的提取

作为遗传物质的 DNA，除细胞核 DNA 外，在植物中还有线粒体 DNA 和叶绿体 DNA，在动物中有线粒体 DNA，细菌中有质粒 DNA。其中质粒 DNA 的应用最为广泛，基因的克隆与鉴定、载体骨架的构建等都离不开质粒 DNA。因此，我们首先介绍质粒 DNA 的抽提。

以大肠杆菌为例，在大肠杆菌中的质粒有大有小，拷贝数有高有低，因此分离的方法也多种多样。在实践中最常见的操作是通过碱裂解法提取高拷贝的小质粒。

一般从对数生长期的大肠杆菌细胞中提取质粒。由于绝大多数基因操作的质粒载体都带有抗生素抗性基因，为了保证在生长过程中质粒不会丢失，所以在生长培养基中要加入适量的抗生素。最常见的抗生素是氨苄青霉素，其次是四环素、氯霉素和卡那霉素。

1. 碱裂解法提取 $E. coli$ 质粒 DNA 的原理

碱裂解法提取质粒 DNA 是经典的方法，由 Birnboim 和 Doly 设计并于 1979 年发表。该方法不仅用于大肠杆菌质粒 DNA 的提取，其工作原理也广泛应用于其他微生物质粒的提取。

裂解法提取质粒的整个过程主要用到 3 种溶液，即溶液Ⅰ、Ⅱ和Ⅲ。其核心原理是，在碱性条件下线状 DNA 发生变性，质粒 DNA 维持环状。在高盐条件下作复性处理，变性的染色体 DNA 会形成沉淀，从而将质粒 DNA 与染色体 DNA 分开。对于高拷贝的质粒，如 pUC 和 pGEM 系列质粒，一般每毫升培养液可得到 $3\sim5\mu g$ DNA，可以满足大多数常规 DNA 的操作。

在微量抽提过程中，一般取 $1\sim2mL$ 菌体培养物，用缓冲液洗去残液和菌体碎片或分泌物。要提取质粒必须首先破碎细胞让质粒从细胞中游离出来。为此，第一步先用溶液Ⅰ将细胞悬浮起来。该溶液含有 50mmol/L 葡萄糖和 10mmol/L EDTA，其中葡萄糖用于在溶菌酶作用时维持渗透压；而 EDTA 是 Ca^{2+} 和 Mg^{2+} 等二价金属离子的螯合剂，用于抑制 DNase 的活性和抑制微生物的生长。由于 $E.coli$ 容易破裂，现在不再加溶菌酶了。但尽管如此，人们仍然习惯使用溶液Ⅰ的初始配方。第二步加入 2 倍于溶液Ⅰ体积的溶液Ⅱ，该溶液含有 0.2mol/L NaOH 和 1% SDS。在这种情况下，细胞会很快破裂，使混浊的细胞悬浮液变成完全澄清的黏稠液体，此时，在 pH $12.0\sim12.5$ 这样狭小的范围内染色体 DNA 和蛋白质变性，质粒 DNA 释放到上清中。细菌蛋白质、破裂的细胞壁和变性的染色体 DNA 会相互缠绕形成大型复合物，后者被 SDS 包被。虽然碱性溶剂使碱基配对完全破坏，但闭环的质粒 DNA 双链不会彼此分离，因为它们在拓扑学上是相互缠绕的。最后，加入 1.5 倍于溶液Ⅰ体积的溶液Ⅲ，该溶液为高浓度的醋酸钾缓冲液（3mol/L，pH4.6）。在中和过程中，钾离子取代 SDS 中的钠离子，复合物从溶液中沉淀下来。质粒 DNA 在变性之后经过中和仍保持环状，处于可溶解状态。经高速离心，上清液即为质粒 DNA 粗制品。在该粗制品中含有大量的盐，以及小分子 RNA 和部分蛋白质，一般不能直接使用。用两倍体积的乙醇进行 DNA 沉淀，便可获得质粒 DNA 样品。此时，该样品可满足一般的操作要求，如酶切等。在乙醇沉淀之前，可用 RNase A 去除 RNA，用苯酚/氯仿抽提去除蛋白。如果要得到更高纯度的样品，可做进一步纯化处理，如密度梯度离心等。

2. 碱裂解抽提质粒 DNA 过程中应注意的问题

(1) 碱抽提法成功的标志是把染色体 DNA、蛋白质和 RNA 去除干净,获得一定质量的质粒 DNA。去掉染色体最为重要,也较困难,因为在全部提取过程中,只有一次机会去除染色体 DNA,其关键步骤是加入 NaOH-SDS 溶液与 3mol/L NaAc(pH4.8)溶液,控制好变性与复性操作时机,既要使试剂与染色体 DNA 充分作用使之变性,又要使染色体 DNA 不断裂成小片断,且能与质粒 DNA 相分离。这就要求试剂与溶菌液充分摇匀,摇动时用力适当,一般来说当溶菌液加入时可用力振荡几次,因为此时细菌还没有与溶菌酶完全作用,染色体 DNA 尚未释放,不必担心其分子断裂,但当加入 SDS 以后,则要注意不能过分振荡,但又必须让它反应充分,这是一对矛盾,要处理适当。

(2) 当加入 NaOH-SDS 溶液 5min 后,没有看到溶液变黏稠时,不能进行下一步实验。要检查所用的试剂是否正确,质量是否符合实验要求(对 SDS 的质量要求较高,有报道曾用未经重结晶的分析纯的 SDS,实验没有成功,后来改用进口的 Sigma 产品,质粒 DNA 的收得率很高),待找到原因补救后才可继续做下去,不然,提取到最后,将提不到质粒 DNA 或收得率极低。

(3) 在提取时使用的试剂,除了要用重蒸水配外,所用器皿必须严格清洗,最后要用重蒸水冲洗 3 次,凡可以进行灭菌的试剂与用具都要进行高压蒸汽灭菌,防止其他杂质或酚对 DNA 的降解。对 Eppendorf 管子、Tip 或非玻璃离心管等只能湿热灭菌,然后放置在 50℃ 高温干燥箱中烘干使用。

(4) 加入乙醇沉淀 DNA 时,要把离心管加盖颠倒摇动 4~5 次,注意观察水相与乙醇之间没有分层现象之后,才可以放入冰箱中去沉淀 DNA。

(5) 乙醇沉淀 DNA 离心后,要把离心管内壁的上清液抽干或自然挥发,不然,用 TE 缓冲液溶解 DNA 时,既困难又不安全。在用真空泵抽真空时,气流太强易使 DNA 飞溅而损失,所以在装有 DNA 的管口常用 Parafilm 包装于管口或覆盖一层薄纸,在纸上打若干个小洞。另外,抽真空时间也不要太长,防止 DNA 成粉末状而遭损失。

(6) 最后一次沉淀 DNA 用的离心管应是干净、灭过菌、最好是经过硅化的管子(极少量的 TE 缓冲液不会因吸附在壁上不能完全收集而损失质粒 DNA)。

碱变性抽提法效果良好,既经济且收得率较高。提取到的质粒 DNA 可用于酶切、连接与转化。该方法操作不慎,会影响纯度,且步骤复杂,费时较多。对于相对分子质量较大、拷贝数较少的质粒 DNA,由于 DNA 片段大易于损伤断裂,因此可选用氯化铯密度梯度离心法抽提 DNA。该方法具有纯度高、步骤少、方法稳定且获得的质粒 DNA 是超螺旋构型等特点。

3. 通过试剂盒分离纯化 E. coli 质粒 DNA

现在有些公司开发出了纯化质粒 DNA 的试剂盒,著名的有 Qiagen 公司的产品,如 QIAprep Spin Miniprep Kit。其核心技术是使用一种特制的微型离心纯化柱(QIAprep spin column),在柱中有一种特殊的硅胶膜(silica membrane)。在高浓度盐条件下该膜可以结合多至 20μg 的 DNA,最后用小体积的水或低离子强度的缓冲液可将 DNA 洗脱出来。

分离纯化过程是通过一个简单的结合—洗涤—洗脱程序来完成的。首先用碱裂解法获得质粒 DNA 粗制品,之后将样品通过纯化柱的硅胶膜,使之吸附质粒 DNA。然后用 50% 乙醇洗涤滤膜,洗去杂质,最后用少量洗脱缓冲液或水洗脱出纯 DNA。纯化的质粒 DNA 适合大多数酶学反应,包括限制性酶切和 DNA 测序等。除了从大肠杆菌纯化质粒外,从酿酒酵母、枯草牙胞杆菌和根瘤农杆菌中纯化质粒 DNA 亦可用试剂盒。

这种方法操作简便、回收率高,洗脱出来的 DNA 可立即使用,无需沉淀、浓缩或脱盐。因此该产品越来越受到研究工作者的青睐,但同时也有忘却质粒 DNA 分离纯化原理的倾向。

除了上述方法外,还有其他方法用于大肠杆菌质粒的提取,对相对分子质量大且拷贝数很低的质粒有专门的分离方法。

除质粒 DNA,核外 DNA 在植物中还有线粒体 DNA 和叶绿体 DNA,动物中也有线粒体 DNA。植物线粒体 DNA 与核 DNA 相比,在细胞内含量甚微,提取过程中极易被细胞核及叶绿体 DNA 污染,因此有一些特殊的抽提方法;同样,叶绿体 DNA 以及动物线粒体 DNA 也有各自特殊的抽提方法。

国外提取纯化水稻线粒体 DNA 的方法有:Douce 方法、Pring 方法和 Levings 方法,国内有蔗糖不连续梯度方法等。国外提取线粒体的方法需要的试剂价格昂贵、购买困难等,而国内所用的蔗糖不连续梯度方法步骤繁琐,特别在吸取中间层黄色液时比较困难,费时又耗材。

高等植物叶绿体 DNA 提取的方法主要有 DNase I 法、蔗糖密度梯度离心法、Percoll 梯度法、无水法和高盐低 pH 法等。

动物线粒体 DNA 的提取方法,主要有:① 氯化铯密度梯度离心法,此法不但设备昂贵,而且实验时间较长,目前已经很少使用;② 柱层析法,此法所需设备也较昂贵,而且实验时间也较长;③ DNase 法,此法在差速离心获得线粒体后,通过 DNase 消化,有效地去除线粒体表面附着的核 DNA,是目前常用的方法;④ 碱裂解法,此法是借鉴质粒快速提取法而建立的,在差速离心获得线粒体后,通过碱裂解变性,高盐溶液复性,分离环状的线粒体 DNA 和线性的核 DNA,从而获得线粒体 DNA,此法也是目前常用的方法;⑤ 改进高盐沉淀法,利用 SDS(十二烷基磺酸钠)破坏细胞膜、核膜,使蛋白质变性,从而游离出核酸。EDTA 能抑制细胞中 DNA 酶的活性。蛋白酶 K 进一步将蛋白质降解成小肽。加入饱和乙酸钠后,绝大部分线性大相对分子质量 DNA 和蛋白质在 SDS 作用下变性形成沉淀,而环状线粒体 DNA 仍为自然状态,通过高速离心,除去绝大部分细胞碎片、染色体 DNA 及蛋白质,线粒体 DNA 仍留在上清中,此法在碱裂解法的基础上做了一些改进,它们的原理是一样的,都是效仿质粒的提取方法。

4.1.4 RNA 的提取

cDNA 文库的构建、蛋白质体外翻译、Northern 斑点分析等需要一定纯度和一定完整性的 RNA。能否获得完整的 RNA,取决于能否最低限度地避免提取和纯化过程中内源及外源 RNase 对 RNA 的降解。由于 mRNA 分子结构的特点,容易受 RNase 的攻击而降解,加上 RNase 极为稳定且广泛存在,因而在提取过程中要严格防止 RNase 的污染,并设法抑制其活性。所有的组织中均存在 RNase,人的皮肤、手指、试剂、容器等均可能被污染,因此全部操作过程均需戴手套并经常更换。

RNA 酶抑制剂主要有:① RNA 酶的蛋白质抑制剂。目前从人胎盘分离的一种蛋白质可与多种 RNA 酶紧密结合形成非共价结合的等摩尔复合物,可使 RNA 酶失活。此蛋白质在体内可能是血管生成素的抑制剂,血管生成素是氨基酸序列和推测的三级结构与胰 RNA 酶类似的一种血管生成因子。由于酚抽提可以去除蛋白质抑制剂,故应在纯化过程中补加几次抑制剂。② 氧钒核糖核苷复合物。这种由氧钒(Ⅳ)离子和 4 种核糖核苷之中的任意一种所形成的复合物,是一种过渡态类似物,它能与多种 RNA 酶结合并几乎能百分之百地抑制 RNA 酶的活性。这 4 种氧钒核糖核苷复合物可加入完整细胞中,在 RNA 提取和纯化的所有过程中,其使用浓度都是 10mmol/L。所得到的 mRNA 可直接在蛙卵母细胞中进行翻译,并能作为某些体外酶促反应(如 mRNA 反转录)的模板。然而氧钒核糖核苷复合物强烈抑制 mRNA 在无细胞体系中的翻译,因此必须用含 0.1%羟基喹啉的苯酚多次抽提以去除之。

细胞内总 RNA 的抽提方法很多,在实难室中常采用的方法有两种,一种是酚-异硫氰酸胍抽提法和硅胶膜纯化法。

1. 酚-异硫氰酸胍抽提法

TRIZOL 试剂是使用最广泛的抽提总 RNA 的专用试剂,由 Gibco 公司根据酚-异硫氰酸胍抽提法设计,主要由苯酚和异硫氰酸胍组成,适用于绝大多数生物材料。对任何生物材料的 RNA 的提取,首先研磨组织或细胞,或使之裂解;加入 TRIZOL 试剂,进一步破碎细胞并溶解细胞成分,还可保持 RNA 的完整;加入氯仿抽提,离心,水相和有机相分离;收集含 RNA 的水相;通过异丙醇沉淀,可获得 RNA 样品。该 RNA 样品几乎不含蛋白质和 DNA,可直接用于 Northern 杂交、斑点杂交、mRNA 纯化、体外翻译、RNase 保护分析(RNase protection assay)和分子克隆。

2. 硅胶膜纯化法

RNeasy 试剂盒由 Qiagen 公司设计,其设计思路与 DNA 的分离纯化思路相似,也就是含有目的 RNA 的细胞破碎液通过硅胶膜时,RNA 吸附在硅胶膜上,从而与其他细胞成分分开,然后在低盐浓度下 RNA 可从硅胶膜上洗脱出来。其技术将异硫氰酸胍裂解的严格性和硅胶膜纯化的速度和纯度相结合,简化了总 RNA 的分离程序。相当于将异硫氰酸胍裂解法制备的 RNA 的水相,通过硅胶膜来纯化。用该试剂盒分离纯化的 RNA 纯度高,含有极少量的共纯化 DNA。

上述两种方法纯化的 RNA 如果要用于对少量 DNA 也敏感的某些操作,如 PCR 操作,可使用无 RNA 酶的 DNase I(RNase – Free DNase I)处理去除痕量的 DNA。如果需要特别纯净的样品,可以通过 CsCl 密度梯度离心来纯化。

分离的总 RNA 可利用 mRNA 3′ 末端含有 poly(A)$^+$ 的特点,当总 RNA 流经 oligo(dT) 纤维柱时,在高浓度盐缓冲液作用下,mRNA 被特异地吸附在 oligo(dT) 纤维素柱上,然后逐渐降低盐浓度洗脱,在低盐溶液或蒸馏水中,mRNA 被洗下。经过两次 oligo(dT) 纤维素柱,可得到较纯的 mRNA。

核酸提取注意事项如下:

(1)在核酸提取时,为了增加细胞的裂解度,增加核蛋白复合体破碎度,以释放更多的游离核酸,常要用到溶菌酶和蛋白酶 K,在确保没有核酸水解酶存在的前提下,酶反应时间越长越好。

(2)有时在使用蛋白酶时,为了抑制核酸水解酶的降解作用,可在蛋白酶缓冲液中用终浓度为 5mmol/L 的 EDTA 代替 NaCl,并且可将反应温度提高到 50~60℃,并将反应时间缩短到 15~25min,但酶用量必须提高 10~20 倍。溶菌酶使用时缓冲液中需加 EDTA,因游离金属离子对酶有抑制。

(3)许多植物材料中富含酚,在细胞破碎时,在多酚氧化酶作用下,被氧化成有色的醌类物质,影响核酸的提取及降低提取质量,在提取液中加入 PVP 和巯基乙醇对降低酚类的干扰可能有所帮助。PVP 将与酚形成复杂的聚合体,在提取时将酚从核酸成分中游离,且 PVP 与巯基乙醇作为强还原剂可防止多酚的褐变。另外作为还原剂的这些成分在一定程度上可抑制核酸水解酶的作用。

（4）许多生物材料在提取核酸时，都会遇到多糖的污染问题，具体表现为有机溶剂沉淀时，沉淀很多，但复溶时，大量沉淀不溶，电泳观察时核酸含量很低。克服多糖污染可采用以下一些办法：CTAB 多次抽提；在有机溶剂沉淀时先稀释样品浓度（可到 10 倍左右），对低浓度样品再进行沉淀；在有机溶剂沉淀时选用异丙醇和 5mol/L NaCl 作为沉淀溶剂，此时氯化钠的用量可用到 1/5～1/2 的体积，异丙醇可用到 0.6～1 的体积。异丙醇沉淀核酸时，高浓度盐的存在将使大量多糖存在溶液中，从而达到去多糖的作用。但高浓度的盐存在会影响核酸的进一步操作，因此必须用乙醇多次洗涤脱盐。

（5）在核酸提取时，酚与氯仿均起到变性的作用。酚的变性能力强于氯仿，但酚与水有一定的互溶，因此用酚抽提后，除可能损失部分核酸外，水相中还会残留酚，而酚的存在将对核酸的酶反应产生强的抑制，因此在操作中既可单用氯仿作变性剂，也可用酚/氯仿混合液作变性剂，也可单用酚作变性剂，但用单一酚后在有机溶剂沉淀时一定要用氯仿抽提。

（6）在沉淀核酸时可用乙醇与异丙醇，乙醇的极性要强于异丙醇，所以一般用 2 倍体积的乙醇沉淀，但在多糖、蛋白含量高时，用异丙醇沉淀可部分克服这种污染，尤其用异丙醇在室温下沉淀对摆脱多糖、杂蛋白污染更为有效。在提取核酸时如样品浓度低，则应增加有机溶剂沉淀时间，$-70℃$ 下大于 30min；$-20℃$ 过夜将有助于增加核酸的沉淀量。

（7）在核酸提取过程中有机溶剂沉淀后复溶时可加水，因此时离子浓度可能较高，而到高度纯化后低温保存时最好复溶于 TE 缓冲液中，因溶于 TE 的核酸储藏稳定性要高于水溶液中的核酸。另外，核酸样品保存时要求以高浓度保存，低浓度的核酸样品要比高浓度的更易降解。

核酸提取后可通过 PCR、RT - PCR 直接扩增出目的基因片断，也可首先构建文库，然后由 RACE、DD - PCR 等差异显示技术、AFLP 等标记技术、差异杂交或文库扣除技术等方法筛选出特异探针，再用此探针从文库中筛选出完整基因。

4.1.5 核酸的纯化

1. 超离心

许多细胞器和生物大分子在普通离心力场中不易沉淀，必须在高速或超速（一般以每分钟 2 万转以上为超速）离心力场中才会沉降。超离心按原理可分为两类：沉降速度超离心和沉降平衡超离心。这两种超离心可用于分析实验，测定核酸的相对分子质量、沉降系数（S）或浮密度（ρ），也可用于制备实验以纯化核酸制品。

（1）沉降速度超离心　根据被分离物质在强大的离心力场中沉降速度的不同进行分离。核酸的沉降速度与核酸的相对分子质量、形状、离心力场的强度及介质的黏度有关。离心力场强度越大、介质黏度越小，则沉降速度越快；核酸相对分子质量越小、形状越伸展，则沉降速度越慢，沉降系数相应也越小。

沉降速度法中常用 5％～20％（W/V）蔗糖，用梯度仪或手工预先在离心管中铺设好连续梯度或阶段梯度，再将核酸样品铺于梯度之上，离心后分部收集，用电泳法或紫外吸收法检测各分部，即可知核酸所在部分。

（2）沉降平衡超离心　根据被分离物质浮密度 ρ（溶剂化密度）的不同进行分离。核酸的浮密度与核酸的碱基组成、高级结构及溶液介质有关。含 GC 越多、结构越紧密的 DNA 浮密度越高，不同介质与核酸结合情况不同，会使其浮密度发现变化。

2. 凝胶电泳

凝胶电泳是目前应用很普遍的分离纯化核酸的方法,操作简便,设备易置,而且快速灵敏,在琼脂糖凝胶电泳时,荧光染料 EB(溴乙啶)能插入 DNA 或 RNA 的碱基对平面之间而形成荧光络合物,在紫外光的激发下产生橘黄色荧光。由于结合于 DNA 分子之上的 EB 的量与DNA 分子长度和数量成正比,所以荧光强度可以表示 DNA 量的多少。用荧光染料溴乙啶(EB)染色,可检测到少至 1ng 的 DNA。如将已知浓度的标准样品作琼脂糖凝胶电泳对照,就可比较出待测样品的浓度。若用薄层分析扫描仪检测,只需要 5~10ng DNA,就可以从照片上比较鉴别。如用肉眼观察,可检测到 0.01~0.1mg 的 DNA。

除了分离纯化核酸外,胶电泳还常用于鉴定核酸制品的纯度和测定核酸的含量及相对分子质量。胶电泳的材料一般有两种凝胶,一种是聚丙烯酰胺(polyacrylamide gel,PAG),孔径小,适合分离 1000 个核苷酸以下的核酸分子。另一种是琼脂糖凝胶(agarose),孔径大,适合分离较大的核酸分子(具体内容见 4.3)。

3. 柱层析

与其他纯化方法相比,柱层析的优点是容量大,分离量可达毫克级甚至克级水平。柱层析按原理分有如下几种:凝胶层析、离子交换层析、亲和层析,此外还有体外重组 DNA 法、R-loop 法和免疫法等。

4.2　核酸的检测与保存

4.2.1　核酸的检测

由于所用材料的不同,得到的核酸产量及质量均不同。分离纯化的 DNA 是否真的存在、是否有降解现象以及 DNA 经限制性内切酶酶切后其产物的大小如何等在基因操作中所面临的问题,均需检测所获得核酸的产量和质量。

目前采用的方法很多,如直接用紫外光谱分析法、EB 荧光分析法和琼脂糖电泳检测。其中最成熟的检测 DNA 的技术是琼脂糖电泳检测。

1. 紫外光谱分析法

由于核酸所含的嘌呤和嘧啶分子中都有共轭双键,使核酸分子在紫外 260nm 波长处有最大吸收峰,这个性质可用于核酸的定性和定量测定,进行核酸纯度鉴定,也可作为核酸变性和复性的指标。这要与蛋白质在 280mm 波长处有最大的吸收峰相区别,又因为分子生物学实验核酸提取过程中,蛋白质是最常见的杂质,故常用 OD_{260}/OD_{280} 来检测提取的核酸纯度如何。

核酸的光吸收值常比其各核苷酸成分的光吸收值之和少 30%~40%,这是在有规律的双螺旋结构中碱基紧密地堆积在一起造成的。

天然双链 DNA 在 260nm 处的吸收值与在 280nm 处的吸收值的比值(A_{260}/A_{280})为 1.8 左右。RNA 在 260nm 和 280nm 处的吸收值之比约为 2.0。根据核酸溶液在 260nm 波长处的紫外吸收值,可按下式大致估算核酸的浓度:$1\ A_{260}=50\mu g/mL$(双链 DNA),$1\ A_{260}=40\mu g/mL$(单链 DNA、RNA),$1\ A_{260}=20\mu g/mL$(寡核苷酸)。

衡量所提取 DNA 的纯度可用 OD_{260} 与 OD_{280} 的比值。当 OD_{260}/OD_{280} 值>1.8 时,说明含RNA 等杂质;当 OD_{260}/OD_{280} 值<1.8 时,说明含蛋白质和苯酚等。当 $OD_{260}/OD_{280}<0.9$ 时,

该样品可适当稀释,用 TE 饱和的酚、氯仿-异戊醇各抽提一次,再用无水乙醇沉淀、抽干,TE 悬浮,再用紫外分光光度计测定。由于测定 OD_{260} 时,难以排除 RNA、染色体 DNA 以及 DNA 解链的增色效应的影响,因此测得的数据往往比实际浓度偏高。用紫外分光光度法可以通过 OD_{260} 和 OD_{280} 测出 DNA 的浓度和纯度,但不能区分 DNA 的超螺旋、开环、线状三种构型,也不能区分染色体 DNA。

2. 琼脂糖电泳检测

琼脂糖是从海藻中提取的一种线状高聚物,在高温水溶液下会溶解,在常温下凝固并形成一定大小孔径的惰性介质。在电场的作用下,DNA 可在孔洞中迁移,迁移的速率与 DNA 的物理尺寸有关,从而可用来分离不同相对分子质量大小的 DNA 分子。

电泳过程中,先将 DNA 样品与上样缓冲液混合在一起。上样缓冲液含有 40% 的蔗糖,用于将 DNA 样品沉积在点样孔内,使样品不易扩散;还含有溴酚蓝等指示剂,用于观察电泳的进程。在大多数情况下,DNA 样品都是在大约 pH8.0 的条件下进行保存或分析的,在这一 pH 条件下,DNA 最稳定,带负电荷,因此,DNA 的泳动方向是从负极到正极。一般使用的电压为 5V/cm 左右。在电泳进程中,常用一个已知含量和相对分子质量的 DNA 样品做对照,用来比对待测样品的相对分子质量和含量。DNA 样品在电泳时泳动的速率与相对分子质量的大小成反比,另外 DNA 的结构也会影响其泳动速率。对相对分子质量相同的 DNA 分子,其物理构象越接近球状,泳动时遇到的阻力就越小,泳动就越快。质粒 DNA 有 3 种构象,即共价闭合环状超螺旋型 DNA、线状 DNA 和缺口环状 DNA,它们的泳动速率依次递减。

溴乙啶(EB)可很好地掺入到双链 DNA 分子中,在紫外光激发下会发出橙红色的荧光,可用于对 DNA 进行染色和观察。用于观察的紫外光共有 3 种波长,一般使用中波紫外光(302nm)。短波紫外光(254nm)观察效果好,但对 DNA 的破坏很大。如果所观察的 DNA 还要回收的话,尽量使用长波紫外光(366nm),否则得到的 DNA 被紫外光照射后将丧失"生命力"。

3. 聚丙烯酰胺凝胺电泳检测

在核酸的分析过程中,除了涉及一般的 DNA 外还需要检测小的相对分子质量的 DNA 或 RNA。琼脂糖凝胶电泳对小相对分子质量的核酸分子的分辨率较低,而聚丙烯酰胺凝胺电泳(polyacrylamide gel electrophoresis,PAGE)可很好地分辨 100bp～1kb 大小的核酸分子。对单链核酸来说,其分辨率可达 1bp,这种分辨能力在 DNA 序列测定中发挥了重要作用。

聚丙烯酰胺凝胶主要用来检测小分子核酸的大小,或在同位素标记的情况下分析单链核酸,如分离寡核苷酸探针、S1 核酸酶产物分析和 DNA 测序等。

RNA 的检测方法和原理与 DNA 相似,但由于 RNA 呈单链状态,易形成链内二级结构。为保证电泳过程中 RNA 的迁移率与其相对分子质量呈线性关系,因此 RNA 分析是在变性的条件下进行的。常用的变性剂为甲醛,也可使用氢氧化甲基汞和乙二醛-二甲亚砜(DMSO)。对于小相对分子质量的 RNA、寡核苷酸和 DNA 序列等,一般采用聚丙烯酰胺凝胶电泳分析,其变性条件常采用加热或加入尿素等变性剂。对于纯化的真核生物的总 RNA,是否降解并保持完整,可通过电泳作简单的检测和判断。如果电泳显示 rRNA 的大小保持完整而且 mRNA 的相对分子质量大小分布均匀,则可认为 RNA 的质量完好。

4.2.2　核酸的保存

影响核酸保存的因素很多,但其中关键的因素是保存液的酸碱度和保存温度。因此核酸一般保存可用浓盐液、NaCl-柠檬酸缓冲液或 0.1mol/L 醋酸缓冲液。DNA 的液态保存需要一定的盐浓度,所用的盐浓度常为 0.01mol/L NaCl,需配合低温及加防腐剂(如氯仿等)、核酸酶抑制剂等措施。如 DNA 可在 0.15mol/L NaCl 和 0.015mol/L 柠檬酸钠溶液中加入几滴氯仿后于 4℃ 下保存,几个月后仍稳定不变。低相对分子质量 RNA(如 tRNA)可干燥保存,但高相对分子质量 RNA 应在含 2%NaAc 的 75% 乙醇中 4℃ 保存,液态质粒可加甘油后再储存,也可在 10mmol/L Tris·HCl(pH7.8)、10mmol/L NaCl、1mmol/L EDTA-2Na 溶液中于 4℃ 下保存。

固态核酸通常在 0℃ 以上低温干燥保存即可。小分子核酸保存温度还可更低一些,如固态 tRNA 可在 -10℃ 以下保存。液态核酸室温下容易变性,短期最好低温(4℃)保存。电解质的存在对核酸冰冻有一定的保护作用,如将 DNA 在 0.15mol/L NaCl 和 0.015mol/L 柠檬酸钠溶液中 -70℃ 下快速冷冻,然后于 -20℃ 下保存可达 1 年不变性。

4.3　核酸的凝胶电泳

凝胶电泳是分析复杂 DNA 混合物、分析 DNA 相对含量的一种常用方法,同时也是检测 DNA 纯度、评估 DNA 相对分子质量的一种强有力的生化分析方法。该技术操作简便快速,可以分辨用其他方法(如密度梯度离心法)所无法分离的 DNA 片段。当用低浓度的荧光染料溴乙啶(EB)染色时,在紫外光下至少可以检出 1~10ng 的 DNA 条带,从而可以确定 DNA 片段在凝胶中的位置。此外,还可以从电泳后的凝胶中回收特定的 DNA 条带,用于后续的克隆操作。

在生理条件下,核酸分子中的磷酸基团是离子化的,故 DNA 和 RNA 实际上呈多聚阴离子状态。若将 DNA、RNA 放到电场中,它就会由负极向正极移动。由于核糖-磷酸骨架在结构上的重复性质,核苷酸数目相同的双链 DNA 分子几乎具有等量的净电荷,因此它们以相同的速度向正电极方向移动。

凝胶电泳原理是:在 pH8.0~8.3 的缓冲溶液中,核酸分子带负电荷,向正极移动。在浓度适当的凝胶中,由于分子筛效应,使大小和构象不同的核酸分子迁移率出现差异,从而把它们分开。核酸在凝胶中的迁移率取决于其分子大小、高级结构、胶浓度和电场强度,与分子的碱基组成、电泳温度无明显关系。一般地,同样构象的分子迁移率与相对分子质量对数及胶浓度成反比,与电场强度成正比。

目前,实验室电泳常用的凝胶介质主要有琼脂糖(或琼脂)和聚丙烯酰胺两类。前者主要用于核酸电泳,分离 DNA 片段大小范围较广,其分辩范围从 50 到几千个核苷酸,后者则主要用于蛋白质和核酸分析,分离范围为 1~1000bp,分辨率很高。

琼脂糖凝胶电泳通常用水平装置在强度和方向恒定的电场下进行。聚丙烯酰胺凝胶分离小片段 DNA(5~50bp)效果较好,其分辨率极高,甚至相差 1bp 的 DNA 片段也能分开。聚丙烯酰胺凝胶电泳通常采用垂直装置进行电泳,可容纳相对大量的 DNA,但制备和操作比琼脂糖凝胶困难。

核酸电泳时常用的指示剂有溴酚蓝和二甲苯青。溴酚蓝在碱性液体中呈紫蓝色,在 0.6%、1%、1.4% 和 2% 琼脂糖凝胶电泳中,溴酚蓝的迁移率分别与 1kb、0.6kb、0.2kb 和 0.15kb 的双链线性 DNA 片段大致相同。二甲苯青的水溶液呈蓝色,它在 1% 和 1.4% 琼脂糖中电泳时,其迁移率分别与 2kb 和 1.6kb 的双链线性 DNA 大致相似。指示剂一般与蔗糖、甘油或聚蔗糖400组成载样缓冲液。载样缓冲液的作用有：① 增加样品密度，使其比重增加，以确保DNA均匀沉入加样孔内。② 在电泳中形成肉眼可见的指示带，可预测核酸电泳的速度和位置。③ 使样品呈色，使加样操作更方便。

经核酸电泳后，需经染色后才能显现出带型，最常用的是溴乙啶染色法，其次是银染色法。

溴乙啶(ethidium bromide,EB)是一种荧光染料，EB分子可嵌入DNA或RNA相邻碱基平面之间，且该分子在300nm紫外光激发下能够发出橘黄色荧光(图4-1)。根据情况可在凝胶电泳液中加入终浓度为0.5mg/μL的EB，有时亦可在电泳后，将凝胶浸入该浓度的溶液中染色10～15min。琼脂糖凝胶用EB染色后，肉眼可见核酸电泳带，其DNA量一般＞5ng；当溴乙啶太多，凝胶染色过深，核酸电泳带看不清时，可将凝胶放入蒸馏水浸泡30min后再观察。

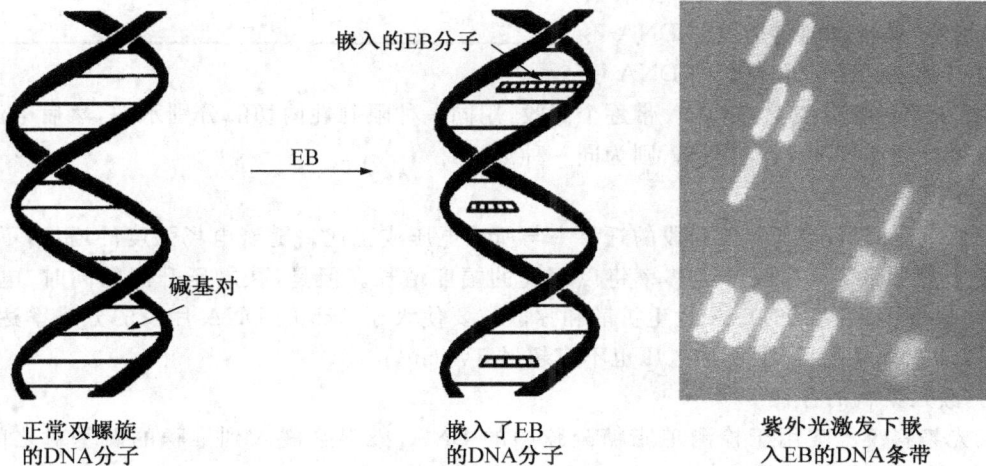

图4-1 溴乙啶染料分子对DNA分子的插入作用

银染色法是根据银染色液中的银离子(Ag^+)可与核酸形成稳定复合物的原理，用还原剂(如甲醛)使Ag^+还原成银颗粒，可把核酸电泳带染成黑褐色。银染色法主要用于聚丙烯酰胺凝胶电泳染色，也用于琼脂糖凝胶染色，其灵敏度比EB染色法高200倍。银染色后，DNA不宜回收。由于EB分子的插入，在紫外光的照射下，琼脂糖凝胶电泳中DNA条带呈现出橘黄色的荧光。

4.3.1 琼脂糖凝胶电泳

琼脂糖在DNA制备电泳中作为一种固体支持基质，其凝胶孔径的大小取决于琼脂糖的浓度。在电场中，中性pH值条件下带负电荷的DNA向正极迁移，其迁移率由多种因素决定。

1. DNA的分子大小

线状双链DNA分子在一定浓度的琼脂糖凝胶中的迁移率与DNA相对分子质量的对数成反比，分子越大则所受阻力越大，也越难在凝胶孔隙中蠕行，因而迁移得越慢。

2. 琼脂糖浓度

一个给定大小的线状DNA分子的迁移速度在不同浓度的琼脂糖凝胶中各不相同。线性DNA电泳迁移率的对数与凝胶浓度成线性关系。凝胶浓度的选择取决于DNA分子的大小。譬如，分离小于0.5kb的DNA片段所需凝胶浓度是1.2%～1.5%，分离大于10kb的DNA分子所需胶浓度为0.3%～0.7%，DNA片段大小介于两者之间者则所需胶浓度为0.8%～

1.0%（表 4.1）。

3. DNA 分子的构象

当 DNA 分子处于不同的构象时，它在电场中的迁移距离不仅与相对分子质量有关，还与它本身的构象有关。相同相对分子质量的线状、开环和超螺旋 DNA 在琼脂凝胶中的移动速度是不一样的，超螺旋 DNA 移动最快，而线状双链 DNA 次之，开环 DNA 移动最慢。若在电泳鉴定质粒纯度时发现凝胶上有数条 DNA 带，且难以确定是质粒 DNA 不同构象引起还是因为含有其他 DNA 引

表 4-1 琼脂糖浓度与 DNA 的分离范围

琼脂糖浓度（%）	线性 DNA 分子的分离范围（kb）
0.3	5～60
0.6	1～20
0.7	0.8～10
0.9	0.5～7
1.2	0.9～6
1.5	0.2～3
2.0	0.1～2

起时，可从琼脂糖凝胶上将 DNA 带逐个回收，用同一种限制性内切酶分别水解，然后电泳，如在凝胶上出现相同的 DNA 图谱，则为同一种 DNA。

4. 电源电压

在低电压时，线状 DNA 片段的迁移率与所加电压成正比。随着电场强度的增加，不同相对分子质量的 DNA 片段的迁移率将以不同的幅度增长。但是，在电压升高的同时，电流增强，产热量增多，容易使 DNA 发生扩散和弥散。要使大于 2kb 的 DNA 片段的分辨率达到最大，可以适当提高电压，但所加电压也不宜超过 5V/cm。

5. 嵌入染料的存在

荧光染料溴乙啶用于检测琼脂糖凝胶中的 DNA，染料会嵌入到堆积的碱基对之间，使 DNA 刚性更强，还会使线状 DNA 的迁移率降低 15%。

6. 离子强度的影响

电泳缓冲液的组成及其离子强度影响 DNA 的电泳迁移率。在没有离子存在时（如误用蒸馏水配制凝胶），电导率最小，DNA 几乎不移动；在高离子强度的缓冲液中（如误加 10× 电泳缓冲液），则电导率很高并明显产热，严重时会引起凝胶熔化或 DNA 变性。

对于天然的双链 DNA，常用的电泳缓冲液有 TAE［含 EDTA（pH8.0）和 Tris-乙酸］、TBE（Tris-硼酸和 EDTA）和 TPE（Tris-磷酸和 EDTA），一般配制成浓缩母液，储于室温。

7. 电场方向

通常固定电场方向的琼脂糖凝胶电泳，在电压 100V、琼脂糖浓度 0.7%～1.2% 的条件下进行，开环质粒 DNA 的电泳迁移率比环状及直链的要小。而在比较环状及直链 DNA 的迁移率时，要依据相对分子质量、凝胶浓度、缓冲液和输出电压等条件来定。

因此在琼脂糖电泳过程中，为了精确测定 DNA 相对分子质量的大小，可以采取以下的措施：

（1）每次测定时，要有已知相对分子质量的 DNA 片段作为标准，进行对照电泳。

（2）选择最适合的电泳条件：① 在低电压时，线状 DNA 片段的迁移率与电压成正比，所以电压一般不超过 5V/cm；② 缓冲液中的 pH 值、离子强度：电泳液都采用缓冲液，常用的电泳缓冲液有 TAE、TPE 和 TBE 三种，以保持较稳定的 pH 值。pH 值的剧烈变化会影响 DNA 分子所带的电荷，因此也影响正常的电泳速度。在长时间的电泳过程中，在电泳槽两端的离子强度差异很大，因而要能相互沟通，保持离子强度的一致。电泳缓冲液在一般的鉴定实验中可以反复使用，但要注意补充水分；但如果在分离片段实验中使用，要换新鲜的缓冲液。③ 温度

对电泳的影响不太严格,一般在 $0 \sim 30℃$ 之间均可以。但是如果夏天的室温超过 $37℃$ 时,可将电泳槽放在冰库、冰柜或有空调的房间内。当琼脂糖凝胶浓度低于 0.5% 或进行低熔点琼脂糖凝胶电泳时,电泳温度不宜太高,一般在低温下进行。

(3) 提高分子筛效应,降低电荷效应:DNA 分子在电泳槽内,从负极向正极移动,是由 DNA 分子大小与所带电荷多少决定的。为了准确测定相对分子质量的大小,应当尽量减少电荷效应。在大孔径的琼脂糖凝胶中(即琼脂糖含量较低的凝胶中),凝胶对不同大小的 DNA 分子,其阻滞程度差异不大,而 DNA 分子的迁移率更多地依赖于分子的净电荷,因此对较小的分子群得不到很好的分离效果。如果增加琼脂糖凝胶的浓度,可在一定程度上降低电荷效应,使 DNA 分子迁移速度的差异主要由分子受凝胶阻滞程度的差异所决定。但是高浓度的琼脂糖凝胶电泳,会花费很长时间,因此通常根据待测 DNA 的相对分子质量范围选择合适浓度的凝胶。

另外,点样量和点样操作与电泳的关系也很密切。点样量中 DNA 浓度太高易产生拖尾与弥散现象,浓度太低,分辨率不高,影响结果;另一方面,点样体积应适当,体积太大,样品易溢出,体积太小则分布不均匀,因此常常采用不同浓度的点样量,同时进行几个样品电泳。一般来说,$0.1 \mu g$ DNA 的用量,已足够肉眼观察。点样之前要将样品预先混合均匀,如果 DNA 浓度较大,只需吸 $1 \mu L$ 加适量水或电泳缓冲液把它稀释至 $10 \mu L$ 以上,再加 1/5 体积溴酚蓝指示剂混合均匀后点样。溴酚蓝指示剂中 50% 的蔗糖是为了增加上样 DNA 溶液的密度,以确保 DNA 样品沉入点样孔内,溴酚蓝主要是起 DNA 电泳时前沿指示剂的作用。一般溴酚蓝的电泳迁移位置相当于 $300 \sim 400$bp 双链线状 DNA。因此可以根据溴酚蓝的迁移率大致估计 DNA 片段的迁移率。

4.3.2　聚丙烯酰胺凝胶电泳

聚丙烯酰胺凝胶电泳(PAGE)早在 1959 年由 Raymond 和 Weintraub 建立,是以聚丙烯酰胺凝胶作为支持介质的界面电泳。

聚丙烯酰胺凝胶是由丙烯酰胺单体,在催化剂 TEMED(N,N,N,N′-四甲基乙二胺)和过硫酸铵的作用下,聚合形成长链——聚丙烯酰胺链,在交联剂(N,N′-亚甲双丙烯酰胺)的参与下,聚丙烯酰胺链与链之间交叉连接而成的三维网状结构(图 4-2)。

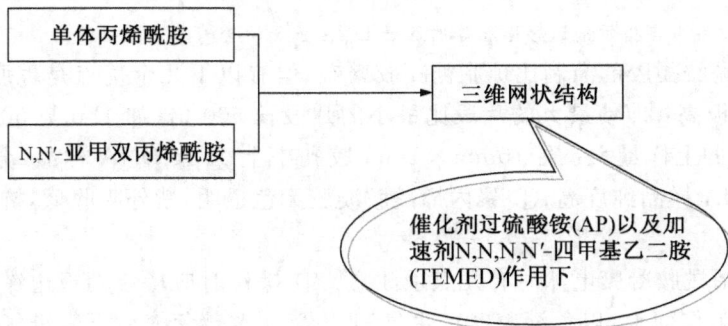

图 4-2　聚丙烯酰胺三维网状结构形成示意图

这种三维网状空间结构属不带电荷的非离子型多聚物,在电场中的电渗和吸附作用小。在实际应用中,根据被分离物质相对分子质量的大小而选择适宜孔径的凝胶。聚丙烯酰胺凝胶的孔径可以通过改变丙烯酰胺和亚甲双丙烯酰胺的浓度来控制。丙烯酰胺的浓度可以在3%~30%(体积分数)之间变化,丙烯酰胺浓度低的凝胶具有较大的孔径,如3%的凝胶孔径大,对蛋白质分子具有分子筛作用,可用于根据蛋白质相对分子质量进行分离的电泳中。

聚丙烯酰胺凝胶电泳可根据电泳样品的电荷、分子大小及形状的差别分离物质。这种介质既具有分子筛效应,又具备静电效应,所以分辨率高于琼脂糖凝胶电泳,它适用于低相对分子质量蛋白质(低于100)、寡聚核苷酸的分离和DNA的序列分析。聚丙烯酰胺凝胶电泳具备分离只相差1个核苷酸的不同DNA片段的特性,是DNA序列分析因素中的关键技术之一。

目前应用比较广泛的是垂直平板聚丙烯酰胺凝胶电泳,将聚丙烯酰胺凝胶灌于两块封闭的平板之间,然后进行垂直电泳。其原理主要是氧能抑制丙烯酰胺的聚合反应,在封闭的双层玻璃平板的夹层中灌胶后,仅有顶层的部分凝胶与空气中的氧气接触,从而大大降低了氧对聚合的抑制作用。

聚丙烯酰胺凝胶核酸电泳常采用银染法来观察核酸条带。因为银染色液中的银离子(Ag^+)可与核酸形成稳定的复合物,然后用还原剂如甲醛使Ag^+还原成银颗粒,可把核酸电泳带染成黑褐色。聚丙烯酰胺凝胶电泳适宜分离鉴定低相对分子质量蛋白质、小于1kb的DNA片段和DNA序列分析。其装载的样品量大,回收DNA纯度高。长度仅相差1bp的核苷酸分子也能分离。聚丙烯酰胺凝胶电泳EB染色只能检出>10ng以上的DNA条带;要求更高的灵敏度,可用银染。聚丙烯酰胺凝胶孔径的大小是由丙烯酰胺的浓度决定的(表4.2)。

表 4.2 不同浓度丙烯酰胺和 DNA 的有效分离范围

丙烯酰胺(%)	有效分离范围(bp)	溴酚蓝*	二甲苯青*
3.5	100~2000	100	460
5.0	80~500	65	260
8.0	60~400	45	160
12.0	40~200	30	70
15.0	25~150	15	60
20.0	10~100	12	45

*表中给出的数字为与指示剂迁移率相等的双链DNA分子所含碱基对数目(bp)。

虽然聚丙烯酰胺凝胶的灌制比琼脂糖凝胶繁杂,但有以下几个优点是琼脂糖凝胶所不具备的:① 分辨率极高:即使最大的片段比最小的片段长500倍(如1bp与500bp)也能分离;② 比琼脂糖凝胶的上样量大:在10mm×1mm胶孔中上10μg DNA样品,分辨率无明显下降;③ 回收的DNA样品纯度高;④ 聚丙烯酰胺凝胶无色透明,紫外吸收低,抗腐蚀性强,机械强度高,韧性好。

在进行聚丙烯酰胺凝胶电泳时有几点须注意:① 操作时应持玻璃板边缘,避免手上的油脂印在玻璃板的工作面上,以免灌胶时产生气泡。② 注意避免梳齿下带进气泡,检查是否有丙烯酰胺液泄漏。③ 凝胶和电泳储液槽中使用的TBE要同期配制,否则影响电泳效果。④ 电压不宜过高,电压过高将引起升温,导致DNA带形弯曲,甚至使小的DNA片段解链。⑤ 丙烯酰胺与亚甲双丙烯酰胺在储存过程中,因光或碱的催化,会慢慢转变成丙烯或双丙烯酸。为此,应将它装入棕色瓶中4℃保存。⑥ 凝胶一般厚0.5~2mm,过厚的凝胶会因产热而影响电泳结果。⑦ 丙烯酰胺是一种神经毒素,可经皮肤吸收,应小心操作,操作时需戴手套和面罩。

4.4　分子杂交技术

分子杂交是分子克隆中的一类核酸和蛋白质分析方法。其基本原理就是应用核酸分子的变性和复性的性质,使来源不同的 DNA(或 RNA)片段,按碱基互补关系形成杂交双链分子。杂交双链可以在 DNA 与 DNA 链之间,也可在 RNA 与 DNA 链之间形成。

若杂交的目的是识别靶 DNA 中的特异核苷酸序列,这需要牵涉到另一项核酸操作的基本技术——探针(probe)的制备。探针是指带有某些标记物(如放射性同位素 ^{32}P,荧光物质异硫氰酸荧光素等)的特异性核酸序列片段。若我们设法使一个核酸序列带上 ^{32}P,那么它与靶序列互补形成的杂交双链,就会带有放射性。以适当方法接受来自杂交链的放射信号,即可对靶序列 DNA 的存在及其分子大小加以鉴别。在现代分子生物学实验中,探针的制备和使用是与分子杂交相辅相成的技术手段。

根据其检测对象的不同可分为 Southern 杂交、Northern 杂交和 Western 杂交以及由此而简化的斑点杂交、狭线杂交和菌落杂交等。在主要的分子杂交过程中,都采用了印迹转移这一核心技术,都是先将 DNA 或 RNA 或蛋白质样品在凝胶上进行分离,使不同相对分子质量的分子在凝胶上展开,然后将凝胶上的样品通过影印的方式转移到固相支持物(也就是滤膜)上。完成这个印迹过程以后,通过标记的探针与滤膜上的分子进行杂交,从而判断样品中是否有与探针同源的核酸分子或抗体反应的蛋白质分子,并推测其相对分子质量的大小。

最初设计的分子杂交是通过被称为 Southern 印迹转移的方式来检测 DNA 分子的,由于在操作方式上的相似性,通常将 Western 杂交中的抗原反应也看作是分子杂交,抗体看作是探针,用于检测混合样中是否存在特异蛋白质及其相对分子质量。

4.4.1　变性和复性

杂交过程涉及 DNA 变性。DNA 变性指 DNA 分子由稳定的双螺旋结构松解为无规则线性结构的现象。DNA 变性只涉及二级结构改变,变性时维持双螺旋稳定性的氢键断裂,碱基间的堆积力遭到破坏,不伴随其一级结构的改变。凡能破坏双螺旋稳定性的因素,如热力、强酸、强碱、有机溶剂(如甲醛、甲醇、乙醇及甲酰胺)和尿素、变性剂、射线、机械力等均可引起核酸分子变性。RNA 本身只有局部的双螺旋区,所以变性行为所引起的性质变化没有 DNA 那样明显。

变性 DNA 常发生一些理化及生物学性质的改变:① 溶液黏度降低。DNA 双螺旋是紧密的"刚性"结构,变性后代之以"柔软"而松散的无规则单股线性结构,DNA 黏度因此而明显下降。② 溶液旋光性发生改变。变性后整个 DNA 分子的对称性及分子局部的结构改变,使DNA 溶液的旋光性发生变化。③ 增色效应。监测 DNA 是否变性的一个最常用的指标是DNA 在紫外区 260nm 波长处的吸光度变化。DNA 变性时,DNA 在 260nm 处的吸光度增加,这种现象叫做 DNA 的增色效应。因为 DNA 未变性时,DNA 双螺旋结构中碱基藏入内侧,变性时 DNA 双螺旋解开,于是碱基外露,碱基中电子的相互作用更有利于紫外吸收,故而产生增色效应。

将温度降低,变性的两条彼此分开的单链可以重新缔合成为双螺旋结构,这一过程称为复性（renealing）。复性是一个缓慢的过程，因为在溶液中，互补的单链首先必须找到对方，然后以合适的取向形成碱基对。一旦形成一段短的双螺旋 DNA 区，其余的 DNA 通过紧扣机制可以快速复性。核酸复性时，紫外吸收降低，由于核酸复性而引起紫外吸收降低的现象，称为减色效应。

DNA 复性的程度、速率与复性过程的条件有关。将热变性的 DNA 骤然冷却至低温时，DNA 不可能复性。但是将变性的 DNA 缓慢冷却时，可以复性。相对分子质量越大，复性越难；浓度越大，复性越容易。DNA 复性后，一系列性质将得到恢复，但是生物活性一般只能得到部分的恢复。

4.4.2　探针与探针的制备

在一个核酸样品中查找是否存在某一特定序列的分子可用分子杂交，但首先要有一段与目的核酸分子的序列同源的核酸片段。将该片段标记后与样品核酸进行分子杂交，通过检测标记核酸的存在从而判断样品中特定核酸片段的存在。用作检测的核酸片段即为探针。

探针是用来检测某一核酸分子是否存在的工具，可以是 DNA、RNA 或寡核苷酸，可以是单链也可以是双链（双链在使用前要变性成为单链状态）。任何一个具有一定长度的核酸分子都可用作探针，但在使用之前必须进行标记。探针的标记可分为直接标记和间接标记。对核酸的标记最常用的标记物是放射性同位素，如 ^{32}P、^{33}P、^{35}S，可检测出 $1\sim10\mu g$ 高等生物基因组 DNA 中的单拷贝序列，但存在半衰期短和污染环境等缺点。近年来发展了一些非放射性标记物，如生物素、地高辛和荧光素等，已在国内外推广应用，取得较理想的结果。但是直到目前，仍然没有任何一种标记物可以完全代替放射性核素在核酸分子杂交中的地位。放射性同位素标记核酸探针一般是用酶促法将含有放射性同位素的核苷酸掺入到新合成的核酸链中，或将放射性同位素的原子转移到核酸链 5′末端或 3′末端。其标记方法如下：

1. 均匀标记

对探针 DNA 进行标记时，有时需要复制一段新的探针分子，在复制过程中掺入标记的核苷酸（如 $[\alpha\text{-}^{32}P]dATP$），从而使整个新分子被均匀地标记，这种标记亦称均匀标记。其显著特点是探针分子的标记不局限在一个位点上，标记物与探针分子的摩尔比远远大于1，在有的标记方式中探针分子还得到了扩展。因此，均匀标记可使探针的标记信号扩大，得到高比活度的探针。

（1）切口平移标记　这种标记方式目前只有通过大肠杆菌 DNA 聚合酶 I 来完成，因为只有该酶具有 5′→3′外切酶活性。通过在待标记的 DNA 分子上产生切口，该酶引发 5′→3′外切反应，在随后的 5′→3′DNA 聚合反应中若存在标记的脱氧三磷酸核苷（dNTP），如 $[\alpha\text{-}^{32}P]$ dATP，新合成的核酸链就带有标记物。在整个标记反应体系中，待标记 DNA 分子的任何一条链中的任何位点（除靠近 5′端外）都可能作为标记的起始点，并持续到该链的 3′末端。因此，新合成的被标记的分子可以代表该待标记 DNA 分子的绝大部分核苷酸序列。

切口平移法可产生高比活性的 DNA 探针，人们常用此法来制备特定序列的探针，用于检测基因文库、基因组 DNA 斑点和 RNA 斑点。任何形式的双链 DNA 都可进行缺口转移标记。缺口转移所标记的 DNA，平均大小为 600 个核苷酸，30%～60% 的 dNTP 被催化到 DNA 链上。

获得理想的缺口平移标记效果，对 DNase I 酶活性的控制是至关重要的。缺口太少会导致标记不足，缺口太多又会使 DNA 标记片段太小，从而影响使用。可通过调整 DNase I 的浓度来控制缺口的密度,从而得到高比活性探针或低比活性的高相对分子质量探针,在理想条件下,14~15min 内,约 30%~40%标记在核苷酸序列 DNA 上。

（2）随机引物标记　利用由 6 个核苷酸组成的序列随机的寡核苷酸为引物,在 Klenow 酶的作用下对待标记 DNA 进行随机扩增。这样扩增出来的 DNA 产物包括从任意某个位点（可能最靠近 5′的一些核苷酸除外）起始的单链 DNA 片段,产物群体包含了目的 DNA 所有核苷酸序列信息。在扩增中加入标记的 dNTP,扩增出来的 DNA 产物就可用作探针。随机引物法是一种非常简单并能重复的方法,通常用 1~5ng 单链或双链 DNA 来标记,标记 DNA 的比活性至少可达 2×10^9 dpm/μg。该方法多用来标记 DNA 片段。

（3）PCR 扩增标记　在 PCR 扩增时加入标记的 dNTP,不仅能对探针 DNA 进行标记,还可进行大量扩增,尤其适用于探针 DNA 浓度很低的情形。

（4）单链探针　单链核酸探针仅由特定核苷酸序列的某一条链组成,而不像传统的探针为双链分子。由于不存在双链互补,因此可以消除探针的两条链在杂交过程中形成无效双链的可能性,从而增加探针与靶序列之间形成杂合体的稳定性,提高检测的灵敏度。①单链DNA 探针。单链 DNA 探针是通过单链模板来制备的。首先将待标记的双链 DNA 连接到M13 噬菌体载体或噬菌粒载体上,制备其单链 DNA。然后以单链 DNA 为模板,以对应于载体上插入位点两端序列之一的通用引物为引物,在标记的 dNTP 存在下,通过 Klenow DNA聚合成单链 DNA,经过分离纯化后即可得到高质量的带标记的单链 DNA 探针。②单链RNA 探针。在有些质粒载体的多克隆位点两端带有噬菌体的启动子,例如 pGEM - 3 和pBluescriptⅡ系列载体分别含有 T7/SP6 噬菌体启动子和 T7/T3 噬菌体启动子。将待标记的 DNA 片段插入载体的多克隆位点,相当于在该片段的两端各连接了一个噬菌体启动子。选择要使用的启动子,从而决定要转录哪一条链。在转录区下游选择一个酶切位点,用限制性内切酶将载体线性化以防止转录出载体的序列和多联体产物。加入对应的噬菌体 RNA 聚合酶、NTP 和某个标记的 NTP 在体外进行转录,合成出标记的单链 RNA。利用无 RNA 酶活性的 DNA 酶处理以及后续纯化步骤可获得纯化的单链 RNA 探针。单链 RNA 探针的制备不仅比单链 DNA 探针更容易,而且其产生的杂交信号更强。

2. 末端标记

直接将探针分子的某个原子替换为放射性同位素原子,或直接在探针分子上加入标记的原子或复合物,这种直接标记一般是在探针分子的末端进行,亦称末端标记。经末端标记的核酸分子除了用作分子杂交的探针外,更多地用于 RNA 的 S1 核酸酶作图,以及用作引物延伸反应中的标记引物和凝胶电泳中的相对分子质量标准。

（1）DNA 片段的末端标记　末端标记主要通过酶促反应来完成,但标记的方式很多。如Klenow DNA 聚合酶和 T4 或 T7 DNA 聚合酶在对 DNA 片段进行末端补平反应或平末端的置换反应时可引入标记的核苷酸,T4 多核苷酸激酶可以在 DNA 的 5′末端引入标记的磷酸基团或将 5′末端的磷酸基团用标记的磷酸基团置换,末端转移酶可以使 DNA 的 3′末端连接标记的核苷酸。

（2）寡核苷酸的标记　合成的寡核苷酸主要通过 T4 多核苷酸激酶在 5′末端引入标记的磷酸基团进行标记,也可利用末端转移酶在 3′末端连接标记的核苷酸。如果想提高标记物的比活度,也可利用 Klenow DNA 聚合酶做引物延伸反应,用合成的更短的寡核苷酸作引物或合成两个部分互补的寡核苷酸使之互为引物互为模板,在 DNA 合成过程中引入标记的核苷酸。

在分子克隆操作中用于标记核酸分子的标记物主要是放射性同位素,如^{32}P、^{33}P和^{35}S。^{32}P的半衰期较短,为14.3d,其放射性粒子的穿透力较强;^{33}P的半衰期较长,为25.4d,穿透力较弱,产生信号不如^{32}P强。在掺入核苷酸的标记过程中,只有三磷酸核苷的α位磷酸整合到核酸链中,因此使用α位磷酸被标记的三磷酸核苷,如[α-^{32}P]dATP。而在标记5′末端磷酸基团的反应中使用γ位磷酸被标记的ATP。放射性的信号通过X-光片放射自显影或磷屏扫描获取。

非放射性标记物应用最成功的是Roche公司(原德国宝灵曼公司)开发的地高辛(digoxygenin,DIG)标记核酸探针。将DIG与dUTP交联,在掺入核苷酸的标记反应中用DIG-11-dUTP(或DIG-11-UTP)取代dTTP(TTP),使探针DNA或RNA分子被DIG标记。DIG标记的检测是该技术的核心,即利用抗DIG的抗体通过酶联免疫反应来完成。将抗DIG的抗体与碱性磷酸酶偶联,通过免疫反应将碱性磷酸酶携带到目的核酸分子处,在加入显色剂BCIP/NBT(5-溴-4-氯-3-吲哚磷酸盐/盐酸氮蓝四唑)后碱性磷酸酶与显色剂反应形成浓紫色偏棕色沉淀,从而显示出目的分子的有无和位置。除了地高辛和碱性磷酸酶外,还有其他的标记配基和偶合酶,如生物素和辣根过氧化物酶等。另外,这些偶合酶也可催化某些化合物的化学发光反应,通过X-光片或磷屏扫描获取发光信号。

非放射性核酸探针的标记方法主要包括酶促标记法和化学标记法。生物素和地高辛标记的dNTP可以与放射性核素标记的dNTP一样,用多种酶促方法(例如缺口平移法、随机引物法及末端转移酶末端标记法等)进行探针(包括DNA、RNA及寡核苷酸探针)的标记。由于生物素等标记物是连接在碱基上而不是在磷酸基团上,因此不能用多核苷酸激酶法进行末端标记。化学标记法是利用标记物分子上的活性基团与待标记的核酸分子上的基团发生化学反应,从而将标记物直接结合到核酸分子上。

非放射性标记在使用过程中不仅安全,而且使用方便、标记的探针可保存并可重复使用、便于控制显色反应、显色后的杂交膜可长期保存、杂交信号的灰度明显(特别是在菌落杂交中易于辨别真假阳性)。但其检测灵敏度不够高,而且杂交膜不易二次或多次杂交。

在Western杂交中,一般不直接标记针对目的蛋白的特异性抗体,而是采用二次免疫的方式标记二级抗体,即标记抗特异性抗体的抗体。早期的研究工作中一般采用^{125}I标记抗体,但由于^{125}I的半衰期很长(60d),危险性很大,现在已被非放射性标记取代。其标记方式与核酸的非放射性标记类似,主要用碱性磷酸酶或辣根过氧化物酶与抗抗体偶联,再与显色剂BCIP/NBT或二氨基联苯胺(DAB)反应形成有色沉淀,或催化发光反应。

4.4.3 Southern 杂交

Southern杂交是由Southern等人于1977年发明的一种检测DNA分子的一种方法,通过Southern印迹转移将琼脂糖凝胶上的DNA分子转移到硝酸纤维素滤膜上,然后进行分子杂交,在滤膜上找到与核酸探针有同源序列的DNA分子。Southern杂交包括下列步骤:① 酶切DNA,凝胶电泳分离各酶切片段,然后使DNA原位变性。② 将DNA片段转移到固体支持物(硝酸纤维素滤膜或尼龙膜)上。③ 预杂交滤膜,掩盖滤膜上的非特异性位点。④ 让探针与同源DNA片段杂交,然后漂洗除去非特异性结合的探针。⑤ 通过X-光片放射自显影或磷屏扫描获取目的DNA所在的位置。

Southern杂交能否检出杂交信号取决于很多因素,包括目的DNA在总DNA中所占的比例、探针的大小和比活性、转移到滤膜上的 DNA 量以及探针与目的 DNA 间的配对情况等。在最佳条件下,放射自显影曝光数天后,Southern 杂交能很灵敏地检测出低于 0.1pg 与 ^{32}P 标记的高比活性($>10^9$cpm/μg)探针的互补 DNA。如果将 10μg 基因组 DNA 转移到滤膜上,并与长度为几百个核苷酸的探针杂交,曝光过夜,则可检测出哺乳动物基因组中 1kb 大小的单拷贝序列。

将 DNA 从凝胶中转移到固体支持物上的方法主要有 3 种:

1. 毛细管转移

在核酸杂交发展的初期,采用的转移方法是毛细管转移法。它是利用毛细管虹吸作用由转移缓冲液带动核酸分子转移到固相支持物上。核酸转移的速率主要取决于核酸片段的大小、凝胶的厚度。一般来说,DNA 片段越小,凝胶越薄,浓度越低,转移的速率也就越快。传统的毛细管转移法采用的是液流向上的方法(图 4-3):DNA 片段由液流携带而从凝胶转移并聚集于固相支持物表面,液体通过毛细管作用抽吸过凝胶,借助一叠干燥的吸水纸巾产生并维持毛细管作用。转移的速率取决于 DNA 片段的大小和凝胶中琼脂糖的浓度,小片段 DNA($<$1kb)在 1h 内就能从 0.7％ 的琼脂糖上全部定量转移,大片段转移较慢且效率较低。例如,大于 15kb 的 DNA 的毛细管转移至少要进行 18h,并且 18h 后转移仍不完全。在这种方法中,吸水纸及其上面重物的质量会压紧凝胶而降低核酸转移的效率,因而近年来发展了一种液流向下的毛细管转移法,即 DNA 片段由向下的碱性缓冲液液流携带转移并聚集于带电荷的尼龙膜表面,可以克服这个毛病,极大地提高了转移效率,且杂交信号也提高约 30％。

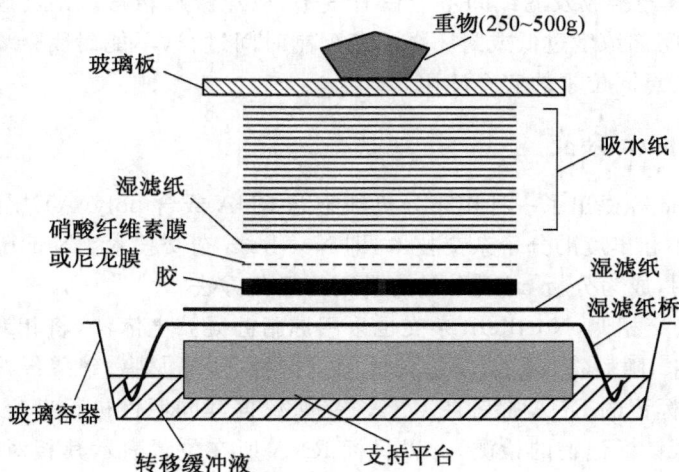

图 4-3 Southern 印迹转移经典装置示意图

2. 电泳转移

将 DNA 变性后,可电泳转移至带电荷的尼龙膜上。核酸完全转移所需时间取决于核酸片段的大小、凝胶孔隙以及外加电场的强度,一般约需 2~3h,至多 6~8h 即可完成,特别是对于不适合毛细管转移的聚丙烯酰胺凝胶中的核酸以及大片段核酸的转移更为适宜。电转移过程中,电流比较大,将导致转移系统的温度升高,因此在进行电转移时,应采取一定的冷却措施。电转移法的优点是不需要脱嘌呤/水解作用,可直接转移较大的 DNA 片段。缺点是转移中电流较大,温度难以控制。通常只有当毛细管转移和真空转移无效时,才采用电泳转移。

3. 真空转移

真空转移是利用真空作用将转移缓冲液从上层容器中通过凝胶抽到下层真空中,同时带动核酸片段转移到置于凝胶下面的杂交膜上。目前有多种真空转移的商品化仪器,它们一般是将硝酸纤维素膜或尼龙膜放在真空室上面的多孔屏上,再将凝胶置于滤膜上,缓冲液从上面的一个贮液槽中流下,洗脱出凝胶中的 DNA,使其沉积在滤膜上。该法的优点是快速,在30min 内就能从正常厚度(4~5mm)和正常琼脂糖浓度(<1%)的凝胶中定量地转移出来,而且转移后得到的杂交信号比 Southern 转移强 2~3 倍。缺点是如不小心,会使凝胶碎裂,并且在洗膜不严格时,其背景比毛细管转移要高。

为了保证 Southern 杂交过程的顺利进行,需要根据实验目的决定酶切 DNA 的量。一般地,Southern 杂交每一个电泳通道需要 10~30μg 的 DNA。对于哺乳动物基因组 DNA 的 Southern 分析,当用于检测单拷贝序列的探针为标准长度(>500bp)时,凝胶每一加样孔应加 10μg DNA 样品。如果样品中目的序列含量很高,可以按比例减少 DNA 用量。

影响 Southern 杂交实验的因素很多,主要有:DNA 纯度、酶切效率、电泳分离效果、转移效率、探针比活性和洗膜终止点等。另外,要取得好的转移和杂交效果,应根据 DNA 分子的大小,适当调整变性时间。对于相对分子质量较大的 DNA 片段(大于 15kb),可在变性前用 0.2mol/L HCl 预处理 10min 使其脱嘌呤。转移用的 NC 膜要预先在双蒸水中浸泡使其湿透,否则会影响转膜效果;不可用手触摸 NC 膜,否则影响 DNA 的转移及与膜的结合。毛细管转移核酸时,凝胶的四周用 Parafilm 膜围绕凝胶周边,防止在转移过程中产生短路,影响转移效率;同时注意 NC 膜与凝胶及滤纸间不能留有气泡,以免影响转移。杂交膜上出现斑点可能是由于封闭液中封闭剂浓度过低或封闭缓冲液配制时间过长,不能封闭杂交膜上的非特异性位点。此外,还应注意同位素的安全使用。

4.4.4 Northern 杂交

1977 年,Alwine 等提出了一种用于分析细胞总 RNA 或含 poly(A) 尾的 RNA 样品中特定 mRNA 分子大小和丰度的分子杂交技术,即 Northern 杂交技术。Northern 杂交自出现以来,已得到广泛应用,成为分析 mRNA 最为常用的经典方法。

与 Southern 杂交相似,Northern 杂交也采用琼脂糖凝胶电泳法,将相对分子质量大小不同的 RNA 分离开来,随后将其原位转移到固相支持物(如尼龙膜、硝酸纤维膜等)上,再用放射性(或非放射性)标记的 DNA 探针或 RNA 探针,依据其同源性进行杂交,最后进行放射自显影(或进行其他探针标记物的检测)。以目标 RNA 所在位置表示其相对分子质量的大小,而其显影强度则可提示目标 RNA 在所测样品中的相对含量(即目标 RNA 的丰度)。但与 Southern 杂交不同的是:总 RNA 不需要进行酶切,即是以单个 RNA 分子的形式存在,可直接应用于电泳;电泳是在变性的条件下进行,以去除 RNA 中的二级结构,保证 RNA 完全按分子大小分离;点样前,也需要用羟甲基汞、乙二醛或甲醛使 RNA 变性,而不用 NaOH,因为它会水解 RNA 的 $2'$-羟基基团。

Northern 杂交主要用来检测细胞组织样品中是否存在与探针同源的 mRNA 分子,从而判断在转录水平上某基因是否表达,在有合适对照的情况下,通过杂交信号的强弱可比较基因表达的强弱。

在 Northern 杂交过程中的注意事项主要有以下几点:

（1）如果琼脂糖浓度高于 1％，或凝胶厚度大于 0.5cm，或待分析的 RNA 大于 2.5kb，需用 0.05mol/L NaOH 溶液浸泡凝胶 20min，部分水解 RNA 并提高转移效率。浸泡后用经 DEPC 处理的水淋洗凝胶，并用 20×SSC 浸泡凝胶 45min，然后再转移到滤膜上。

（2）如果滤膜上含有乙醛酰 RNA，杂交前需用 20mmol/L Tris·HCl（pH8.0）于 65℃洗膜，以除去 RNA 上的乙二醛分子。

（3）含甲醛的凝胶在 RNA 转移前需用经 DEPC 处理的水淋洗数次，以除去甲醛。当使用尼龙膜杂交时注意，有些带正电荷的尼龙膜在碱性溶液中具有固着核酸的能力，需用 7.5mmol/L NaOH 溶液洗脱琼脂糖中的乙醛酰 RNA，同时可部分水解 RNA，并提高较长 RNA 分子（＞2.3kb）转移的速度和效率。此外，碱可以除去 mRNA 分子的乙二醛加合物，免去固定后洗脱的步骤。乙醛酰 RNA 在碱性条件下转移至带正电荷尼龙膜的操作也按 DNA 转移的方法进行，但转移缓冲液为 7.5mmol/L NaOH 溶液，转移结束后（4.5～6.0h），尼龙膜需用 2×SSC、0.1％SDS 淋洗片刻，于室温晾干。

（4）尼龙膜的不足之处是背景较高，用 RNA 探针时尤为严重。将滤膜长时间置于高浓度的碱性溶液中，会导致杂交背景明显升高，可通过提高预杂交和杂交步骤中有关阻断试剂的量来予以解决。

（5）如用中性缓冲液进行 RNA 转移，转移结束后，将晾干的尼龙膜夹在两张滤纸中间，80℃干烤 0.5～2h，或者 254nm 波长的紫外线照射尼龙膜带 RNA 的一面。后一种方法较为繁琐，但却优先使用，因为某些批号的带正电荷的尼龙膜经此处理后，杂交信号可以增强。然而为获得最佳效果，务必确保尼龙膜不被过度照射，适度照射可促进 RNA 上小部分碱基与尼龙膜表面带正电荷的胺基形成交联结构，而过度照射却使 RNA 上一部分胸腺嘧啶共价结合于尼龙膜表面，导致杂交信号减弱。

4.4.5　Western 杂交

Western 杂交是将蛋白质电泳、印迹、免疫测定融为一体的特异性的蛋白质检测方法。其原理是：生物中含有一定量的目的蛋白。先从生物细胞中提取总蛋白或目的蛋白，将蛋白质样品溶解于含有去污剂和还原剂的溶液中，通过 SDS-PAGE 电泳将蛋白质按相对分子质量大小分离，再把分离的各蛋白质条带原位转移到固相膜（硝酸纤维素膜或尼龙膜）上，接着将膜浸泡在高浓度的蛋白质溶液中温育，以封闭其非特异性位点。然后加入特异抗性体（一抗），膜上的目的蛋白（抗原）与一抗结合后，再加入能与一抗专一性结合的带标记的二抗（通常一抗用兔来源的抗体时，二抗常用羊抗兔免疫球蛋白抗体），最后通过二抗上带标记化合物（一般为辣根过氧化物酶或碱性磷酸酶）的特异性反应进行检测。根据检测结果，可得知被检生物（植物）细胞内目的蛋白的表达与否、表达量及相对分子质量等情况。

因此，Western 杂交的总体过程也与 Southern 杂交相似，只不过在印迹转移过程中转移的是蛋白质而不是 DNA。这种将蛋白质样品从 SDS-PAGE 凝胶通过电转移方式（图 4-4）转移到滤膜的方法，称为 Western 印迹转移。其后的杂交过程不是真实意义的分子杂交，而是通过抗体以免疫反应形式检测滤膜上是否存在被抗体识别的蛋白质，并判断其相对分子质量。所用的探针不是 DNA 或 RNA，而是针对某一蛋白质制备的特异性抗体。

Western 杂交主要用来检测细胞或组织样品中是否存在能被某抗体识别的蛋白质，从而判断在翻译水平上某基因是否表达。这种检测方法与其他免疫学方法的不同是，可以避免非特异性的免疫反应,而且更关键的是可以检测出目的蛋白质的相对分子质量,直观地在滤膜上显示出目的蛋白。

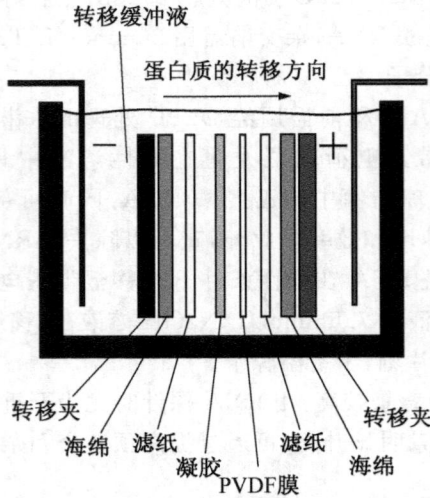

图 4-4　Western 杂交电转移装置示意图

4.5　核酸的序列分析技术

核酸的碱基顺序分析是基因工程和分子生物学的重要技术之一。核酸的碱基顺序分析方法已经过近年的发展,具体方法五花八门、种类繁多,但是究其所依据的基本原理,不外乎 Sanger F 的核酸链合成终止法及 Maxam A 和 Gilbert W 的化学降解法两大类。虽然原理不同,但这两种方法都同样生成互相独立的若干组带放射性标记的寡核苷酸,每组寡核苷酸都有固定的起点。由于 DNA 链上每一个碱基出现在可变终止端的机会均等,因而上述每一组产物都是一些寡核苷酸的混合物,然后对各组寡核苷酸进行电泳分析,只要把几组寡核苷酸加样于测序凝胶中若干个相邻的泳道之上,即可从凝胶的放射自显影片上直接读出 DNA 上的核苷酸顺序。

4.5.1　Maxam – Gilbert 碱基顺序分析法

1975 年,Maxam A 和 Gilbert W 发展了一种核酸碱基顺序快速分析方法。这种方法的基本原理是应用有机化学方法,选择性地切断某种特定核苷酸(A,G,C,T)所形成的磷酸酯键,所以此法又称为化学降解法(chemical cleavage method)。

Maxam – Gilbert 化学法的基本步骤为:对某特定 DNA 片段的一端进行放射性标记,在适当的条件下,用不同专一性的化学试剂特异性地修饰 DNA 分子上的碱基,使每条 DNA 链上仅有一个碱基被修饰,接着从 DNA 链上除去已被修饰的碱基,DNA 则在这个部位被切断,得到的各种长度的带放射性标记片段在聚丙烯酰胺变性胶上电泳,长度仅相差一个核苷酸的片段依次分离,经放射自显影,可以读出约 200 个核苷酸的顺序。Maxam – Gilbert 法所能测定的长度要比 Sanger 法短一些,它对放射性标记末端 250 个核苷酸以内的 DNA 序列效果最佳。

一般采用下述试剂进行处理:

1. 用硫酸二甲酯使 G 上的 N_7 位和 A 上的 N_3 位甲基化。甲基化使糖苷键在中性环境下极易水解，G 或 A 碱基脱落，多核苷酸骨架发生断裂。

2. 用酸处理，可使 G 或 A 上的 N 原子质子化，从而使其糖苷键变得不稳定，再用哌啶处理使 G 发生 β 消除反应，导致 DNA 链仅在 G 处断裂。

3. 用肼处理使 T 和 C 的嘧啶环断裂，再用哌啶除去碱基；在高浓度 NaCl 存在下，肼只与 C 发生反应，断裂的 C 可用哌啶除去。

例如，有一个 DNA 片段，组成是：$5'-^{32}P-GCTACGTA- 3'$，它在特异切断中，可得如下带有 ^{32}P 的各种片段：

在 A 处切断：$^{32}P-GCT$

$\qquad\qquad ^{32}P-GCTACGT$

在 G 处切断：$^{32}P-GCTAC$

在 C 处切断：$^{32}P-G$

$\qquad\qquad ^{32}P-GCTA$

在 T 处切断：$^{32}P-GC$

$\qquad\qquad ^{32}P-GCTACG$

4.5.2　Sanger 碱基顺序分析法

1976 年，Sanger F 发展了一种新的核酸碱基顺序分析法。Sanger 法比 Maxam - Gilbert 法应用更为广泛，因为它能用于测定更长的多聚核苷酸链的碱基顺序，并且可以实现分析过程的自动化。

Sanger 法的基本原理与 Maxam - Gilbert 法有相似之处，都是通过得到多种不同长度的聚核苷酸片断，进行凝胶电泳后从电泳图谱上读出被测多聚核苷酸的碱基顺序。但是，它们在实施方法上完全不同。此法是将待测定的 DNA 单链作为 DNA 复制的模板，在 DNA 聚合酶（DNA polymerase，一种催化 DNA 合成的酶）催化下，在有四种脱氧核苷三磷酸（$2'$-deoxynucleoside triphosphate，dNTP）和四种脱二氧核苷三磷酸（$2', 3'$-dideoxynucleoside triphosphate，ddNTP）（图 4 - 5）参与下，合成出各种长度的 DNA 片断，再进行凝胶电泳和放射性显影，从图谱上直接读出待测 DNA 的互补碱基顺序。由于此法的关键是利用脱二氧核苷三磷酸终止 DNA 链的增长而实现的，所以又称为链终止法（chain - terminator method）。

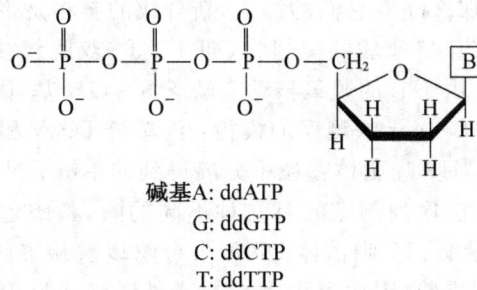

碱基A: ddATP
G: ddGTP
C: ddCTP
T: ddTTP

图 4 - 5　脱二氧核苷三磷酸结构

在 DNA 聚合酶作用下，ddNTP 可以和 dNTP 同时参与 DNA 链的合成。当 ddNTP 与脱氧核苷酸链端基的 $3'- OH$ 形成磷酸酯键后，由于 ddNTP 本身的 $3'- H$ 不能继续参与链增长反应,因而成为链的终端。因此,在以待测的 DNA 单链为模板进行复制时,就可以得到以四种 ddNTP 为终端的不同长度的 DNA 片断,而这些片断相当于用 Maxam-Gilbert 法水解得到的片断。

具体测序工作中,平行进行四组反应,每组反应均使用相同的模板,相同的引物以及四种脱氧核苷酸,并在四组反应中各加入适量的四种之一的脱二氧核苷酸,使其随机地接入 DNA 链中,使链合成终止,产生相应的四组具有特定长度的、不同长短的 DNA 链。这四组 DNA 链再经过聚丙烯酰胺凝胶电泳按链的长短分离开,经过放射自显影显示区带,就可以直接读出被测 DNA 的核苷酸序列(图 4-6)。

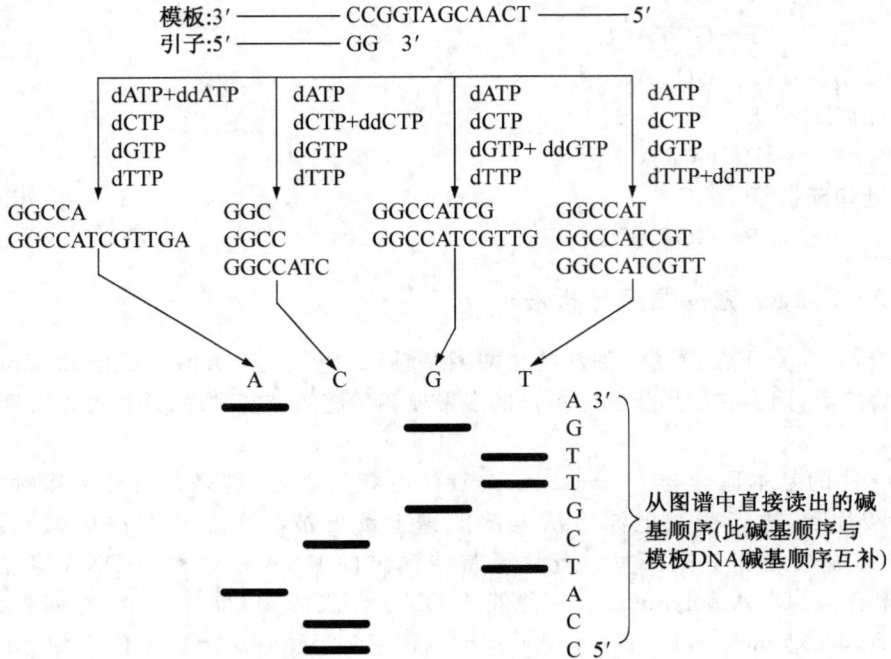

图 4-6　Sanger 法测定 DNA 碱基顺序示意图

(* 从 Sanger 法得到的图谱中直接读出的碱基顺序实际上是与待测 DNA 链互补的 DNA 链的碱基顺序。)

利用大肠杆菌 DNA 聚合酶 I 所具有的特性,用一条单链 DNA 作模板,在引物和 4 种脱氧核苷三磷酸存在下,合成一条新的与模板互补的 DNA 链;如果在 4 种脱氧核苷酸中有一种或几种是带放射性标记的,那么随着它们的掺入,新合成的链将是带放射性标记的。如果在反应混合物中加入一种脱氧核苷三磷酸的类似物,即 $2',3'$-双脱氧核苷三磷酸作底物,使之掺入到寡核苷酸链的 $3'$-末端,由于它的脱氧核糖上缺乏 $3'$-OH 基,因而终止 DNA 链的延长。

有两类 DNA 可以用作 Sanger 法测序的模板:纯单链 DNA 和经过热变性或碱变性的双链 DNA。采用通常从重组 M13 噬菌体颗粒中分离得到的单链 DNA 模板效果最佳。

通常用于双脱氧链终止法序列测定的有几种不同的酶,其中包括大肠杆菌 DNA 聚合酶 I 的 Klenow 大片段、反转录酶、T7 噬菌体 DNA 聚合酶以及从嗜热水生菌分离的耐热 DNA 聚合酶。这些酶的特性差别悬殊,因而可大大影响通过链终止反应所获得的 DNA 序列的数量和质量。

(1) 大肠杆菌 DNA 聚合酶 I Klenow 片段

这种酶是最初用以建立 Sanger 法的酶。Klenow 片段的持续合成能力低,以致一些片段并非由于 ddNTP 的掺入,而是因为聚合酶从模板上随机解离而终止合成,因而导致背景增高。由于该酶不能沿模板进行长距离移动,因此利用该酶进行的标准测序反应所得序列的长度有限。

(2) 反转录酶

尽管测序工作并不广泛使用反转录酶,但有时用这个酶来解决一些由于模板 DNA 中存在重复 A/T 或 G/C 的同聚核苷酸区而引起的问题。来自禽类和鼠类反转录病毒的反转录酶在这一方面要比 Klenow 酶略胜一筹。

(3) 测序酶

测序酶是一种经过化学修饰的 T7 噬菌体 DNA 聚合酶。该酶原来具有很强的 $3'→5'$ 外切核酸酶活性,经过修饰后,这一活性大部分被消除。测序酶持续合成能力很强,聚合速率很大,它是测定长段 DNA 序列的首选酶。

(4) TaqDNA 聚合酶

TaqDNA 聚合酶适用于测定在 37℃ 形成大段稳定二级结构的单链 DNA 模板序列。这是因为 TaqDNA 聚合酶在 70~75℃ 活性最高,这一温度下即使 GC 丰富的模板也无法形成二级结构。

双脱氧链终止法如今远比 Maxam - Gilbert 法应用得广泛。然而,化学降解法较之链终止法具有一个明显的优点:所测序列来自原 DNA 分子而不是酶促合成反应所产生的拷贝。因此,利用 Maxam - Gilbert 法可对合成的寡核苷酸进行测序,可以分析诸如甲基化等 DNA 修饰的情况,还可以通过化学保护及修饰干扰实验来研究 DNA 二级结构及蛋白质与 DNA 的相互作用。

4.5.3 自动化测序法

Prober 等在 1987 年,将链终止法加以改进,并与电子计算机程序的自动化技术相结合,加快了序列测定进程。具体步骤是在每种双脱氧核苷酸上分别都以共价键接上不同荧光染料,然后与四种三磷酸核苷在同一器皿中,依照链终止法条件进行,即会复制出一系列不断增加较长一点的多聚脱氧核苷酸链,其 $3'$ 末端都各自带有特色荧光染料的双脱氧核苷酸。为了测定序列,将反应混合物在一条道上进行凝胶电泳,结果这条道上出现一系列有荧光的带;每一条带都代表一个碱基在复制链中所在的位置。凝胶荧光测定体系由电子计算机控制。这个体系是用激光激发不同颜色的染料所发生的荧光,用短波长的蓝光及长波长的红光分别测定荧光强度之比值,测定在复制链中各碱基的位置,从而得到 DNA 的序列。

4.6　核酸和蛋白互作研究技术

4.6.1　酵母双杂交技术

酵母双杂交系统是由 Fields 和 Song 等首先在研究真核基因转录调控中建立的。典型的真核生长转录因子,如 GAL4、GCN4 等都含有两个不同的结构域:DNA 结合结构域(DNA-binding domain)和转录激活结构域(transcription-activating domain)。DNA 结合结构域可识别 DNA 上的特异序列,并使转录激活结构域定位于所调节的基因的上游;转录激活结构域可与转录复合体的其他成分作用,启动它所调节的基因的转录。两个结构域不但可在其连接区适当部位打开,仍具有各自的功能。

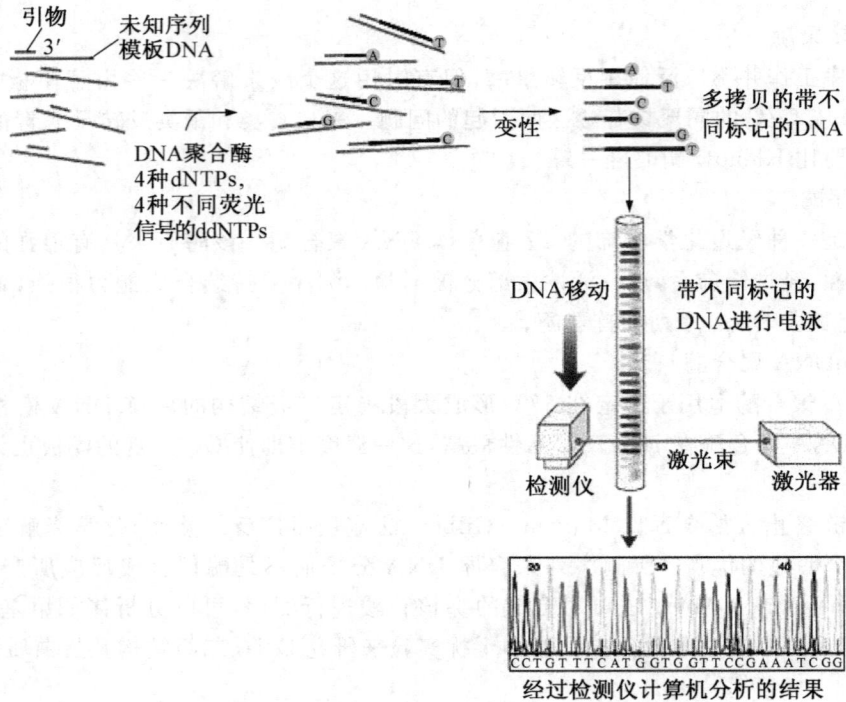

图 4-7　自动化测序示意图

酵母双杂交体系是一种利用一个报告基因检测两种蛋白质是否有相互作用的系统。使用该系统并不需要操作蛋白质,不需对蛋白质进行分离纯化,更多的是 DNA 和微生物学的操作。

许多真核生物的转录因子含有相对独立的 DNA 结合功能域(binding domain,BD)和转录激活功能域(activation domain,AD)。当两个功能域独立存在时,不表现转录激活功能。Gal4 蛋白含有 881 个氨基酸,是一个转录因子。其 1～147 位氨基酸是结合功能域,第 771～881 位氨基酸是转录激活功能域。当两者靠近时表现转录活性功能,如果把两者分开,则丧失转录活性功能。激活功能的存在可用报告基因予以检测。现在常用的酵母双杂交体系中把 BD 和 AD 部分的 DNA 分别与两个待测蛋白质的编码基因 DNA 连接在一起,形成一个重组融合表达质粒,即 BD-X 和另一个 AD-Y。当这两个质粒被转化到同一个酵母细胞中并表达时,所产生的两个融合蛋白质中的 X 和 Y 部分如果有相互作用,则使得和它们连在一起的BD 和 AD 相互靠近,转录活性得以显示;如果这个 X 与 Y 蛋白质之间并无相互作用,则不表现转录活性。转录活性的检测可用 1 个或几个报告基因,采用多个报告基因是为了增加结果的可信度,减少假阳性产生。常用的报告基因有 His3 和 lacZ 等。

酵母双杂交系统是通过激活报道基因来表达探测蛋白和蛋白的相互作用。主要有两类载体:一类是含 DNA-binding domain 的载体;另一类是含 DNA-activating domain 的载体。上述两类载体在构建融合基因时,测试蛋白基因与结构域基因必须在阅读框内融合。融合基因在报告株中表达,其表达产物只有定位于核内才能驱动报告基因的转录。例如 GAL4-bd

具有核定位序列(nuclear - localization sequence),而 GAL4 - ad 没有。因此,在 GAL4 - ad 氨基端或羧基端应克隆来自 SV40 的 T -抗原的一段序列作为核定位的序列。

目前研究中常用的 binding - domain 基因有 GAL4(1~147)和 LexA (E. coli 转录抑制因子)的 DNA - bd 编码序列。常用的 activating - domain 基因有 GAL4(768~881)和疱疹病毒 VP16 的编码序列等。

双杂交系统的另一个重要元件是报道株。报道株指经改造的、含报道基因的重组质粒的宿主细胞。最常用的是酵母细胞,酵母细胞作为报道株的酵母双杂交系统具有许多优点:易于转化、便于回收扩增质粒。具有可直接进行选择的标记基因和特征性报道基因。酵母的内源性蛋白不易与来源于哺乳动物的蛋白结合。一般编码一个蛋白的基因融合到明确的转录调控因子的 DNA -结合结构域(如 GAL4 - bd,LexA - bd);另一个基因融合到转录激活结构域(如 GAL4 - ad,VP16)。激活结构域融合基因转入表达结合结构域融合基因的酵母细胞系中,蛋白间的作用使得转录因子重建导致相邻的基因表达(如 lacZ),从而可分析蛋白间的结合作用。

酵母双杂交系统能在体内测定蛋白质的结合作用,具有高度敏感性。主要是由于:采用高拷贝和强启动子的表达载体使杂合蛋白过量表达。信号测定是在自然平衡浓度条件下进行,而如免疫共沉淀等物理方法为达到此条件需进行多次洗涤,降低了信号强度。杂交蛋白间稳定度可被激活结构域和结合结构域结合形成转录起始复合物而增强,后者又与启动子 DNA 结合,此三元复合体使其中各组分的结合趋于稳定。通过 mRNA 产生多种稳定的酶使信号放大。同时,酵母表型、X - Gal 及 HIS3 蛋白表达等检测方法均很敏感。酵母双杂交系统的最主要应用是快速、直接分析已知蛋白之间的相互作用及分离新的与已知蛋白作用的配体及其编码基因。

酵母双杂交系统检测蛋白之间的相互作用具有以下优点:① 作用信号是在融合基因表达后,在细胞内重建转录因子的作用而给出的,省去了纯化蛋白质的繁琐步骤。② 检测在活细胞内进行,可以在一定程度上代表细胞内的真实情况。③ 检测的结果可以是基因表达产物的积累效应,因而可检测存在于蛋白质之间的微弱的或暂时的相互作用。④ 酵母双杂交系统可采用不同组织、器官、细胞类型和分化时期材料构建 cDNA 文库,能分析细胞浆、细胞核及膜结合蛋白等多种不同亚细胞部位及功能的蛋白。

但是酵母双杂交系统也有其局限性,主要问题有:① 双杂交系统分析蛋白间的相互作用定位于细胞核内,而许多蛋白间的相互作用依赖于翻译后加工,如糖基化、二硫键形成等,这些反应在核内无法进行。另外有些蛋白的正确折叠和功能有赖于其他非酵母蛋白的辅助,这限制了某些细胞外蛋白和细胞膜受体蛋白等的研究。② 酵母双杂交系统的一个重要问题是"假阳性"。由于某些蛋白本身具有激活转录功能或在酵母中表达时发挥转录激活作用,使 DNA 结合结构域杂交蛋白在无特异激活结构域的情况下可激活转录。另外,某些蛋白表面含有对多种蛋白质的低亲和力区域,能与其他蛋白形成稳定的复合物,从而引起报告基因的表达,产生"假阳性"结果。

4.6.2 酵母单杂交技术

酵母单杂技术是 1993 年从酵母双杂交技术发展而来的,其基本原理为:真核生物基因的转录起始需转录因子的参与,转录因子通常由一个 DNA 特异性结合功能域和一个或多个其他调控蛋白相互作用的激活功能域组成,即 DNA 结合结构域和转录激活结构域。用于酵母单杂交系统的酵母 GAL4 蛋白是一种典型的转录因子,GAL4 的 DNA 结合结构域靠近羧基端,含有几个锌指结构,可激活酵母半乳糖苷酶的上游激活位点(UAS),而转录激活结构域可与 RNA 聚合酶或转录因子 TFIID 相互作用,提高 RNA 聚合酶的活性。在这一过程中,DNA 结合结构域和转录激活结构域可完全独立地发挥作用。据此,可将 GAL4 的 DNA 结合结构域置换为文库蛋白编码基因,只要其表达的蛋白能与目的基因相互作用,同样可通过转录激活结构域激活 RNA 聚合酶,启动下游报告基因的转录。

基本操作过程为:① 设计含目的基因(称为诱饵)和下游报告基因的质粒并将其转入酵母中;② 将文库蛋白的编码基因片段与 GAL4 转录激活域融合表达的 cDNA 文库质粒转化入同一酵母中;③ 若文库蛋白与目的基因相互作用,可通过报告基因的表达将文库蛋白的编码基因筛选出来。在这里,作为诱饵的目的基因就是启动子 DNA 片段,文库基因所编码的蛋白就是启动子基因结合蛋白。酵母单杂交技术广泛用于 DNA 与蛋白相互作用的研究,应用该技术成功筛选出乙型肝炎病毒表面抗原启动子 SP I 的结合蛋白。

4.6.3 噬菌体展示技术

噬菌体属于单链 DNA 病毒,其 DNA 长约 7000bp,基因组编码 11 种蛋白质,其中 5 种为结构蛋白,与噬菌体展示技术相关的是结构蛋白 p III 和 p VIII。p VIII 前体由 73 个氨基酸残基组成,其中信号肽为 23 个残基,根据构成外壳的功能可分四个区,6～24 氨基酸残基区域占据噬菌体表面的大部,25～35 氨基酸残基区域具有高度疏水性,C 端与 DNA 相结合,构成完整的内壁,N 端为可活动的、外露在噬菌体表面的肽段,是插入外源基因的最佳位置。p III 前体由 424 个氨基酸残基组成,位于噬菌体的尾部,由四个功能区组成,即信号肽区、受体结合区、C 端的疏水区及穿膜区,穿膜区是最外露的区域,是插入外源基因的最佳位置。噬菌体展示技术是一种基因表达产物和亲和选择相结合的技术。

其操作过程为:以改构的噬菌体为载体,把待选基因片段定向插入噬菌体外壳蛋白基因区,如在噬菌 p III 和 p VIII 衣壳蛋白基因区的 N 端插入外源基因,形成的融合蛋白表达在噬菌体的表面,不影响噬菌体的生活周期及天然构型,且易被相应的抗体或受体分子识别,外源蛋白或多肽表达于噬菌体的表面,与固定或固相支持物结合,通过适当的淘洗,洗去非特异性结合的噬菌体(即亲和富集法),选出目的噬菌体,而编码基因作为病毒基因组的一部分可通过分泌型噬菌体的单链 DNA 测序得知。在这一过程中,外源基因是编码启动子 DNA 结合蛋白的文库基因,而固定或固相支持物分子则为启动子 DNA 片段。

噬菌体展示技术是一种经济高效的研究生物大分子相互作用的技术,如构建噬菌体随机多肽文库可用来筛选包括抗体、小分子、细胞表面受体等多种分子。

4.6.4 DNA 迁移率变动试验

DNA 迁移率变动试验(DNA mobility shift assay),又叫凝胶阻滞试验,是一种体外研究 DNA 与蛋白质相互作用的特殊的凝胶电泳技术。其基本原理是在凝胶电泳中,由于电场的作用,小分子 DNA 片段比其结合了蛋白质的 DNA 片段向阳极移动的速度快,因此,可标记短的双链 DNA 片段,将其与蛋白质混合,对混合物进行凝胶电泳,若目的 DNA 与特异性蛋白质结合,其向阳极移动的速度受到阻滞,对凝胶进行放射性自显影,就可找到 DNA 结合蛋白。将该实验改进,DNA 与更多的蛋白结合,移动速度进一步减慢,这种方法又称超级迁移率变动试验(supershift assay)。由于其特异性好,DNA 迁移率变动试验常用来鉴定用其他方法筛选出的结果。

4.6.5　DNase Ⅰ足迹试验

足迹试验不仅能找到与特异性 DNA 结合的目标蛋白,而且能告知目标蛋白结合在哪些碱基部位。足迹试验的方法较多,常用的有 DNase Ⅰ足迹试验、硫酸二甲酯足迹试验(dimethylsulfate,DMS),两者原理基本相同。

DNase Ⅰ足迹试验的原理为:蛋白结合在 DNA 片段上,保护结合部位不被 DNase 破坏,这样,蛋白质在 DNA 片段上留下了"足迹",在电泳凝胶的放射性自显影图片上,相应于蛋白质结合的部位没有放射性标记条带。

操作技术流程为:待检双链 DNA 分子用^{32}P 作末端标记,通常只标记一端;蛋白质与 DNA 混合,等两者结合后,加入适量的 DNase Ⅰ,消化 DNA 分子,控制酶的用量,使之达到每个 DNA 分子只发生一次磷酸二酯键断裂,同时设立未加蛋白质的对照组;从 DNA 上除去蛋白质,将变性的 DNA 加样在测序凝胶中作电泳和放射性自显影,与对照组相比后解读出足迹部位的核苷酸序列。足迹试验特异性好,定位精确,使用广泛。

4.7　通路克隆—Gateway 技术

Gateway 技术能够克隆一个或多个基因进入任何蛋白表达系统。这项强大的体外技术大大简化了基因克隆和亚克隆的步骤,而同时典型的克隆效率高达 95% 或更高。当基因在目的表达载体之间快速简便地穿梭时,还可以保证正确的方向和阅读框。Gateway 也有助于进行带不同数目纯化和检测标签的表达。

Gateway 克隆技术的基础是 lambda 噬菌体的位点特异性重组反应,一种准确保存遗传信息的有效的自然的生化途径。与传统的需要 DNA 限制性内切酶、DNA 连接酶、凝胶电泳和 DNA 片段纯化等多个步骤的亚克隆方法相比,该方法只需一步生化反应,而且操作方便、快捷,节省了大量的时间和劳力。

Gateway 通路克隆技术是重组酶(λ整合酶)催化的位点特异的重组反应,由 LR 和 BP 两个反应组成,可简单表示为:attB×attP←→attL×attR。重组位点 attL、attR、attB 和 attP 由 λ噬菌体和大肠杆菌编码的克隆酶合剂特异识别,双载体发生融合后,分解出新的质粒表达载体。

BP 反应利用一个 attB DNA 片段或表达克隆与一个 attP 供体载体之间的重组反应,创建一个入门克隆。LR 反应是一个 attL 入门克隆和一个 attR 目的载体之间的重组反应。LR 反应用来在平行的反应中转移目的序列到一个或更多个目的载体。位于 PCR 产物插入位点两侧的 attL 重组位点可以与 Gateway 目的载体进行有效重组。通用 M13 位点便于测序。基于 pUC 的 ori 位点可提供高产量质粒。构建入门载体可以有多种选择:① 限制性内切酶消化。作为 PCR 克隆的替代方法,有一些入门载体可以使用传统的限制酶切和连接的方法产生入门克隆。这些载体配合合适的目的载体,可以用于表达天然蛋白或带有 N 端或 C 端融合标签的重组蛋白。此外,有些载体提供了 SD (Shine-Dalgarno)序列,便于在大肠杆菌中有效地翻译。② PCR 重组克隆。重组是从 PCR 产物创建 Gateway 入门克隆的另一种方法。这种方法是通过合并 attB 位点到上游和下游引物上,然后共同孵育扩增 PCR 产物和入门载体及 BP 酶混合物,接着转化进大肠杆菌中而获得包含目的基因的入门重组载体,同时目的基因两侧具有

attL 重组位点。这个入门克隆可以与任何 Gateway 目的载体进行重组。

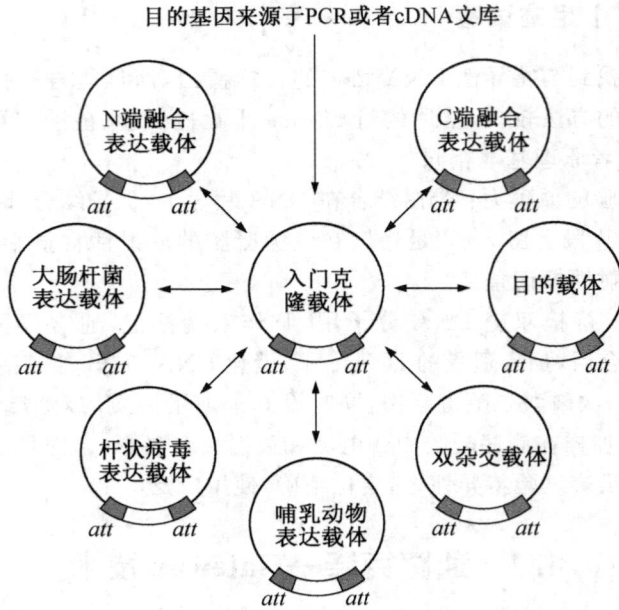

图 4－8　Gateway 技术的运用

4.8　RNA 干扰技术

1998 年,Fire 等利用双链 RNA 特异抑制了线虫体内特定基因的表达。在线虫体内,少量特异双链 RNA 分子(通常在纳摩尔浓度水平)即可导致细胞中全部同源 RNA 转录物的降解。Fire 等由此第一次提出了 RNA 干扰的新概念。此技术可追溯到 1990 年在植物中发现的转录后基因沉默等现象,这使此技术找到了天然的源头和理论依据。因此该技术一经提出,即受到广泛关注,很快 RNA 干扰技术同样在哺乳动物细胞中取得成功。2001 年,发现了长度在 30 核苷酸以下的短双链小分子干扰 RNA,它比以前使用的长双链 RNA 干扰技术有更高的专一性和更小的不良反应。从此,siRNA 技术得到了广泛应用,RNAi 与 siRNA 技术得到了突飞猛进的发展。

4.8.1　siRNA 干扰机理

在 siRNA 技术中,siRNA 首先与多种蛋白质形成 RNA 诱导的沉默复合物(RNA - induced silencing complex,RISC)。然后在 RISC 中,蛋白复合物使 siRNA 解链,形成单链 RNA 蛋白复合物中间体,在单链 RNA 的指导下,使 RISC 结合到 mRNA 的靶位点上,然后由 RISC 复合物中类似核酸酸样的蛋白质结构域降解 mRNA。

siRNA 的设计中主要注意事项是:① 内部不能含大量的 G/C,以 G/C 含量在 30%~50%为好;② 3' 端 5 个核苷酸中 A/U 对多的有利于反义链进入 RISC 复合物;③ 单链 siRNA 能形成发夹环,降低了 siRNA 的有效浓度和沉默的效率;④ 第 10 个核苷酸为 A 的有利于 RISC 对靶 RNA 的剪切等;现在有一些 siRNA 的设计软件帮助进行 siRNA 的设计。

但现在按所有 siRNA 设计说明规则设计的序列,也仅约 50%的序列可以有效剪切靶

RNA 或抑制靶 RNA 的表达。还有许多目前尚不清楚的因素影响 siRNA 的作用,如 mRNA 翻译状态可能影响 RISC 与靶 RNA 的结合。

4.8.2 siRNA 的合成

siRNA 的来源主要分为体外合成途径与体内表达途径。体外合成法合成的 siRNA,不需依靠各种载体的帮助,可以直接导入体内。它又可分为化学合成与体外转录途径。所有 DNA 合成仪均可合成 RNA,所需的是改用 RNA 合成软件和 RNA 合成试剂。因此,RNA 的化学合成可以与 DNA 合成一样做到自动化,有方便、准确的特点。

现在有多种依赖于 DNA 的 RNA 聚合酶可进行 siRNA 的合成。不同的聚合酶对合成物 5′端的序列有一定的要求,如 T7 RNA 聚合酶需要 siRNA 5′序列为 GGG,而 P6 和 T3 RNA 聚合酶则可合成 5′端为 A 的 siRNA。按模板的不同又可分为线性质粒的转录、双链合成模板的转录和单链合成模板的转录。在现有条件下,双链合成模板的转录最经济,也最快捷。

4.8.3 细胞和整体生物导入 siRNA 的方法

有多种导入 siRNA 的方法,不同的生物体采用不同的导入方法。细胞中导入 siRNA 的方法主要用脂质体包裹 siRNA 表达载体,将 siRNA 基因导入细胞,也可用脂质体包裹合成的 siRNA 导入细胞。对线虫可以用浸泡、注射和喂食的方法导入 siRNA。植物只能用农杆菌载体,结合愈伤组织培养的方法导入。最方便的导入哺乳动物的方法是直接注射法,可以在需要抑制基因表达的部位,直接注射含 siRNA 基因的病毒载体或细胞内表达的载体。可用的病毒载体有腺病毒载体、腺病毒辅助病毒载体、蔓病毒载体等。真正用于临床的方法,必须在合适的时间,将 siRNA 送到合适的组织和合适的细胞,尽量消除非序列特异的作用(包括免疫作用)。

本 章 小 结

本章详细介绍了基因工程的一些基本操作技术,包括核酸的提取与纯化、检测与保存以及核酸分子杂交技术等。

基因工程的主要操作对象就是 DNA,不同生物(微生物、植物和动物)基因组 DNA 的提取方法有所不同;不同种类或同一种类的不同组织其细胞结构及所含的组分不同,分离方法也有差异。一般来说,细菌细胞有坚硬的细胞壁,因此必须除去细胞壁才能把细胞内容物释放出来,一般采用机械或酶法处理。动物细胞没有细胞壁,因此只用温和的去离子剂溶解细胞膜。组织中的多糖和酶类物质对随后的酶切、PCR 等有较强的抑制作用,因此用富含这类物质的材料提取基因组 DNA 时,应考虑除去多糖和酚类物质。作为遗传物质的 DNA,除细胞核 DNA 外,在植物中还有线粒体 DNA 和叶绿体 DNA,动物中有线粒体 DNA,细菌中有质粒 DNA。

检测核酸的方法主要有紫外光谱分析法、EB 荧光分析法和琼脂糖电泳。其中最成熟的检测 DNA 的技术是琼脂糖电泳。RNA 分析是在变性的条件下进行的。常用的变性剂为甲醛,也可使用氢氧化甲基汞和乙二醛-二甲亚砜(DMSO)。对于小相对分子质量的 RNA、寡核苷酸和 DNA 序列等,一般采用聚丙烯酰胺凝胶电泳分析,其变性条件常采用加热或加入尿素等变性剂。

分子杂交根据其检测对象的不同可分为 Southern 杂交、Northern 杂交和 Western 杂交等。在分子杂交过程中，都采用了印迹转移技术，都是先将 DNA 或 RNA 或蛋白质样品在凝胶上进行分离，然后将凝胶上的样品通过影印的方式转移到固相支持物上。通过标记的探针与固相支持物上的分子进行杂交，从而判断样品中是否有与探针同源的核酸分子或抗体反应的蛋白质分子，并推测其相对分子质量的大小。

在核酸序列分析技术中，有化学法、酶法和自动化测序等方法。在核酸和蛋白互作研究技术中，有酵母双杂交和酵母单杂交、Gate 重组技术、RNA 干扰技术等。

思考题

1. 你在做 Southern 印迹分析实验，并且刚完成了凝胶电泳这一步。根据方案，下面一步骤是用 NaOH 溶液浸泡凝胶，使 DNA 变性为单链。但为了节省时间，你略过了这一步，直接将 DNA 从凝胶转至硝酸纤维素膜上，然后用标记探针杂交，最后发现放射自显影片是空白。错在哪里？

2. 切口平移标记探针的主要步骤有哪些？

3. 什么是 Western 印迹？它与 Southern 印迹有什么不同？

4. 建立了一个基因文库后，如何鉴定一个携带目的基因的克隆？

（王　兰　邹克琴）

第 5 章

聚合酶链反应及其相关技术

    PCR 技术从 Kary B. Mullis 最初建立到现在共约 20 多年时间,因为该技术具有高特异性、高敏感性和简便快捷等特点而得到了广泛应用,许多新型的 PCR 技术或由 PCR 衍生的新技术正不断出现,使 PCR 技术由最初的单一技术体系逐步发展成为一系列的技术综合。PCR技术在体外快速特异地复制目的 DNA 序列,理论上能将极其微量的(pg DNA)目的基因在较短的时间内(通常 1~3h)扩增到纳克、微克甚至毫克级水平,使产物极易被检测。因此,PCR技术目前已经成为人们获取目标基因最常用的方法之一,Mullis 因其杰出的贡献,于 1993 年获得了诺贝尔化学奖。

    聚合酶链反应(polymerase chain reaction,PCR)是体外酶促扩增 DNA 或 RNA 序列的一种方法,它是一种不需要借助分子克隆而可以在体外快速繁殖、扩增 DNA 的技术,它与分子克隆(molecular cloning)、DNA 测序(DNA sequencing)一起构成了分子生物学的三大主流技术。在这三项技术中,PCR 技术自 1983 年由美国 Cetus 公司 Kary B. Mullis 提出并于两年后建立以来,得到了快速的发展,成为最常用的分子生物学技术之一。这项技术使人们能够在数小时内通过试管中的酶促反应将特定的 DNA 片断扩增数百万倍,给生命科学领域的研究手段带来了革命性的变化。由于 PCR 技术的实用性和极强的生命力,PCR 技术成为生物科学研究的一种重要方法,极大地推动了分子生物学以及生物技术产业的发展。目前,一系列的PCR 方法被设计开发出来,并广泛应用于基因扩增与分离、医疗诊断、基因突变与检测、分子进化研究、环境检测、法医鉴定等诸多领域。

5.1　PCR 技术的原理

    聚合酶链反应(PCR)是利用 DNA 片段旁侧两个短的单链引物,在体外快速扩增特异DNA 片段的技术。它应用热稳定的聚合酶,通过双链 DNA 模板的热变性、引物退火和引物延伸的重复循环,DNA 片段以指数方式增加了百万倍。从非常微量的 DNA 甚至单个细胞所含有的 DNA 开始,可产生 μg 量的 PCR 产物(图 5-1)。

    在 PCR 反应中,欲扩增的目的 DNA 片段由两条单链组成。首先合成出与两条链两端互补的寡聚核苷酸引物(约含 20 个核苷酸),然后将起始反应液中的模板 DNA 加热而变性解

含靶序列的DNA模板

$5'$ ——————————————— $3'$
$3'$ ——————————————— $5'$

↓ 第一次变性

$5'$ ——————————————— $3'$

$3'$ ——————————————— $5'$

引物1 ●   ↓ 第一次退火
引物2 ▷

$5'$ ——————————————— $3'$ ●

$3'$ ▷ ——————————————— $5'$

↓ 第一次延伸

$5'$ ——————————————— $3'$ ●
$3'$ ▷ ——————————————— $5'$

↓ 第二次变性、退火

$5'$ ——————————————— $3'$ ●
$3'$ ▷ ——————————————— $5'$ ●

$3'$ ▷ ——————————————— $5'$

↓ 第二次延伸

$5'$ ——————————————— $3'$ ●
——————————————— ●
$3'$ ▷ ———————————————
$5'$ ▷ ——————————————— $5'$

↓ 第三次变性、退火、延伸

$5'$ ▷ ——————————————— ●

开始出现靶片断
(其他不同长度的链未标出)

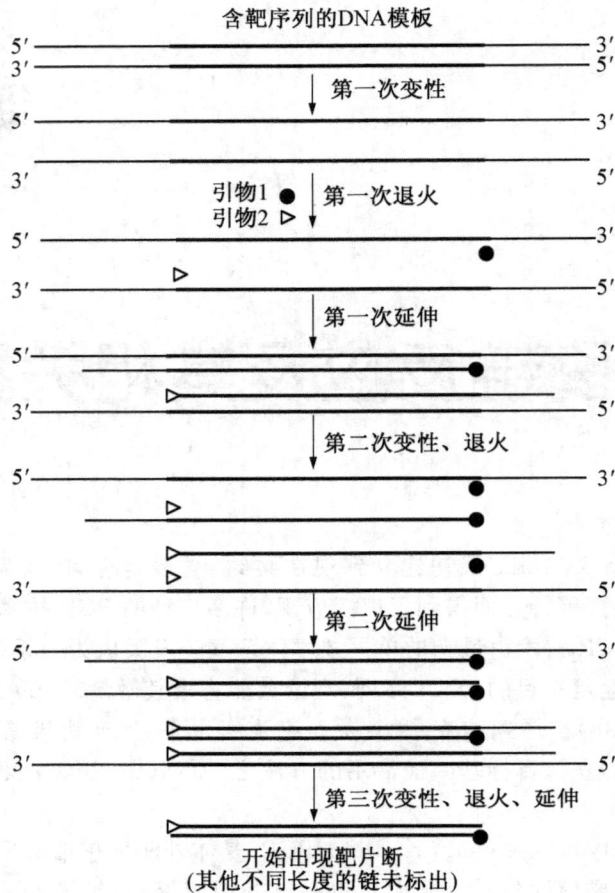

图 5-1　聚合酶链反应示意图

链。在降低温度复性时,引物分别与 A,B 链两端的互补序列配对结合。最后,在 DNA 聚合酶的催化下,以目的 DNA 片段为模板进行聚合反应。第一轮反应结束后,目的 DNA 增加了一倍。新合成的 DNA 片段本身又能作为下一轮反应的模板。如此反复进行,DNA 片段的数目可以呈 2 的指数增加。由于在 PCR 操作过程中,需要反复加热解链,一般的 DNA 聚合酶容易变性失活,后来从耐热菌中纯化得到一种 TaqDNA 聚合酶,能在较高的温度下(70~75℃)进行催化聚合,这样就不需要在每次循环时加入新酶,而且可以获得质量更好的 DNA 片段,从而使 PCR 技术达到更成熟的阶段。

5.1.1　聚合酶链反应操作过程

Mullis 最初建立的 PCR 方法使用三种温度的水浴进行实验,并以大肠杆菌 DNA 聚合酶 Ⅰ 的 Klenow 片段催化复性引物的延伸。由于该酶不耐热,在 DNA 模板进行热变性时,会导致此酶钝化,所以每一轮反应都需添加新的酶,使得操作繁复且产量不高,而且对实验操作要求较高。1988 年 Saiki 等将从温泉中分离的一株嗜热杆菌(*Thermus aquaticus*)中提取到的耐热 DNA 聚合酶(TaqDNA polymerase)引入了 PCR 技术。由于该 Taq 酶能够耐高温,在 DNA 热变性时不会被钝化,所以整个反应只需添加一次酶即可,此酶的发现为如今通过 PCR 仪实现 DNA 的自动化扩增奠定了坚实的基础。

PCR 扩增靶 DNA 序列扩增操作过程一般包括 3 个步骤，即变性、退火、延伸。

（1）变性（denaturation）是将反应体系混合物加热至 94℃并维持一定时间，使 DNA 双螺旋的氢键断裂，形成单链分子作为反应的模板。

（2）退火（annealing）是将反应体系温度降低至特定的温度（寡核苷酸引物的变性温度 Tm 值左右或以下），使引物能与模板的互补区域结合，形成模板-引物复合物。由于模板链分子较引物复杂得多，加之引物量大大超过模板 DNA 的数量，所以 DNA 模板单链之间互补结合的机会很少。另外，两个引物在模板上结合的位置决定了扩增片段的长短。

（3）延伸（elongation）是将反应体系的温度升至 72℃并维持一定时间，使反应体系中已结合到模板 DNA 链上的引物在聚合酶的作用下，以引物为固定起点，以四种单核苷酸（dNTP）作为底物，按照模板链的序列以互补的方式依次把 dNTP 加至引物的 3′端，合成新的 DNA 链。

上述三个步骤作为 PCR 的一个循环，由于每个循环所产生的 DNA 片段作为下一个循环的模板，所以每循环一次，底物 DNA 的拷贝数增加一倍。因此，反应产物量以指数形式增长，一个分子的模板经过 n 个循环可得到 2^n 拷贝产物，如经过 25 次循环后，则可产生 2^{25} 个拷贝数的特异性 DNA 片断，即 3.4×10^7 倍待扩增的 DNA 片断。但是，由于每次 PCR 的效率并非 100%，并且扩增产物中还有部分 PCR 的中间产物，所以 25 次循环后的实际扩增倍数为 $1 \times 10^6 \sim 3 \times 10^6$。另外从图中可以看出，PCR 反应经过 3 个循环，扩增产物中就出现待扩增的特异性 DNA 片断。

5.1.2　参与 PCR 反应的成分及其作用

参与 PCR 反应的成分主要包括：模板核酸、一对寡核苷酸引物、催化依赖模板的 DNA 合成的耐热 DNA 聚合酶、缓冲液、Mg^{2+}、4 种三磷酸脱氧核苷酸（dNTP）、反应温度与循环次数、PCR 促进剂等。现对它们的作用介绍如下：

1. 模板

用于 PCR 的模板核酸可以是 DNA，也可以是 RNA。核酸模板来源广泛，可以从动植物细胞、培养的细胞、细菌、病毒、组织、病理样品、考古样品等中提取。当用 RNA 作模板时，首先要进行反转录生成 cDNA，然后再进行正常的 PCR 循环，包括基因组 DNA、RNA、质粒 DNA 和线粒体 DNA 等。模板 DNA 都需要通过纯化以除去 DNA 聚合酶抑制剂（如 SDS、氯仿、乙醇等）和其他杂质（如 RNA），以保证有较高的纯度。DNA 模板中过多的 RNA 污染会造成 RNA 与 DNA 的杂交或 RNA 与引物的杂交，导致特异性扩增效率的下降。在用 RNA 作为扩增模板时，须先将 RNA 逆转录为 cDNA，再以 cDNA 作为 PCR 反应的模板进行扩增反应。除了上述的 DNA 或 RNA 可用作模板外，PCR 还可以直接以细胞为模板。

一般来说 PCR 对模板纯度的要求不是很高，模板不需要达到超纯。对于来源于组织细胞的模板 DNA，只要先溶细胞，经蛋白酶消化去除蛋白质，再用酚、氯仿抽提，经乙醇沉淀的模板即可应用。某些扩增实验中甚至可以直接将溶细胞液煮沸加热，用蛋白质变性后的 DNA 溶液作模板。但在 DNA 溶液中，不能有影响扩增反应的物质存在，例如蛋白酶、核酸酶、结合 DNA 的蛋白质等；另一类是尿素、十二烷基磺酸钠、卟啉类物质等；还有一类是二价金属离子的络合剂（如 EDTA）等，会与 Mg^{2+} 络合，影响 TaqDNA 聚合酶的活性。上述物质的存在会影响扩增效果，甚至使扩增失败。

一般对于单拷贝的哺乳动物基因组模板来说，$100\mu L$ 的反应体系中有 $100ng$ 的模板已足够。有时加的模板太多,会令扩增失败。这时如果对模板稀释后再加入反应体系中,往往能获得成功。

2. 引物

引物是与靶 DNA 的 $3'$ 端和 $5'$ 端特异性结合的寡核苷酸,是决定 PCR 扩增产物的特异性和长度的关键。只有当每条引物都能特异地与模板 DNA 中的靶序列复性形成稳定的结构,才能保证其特异性。一般情况下,设计的引物长度介于 $15\sim30$ 个核苷酸之间,$3'$ 端必须带有游离的—OH 基团,反应体系中各引物浓度一般介于 $0.1\sim0.5\mu mol/L$ 之间,过高或过低均不利于反应的正常进行。

引物设计是决定 PCR 反应成败的关键。引物具有定位和定向作用:一对引物分别与一条单链模板结合,并且与靶序列 $3'$ 端侧翼碱基互补,从而限定了引物只能结合在所识别的链上的靶序列 $3'$ 端。另外由于 DAN 聚合酶的 $5'\to3'$ 合成特点,引物的 $3'$ 端得以延伸,两引物延伸方向相对并指向靶序列的中央。引物之间的距离决定了扩增靶序列的大小及特定范围。

PCR 反应中,对引物也有一些特殊的要求,引物过短会影响 PCR 的特异性,要求有 $16\sim30bp$。引物过长使延伸温度超过 Taq DNA 聚合酶的最适温度,亦会影响产物的特异性。G+C 的含量一般为 $40\%\sim60\%$。引物的四种碱基应随机分布,不要有连续 3 个以上的相同嘌呤或嘧啶存在。尤其是引物 $3'$ 端不应有连续 3 个 G 或 C,否则会使引物与核酸的 G 或 C 富集区错误互补,从而影响 PCR 的特异性。引物自身不应存在互补序列,否则会引起自身折叠,起码引物自身连续互补碱基不能大于 3bp。两引物之间不应互补,尤其是它们的 $3'$ 端不应互补。一对引物之间不应多于 4 个连续碱基有互补性,以免产生引物二聚体。引物与非特异靶区之间的同源性不要超过 70% 或有连续 8 个互补碱基同源,否则会导致非特异性扩增。引物 $3'$ 端是引发延伸的点,因此不应错配。由于 ATCG 引起错配有一定规律,以引物 $3'$ 端 A 影响最大,因此,尽量避免在引物 $3'$ 端第一位碱基是 A。引物 $3'$ 末端也不应是编码密码子的第三个碱基,以免因为密码子第 3 位简并性而影响扩增特异。引物 $5'$ 端可以修饰,包括加酶切位点,用生物素、荧光物质、地高辛等标记,引入突变位点、启动子序列、蛋白质结合 DNA 序列等。引物浓度一般要求在 $0.1\sim0.5pmol$ 之间,浓度太高,容易生成引物二聚体,或非特异性产物。引物变性温度(T_m)最好在 $55\sim70℃$ 范围。

简并引物实际上是一类由多种寡核苷酸组成的混合物,彼此之间仅有一个或数个核苷酸的差异。若 PCR 扩增引物的核苷酸组成顺序是根据氨基酸顺序推测而来的,就需合成简并引物。简并引物同样也可以用来检测一个已知的基因家族中的新成员,或用来检测种间的同源基因。

使用简并引物的 PCR 反应,其最适条件往往是凭经验确定的,尤其是要注意所选定的变性温度,以避免引物与模板之间发生错配。有的学者建议,使用热起始法(hotstart method)能够有效地克服错配现象。热起始法要求将反应混合物先加热到 $72℃$,然后才加入 Taq DNA 聚合酶。经过这样的处理,增加了 PCR 扩增产物的特异性,所得到的靶 DNA 片段在 EB 琼脂糖凝胶电泳中可以容易地观察到,而且背景中的非靶序列的条带全消失了。

为了尽可能减少非靶序列的扩增,最近已经发展出一种嵌套引物(nested primers)的策略。其具体的操作程序是,利用第一轮 PCR 扩增产物作为第二轮 PCR 扩增的起始材料,同时除使用第一轮的一对特异引物之外,另加一至两个与模板 DNA 结合位点是处在头两个引物之间的新引物。在第二轮扩增产物中,能够与这一组多引物杂交的错误扩增的可能性是极低的,所以应用嵌套引物技术能够使靶 DNA 序列得到有效的选择性扩增。

3. 脱氧核苷三磷酸(dNTP)

dNTP 为 PCR 反应的合成原料。每种核苷酸浓度应相同,dNTP 是 dATP,dCTP,dGTP,dTTP 的总称。反应体系中各种核苷酸的浓度必须一致,即使在被扩增片段的碱基组成比较特别时也应如此。四种核苷酸间浓度的不平衡会增加反应时 DNA 聚合酶错配的概率。dNTP 的浓度一般为 $20\sim200\mu mol/L$,浓度过高虽能加快反应速度,但非特异性扩增也随之增加,DNA 聚合酶复制 DNA 时也越容易出错。降低 dNTP 的浓度可相应提高反应特异性。dNTP 储存液必须为 pH7.0 左右,其浓度一般为 2mmol/L,分装后置-20℃环境下保存。

4. 耐热 DNA 聚合酶

耐热 DNA 聚合酶是 PCR 技术实现自动化的关键。由于此酶在靶 DNA 变性的高温下仍保持活性,所以在 PCR 扩增 DNA 的全过程中,只需一次性加入反应体系,不必在每次高温变性后再另添加酶。同时它催化聚合反应的最适温度为 70~80℃,此时引物与模板结合的特异性好,故产物的纯度高。现在已发现多种耐热 DNA 聚合酶,均具有在高温下仍保持一定酶活性的通性,但不同耐热 DNA 聚合酶的性能也存在一定的差别。常见的耐热 DNA 聚合酶有 TaqDNA 聚合酶、PwoDNA 聚合酶、TthDNA 聚合酶、Vent DNA 聚合酶、PfuDNA 聚合酶等,但在 PCR 反应中应用最多的是 TaqDNA 聚合酶。

(1) TaqDNA 聚合酶　天然的 TaqDNA 聚合酶是从美国黄石国家公园的温泉嗜热水生菌 *Thermus aquaticus* YT‑1 菌株中分离获得的,现已克隆出该酶的基因,全长 2499 个碱基,编码长度为 832 个氨基酸、相对分子质量为 94000 的蛋白质。现在市场上销售的 TaqDNA 聚合酶是 *E. coli* 细胞中表达的产物。该酶有很高的耐热稳定性,在 95℃ 时,它的半衰期为 30min,即使 100℃ 处理 5min,还具有一半活性。TaqDNA 聚合酶具有 $5'\rightarrow3'$DNA 聚合酶活性和 $5'\rightarrow3'$ 外切酶活性,缺 $3'\rightarrow5'$ 外切酶活性,不具有 Klenow 酶的校对功能,在其催化的 PCR 扩增过程中发生碱基错配的概率大大增加,碱基错配的概率为 1/300~1/18000。碱基错配的数量受温度、Mg^{2+} 浓度和循环次数的影响。

TaqDNA 聚合酶作为 PCR 的耐热性 DNA 聚合酶,以带引物的单链 DNA 为模板,以 dNTP 为原料,催化互补链的聚合反应,在引物 $3'$‑OH 末端加上脱氧单核苷酸,形成 $3',5'$‑磷酸二酯键,使 DNA 链按 $5'\rightarrow3'$ 方向延伸,扩增的 DNA 片断可长达几个 kb。

(2) PwoDNA 聚合酶　PwoDNA 聚合酶是从喜温性古细菌(archaebacterium) *Pyrococcus woesei* 中发现的,现在已经克隆出此酶基因并转入 *E. coli* 细胞中用于表达、提取此酶,并在市场销售。该酶具有强的 $5'\rightarrow3'$ DNA 聚合酶活性,兼有 $3'\rightarrow5'$ 外切酶活性,没有检测到 $5'\rightarrow3'$ 外切酶活性。这种酶具有更高的耐热性,100℃ 下处理 2h 仍具有一半活性。由于此酶具有 $3'\rightarrow5'$ 外切酶活性,所以用这种酶扩增 DNA 的准确度远高于 TaqDNA 聚合酶,扩增能力可以达到 5kb,并且扩出的 DNA 片断是平末端的,可直接用于平末端连接。

(3) TthDNA 聚合酶　这种酶是从喜温性真菌 *Thermus thermophilus* HB8 中分离到的,具有强的 $5'\rightarrow3'$ DNA 聚合酶活性,无 $3'\rightarrow5'$ 外切酶活性。当反应体系中存在 Mn^{2+} 的条件下,该酶具有很强的反转录酶活性,能有效地将 RNA 反转录成 cDNA。当螯合了 Mn^{2+} 后再加入 Mg^{2+},则可以使该酶的聚合活性增加,反转录产生的 cDNA 在此酶的作用下还可以进行 PCR 扩增。由于 TthDNA 聚合酶既具有反转录活性又具有 DNA 扩增的功能,使得 cDNA 的合成与扩增可以用同一种酶催化,所以被用于反转录‑聚合酶链反应(RT‑PCR),对于从 RNA 水平检测和分析基因表达十分有用。

(4) VentDNA 聚合酶　此酶由海底火山口 98℃ 水中生长的 *Litoralis* 栖热球菌中分离得

到,酶基因已经得到克隆,并在大肠杆菌中成功表达了该酶。VentDNA 聚合酶的热稳定性极好,97.5℃下半衰期长达 130min,而且该酶具有 $5'{\rightarrow}3'$ 外切酶活性,因此在催化 DNA 合成时具有校正功能,从而有效降低碱基错误掺入率,提高扩增结果的忠实性。

(5) PfuDNA 聚合酶 PfuDNA 聚合酶是从 *Pyrococcus furisus* 菌体中分离提纯到的,该酶具有 $5'{\rightarrow}3'$ DNA 聚合酶活性,同时与 PwoDNA 聚合酶相似具有 $3'{\rightarrow}5'$ 外切酶活性,因此 Pfu DNA 聚合酶也具有校正功能,催化 DNA 合成的忠实性要比 TaqDNA 聚合酶高 12 倍。该酶耐热性极好,97.5℃下半衰期大于 3h。但此酶在反应体系中无 dNTP 存在时会降解模板 DNA,故在配制 PCR 反应液时须在最后添加于反应体系中。

除了上述几种 DNA 聚合酶外,现在很多公司开发出了具有不同特性的聚合酶类型,如 Takala 公司推出的 LA TaqDNA 聚合酶和 EX TaqDNA 聚合酶,不仅聚合能力大大提高,如前者可以扩出约 30kb 的超长片断,后者可以顺利扩出 5kb 的片断,而且均具有 $3'{\rightarrow}5'$ 外切酶活性,保证扩出产物的保真性,产物还可以直接用于 TA 克隆。

5. 镁离子(Mg^{2+})浓度

一般来讲,耐热的 DNA 聚合酶的活性都需要二价阳离子。PCR 反应体系中使用 Mn^{2+} 虽然可以使一些聚合酶具有催化活性,但催化活性要比 Mg^{2+} 低得多。Ca^{2+} 不能活化 DNA 聚合酶。因此,PCR 反应中耐热 DNA 聚合酶的活性与反应体系中游离 Mg^{2+} 浓度直接相关:Mg^{2+} 浓度过低酶活力显著降低,使产物减少;浓度过高又会使酶催化非特异性扩增。Mg^{2+} 浓度还影响引物的退火、模板与 PCR 产物的解链温度、PCR 产物的特异性、引物二聚体的生成等。值得注意的是,PCR 反应体系中 dNTP、引物和模板 DNA 等中的磷酸基团均可与 Mg^{2+} 结合而降低游离 Mg^{2+} 的实际浓度,从而影响酶的活性。另外,反应体系中螯合剂的存在(如 EDTA),也会结合一部分游离的 Mg^{2+}。因此,在优化 PCR 反应条件时应考虑上述诸多因素,以寻找反应体系中 Mg^{2+} 的最适浓度。

6. 反应缓冲液

反应缓冲液为 PCR 反应提供必需的、合适的酸碱度和某些离子,一般在购买公司耐热 DNA 聚合酶时配套提供。常用的缓冲液含 $10{\sim}50mmol/L$ 的 Tris·HCl,室温条件下其 pH 介于 $8.3{\sim}8.8$,在 72℃时其 pH 为 7.2 左右。反应缓冲液还含有 KCl,50mmol/L 以内有利于引物的退火,而 50mmol/L 以上则抑制 DNA 聚合酶活性。此外,为了保护 DNA 聚合酶的活性,一般还需在反应缓冲液中添加 DNA 聚合酶保护剂,如小牛血清白蛋白(BSA,$100\mu g/mL$)、明胶(0.01%)、Tween-20(0.05%~0.1%)或二硫苏糖醇(DTT,5mmol/L)等。

7. PCR 促进剂

PCR 促进剂主要包括向反应体系中加入助溶剂和添加剂,起到降低 PCR 反应过程中碱基错配水平,提高富含 GC 模板的扩增效率。助溶剂主要包括甲酰胺(formamide)、二甲基亚砜(dimethylsulfoxide,DMSO)和甘油(glycerol);添加剂包括氯化四甲基铵(tetramethylammonium chloride,TMAC)、谷氨酸钾(potassium glutamate)、硫酸铵(ammonium sulfate)、离子化及非离子化的除垢剂等。这些促进剂的添加可能有利于消除引物和模板的二级结构,降低 DNA 的解链温度使 DNA 变性完全,同时增进 DNA 复性时的特异性配对,增加或改变 DNA 聚合酶的稳定性等,提高 PCR 扩增效率。如在反应体系中,添加 5%~10% 的 DMSO 有利于 DNA 的变性,但对 TaqDNA 聚合酶具有抑制作用。而添加 5%~20% 的甘油有利于 DNA 的复性,$10{\sim}100\mu mol/L$ 的 TMAC 则有助于扩增产物的特异性。

5.1.3　聚合酶链反应的条件

聚合酶链反应的条件主要考虑如下几个方面：PCR 反应体系的配制、变性的温度与时间、退火的温度与时间、延伸的温度与时间、循环次数等。

1. PCR 反应体系的设制

如前所述，PCR 是一种在体外条件下模拟生物体内 DNA 复制达到在很短时间内大量扩增特异 DNA 片断的技术，因此反应体系中需加入一定量的需要扩增的 DNA 模板，能与模板中靶 DNA 序列特异结合的一对寡核苷酸引物，DNA 链合成所需的适量底物 dNTP，催化 DNA 链合成的一定量的耐热 DNA 聚合酶，以及包含 Mg^{2+} 在内的维系 DNA 聚合酶活性发挥作用的反应缓冲液系统，在有些情况下还可考虑在反应体系中添加适量的某种 PCR 促进剂以提高反应效率。

2. 变性的温度与时间

在 PCR 反应中，能否成功地使模板 DNA 和 PCR 产物充分变性是反应成败的关键。只有当模板 DNA 和 PCR 产物完全变性成为单链后，引物才能在退火过程中与模板结合。变性通过加热来实现。变性所需的温度取决于模板 DNA 和 PCR 产物双链 DNA 中的 G＋C 含量，G＋C 含量越高，则双链 DNA 分离变性的温度越高。一般情况下，93～95℃足以使模板 DNA 变性，但温度不能过高，否则高温环境对酶的活性有影响。变性所需的时间与 DNA 分子的长度相关，DNA 分子越长，在特定解链温度下双链 DNA 分子完全分离所需的时间越长。若变性温度太低或变性时间过短，则只能使 DNA 模板中富含 AT 的区域产生变性，当 PCR 循环中的温度降低时，部分变性的 DNA 模板又重新结合成双链，导致引物无法结合而使扩增失败。所以变性阶段 DNA 解链不完全是导致 PCR 失败的最主要原因。

3. 退火的温度与时间

退火温度是影响 PCR 反应特异性的重要因素。引物与模板复性所需的退火温度与时间，取决于引物的长度、碱基组成及其浓度。引物长度越短，引物中 G＋C 含量越低，所需的退火温度就越低。虽然降低退火温度可能提高扩增产量，但引物与模板间的错配现象也会增多，导致非特异性扩增上升。相反，提高退火温度虽可提高反应的特异性，但会引起扩增效率下降甚至无扩增产物出现。引物的退火温度可通过 $T_m＝4(G＋C)＋2(A＋T)$ 公式粗略估算，一般在算出的 T_m 值上减去 5℃即为较合适的反应设计退火温度。

4. 延伸的温度与时间

延伸温度取决于使用的 DNA 聚合酶的最适温度，延伸温度设定于聚合酶的最适温度附近，以获得较高的扩增效率。PCR 反应的延伸温度一般选择在 70～75℃之间，常用温度为 72℃，过高的延伸温度不利于引物和模板的结合。PCR 反应延伸的时间，视待扩增片段的长度而定。在最适温度条件下，核苷酸的掺入率为每秒 35～100 个核苷酸，故延伸 1min 对于 2kb 的扩增片断已经足够。延伸时间过长会导致非特异性扩增带的出现。

5. 循环次数

循环次数决定 PCR 扩增程度。通常情况下，PCR 循环次数主要取决于反应体系中最初的模板 DNA 的浓度。PCR 反应中扩增出的靶序列随循环次数的增加而呈指数性增长，但这种增长会在一定次数的循环后便放慢直至停止，很快达到反应平台。循环次数过多会增加非特异性产物量及碱基错配数，循环次数太少则会影响正常的 PCR 产物量，一般的循环次数介于 30～40 次之间。

5.1.4　聚合酶链反应引物设计原则

PCR 反应中扩增产物的大小和扩增产物特异性的高低,设计并用于反应体系中扩增用的引物起到了非常关键的作用。因此为了提高反应的效率,需要对引物进行精心设计。

1. 引物设计的一般原则

PCR 反应中的引物为化学合成的寡核苷酸,不仅具有 $5'\rightarrow3'$ 的方向性,而且通常成对存在,包括 $5'$ 端引物和 $3'$ 端引物,分别设在被扩增目标片段的两端,并分别与模板正负链序列互补,即 $5'$ 端引物与位于待扩增片断 $5'$ 端上游的一小段 DNA 序列相同,引导正链的合成;$3'$ 端引物与位于待扩增片断 $3'$ 端的一小段正链 DNA 序列互补,引导负链的合成。PCR 反应扩增产物就是包括两条引物在内的这一对引物之间的双链 DNA 片段。因此为了增加扩增产物的特异性和提高扩增产量,在设计 PCR 扩增引物时需注意如下各方面:

(1) 引物本身的长度及配对扩增用引物之间的扩增跨度。引物设计的目的是要提高 PCR 的特异性,因此要求设计的引物与模板 DNA 中的靶序列根据碱基互补配对原则稳定结合。寡核苷酸引物的长度越长,扩增的产物特异性越高,但引物过长容易产生寡核苷酸的链内互补,并使延伸温度超过 TaqDNA 聚合酶的最适温度,影响产物的特异性。而寡核苷酸引物过短则会降低 PCR 的扩增特异性。因此,引物的长度要适宜,一般以 $18\sim25$ 个核苷酸为宜,而且一对引物中两个引物的寡核苷酸长度差异应小于 3bp。至于配对扩增用引物之间的扩增跨度,即可能的扩增产物的长度,不仅要考虑扩增序列本身的复杂程度,如是否有高 G+C 含量,也要考虑扩增用 DNA 聚合酶的扩增能力大小。

(2) 引物的碱基组成。组成引物的 4 种碱基应随机分布,避免出现嘌呤、嘧啶碱基堆积影响扩增特异性。C+G 碱基含量在引物中的比例一般以 40%~60%为宜。

(3) 引物自身特征。除了考虑引物的长度外,自身内部碱基不应有反向重复序列或大于 3bp 的自身互补序列,否则引物自身会折叠形成发夹结构,影响引物与待扩增 DNA 中的靶序列结合。

(4) 引物之间。两条引物之间不应存在互补序列,尤其应避免 $3'$ 端的互补重叠以免形成引物二聚体。一对引物间不应多于 4 个连续碱基的同源性或互补。在 PCR 反应体系中,由于含有高浓度的引物,即使引物间存在极为微弱的互补作用,也会使引物相互杂交并在聚合酶的作用下得到引物二聚体的扩增产物。若在 PCR 早期就形成引物二聚体,在扩增过程中势必造成对聚合酶、反应合成底物 dNTP 及包括引物本身的竞争,从而抑制待扩增靶序列的扩增。若在操作中采用热启动方式或在 PCR 扩增程序设计上运用退火温度降落方式(touch down PCR),可以减少引物二聚体的生成。另一方面,PCR 扩增退火温度常根据较低的 T_m 值选定,故 $3'$ 端引物与 $5'$ 端引物应有相接近的 T_m 值,其差别不应大于 5℃,否则难以保证扩增的效果。

(5) 引物末端修饰。在 PCR 扩增中,引物的 $3'$ 端是引发延伸的起点,因此一定要与模板准确配对,不能进行任何修饰。引物的 $5'$ 端并无严格的限制,在与模板结合的引物长度足够的前提下,其 $5'$ 端碱基可不与模板 DNA 互补而成游离状态。通常这些游离序列对引物与模板的结合并无显著影响,因此引物的 $5'$ 端可以被修饰,如引入突变位点,用生物素、荧光素、地高辛等化学物质标记,引入蛋白质结合 DNA 序列,添加限制性酶切位点序列便于扩增产物的下一步克隆等。

2. 引物 $3'$-端的末位碱基

引物 $3'$-端的末位碱基对 TaqDNA 聚合酶的 DNA 合成效率有较大的影响。不同的末位碱基在错配位置导致不同的扩增效率,末位碱基为 A 的错配概率明显高于其他 3 个碱基,因此应当避免在引物的 3′端使用碱基 A。当末位碱基为 T 时,在错配的情况下也能引发链的合成,所以也应尽量避免在引物的 3′端第一位碱基使用 T。引物 3′-端末位碱基最佳选择是 G 和 C,因为它们形成的碱基配对比较稳定。

3. 引物设计软件

引物的设计要考虑多方面的因素,设计出的引物在 PCR 扩增中具有重要的地位,直接关系到靶 DNA 片断能否扩出,扩出的效率有多高,是否存在非特异扩增现象等,因此要进行科学的设计。引物的设计通常通过有关设计软件得以完成。目前常用的专门设计软件主要包括“Oligo”和“Primer Premier”,它们均具有引物的自动搜索功能和引物分析评价功能,但两者侧重点不同,“Primer Premier”自动搜索功能最强且方便使用。除了上述两种设计软件外,“Dnassist”、“Omiga”和“DNAstar”都可以用于引物设计。随着国际互联网的普及与发展,很多大型生物技术公司提供的网络在线引物设计平台,如 Invitrogen 公司、Roche 公司等网站(网址分别为 www.invitrogen.com 和 www.roche.com)均提供在线引物设计。

5.2 聚合酶链反应技术类型

PCR 技术从 1985 年建立以来,在过去的 20 多年里发展极快,从早期的简单扩增发展为一系列的技术体系,不仅可以扩增两段已知序列间的 DNA,现在发展到可以扩增已知序列两侧的未知序列,甚至可以扩增序列未知的新基因,衍生出的方法达到几十种,并且还在不断发展、完善,功能上不仅可以用于 DNA 的单纯扩增,还可以用于 DNA 的定点突变,基因的定量和基因的连接等。

5.2.1 已知 DNA 序列的聚合酶链反应扩增

对已知 DNA 序列的体外酶促扩增,是 PCR 的最初功能。作为 PCR 的靶 DNA 一般是一个待扩增的特定双链 DNA 片断,应知道其全序列或其两端 $20\sim30\mathrm{bp}$ 的核苷酸序列以供设计 3′端、5′端引物之用。靶 DNA 可以是环状 DNA 分子的一部分,也可以是线型 DNA 分子的一部分。按照 PCR 的原理与操作要求,在冰上分别把人工合成的一对特异引物、提取或分离的靶 DNA、dNTP、Mg^{2+}、PCR 反应缓冲液、耐热 DNA 聚合酶等按一定的浓度或量要求添加到反应管中,混合后置于 PCR 仪中,设定变性、退火、延伸三步反应的温度与时间及循环次数,编好反应程序并运行。但在有些情况下,若引物的退火温度与 DNA 聚合酶的酶催化活性温度相近,则可以把退火与延伸两步过程合二为一,只需使延伸时间稍微延长即可,使 PCR 扩增程序更为简单。扩增结束后取适量产物通过凝胶电泳即可鉴定扩增的效果。对于此类已知 DNA 序列的 PCR 扩增,经常用于重组子的鉴定、微生物类型鉴定、亲子鉴定等方面。

5.2.2 逆转录聚合酶链反应

PCR 技术不仅可以用于 DNA 靶序列的扩增,也可以用于 RNA 靶序列的扩增。RNA 水平的 PCR 通常称为逆转录-聚合酶链反应(reverse transcription-polymerase chain reaction,RT-PCR),有时也称为反转录 PCR、RNA PCR,它是一种将 mRNA 反转录与 PCR 技术相偶联的靶基因分离技术。通过 mRNA 反转录得到对应的 cDNA,然后利用特定的 PCR 引物直接以反转录得到的 cDNA 为模板进行 PCR 扩增,获得大量的靶 DNA 序列。反转录可以用总

RNA 或分离出的总 poly(A)RNA 为模板进行,反转录产物无需转变成双链 cDNA 即可进行 PCR 扩增。RT-PCR 为经 cDNA 分离特定表达基因提供一种通用、便捷的手段。

常见的 RT-PCR 可以分为一步法和两步法两种类型。一步法是 RT 和 PCR 过程在同一反应管和单一的反应缓冲液中完成,RT 完成后不需打开反应管进行加样以避免污染。两步法是先在一个管中通过反转录酶的作用将 mRNA 模板反转录出 cDNA 一链,再在另一个管中添加适量已反转录获得的 cDNA 一链,加入特异引物及其他反应成分后进行 PCR 扩增。两步法虽然在操作上比较繁琐,但可将反转录产物分别进行多种不同的 PCR 反应,可以从一个样品解答多个问题。

逆转录中所用的引物可以是基因特异引物,也可以是 oligo(dT) 或随机引物。用特异引物即用 3′-端引物通过与 mRNA 模板结合引导反转录只能获得特定基因或基因家族的 cDNA 序列,而 oligo(dT) 引物则是针对真核生物 mRNA 在 3′ 端均带有 poly(A) 结构设计出来的,它能指导体系中所有的 3′ 端带 poly(A)尾巴的 mRNA 反转录为 cDNA,不会对总 RNA 中的 rRNA 进行反转录。但是在反转录过程中若使用随机引物,如果用总 RNA 为模板,则反转录得到的产物中除了由 mRNA 反转录出的 cDNA 外,大部分产物均为总 RNA 中的 rRNA 反转录产物。至于实验中选择何种反转录引物,则视具体需要而定(图 5-2)。

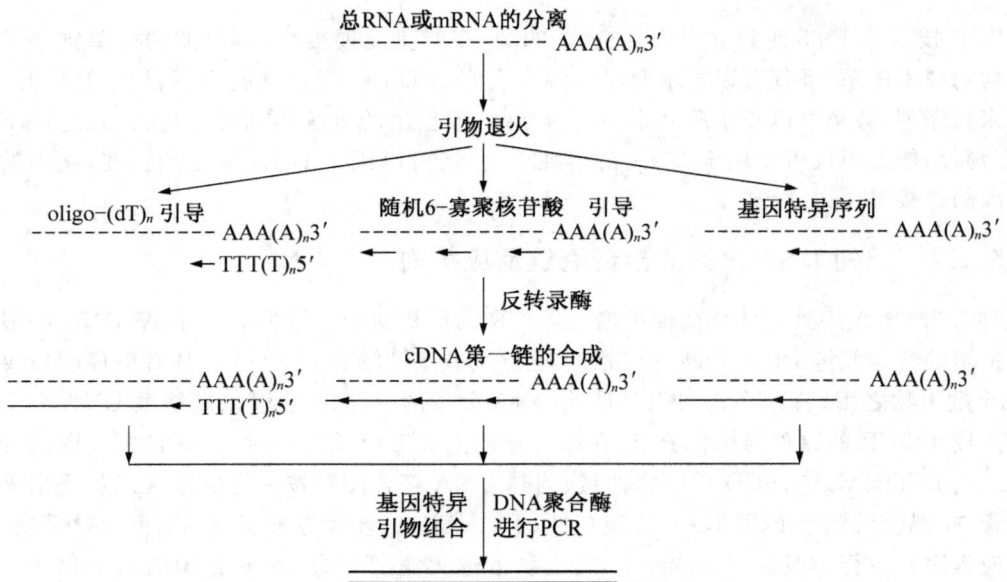

图 5-2　RT-PCR 原理示意图

反转录常用的逆转录酶主要有三种类型,第一类包括 Moloney 鼠白血病病毒来源的 MMLV 反转录酶和禽成髓细胞瘤病毒来源的 AMV。这两种酶在反转录过程中,均缺乏 3′→5′ 的核酸外切酶活性,因此没有校正功能,而且在反转录体系中需要高浓度的 dNTP 以确保反转录完全。在反转录酶活性最适温度方面,MMLV 反转录酶活性最适反应温度为 37℃,比 AMV 反转录酶的活性最适反应温度低,不利于具有强二级结构的 RNA 的反转录。对于这两种酶的 RNase H 活性方面,AMV 的 RNase H 活性较 MMLV 的高,故 AMV 在反转录过程中更易发生消化反转录产生的 RNA-DNA 杂合链中的 RNA 部分,也能消化 cDNA 链 3′端的 RNA 模板,限制了 cDNA 合成的长度。第二类反转录酶是 MMLV 反转录酶的 RNase H-突变体,具有反转录效率高、合成的 cDNA 更长的特点,而且可在更高的温度(如 50℃)下反转录合成 cDNA,更有利于具有强二级结构的 RNA 的反转录。第三类是前面提到过的嗜热热稳定的 TthDNA 聚合酶,在 Mn^{2+} 存在下表现反转录活性,可以实现 RT 与 PCR 一步操作,但合成的 cDNA 长度低,保真度降低。

5.2.3　已知 cDNA 一段序列获得全长 cDNA 的聚合酶链反应

cDNA 是基因转录产物 mRNA 通过反转录而来的。除了上述通过反转录途径获得 cDNA 外,cDNA 序列还可以通过构建 cDNA 文库后筛选获得,也可以通过对分离纯化后的目的蛋白进行氨基酸序列测定后获得,但通常情况下获得的 cDNA 只是基因全长 cDNA 的部分序列而并非全长。cDNA 末端的快速扩增(rapid amplification of cDNA ends,RACE)为克隆获得基因全长提供了解决途径。RACE 是一种基于 mRNA 反转录和 PCR 技术建立起来的、以部分的已知区域序列为起点、扩增基因转录本未知区域、从而获得 cDNA 完整序列的方法。根据待扩增序列与已知序列的位置关系,可分为 3′RACE 和 5′RACE,分别用于获得已知序列位点下游的 mRNA 未知序列和已知序列位点上游的 mRNA 未知序列。

1. 3′RACE

3′RACE 扩增获得已知序列下游的 mRNA 未知序列,主要分为两步,第一步是通过反转录获得 3′末端第一链 cDNA 序列,然后以第一链 cDNA 产物为模板以套式引物扩增出 3′末端序列。根据大多数真核 mRNA 的 3′端本身带有 poly(A)尾巴,为 mRNA 3′序列反转录提供天然的引物互补退火位点,因此与一般的 mRNA 反转录相似,可以设计能与 poly(A)互补的 oligo(dT)序列作为反转录引物,经退火后引导 cDNA 链的合成。但为了方便后续的 cDNA 3′序列的扩增及提高实验结果的可靠性,需对 3′RACE 反转录引物两端做特殊设计。反转录引物 5′端添加一特定序列,这特定序列由外侧引物区(outer primer,OP)和内侧引物区(inner primer,IP)两部分组成,OP 和 IP 将为以后的两轮 PCR 扩增提供引物序列。为了让反转录在紧接 poly(A)尾巴交界处开始,降低扩增物中的同聚尾长度,在反转录引物的 3′端加入一个非 T 碱基的锚定核苷酸,构成 3′锚定引物(anchoring primer,AP),它实为三种引物的混合体。

为了扩出未知序列,可根据目的基因的已知序列设计两条基因特异性引物 GSP1(外侧基因特异性引物)和 GSP2(内侧基因特异性引物)。在用反转录产物扩增目的序列时,先用 GSP1 和 OP 引物组合进行第一轮 PCR 扩增,然后用第一轮 PCR 扩增产物为模板,以内部套式引物即 GSP2 和 IP 引物组合进行二次 PCR 扩增,以提高扩增产物的特异性(图 5-3)。

2. 5′RACE

5′RACE 用于扩增目的 mRNA 已知序列上游(即 5′端)的未知序列。由于 mRNA 的 5′端没有类似于 3′端的寡聚核苷酸尾巴,为此需要设计一种能够将锚定引物 AP 序列引入其 cDNA 的方

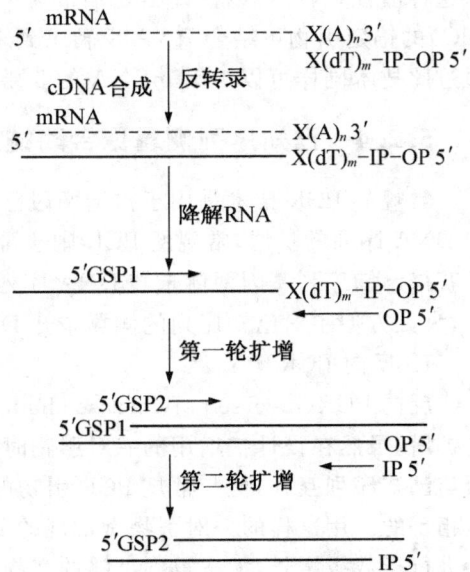

图 5-3　3′RACE 示意图

法,然后通过类似 3′RACE 的巢式扩增获得 5′端未知序列。经典的 5′RACE 是先通过序列已知的 GSP1 作为反转录引物产生 cDNA 第一链,去除杂合链中的 RNA 后利用 DNA 末端转移酶的活力对 cDNA 第一链进行同聚核苷酸加尾,在生成第二链 cDNA 时引入锚定引物序列,再按 3′RACE 的方法扩增出目的序列。

此经典的 5′RACE 遇到的问题是由于序列本身的结构特征和反转录酶的持续能力等原因,反转录反应并不能使所有得到的第一链 cDNA 到达末端,形成一些假全长 cDNA 片断,但末端转移酶不能区分这些假全长片断与真全长片断,可同时对它们有效地加尾。为了克服上述问题而发展出的新 5′RACE 技术采用在反转录前先对 5′端完整 mRNA 脱帽子结构,然后在 RNA 连接酶的作用下把锚定 RNA 寡核苷酸引物序列连接到 mRNA 的 5′端。反转录时,只有那些进行到 mRNA 5′末端的反应(即反转录反应能够进行到 mRNA 5′端锚定序列),互补序列才会整合进第一链 cDNA 的 3′端,在以后的 PCR 扩增中,由于以锚定序列作为引物,只有那些全长的 cDNA 才能被有效扩增(图 5-4)。

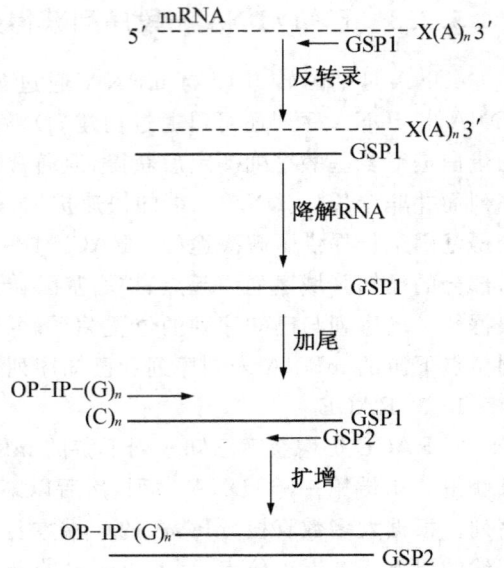

图 5-4　5′RACE 示意图

研究中发现,某些反转录酶在反转录到达 RNA 末端时,会表现出末端转移酶的活性而将 3~5 个脱氧核苷酸残基(主要是 dC)添加到第一链 cDNA 的末端,而且只有到达末端时才显示这种活性,因此可以设计出 3′端带 3~5 个 dG 的锚定引物加入到反转录体系中,该含 poly(dG)的锚定引物可结合 RNA 反转录到末端时已添加 poly(dC)的第一链 cDNA 3′端序列上。通过此技术同样可以扩出 mRNA 的 5′端全长序列。

5.2.4　已知序列侧翼聚合酶链反应扩增

常规的 PCR 技术是用于扩增两段已知序列之间的 DNA 片断,而对于已知序列侧翼的未知 DNA 序列的扩增,常规的 PCR 则显得无能为力。后来,科学家在常规 PCR 的基础上发明了获得已知序列基因两侧未知 DNA 序列的 PCR 方法,包括反向 PCR、锚定 PCR、TAIL-PCR 等,大大方便了对已知序列的侧翼未知 DNA 的扩增。

1. 反向 PCR

反向 PCR(inverse polymerase chain reaction,IPCR)非常适合于已知序列侧翼 DNA 序列的扩增,虽然在设计扩增用的一对引物时与常规 PCR 引物设计的规则一致,设计出的引物必须与已知序列互补,但与常规 PCR 引物的方向是相对的不同,用于反向 PCR 的一对引物方向是相反的。用这样的一对引物做常规的 PCR 扩增,每个引物只能对各自的模板线性扩增,不能进行指数级增长,无法得到足够的产物。故用 IPCR 扩增的 DNA 模板必须先经过某种限制性内切酶酶切后,然后通过连接使含有已知序列的 DNA 环化,使设计的引物由原来的相反转变为相对,就按常规 PCR 操作扩出未知的侧翼序列。所以综合来讲,IPCR 主要包括酶切、切出片断自身连接环化、PCR 扩增等步骤(图 5-5)。

　　首先,用限制性内切酶消化待测线性 DNA 模板。其次,用连接酶将酶切后的线性 DNA 模板自身连接成为环状分子,从而使引物处于一个相对的位置。最后,可以通过两种方式进行未知序列的扩增:第一为用设计的引物直接进行常规 PCR 扩增;第二为先把已环化的 DNA 用另一种限制性内切酶消化,将环状 DNA 从已知区域中间切开,这样线性化的 DNA 两侧为已知序列,未知序列夹在中间,再按常规 PCR 进行扩增。

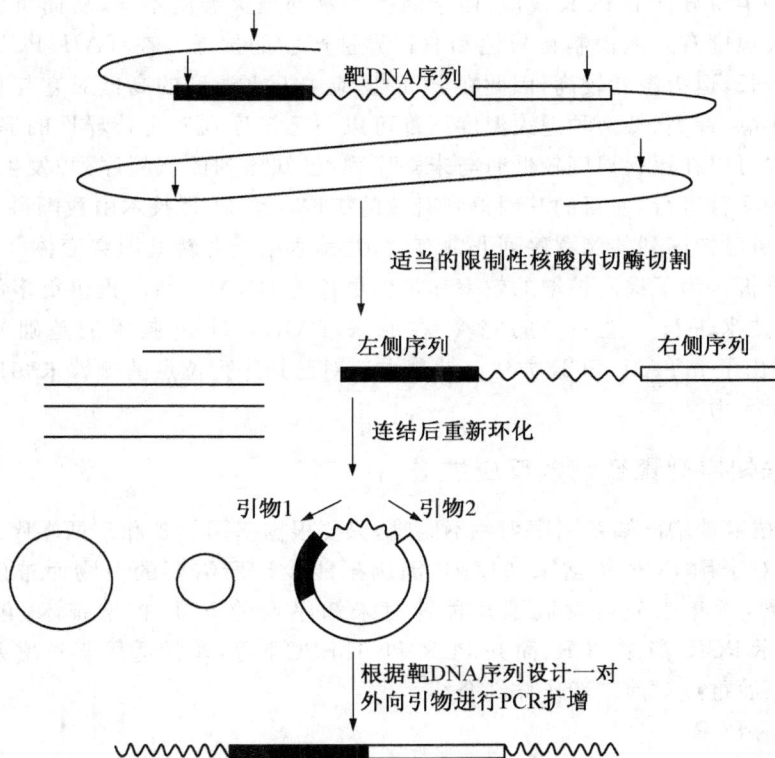

图 5-5　反向 PCR 的基本过程(引自吴乃虎,1998)

　　通过上述技术处理,就能获得已知序列的侧翼未知序列。为了提高扩增产物的特异性,往往设计巢式引物(nested primer),即包括内侧引物、外侧引物共两对引物,先用外侧引物对样品进行一次扩增,然后用内侧引物对一次扩增产物进行二次扩增,扩出的特异序列通过序列测序与分析,就可获得侧翼序列。

　　2. 锚定 PCR(anchored PCR)

　　锚定 PCR 又称单侧特异引物 PCR(single-specific primer PCR,SSP-PCR),是指通过添加锚定引物接头的方式来扩增合成未知序列或未全知序列的方法。在锚定 PCR 中,一条引物为根据已知序列设计的序列特异性引物,另一条则是根据序列的共同特征设计的非特异性引物。这种非特异性的通用引物起到在其中一端附着的作用,故称为锚定引物,与锚定引物结合的序列则称为锚定序列。一种常用的锚定 PCR 技术是以 DNA 文库中载体上的一小段序列作为锚定序列。还可把通过人工合成的特定序列连接到 DNA 片断上作为锚定序列,因此可称为连接锚定 PCR(ligation anchored PCR)。在前述的 RACE 技术扩增基因中,均属锚定 PCR 范畴,用到的同聚物即为锚定引物,包括根据成熟 mRNA 的 poly(A)序列特征设计出的一段 oligo(dT)引物,以及由 mRNA 通过反转录获得的一链 cDNA 通过 DNA 末端转移酶在其 3'

末端进行同聚物加尾后,如 poly(dG) 尾,再据此尾特点而设计出的对应 poly(dC) 引物,它们均属锚定引物的范畴。关于 RACE 技术这里不再重复。

3. TAIL-PCR

交错式热不对称 PCR(thermal asymmetric interlaced PCR,TAIL-PCR)是利用一系列序列特异性的巢式引物和一个短的任意引物(arbitrary primer)引导扩增已知序列的侧翼序列的技术。它是一种半特异性的 PCR 反应,由于两类引物的退火温度不同,从而可以通过控制反应过程中的退火温度有效地控制特异性和非特异性产物的扩增。在 TAIL-PCR 中序列特异性的巢式引物较长,退火温度较高,因此在 PCR 反应中退火温度的高低对它与目的序列的退火没有太大的影响,在高、低两种退火温度下都可以与已知序列发生特异性的退火,而序列短的任意引物则仅可以在退火温度较低时与未知序列(已知序列的侧翼序列)发生退火,通过高低温退火温度的交替进行,使目的基因得到有效的扩增。该 PCR 技术由我国科学家刘耀光教授发明,对于分析已知序列的侧翼序列非常有效,尤其适用于对转基因突变体 T-DNA 插入位点侧翼序列的分析。为了提高扩增的效率和扩出更长的 DNA 片断以提供更多的侧翼序列信息,发明者对该技术进行了进一步的完善,在原来 TAIL-cycling 技术的基础上引入了抑制 PCR 技术,发展出了 hiTAIL-PCR 方法。此新方法对已知序列位点的侧翼未知序列的分离显示了更强大的生命力。

5.2.5　未知序列聚合酶链反应扩增

利用 PCR 技术扩增已知基因序列并不困难,只要根据基因的 3' 和 5' 两端序列合成一对引物就可实现,但对于用 PCR 扩增未知序列,因为不能设计所需的引物而难以实现。随着 PCR 技术的发展,近年来先后发展了几种针对未知序列的 PCR 扩增技术,包括差异显示 PCR、限制性显示 PCR、消减 PCR、简并 PCR 和 Alu-PCR 等,非常适用于扩增差异表达的基因或新基因。下面重点对前三者作详细介绍。

1. 差异显示 PCR

在高等生物中,体内基因的表达图谱不仅随着发育时间与空间的变化而呈规律变化,也会在环境诱导或转基因等条件下,基因的表达图谱也会随之变化,因此分离、分析这些差异表达的基因非常有利于认识生物的基因功能及其表达规律。但传统的 PCR 方法难以分离这些差异显示的基因。1992 年 Liang 和 Pardee 建立了一种全新的显示 mRNA 表达差异的方法,即 mRNA 差异显示 PCR(mRNA differential display PCR,DD-PCR)技术,又称差异显示反转录 PCR(differential display reverse transcription PCR,DDRT-PCR)。由于该技术具有与 PCR 技术相似的简单、快捷和高效等特点,已用于越来越多的差别表达基因的分离与鉴定,在分子生物学和基因工程领域发挥了极大的作用。

该技术的原理主要是基于真核生物成熟 mRNA 具有 poly(A) 尾巴结构的特点,根据在 poly(A) 上游的 2 个碱基只能有 12 种可能的排列组合:前面第一个碱基(B)有 G、C、T 三种可能,第二位碱基(N)有 A、T、G、C 四种可能,设计出 oligo-$(dT)_{12}$MN 样 mRNA 3' 端反转录锚定引物,它是由约 12 个连续的脱氧核苷酸加上两个 3' 端锚定脱氧核苷酸组成,其中 M 为除 T 以外的任何一种核苷酸(即 A、G 或 C),而 N 则为任何一种核苷酸(即 A、T、G 或 C),故 MN 共有 12 种不同的排列组合方式,并用 $5'- T_{12}$MN 表示,共有 12 种引物。用任何一种 oligo-$(dT)_{12}$MN 对 mRNA 进行反转录,都能够把总 mRNA 群体的 1/12 分子反转录成 mRNA-cDNA 杂合分子。然后以一种由 10 个核苷酸组成的 5' 端随机引物(arbitrary primer,AP)和 3'

端锚定引物进行 PCR,以获得足够的 cDNA 进行差别显示分析。若使用 12 种 3′端锚定引物和 20 种 5′端随机引物组成的全部 240 组引物对作 PCR 扩增,理论上能得到 20000 条左右的 DNA 条带,其中每一条都代表一种特定的 mRNA 种类。这个数字大体上涵盖了在一定发育阶段某种类型细胞中所表达的全部的 mRNA 种类。

为了便于显示不同样品按同一种引物对扩增后的差异表达带,常在 PCR 反应体系中加入放射性核素^{32}P 或^{35}S 以标记反应产物。PCR 反应结束后各取适量产物通过变性聚丙烯酰胺凝胶电泳,经放射自显影和对胶板上的不同样品间进行比较,找出差异显示条带(如图 5-6)。将差异条带从凝胶上切割并回收 cDNA,即可进行克隆测序分析或用作制备探针从基因文库中调取有关基因。该技术具有用样少、操作简易、快速高效和可同时对多种样品进行比较等优点,但在实际操作中还发现,该技术也存在一些不足,如若要检测全部 mRNA 种类则每样品要进行至少 240 次 PCR 并进行后续分析,样品越多工作量越大;受聚丙烯酰胺凝胶分辨能力的影响,有存在差异条带漏检的可能;有时条带集中使目的带难以准确切出,导致假阳性结果等。

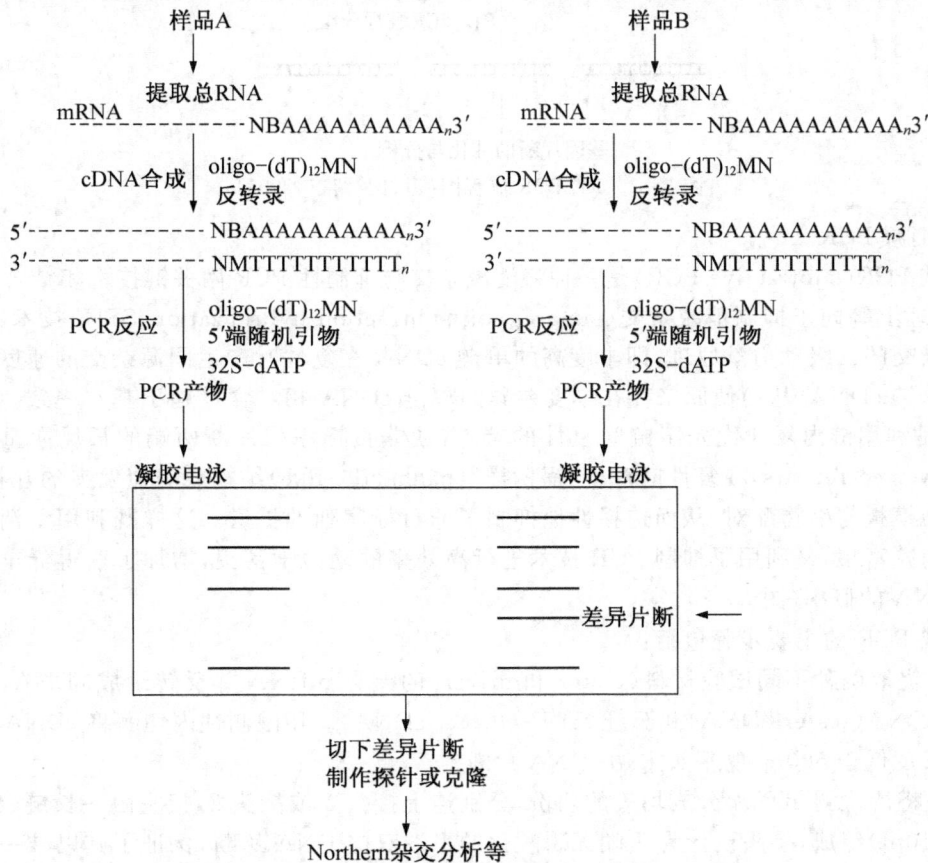

图 5-6 差异显示 PCR 分析的基本流程(引自黄留玉,2005)

2. 限制性显示 PCR

DDRT-PCR 技术的发展为差异表达基因或新基因的发现提供了有效的途径。由于使用了兼并性引物和特异性不高的锚定引物,扩增结果往往产生较高的假阳性现象,阻碍了该技术的发展应用。马文丽发展的限制性显示 PCR(restrict display PCR,RD-PCR)技术很好地解决了上述问题。

RD-PCR 的原理是将反转录的 cDNA 或双链 DNA 分子,经限制性内切酶酶解后连接上互补的接头。由于接头和酶切位点的 DNA 序列已知,因而可以设计标准的 PCR 通用引物。在该通用引物的 3′ 端分别延伸一个或几个碱基,通过引物间的两两组合,将 PCR 产物分成 10 个或 $4^n \times (4^n + 1)/2$ 个亚组,从而使基因片断通过选择性引物被有效地分配于不同的亚组中(图 5-7)。

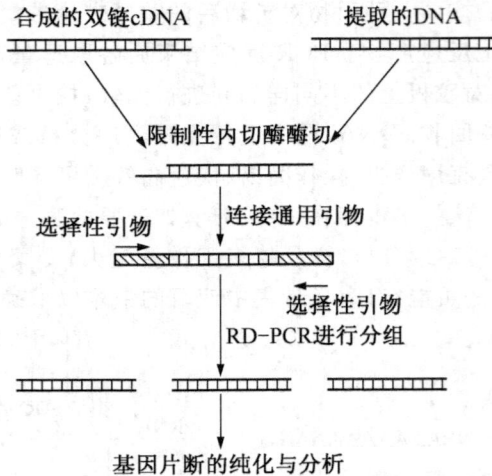

图 5-7 RD-PCR 流程图(引自黄留玉,2005)

3. 消减 PCR

消减 PCR(subtractive PCR)是一种将消减杂交与抑制性 PCR 两关键技术相结合的 PCR 方法,原理上等同于抑制消减杂交(suppression subtraction hybridization,SSH)技术,该方法运用了杂交的二级动力学原理,即丰度高的单链 cDNA 在复性时产生同源杂交的速度快于丰度低的单链 cDNA,从而使原来存在丰度差异的单链 cDNA 相对含量趋于基本一致。而抑制 PCR 则是利用链内复性优先于链间复性的特点,使非目标序列片断两端的长反向重复序列(long inverted repeats)在复性时产生"锅柄样"(panhandle-like)结构或类似发夹的互补结构,无法作为模板与引物配对,从而选择性地抑制了非目标序列的扩增。这样既利用了消减杂交技术的消减富集,又利用了抑制 PCR 技术进行高效率的动力学富集,增加了获得低丰度差异表达 cDNA 的概率(图 5-8)。

消减 PCR 的主要步骤包括:

(1) 提取两种不同试验材料(tester 和 driver)的差异 mRNA 并反转录成 cDNA,分别作为检测 cDNA(tester cDNA)和驱赶 cDNA(driver cDNA)。用限制性内切酶将 cDNA 消化产生平均长度低于 500bp 的平头末端 cDNA 片断。

(2) 将待检测 cDNA 分成均等的两份,分别连上接头 1 或接头 2,接头由一长链(40nt)和一短链(10nt)组成,接头设计为 5′ 端无磷酸化的平端双链 DNA 片断,保证了其以唯一的方向与 cDNA 片断连接:长链 3′ 端与 cDNA 5′ 端相连。长链外侧序列(约 20nt)与第一次 PCR 引物序列相同,内侧序列则与第二次 PCR 引物序列相同。此外,接头上还加入了 T7 启动子序列及内切酶识别位点,为以后的克隆和测序提供方便。

(3) 接下来进行两轮消减杂交。第一次杂交:将上述两份待检测 cDNA 分别与过量的驱赶 cDNA 混合,变性后复性,进行一种不充分的消减杂交。根据复性动力学原理,浓度高的单链分子迅速复性,而浓度低的单链分子仍以单链形式存在,杂交的结果实现检测单链 cDNA 的均等化(normalization),也即使原来有丰度差别的单链 cDNA 的相对含量达到基本一致。

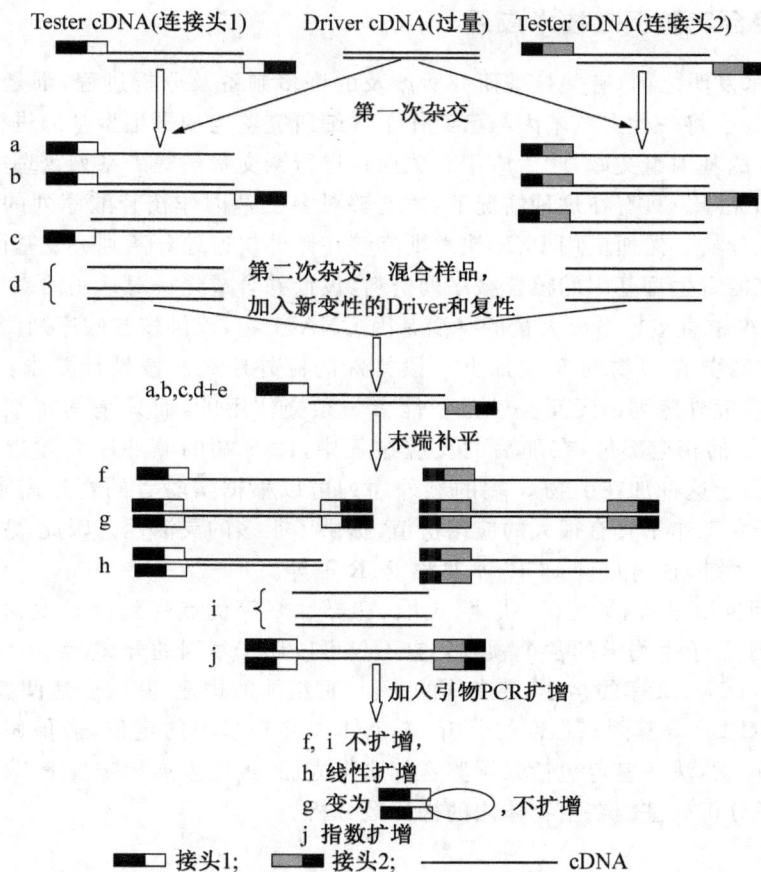

图 5-8 消减 PCR 的技术流程

由于检测 cDNA 中与驱赶 cDNA 序列相似的片断大多与驱赶 cDNA 形成异源双链分子,使检测 cDNA 中的差异表达基因的目标 cDNA 得到大量富集。第二次杂交:合并第一次杂交后的两份杂交产物,同时加入新的变性驱动 cDNA 进行复性杂交。此时只有第一次杂交后经丰度均等化和消减的单链检测 cDNA 和驱动 cDNA 一起形成各种双链分子,这次杂交进一步富集了差异表达基因的 cDNA,并产生了一种新的双链分子,它的两个 5′端分别连上了来自两个样本的不同的接头。杂交完成后补平末端。

(4) 用设计的两对巢式引物取上述产物进行 PCR 扩增。第一次用外侧引物作 PCR 扩增,这时只有两端是不同接头的双链 cDNA 分子才能呈指数扩增。而两端连上相同接头的同一片断由于末端有长反向重复序列,由于所加引物短于接头以及链内退火优于链间退火,在复性过程中形成"锅柄样"结构,无法作为模板与引物配对而不能得以扩增,最终的结果是差异表达 cDNA 序列得到大量的扩增。第二次选用内侧引物作 PCR 扩增,基于 PCR 抑制效应的存在,使差异片断获得大量富集并提高了产物的特异性。

(5) 对获得的差异片断做进一步分子杂交鉴定和序列测定、分析及功能鉴定等工作。相比其他有关相似技术,消减 PCR 用于扩增获得差异表达的未知序列基因最大的优势,一是特异性强、假阳性率低,二是敏感性高,适于低丰度表达基因,三是速度快,效率高。但此法最大的不足是需要较多的起始材料。目前此技术已用于很多新基因的克隆。

5.3.6 聚合酶链反应技术应用

在 PCR 技术发明之前,有关核酸研究所涉及的许多制备及分析过程,都是既费力又费时的工作。例如,为了将一种突变基因与已经作了详细研究鉴定的野生型基因进行比较,首先就必须构建突变体的基因组文库,然后应用有关探针进行杂交筛选等一系列繁琐的步骤,才有可能分离到所需的克隆。只有在这种情况下,才能够对突变基因作核苷酸序列的结构测定并同野生型进行比较分析。然而应用 PCR 技术则能够在体外快速地分离到突变基因,其主要步骤是根据预先测定的野生型基因的核苷酸序列资料,设计并合成出一对适用的寡核苷酸引物,用来从基因组 DNA 中直接扩增出大量的突变基因 DNA 产物,以供核苷酸序列测定使用。另一方面也可以根据需要在引物的 5′ 端加上一段特殊的额外序列。按设计要求,在第一次杂交时,引物中的这段额外序列因无互补性是不能参与杂交作用的,而只是其 3′ 端的部分序列退火到了模板 DNA 的相应部位,在随后的反应过程中,此 5′ 端的额外序列才掺入到了扩增的 DNA 片段上。由于这种加在引物 5′ 端的额外序列可以根据实验者的特定需求而精心设计,因此在实际的研究工作中具有很大的应用价值,提供了很多的灵活性。因此,它是基因克隆的一种有效方法。另外,还有反向 PCR、不对称 PCR 等等。

PCR 技术问世以来,以其简便、快速、灵敏、特异性好等优点受到分子生物学界的普遍重视,被广泛地用于分子生物学的各个领域。它不仅可以用于基因的分离、克隆和核苷酸序列分析,还可以用于 cDNA 文库的构建,突变体的分析,重组体的构建,基因表达调控的研究,SSR、RAPD、AFLP、RFLP 等基因多态性的分析,染色体步移与基因的定位,遗传病和传染病的诊断,肿瘤机制的探索,法医鉴定包括亲子鉴定等诸多方面,近年发展的定量 PCR 技术还可用于基因的表达水平分析或基因在生物体内的拷贝数分析。

5.4 荧光定量 PCR 技术

PCR 可对特定核苷酸片断进行指数级的扩增。在扩增反应结束之后,可以通过凝胶电泳的方法对扩增产物进行定性分析,也可以通过对光密度扫描来进行半定量分析。无论定性还是半定量分析,分析的都是 PCR 终产物。但是在许多情况下,我们所感兴趣的是未经 PCR 信号放大之前的起始模板量,例如我们想知道某一特定基因在特定组织中的表达量,研究者要扩增一系列梯度稀释的 cDNA 或者对每个基因的扩增循环数作适当的调整;在这种需求下荧光定量 PCR 技术应运而生。

自 1993 问世,特别是 1996 年美国 ABI 公司生产出世界上第一台全自动实时荧光 PCR 仪以来,因其高特异性、高灵敏度、所需时间短、并且还能进行核酸定量而备受欢迎,它不但解决了传统 PCR 方法易污染,需要做阳性确认等缺点,并且由于实时荧光 PCR 技术有定量检测功能,扩大了传统 PCR 方法的应用领域,使得疾病治疗效果、转基因产品定量检测等一些技术难题很容易得到解决,迅速在各有关领域得到了广泛应用。该技术已被广泛用于检测细胞 mRNA 表达量的变化;比较不同组织的 mRNA 表达差异;验证基因芯片,siRNA 干扰的实验结果。

5.4.1 荧光 PCR 的特点

1. 实现实时监测,消除交叉污染

实时荧光定量 PCR 技术有效地解决了传统定量只能终点检测的局限,实现了每一轮循环均检测一次荧光信号的强度,并记录在电脑软件之中,实现对整个 PCR 进程的实时监测。此外,实时荧光 PCR 采用闭管分析,无须电泳等 PCR 后处理步骤,有效消除核酸的交叉污染。

2. 特异性强

由于在 PCR 反应体系中加入荧光探针,使得非特异性产物不能与探针杂交,尤其对与特异性产物相对分子质量接近、通过电泳无法分开的产物更为有效,而且分子信标、杂交探针和新型的 TaqManMGB(Mino,Groove Binder)探针可检测出靶序列中单个碱基的错配、缺失或插入突变。

3. 定量结果准确

由于传统定量方法都是终点检测,即 PCR 到达平台期后进行检测,而 PCR 经过对数期扩增到达平台期时,检测重现性极差,因此无法直接从终点产物量推算出起始模板量。而实时荧光 PCR 方法通过采用外标准曲线定量的方法,其正确性已得到全世界的公认,广泛用于基因表达研究、转基因研究、药物疗效考核、病原体检测等诸多领域。

5.4.2　实时荧光定量 PCR 技术原理

在实时荧光定量 PCR 反应中,引入了一种荧光化学物质,随着 PCR 反应的进行,PCR 反应产物不断累计,荧光信号强度也等比例增加。每经过一个循环,收集一个荧光强度信号,这样我们就可以通过荧光强度变化监测产物量的变化,从而得到一条荧光扩增曲线(图 5-9)。

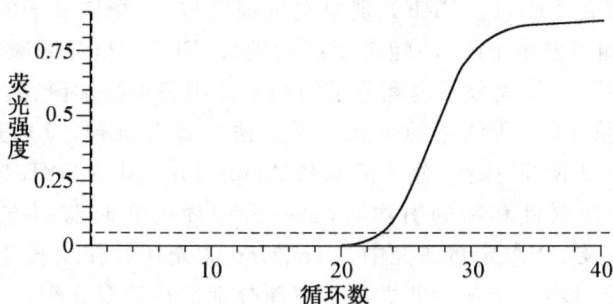

图 5-9　实时荧光扩增曲线图

一般而言,荧光扩增曲线可以分成三个阶段:荧光背景信号阶段,荧光信号指数扩增阶段和平台期。在荧光背景信号阶段,扩增的荧光信号被荧光背景信号所掩盖,我们无法判断产物量的变化。而在平台期,扩增产物已不再呈指数级增加。PCR 的终产物量与起始模板量之间没有线性关系,所以根据最终的 PCR 产物量不能计算出起始 DNA 拷贝数。只有在荧光信号指数扩增阶段,PCR 产物量的对数值与起始模板量之间存在线性关系,我们可以选择在这个阶段进行定量分析。

为了定量和比较的方便,在实时荧光定量 PCR 技术中引入了两个非常重要的概念:荧光阈值和 CT 值。荧光阈值是在荧光扩增曲线上人为设定的一个值,它可以设定在荧光信号指数扩增阶段任意位置上,但一般我们将荧光域值的缺省设置是 3~15 个循环的荧光信号的标准偏差的 10 倍。每个反应管内的荧光信号到达设定的域值时所经历的循环数被称为 CT 值(threshold value)。CT 值与起始模板的关系研究表明,每个模板的 CT 值与该模板的起始拷贝数的对数存在线性关系,起始拷贝数越多,CT 值越小。利用已知起始拷贝数的标准品可作出标准曲线,其中横坐标代表起始拷贝数的对数,纵坐标代表 CT 值(图 5-10)。因此,只要获得未知样品的 CT

值,即可从标准曲线上计算出该样品的起始拷贝数。

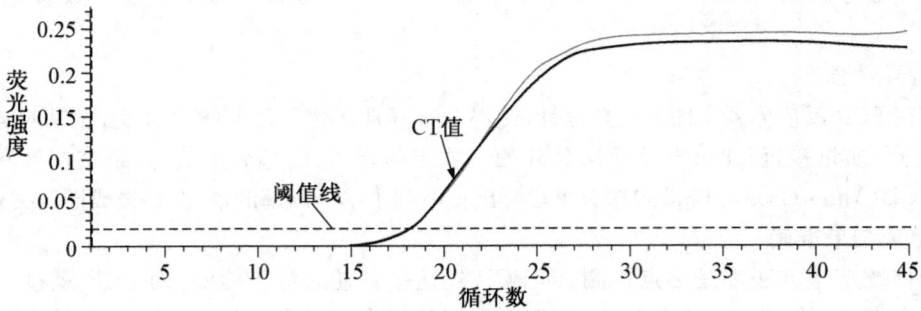

图 5-10　荧光定量标准曲线

5.4.3　荧光探针和荧光染料

实时荧光 PCR 技术的关键是使用了荧光探针及其相应的荧光信号检测装置。所用荧光探针种类很多,实现的途径也不完全相同,但基本原理都是根据荧光共振能量转移现象(fluorescence resonance energy transfer,FRET)设计的。当一个荧光分子(又称为供体分子)的荧光光谱与另一个荧光分子(又称为受体分子)的激发光谱相重叠时,供体荧光分子自身的荧光强度衰减,这种现象就是 FRET。FRET 现象发生程度与供、受体分子的空间距离紧密相关,一般为 7~10 Bill 时即可发生 FRET;随着距离的延长,FRET 呈显著减弱。FRET 现象已广泛应用于核酸分子检测、生物大分子内和分子间相互作用等生物学研究。

目前荧光实时定量 PCR 所使用的荧光化学方法主要有五种,分别是:内嵌染料(SYBR Green Ⅰ)、双标记探针、FRET 探针、分子信标和 Ampliflor。其中 SYBR Green Ⅰ 染料法不需要设计合成序列特异性探针和新的引物对,是一种简便的实时监测方法,常常被用于进行 RNA 表达相对定量以及 DNA 定量研究中。TaqMan 荧光探针使用最为广泛,另外还有一种非特异的荧光染料双键 DNA 定量检测方法。下面分别进行简要介绍:

1. SYBR Green Ⅰ

SYBR Green Ⅰ 是一种结合于小沟中的双链 DNA 结合染料。与双链 DNA 结合后,其荧光大大增强。这一性质使其用于扩增产物的检测非常理想。SYBR Green Ⅰ 的最大吸收波长约为 497nm,发射波长最大约为 520nm。在 PCR 反应体系中,加入过量 SYBR 荧光染料,SYBR 荧光染料特异性地掺入 DNA 双链后,发射荧光信号,而不掺入链中的 SYBR 染料分子不会发射任何荧光信号,从而保证荧光信号的增加与 PCR 产物的增加完全同步(图 5-11)。

SYBR Green Ⅰ 在核酸的实时检测方面有很多优点,由于它与所有的双链 DNA 相结合,不必因为模板不同而特别定制,因此设计的程序通用性好,且价格相对较低。利用荧光染料可以指示双链 DNA 熔点的性质,通过分析熔点曲线可以识别扩增产物和引物二聚体,因而可以区分非特异扩增。但是,由于 SYBR Green Ⅰ 与所有的双链 DNA 相结合,因此由引物二聚体、单链二级结构以及错误的扩增产物引起的假阳性会影响定量的精确性。通过测量升高温度后荧光的变化可以帮助降低非特异产物的影响。

2. 分子信标

分子信标(molecular beacon)是一种在靶 DNA 不存在时形成茎环结构的双标记寡核苷酸探针。在此发夹结构中,位于分子一端的荧光基团与分子另一端的淬灭基团紧紧靠近。在

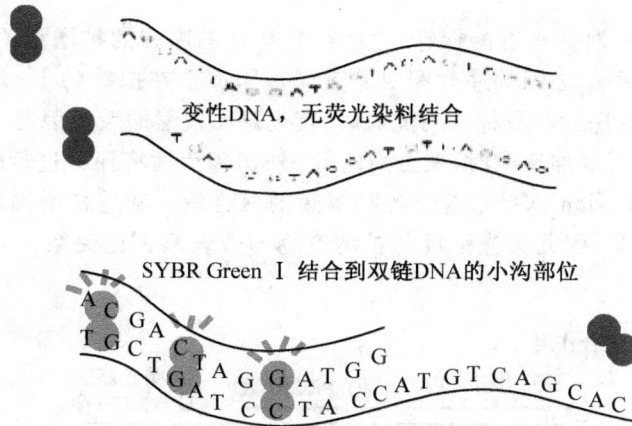

变性DNA，无荧光染料结合

SYBR Green Ⅰ 结合到双链DNA的小沟部位

图 5-11　SYBR Green Ⅰ 工作原理

此结构中,荧光基团被激发后不是产生光子,而是将能量传递给淬灭剂,这一过程称为荧光谐振能量传递(FRET)。由于黑色淬灭剂的存在,由荧光基团产生的能量以红外而不是可见光形式释放出来。如果第二个荧光基团是淬灭剂,其释放能量的波长与荧光基团的性质有关。分子信标的茎环结构中,环一般为 15～30 个核苷酸长,并与目标序列互补;茎部一般为 5～7 个核苷酸长,并相互配对形成茎的结构。荧光基团连接在茎臂的一端,而淬灭剂则连接于另一端(图 5-12)。分子信标的设计必须非常仔细,要求在复性温度下,模板不存在时形成茎环结构,模板存在时则与模板配对。与模板配对后,分子信标的构象改变使得荧光基团与淬灭剂分开。当荧光基团被激发时,它发出自身波长的光子。

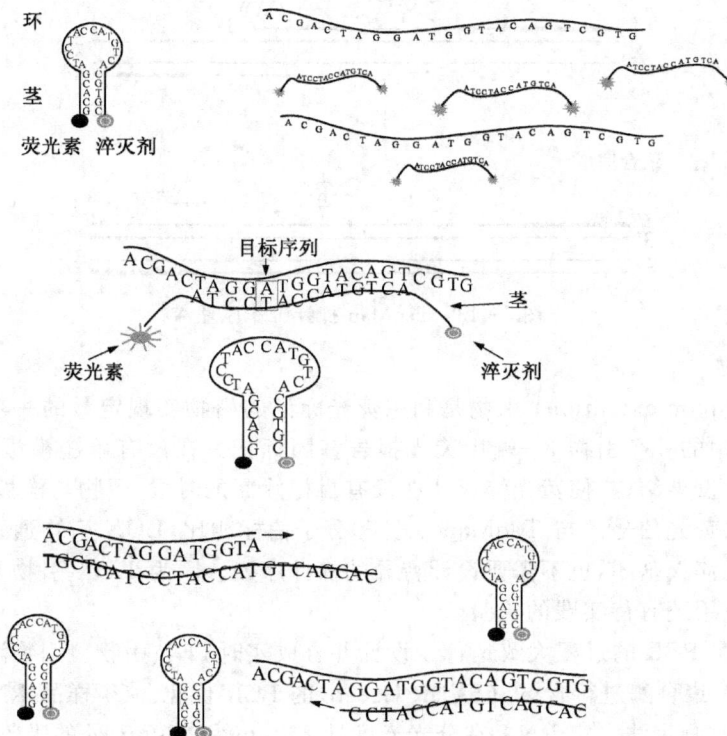

图 5-12　分子信标工作原理

3. TaqMan 探针

TaqMan 探针是一种寡核苷酸探针,它的荧光与目的序列的扩增相关。它设计为与目标序列上游引物和下游引物之间的序列配对。荧光基团连接在探针的 5′-端,而淬灭基因则连接在 3′-端。当完整的探针与目标序列配对时,荧光基团发射的荧光因与 3′-端的淬灭基因接近而被淬灭。但在进行延伸反应时,聚合酶的 5′-外切酶活性将探针进行酶切,使得荧光基团与淬灭基因分离。TaqMan 探针适合于各种耐热的聚合酶。随着扩增循环数的增加,释放出来的荧光基团不断积累,因此荧光强度与扩增产物的数量呈正比关系。TaqMan 探针工作原理如图 5-13 所示。

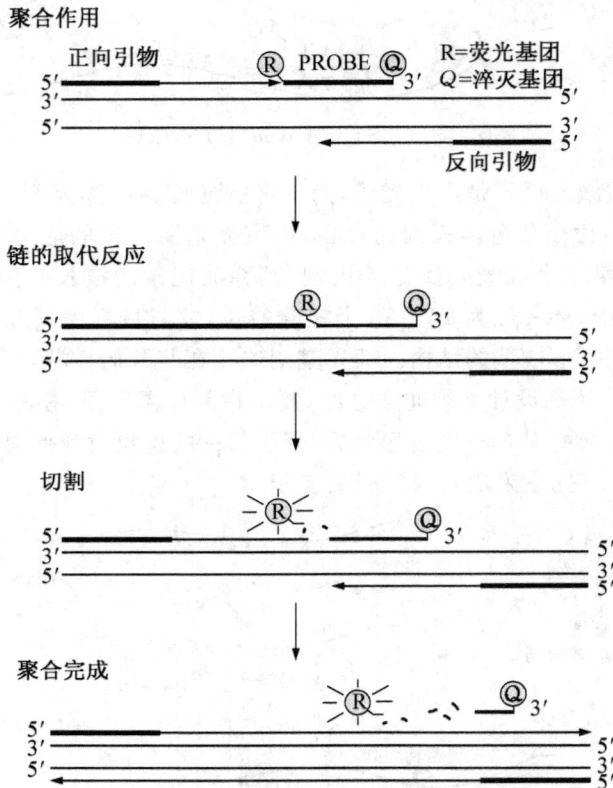

图 5-13　TaqMan 探针工作原理

4. LUX 引物

LUX (light upon extention) 引物是利用荧光标记的引物实现定量的一项新技术。目标特异的一对引物中的一个引物 3′-端用荧光报告基团标记。在没有单链模板的情况下,该引物自身配对,形成发夹结构,使荧光淬灭。在没有目标片断的时候,引物与模板配对,发夹结构打开,产生特异的荧光信号。与 TaqMan 探针和分子信标相比,LUX 引物通过二级结构实现淬灭,不需要荧光淬灭基团,也不需要设计特异的探针序列。因为 LUX 引物是一个相对较新的技术,所以其应用还有待实践的检验。

实时荧光定量 PCR 的过程大致是:① 设计并合成实时 PCR 引物。引物溶解后使用 Promega 的 TaqDNA 聚合酶进行含 SG(SYBR Green)的 PCR 优化。② 样品 RNA 抽提。RNA 质量检测紫外吸收测定法测定 RNA 在分光光度计 260nm 和 280nm 处的吸收值,以计算其浓度并评估 RNA 纯度。甲醛电泳试剂进行变性琼脂糖凝胶电泳,检测 RNA 纯度及完整性。③ 使用逆转录酶进行反应,将样品 RNA 逆转录为 cDNA。④ 制备标准曲线样品。进行相对定量,需要先将样品的目的基因以及管家基因进行 PCR 扩增,其产物进行梯度稀释用于制作标准曲线。⑤ 标准曲线样品和待测样品分别加入到含 SG 的实时 PCR 反应液中,进行实时 PCR 扩增和检测。⑥ 对照标准曲线分析检测结果,以对待测样品的目的基因进行定量。相对定量实验需要进一步用样品的目的基因测得值除以管家基因测得值以校正误差,所得结果代表某样品的目的基因相对含量。最后提供实验报告,包括详细的实验方法及实时荧光定量 PCR 实验结果的相关图表。

　　实时荧光定量 PCR 技术是 DNA 定量技术的一次飞跃。运用该项技术,我们可以对 DNA、RNA 样品进行定量和定性分析。定量分析包括绝对定量分析和相对定是量分析。前者可以得到某个样本中基因的拷贝数和浓度;后者可以对用不同方式处理的两个样本中的基因表达水平进行比较。除此之外,我们可以不定期地对 PCR 产物或样品进行定性分析,例如利用熔解曲线分析识别扩增产物和引物二聚体,以区分非特异扩增;利用特异性探针进行基因型分析及 SNP 检测等。目前实时荧光 PCR 技术已经被广泛应用于基础科学研究、临床诊断、疾病研究及药物研发等领域,其中最主要的应用集中在比较经过不同处理样本之间特定基因的表达差异(如药物处理、物理处理、化学处理等)及特定基因在不同相的表达差异,比较正常组织与病理组织中各种 mRNA 表达量的差异,验证基因芯片实验结果,验证 RNA 干扰实验结果等几个方面。

本 章 小 结

　　PCR 是重要的分子生物学常用技术,本章详细介绍了 PCR 的原理和反应体系的构建,包括 PCR 所需要的各种基本成分(含模板、引物、反应缓冲液、dNTP 和耐热聚合酶等)、反应操作过程(即通常的变性、退火、延伸三步)以及实现 PCR 扩增的反应操作条件,并对 PCR 所用的引物设计原则做了详尽的阐述。PCR 是一种实用性非常强的技术,尤其在有关目的基因的克隆或相关 DNA 序列的分离上。因此,本章重点介绍了目前常用的用于分离 DNA 序列或基因的各种 PCR 技术,不仅有用于扩增已知序列的技术的介绍,还有用于分离已知序列侧翼的未知 DNA 序列的各种技术,对未知序列的分离技术也作了比较全面的介绍。最后对 PCR 技术的应用作了简单描述。实时荧光 PCR 因其高特异性、高灵敏度,并且还能进行核酸定量而备受欢迎,它不但解决了传统 PCR 方法易污染、需要做阳性确认等缺点,并且由于实时荧光 PCR 技术有定量检测功能,扩大了传统 PCR 方法的应用领域,尤其在疾病治疗、转基因产品定量检测等一些技术难题方面显得很优越,从而迅速得到各有关领域的广泛应用。通过本章内容的学习,希望在掌握有关技术与理论的基础上,能学以致用,把 PCR 的有关技术灵活应用于科研、生产当中。

思考题

1. 什么是反向 PCR?
2. 已知部分序列,如何进行全长序列的克隆?
3. 荧光实时定量 PCR 所使用的荧光化学方法有哪些? 基本原理是什么?
4. 假设通过农杆菌介导的转基因技术,借助转基因过程的 T-DNA 转移与整合进水稻基因组,把一个通过基因重组技术已插入 T-DNA 内的抗旱特异基因(水稻本身无此基因)也连带整合进水稻基因组,获得一株抗旱能力明显增强的转基因水稻,但此转基因水稻出现了株高比非转基因对照变矮的非靶性状。请用有关 PCR 技术分析解答下列问题:① 如何确认此苗是转基因苗? ② 目的基因是否表达? 表达量如何? ③ 分析株高变矮的可能原因。

(陈忠正 邹克琴)

第 **6** 章

基因文库的构建

由于研究对象和研究目的的不同,目的基因可以来自原核细胞,也可以来自真核细胞。原核细胞基因组相对简单,较易获得目的基因;而真核细胞基因组庞大复杂,获得目的基因相对较困难。获得目的基因的方法很多,主要有人工化学合成法、逆转录制备 cDNA、构建基因组文库或构建 cDNA 文库、PCR 扩增基因等。本章主要讲述通过构建基因组文库或构建 cDNA 文库克隆目的基因。

6.1 基因组 DNA 文库的构建

基因文库(gene library 或 gene bank)是指某一生物体全部或部分基因的集合。人们可以通过基因文库的构建贮存和扩增特定生物基因组的全部或部分片段,同时又能够在需要时从基因文库中调出其中的任何 DNA 片段或目的基因。

基因文库可分为基因组文库和 cDNA 文库。基因组文库是指将某生物体的全部基因组 DNA 用限制性内切酶或机械力量切割成一定长度范围的 DNA 片段,再与合适的载体在体外重组并转化相应的宿主细胞获得的所有阳性菌落。而 cDNA 文库是将生物某一组织细胞中的总 mRNA 分离出来作为模板,在体外用反转录酶合成互补双链的 cDNA,然后连接到合适的载体上,转入宿主细胞后形成的所有克隆。cDNA 文库反映了特定组织(或器官)在某种特定环境条件下基因的表达谱,对研究基因的表达、调控及基因间互作是非常有用的。而基因组文库包含了基因的全部信息,如编码区及非编码区、内含子和外显子、启动子及其所包含的调控序列等。

构建基因文库所使用的载体主要有 λ 噬菌体、黏粒、质粒和酵母人工染色体。根据构建基因组文库所用的载体不同,可将基因组文库分为质粒文库、噬菌体文库、黏粒文库、人工染色体文库等。利用 λ 噬菌体为载体构建的文库形成的是在细菌培养平板上的一系列噬菌斑,每个噬菌斑含有特定 DNA 插入序列。利用黏粒和质粒为载体时,形成的是许多菌落,每个菌落包含一种插入有特定 DNA 序列的黏粒或质粒。酵母人工染色体是为构建高等真核生物基因文库而设计的。

6.1.1 基因组文库的完备性

基因文库完备性是指从基因文库中筛选出含有某一目的基因的重组克隆的概率。从理论上讲,如果生物体的染色体 DNA 片段被全部克隆,并且所有用于构建基因文库的 DNA 片段均含有完整的基因,那么这个基因文库的完备性为 100%。但在实际操作过程中,上述两个前提条件往往不可能同时满足,因此任何一个基因文库的完备性只能最大限度地趋近于 100%,但不可能达到 100%。尽可能高的完备性是基因文库构建质量的一个重要指标,它与基因文库中重组克隆数、重组子中 DNA 插入片段的长度以及生物单倍体基因组的大小等参数的关系可用 Clarke-Carbon 公式描述:

$$N=\ln(1-P)/\ln(1-f)$$

式中:N——代表一个基因组文库所应该包含的重组克隆个数;

P——表示所期望的目的基因在文库中出现的概率;

f——表示重组克隆平均插入片段的长度和基因组 DNA 总长的比值。

由上述公式可以看出,某一基因文库所含有的重组克隆越多,其完备性就越高,当完备性一定时,载体的装载量或允许克隆的 DNA 片段越大,所需的重组克隆越少。以大肠杆菌为例,其基因组大小约为 4.6Mb,若 $P=99\%$,平均插入片段大小为 20kb 时,$f=20kb/4600kb$,则 $N=1057$,即期望从一个平均插入片段为 20kb 的大肠杆菌基因组文库中筛选到任意一个感兴趣的基因的概率达到 99%,该基因组文库至少应包含 1057 个重组克隆。人类基因组核苷酸总长度为 3×10^9bp,如果以同样要求来构建一个基因组文库,则需要克隆数 $N=6.9\times10^5$。

除了尽可能高的完备性外,一个理想的基因文库还应具备以下条件:① 重组克隆的总数不宜过大,以减轻筛选工作的压力;② 载体的装载量必须大于绝大多数基因的长度,以免基因被分隔在不同的克隆中;③ 含有相邻 DNA 片段的重组克隆之间,必须具有部分序列的重叠,以利于基因文库各克隆的排序;④ 克隆片段易于从载体分子上完整卸下且最好不带有任何载体序列;⑤ 重组克隆应能稳定保存、扩增及筛选。上述条件的满足极大程度上依赖于基因文库的构建策略。

在文库构建过程中通常采用以下两个策略来提高文库的完备性:一是采用部分酶切或随机切割的方法来打断染色体 DNA,以保证克隆的随机性,保证每段基因组 DNA 在文库中出现的频率均等;二是增加文库的总容量,也就是重组克隆的数量,以提高覆盖基因组的倍数。文库总容量由外源片段的平均长度和重组克隆的数量共同决定,外源片段的长度受所选用的载体系统限制。因此,选择合适的载体系统和挑取一定数量的阳性克隆是构建基因组 DNA 文库时首先要考虑的问题。

6.1.2 基因组 DNA 文库的构建

1. 细胞染色体大分子 DNA 的提取和部分酶切

一般来说,提取的基因组 DNA 相对分子质量越大,所得到的重组克隆的插入片段越大。真核生物基因组 DNA 常规的提取方法如 CTAB 法可以提取 100kb 左右的 DNA,基本可以满足构建各种小插入片段基因组文库的要求。

大相对分子质量基因组 DNA 提取方法很复杂,一般都利用了低熔点琼脂糖包埋固定的方法。将细胞固定在低熔点琼脂糖凝胶中,并浸泡在含有 EDTA 的缓冲液中。在这种包埋状态下对细胞进行破壁、去除蛋白和杂质、清洗,之后进行酶切反应。大分子 DNA 提取有 2 个主要步骤:第一是将提供的材料制备成单个细胞的悬浮液;第二是将 DNA 包埋并且纯化出基因组 DNA。

大分子 DNA 酶切后要经过分级分离,大片段基因组 DNA 文库主要是通过 PFGE 法回收对应大小片段的 DNA,小片段基因组 DNA 文库则常用蔗糖密度梯度离心法回收酶切的 DNA。

2. 载体 DNA 的制备

载体制备的好坏是影响文库成功与否的关键,制备的载体要求纯度高、去磷酸化效果好。首先,载体去磷酸化是为了提高连接效率,在同一个连接组分中,载体自身连接速度远大于与外源片段的连接速度。如果载体去磷酸化不彻底,会出现大量不含外源片段的克隆,严重影响文库的质量。如果载体纯度不高,含有大量细菌基因组 DNA,则会出现大量的插入片段为细菌基因组 DNA 的假阳性菌落,也影响文库的质量。如果使用取代型的噬菌体载体,要进行双链的制备,即除去 λ 基因组中央的非必需区段。

3. 载体和外源 DNA 的连接转化或包装侵染

连接反应是将部分酶切后回收的 DNA 与载体在 T4 DNA 连接酶的作用下连接在一起的过程。在连接体系中要注意载体和外源基因组 DNA 片段的分子数量比。在构建大片段基因组 DNA 文库时,大量连接前都要先使用小体系连接来寻找最适的比例。在转化和包装侵染过程中,最好选择转化效率高的感受态细胞和最佳的转化条件或效价高且质量稳定的包装蛋白。

4. 文库的质量检测

文库质量是由文库所含克隆的数目、平均插入片段的长度、插入效率、基出组覆盖度和覆盖倍数等因素决定的。克隆数越多,平均插入片段越长,插入效率和基因组覆盖度越高,文库质量就越好。在文库的质量检测中,除了克隆子数目是确定的,其他值都是估算的。

对于大片段文库而言,平均插入片段大小是衡量文库质量的一个重要依据。对 BAC 文库,一般要求植物的片段在 130kb 左右,而动物的片段在 150kb 左右。插入效率表示有插入片段的克隆在所检测的克隆中所占的比例,也是通过此法检测的。

基因组覆盖度是指文库中的克隆覆盖基因组的范围,即选择一定数目的单拷贝基因作探针来筛选文库,如果所有探针都可从文库中检测到阳性克隆,则说明该文库覆盖度很高。每个探针筛选的克隆数目即为该基因位点的覆盖倍数。此外,文库的质量检测还包括其他的特殊要求,如植物基因组 BAC 文库。一般还需要检测叶绿体 DNA 在文库中所占的比例,其方法主要是利用叶绿体特异 DNA 作探针筛选文库,要求叶绿体 DNA 在文库中所占的比例小于 5%。

6.2　cDNA 文库的构建

由于真核生物基因组大,结构复杂,含有大量的非编码区、基因间间隔序列和重复序列等,直接利用基因组文库有时很难分离到目的基因片段。mRNA 是基因转录加工后的产物,不含内含子和其他调控序列,结构相对简单,且只在特定的组织器官、发育时期表达。因此,在某些情况下从 cDNA 文库分离基因比从基因组文库中分离基因更具优势。将来自真核生物的

mRNA 体外反转录成 cDNA、与载体连接并转化大肠杆菌的过程,称为 cDNA 文库的构建。

6.2.1 cDNA 文库的构建

cDNA 文库的构建共分 4 步:

1. 细胞总 RNA 的提取和 mRNA 分离

mRNA 是构建 cDNA 文库的起始材料。总 RNA 中绝大多数是 tRNA 和 rBNA。真核生物 mRNA 的 3′末端都含有一段 poly(A)尾巴,这是真核生物 mRNA 的一个重要特征。目前纯化 mRNA 的方法都是在固体支持物表面共价结合一段由脱氧胸腺嘧啶核苷组成的寡聚核苷酸[oligo(dT)]链,oligo(dT)与 mRNA 的 poly(A)尾巴杂交,将 mRNA 固定在固体支持物表面,进而可将 mRNA 从其他组分中分离出来。由于 oligo(dT)链和 poly(A)都不长,杂交可形成的杂合双链在高盐离子浓度下可以保持,在低盐离子浓度下或较高温度下就会分开,利用这一性质从 RNA 组分中分离纯化出 mRNA。

2. 第一链 cDNA 合成

由 mRNA 到 cDNA 的过程称为反转录,由反转录酶催化。反转录酶是依赖 RNA 的 DNA 聚合酶,合成 DNA 时需要引物引导。常用的引物主要有 oligo(dT)引物和随机引物。oligo(dT)引物一般包含 15～30 个脱氧胸腺嘧啶核苷和一段带有稀有酶切位点的寡核苷酸片段。随机引物引导的 cDNA 合成是采用 6～10 个随机碱基的寡核苷酸短片段来锚定 mRNA 并作为反转录的起点。由于随机引物可能在一条 mRNA 链上有多个结合位点,所以可以从多个位点同时发生反转录,比较容易合成特长的 mRNA 分子的 5′端序列。

3. 第二链 cDNA 合成

cDNA 第二链的合成就是将上一步形成的 mRNA-cDNA 杂合双链变成互补双链 cDNA 的过程。cDNA 第二链合成的方法大致有自身引导合成法和引物-衔接头合成法等。

自身引导法合成 cDNA 第二链时,首先用氢氧化钠消化杂合双链中的 mRNA 链,解离的第一链 cDNA 的 3′末端就会形成一个发夹环,由发夹环引导 DNA 聚合酶合成第二链,再利用 S1 核酸酶将单链结构切断形成平端结构。但由于 S1 核酸酶的操作很难控制,经常导致 cDNA 的大量损失,故现在已经不常使用。

引物-衔接头合成法是由引导合成法改进而来的。第一链 cDNA 合成后直接采用末端转移酶(TdT)在第一链 cDNA 的 3′端加上一段 poly(dC)的尾巴,然后用一段带接头序列的 poly(dG)短核苷酸链作引物合成互补的 cDNA 链,接头序列可以是适用于 PCR 扩增的特异序列或方便克隆的酶切位点序列。这一方法已经发展成 PCR 法构建 cDNA 文库的常用方法。

4. 双链 cDNA 克隆进质粒或噬菌体载体并导入宿主细胞中繁殖

如果双链 cDNA 的两端有适宜的限制性内切酶切点,经酶切后插入并连接到载体 DNA 的切点内,形成重组 DNA 分子。但一般情况下,很少有这样的匹配关系。因此,可以在双链 cDNA 与载体连接之前,要经过同聚物加尾、加接头等一系列处理,其中添加带有限制性酶切位点接头是最常用的方法。

双链 cDNA 在连接之前最好经过 cDNA 分级分离,回收大于 500bp 的 cDNA 用于连接。在未处理的双链 cDNA 中,有很多小于 500 bp 的分子,包括引物、接头以及反转录产生的各种不完整的 cDNA 产物,这些组分都会影响 cDNA 文库的质量,如造成很多假阳性的重组子、重组子的插入片段太小。

所谓均一化 cDNA 文库(normalized cDNA libravy),是指通过一定的策略和方法,将构建好的独立 cDNA 文库进行一定的处理,降低高丰度和中等丰度基因在 cDNA 文库中的比例,从而使高丰度、中等丰度和低丰度基因在文库中出现的频率相对一致。经过均一化处理的 cDNA 文库,在 EST 测序和 cDNA 芯片的研究中,不仅可以大幅度降低成本,而且可以相对提高一些极低丰度基因出现的频率。

6.3　DNA 文库的保存

文库保存的方法与所使用的载体和宿主相关,不同载体的文库保存方法不同,但长期保存的温度都必须在$-80℃$。

对于 DNA 文库而言,长期使用的文库一般要求不经过文库的扩增过程,因为由于插入序列的关系,不同的克隆其生长速度会有差异,如果对文库进行扩增,在扩增过程中,那些生长快的克隆在文库中占有的比重加大,而生长速度慢的克隆在文库中所占的比重就会降低。

对于噬菌体基因文库,一般在筛选之前对文库进行一定的扩增和保存,从而达到多次利用的目的。以噬菌体或其衍生载体构建的 DNA 文库的保存方法非常简单,一般收集噬菌体液分装成小份,加入$2\%\sim3\%$的氯仿可在$4℃$下保存数月,添加7%的二甲基亚矾(DMSO)可在$-80℃$下保存数年。

文库阵列法(library arraying)保存大片段 DNA 文库是利用聚乙烯材料制作的无菌培养板来保存文库克隆。用手工或机器人将重组克隆挑至含抗冻液和抗生素的液体培养基的 384 孔或 96 孔板过夜培养。待培养液浑浊后,用 384 针或 96 针复制器制备多个拷贝,按编号保存于$-80℃$超低温冰箱。

由于文库反复冻融会影响细菌的活性,一般文库的原始拷贝留在超低温冰箱内不让其发生冻融,只取一个拷贝用于后续的操作,包括制备高密度点阵膜和质粒的抽提等,而且该拷贝使用一段时间后需淘汰,重新以上一拷贝为模板制作新的拷贝使用,这样可以将文库保存很长时间。

本 章 小 结

基因文库可分为基因组文库和 cDNA 文库。根据构建基因组文库所用的载体不同,可将基因组文库分为质粒文库、噬菌体文库、黏粒文库、人工染色体文库等。

基因组 DNA 文库的构建包括:① 细胞染色体大分子 DNA 的提取和部分酶切;② 载体 DNA 的制备;③ 载体和外源 DNA 的连接转化或包装侵染;④ 文库的质量检测等过程。

cDNA 文库的构建包括:① 细胞总 RNA 的提取和 mRNA 分离;② 第一链 cDNA 合成;③ 第二链 cDNA 合成;④ 双链 cDNA 克隆进质粒或噬菌体载体,并导入宿主细胞中繁殖等过程。

文库保存的方法与所使用的载体和宿主相关,不同载体的文库保存方法不同,但长期保存的温度都必须在$-80℃$。

思考题

1. 基因组 DNA 文库有哪些类型？其相关的特点是什么？
2. 构建大片段基因组文库过程中需要注意哪些问题？
3. 如何构建 cDNA 文库？

（叶子弘　邹克琴）

第 7 章

DNA 体外重组与重组体的筛选鉴定

基因工程的核心是基因重组,而前面所得到的外源 DNA 均需要在体外实现 DNA 的重组。所谓 DNA 体外重组,是将目的基因(外源 DNA 片段)用 DNA 连接酶在体外连接到合适的载体 DNA 上,这种重新组合的 DNA 称为重组 DNA。

DNA 体外重组技术,主要是依赖于限制酶和 DNA 连接酶的作用。在连接反应中,正确地调整载体 DNA 和外源 DNA 之间的比例,是能否获得高产量的重组体转化子的一个重要因素。本章主要讲述 DNA 与载体的体外连接重组以及重组体的转化鉴定。

7.1　目的基因与质粒载体的连接

依据外源 DNA(目的基因)片段末端的性质,以及质粒载体与外源 DNA 上限制酶切位点的性质,可选择采用黏性末端的连接法和平末端连接法。

7.1.1　黏性末端的 DNA 片段的连接

具黏性末端的 DNA 片段的连接比较容易,也比较常用。一般选用一种对载体 DNA 只具有唯一限制酶切位点的限制酶做位点特异切割。经此酶消化之后就会形成全长的具黏性末端的线性 DNA 分子。再将外源 DNA 大片段也用同一种限制酶做同样的消化,随后把这两种经过酶切消化的外源 DNA 和载体 DNA 混合起来,并加入 DNA 连接酶,由于它们具有同样的黏性末端,因此能够退火形成双链结合体。但是,由限制酶产生的具有相同黏性末端的载体 DNA 分子,要防止载体发生自身环化现象。避免自身环化的有效方法是用细菌的或小牛肠的碱性磷酸酶(BAP 或 CIP)预先处理线性的载体 DNA 分子,去除线状载体 DNA 两末端的 5′磷酸基团。这样,在连接反应中,载体 DNA 的两个末端之间就再也不能被连接酶共价连接了。

当质粒载体和外源 DNA 片段用同样的限制酶切割时,由此引导的外源 DNA 片段的插入,可以有两种彼此相反的取向,这对于基因克隆是很不利的。当用两种不同的限制酶(如用 *Bam* Ⅰ 和 *Hind* Ⅲ)消化外源 DNA 时,可以产生带有非互补突出末端的外源 DNA 片段,此种片段可采用所谓的定向克隆(directional cloning)法,即只以一个方向很容易地将其插入到同样用 *Bam* Ⅰ 和 *Hind* Ⅲ 进行消化而产生相匹配粘端的载体当中。

7.1.2 平末端连接法

如果两个 DNA 片段的末端是平末端的,那么不管是用限制酶切割后产生的,还是用其他方法产生的,都同样可以进行连接,但是只能用 T4 噬菌体 DNA 连接酶。带有平末端的外源 DNA 片段与载体进行连接反应时,要求极高浓度的 T4 噬菌体 DNA 连接酶、高浓度的平末端外源 DNA 和质粒 DNA、低浓度(0.5mmol/L)的 ATP、不存在亚精胺一类的多胺。

如果待连接的两种 DNA 片段中,一种 DNA 片段具有平末端,而另一 DNA 片段具有黏性末端时,就无法用 DNA 连接酶催化连接;或者虽然待连接的两种 DNA 片段都具有黏性末端,但不是互补黏性末端,同样不能用 DNA 连接酶催化连接。在这两种情况下,前者可以先用 S1 核酸酶除去 DNA 片段的黏性末端,修饰成平末端的片段;后者可以先用 S1 核酸酶将两种 DNA 片段都修饰成平末端片段,然后再按平末端连接方法进行连接。

有时,需要将平末端 DNA 分子处理成带有黏性末端的分子,再进行连接。这些处理方法大致有:

1. 同聚物加尾法

同聚物加尾法就是利用末端脱氧核苷酸转移酶可催化 dNTP 加到单链或双链 DNA 3′ 羟基端的能力,在目的 DNA 和质粒载体上加入互补同聚物,两者再通过互补同聚物之间的氢键形成可转化大肠杆菌的开环重组分子。

2. 加人工接头连接法

人工接头是化学合成的两个自相互补的核苷酸寡聚体,而两个寡聚体可形成带一个或一个以上限制酶切位点的平末端双链寡核苷酸短片段。人工接头的 5′ 末端先用多核苷酸激酶处理使之磷酸化,再通过 T4DNA 连接酶的作用使人工接头与待克隆的平末端 DNA 片段连接起来。接着用适当的限制酶消化具衔接物的 DNA 分子和克隆载体分子,使两者都产生出彼此互补的黏性末端,这样便可以按照常规的黏性末端连接法,将待克隆的 DNA 片段同载体分子连接起来。

使用人工接头的克隆需进行两次连接反应,第一次反应是先使平端的双链人工接头与平端的目的 DNA 相连,使人工接头聚合于目的片段的两末端,然后经加热灭活连接酶并用适当的限制酶切割以产生粘端,再通过柱层析除去剩余的接头。第二次连接反应则是将加上接头的目的 DNA 片段与带有匹配粘端的载体 DNA 相连接。

采用双人工接头连接技术,还可实现外源 DNA 片段的定向克隆,同时避免了无外源 DNA 片段插入的线性载体分子自身再连接的问题,该技术特别适用于具多克隆位点的克隆载体。加人工接头连接法的缺点是,如果待克隆 DNA 片段或基因内部也含有与所加的人工接头相同的限制酶切位点,那么在酶切消化人工接头产生黏性末端的同时,也会把克隆的外源基因切成不同的片段,从而为后续的操作造成麻烦。

3. 加 DNA 衔接物连接法

DNA 衔接物也是人工合成的一小段双链寡核苷酸,与人工接头不同的是一头为平整末端(与双链目的 DNA 平端连接),另一头带有某种限制酶的黏性末端(与载体的相应粘端连接)。它在与双链目的 DNA 连接后无需限制酶消化,便可与去磷酸化载体 DNA 进行连接反应。

在实际连接反应中,由于处在同一反应体系中的各个 DNA 衔接物分子的黏性末端之间,会通过互补碱基间的配对作用,形成二聚体分子,带有两个 DNA 衔接物的目的 DNA 分子自身也可形成共价闭环分子或线状嵌合分子,因此对 DNA 衔接物末端的化学结构必须进行修饰与改造,使之无法发生彼此间的配对连接。

7.2　重组克隆载体引入受体细胞

只有将携带某一目的基因的重组克隆载体 DNA 引入适当的受体(宿主)细胞中,进行增殖并获得预期的表达,才算实现了某一目的基因的克隆。

受体细胞是指在转化和转导(感染)中接受外源基因的宿主细胞。作为基因工程的宿主细胞必须具备以下特性:① 具有接受外源 DNA 的能力,即能发展成为感受态细胞。② 一般应为限制缺陷型,即外源 DNA 进入宿主细胞后不至于被限制酶所降解或被修饰酶修饰。③ 一般应为 DNA 重组缺陷型。重组缺陷型可保持外源 DNA 在宿主细胞中的完整性。④ 不适于在人体内或在非培养条件下生存。⑤ 具有安全性,它的 DNA 不易转移。

现有的重组克隆载体受体系统主要有大肠杆菌系统、酵母系统、枯草杆菌系统。正在研究开发的受体系统还有棒状杆菌、芽孢杆菌、假单胞菌、放线菌、耐高温菌等系统。这些微生物必须经人工改造才能作为基因工程的受体细胞,改造的目的在于提高细胞的转化效率,保证一定的安全性。

将外源重组体分子导入受体细胞的途径包括转化、转染、转导、显微注射、电穿孔等多种不同的方式。这些途径将随载体种类和受体系统的不同而异。转化和转导主要适用于细菌一类的原核细胞和酵母这样的低等真核细胞,而显微注射和电穿孔则主要应用于高等动植物的真核细胞。

把带有目的基因的重组质粒 DNA 引入受体细胞的过程称为转化(transformation)。将重组噬菌体 DNA 直接引入受体细胞的过程则称为转染(transfection)。从本质上讲,转化和转染两者并没有什么根本的差别。若重组噬菌体 DNA 被包装到噬菌体头部成为有感染力的噬菌体颗粒,再以此噬菌体为运载体,将头部重组 DNA 导入受体细胞中,这一过程称为转导(transduction),通常称为感染。它比转染的克隆形成效率要高出几个数量级。

1. 重组体 DNA 分子的转化或转染

重组 DNA 转化到大肠杆菌细胞中的效率与其感受态有关。感受态就是细菌吸收转化因子(DNA)的生理状态。细菌在低温下经 $CaCl_2$ 溶液处理,细菌细胞膨胀成球形,提高了膜的通透性,转化混合物中的 DNA,形成抗 DNase 的羧基-钙磷酸复合物,黏附于细胞表面,经 42℃ 短时间热冲击处理,会使受体细菌中诱导产生出一种短暂的感受态。在此期间它们能够摄取各种不同来源的 DNA,如 λ 噬菌体 DNA 或质粒 DNA 等。

2. 高压电穿孔法(电转化法)

该法既可用于将 DNA 导入真核细胞,也可用于转化细菌。通过优化各个参数(包括电场强度、电脉冲长度和 DNA 浓度等),每微克 DNA 可得到 $10^9 \sim 10^{10}$ 个转化体,是用化学方法制备感受态细胞转化率的 $10 \sim 20$ 倍。

制备用于电转化法的细胞要比制备感受态细胞容易得多,其大致过程是:将培养至对数中期的细菌加以冷却、离心,用低盐缓冲液洗涤并回收细胞。进行电转化时,将细胞悬液与重组质粒 DNA 混合($20 \sim 40 \mu L$),移入一个预冷的样品槽内,在 $0 \sim 4℃$ 下用较高的场强进行电转化。

3. 重组 λ 噬菌体 DNA 的体外包装和转导

应用 DNA 重组技术,把带有目的基因的外源 DNA 片段插入到 λ 载体之后,还要设法将这些重组体分子导入宿主细胞。最简单的是采用转染方法,即用λ重组体DNA分子直接感染大肠杆菌,使之侵入宿主细胞内。但是,λ重组体DNA分子的转染作用是一种低效的过程,即使是用未经任何基因操作的新鲜制备的λDNA,其转染效率也仅在$10^5 \sim 10^6$之间。

由于λ重组体DNA分子转染作用的低效性,显然难以满足一般的实验要求。因此,根据噬菌体能够将其DNA分子有效地注入到宿主细胞内部的这种特性,建立了另一种将外源重组DNA分子导入宿主细胞的方法,即体外包装噬菌体颗粒的转导技术。它是先将重组的λ噬菌体DNA或重组的黏粒载体DNA,在体外包装成具有感染能力的成熟的λ噬菌体颗粒,然后使这些带有目的基因序列的重组体DNA,能够按照正常的噬菌体感染过程导入宿主细胞,结果λ重组体DNA分子的转染效率可提高到10^7左右。

体外包装即是将含有目的基因的重组λ噬菌体DNA与含有包装所需各种蛋白成分的包装提取物混合于试管中一起温育,在菌体外包装成有感染力的重组噬菌体颗粒,再由这些活性的重组噬菌体感染合适的宿主菌,并将重组DNA导入宿主菌中。

7.3　重组克隆载体导入哺乳动物细胞的转染

现在已建立了多种可以将重组克隆载体DNA导入哺乳动物培养细胞的转染技术,其中最为常用的是磷酸钙共沉淀转染和DEAE-葡聚糖介导的转染,此外,还有利用聚季铵盐(polybrene)的DNA转染、利用原生质体融合的DNA转染和电穿孔法DNA转染等。

7.3.1　磷酸钙和DNA共沉淀物转染法

由磷酸钙介导的转染是最为常用的方法,有人认为重组DNA是通过内吞作用进入细胞质,然后进入细胞核而实现转染的,这种转染法十分有效,一次可有多达20%的培养细胞得到转染。由于重组载体以磷酸钙-DNA共沉淀物的形式出现,培养细胞摄取DNA的能力将显著增强。

7.3.2　DEAE-葡聚糖介导转染法

该法可广泛用于转染带病毒序列的质粒。有人认为DEAE-葡聚糖这一聚合物可能与DNA结合从而抑制核酸酶的作用,或者与细胞结合从而促进DNA的内吞作用。该转染法通常只用于目的基因的瞬时表达,它在BSC-1、CV-1和COS等细胞系表达行之有效。进行转染时所需的DNA量较上法要少一些,在10^5个猴源细胞上采用$100 \sim 200$ng超螺旋质粒DNA,其转化效率最高,所用DEAE-葡聚糖的浓度及细胞暴露于DNA/DEAE-葡聚糖混合液中的时间是两个影响本法效率的重要参数。可采用两种技术方案:较高浓度(1mg/mL)和较短作用时间($0.5 \sim 1.5$h),或较低浓度($250\mu g/mL$)和较长作用时间(8h)。

7.3.3　利用聚季铵盐的DNA转染法

对于用其他方法相对较难转染的细胞系,可用聚阳离子聚季铵盐(polybrene)来促进低小分子质粒DNA进行有效而稳定的转染,如用于CHO细胞时,可以获得约15倍于磷酸钙-DNA共沉淀法的转染细胞。

7.3.4 电穿孔法 DNA 转染

利用脉冲电场将 DNA 导入培养细胞的方法称为电穿孔法,该法对于用其他转染技术不能奏效的细胞系仍适用,已用于将重组 DNA 导入多种动物细胞和植物细胞,也用于细菌细胞。现有各种商品化的电穿孔装置,可按厂商提供的说明进行操作。注意,电穿孔法转染的效率受以下因素的影响:外加电场的强度,电脉冲的长度、温度,DNA 的构象和浓度以及培养液的离子成分等。

7.4 重组子的筛选与鉴定

在 DNA 体外重组实验中,将外源目的 DNA 片段与载体 DNA 进行连接,形成重组子,然后通过转化、转染或转导等适合的途径导入宿主细胞中,最终获得带有重组 DNA 的转化子是基因工程的目的所在。从理论上讲,这个过程本身并不是非常复杂的,然而在重组 DNA 的实际操作中并非经重组与转化后的所有宿主细胞都是包含外源 DNA 片段的转化子。目的 DNA 与载体 DNA 正确连接,并重组导入细胞的频率往往极低。

在 DNA 重组实验中,外源目标 DNA 片段与载体 DNA 虽然经重组连接,但并不是都能够正确连接,形成了理想的重组子,而是形成了混合的连接反应物,在转化前一般并不对其进行分离就直接用于转化。因此,这时用于转化的 DNA 反应物实际上是由多种类型的 DNA 分子组成的混合物,其中包括:① 不带任何外源 DNA 插入片段,仅是由线性载体分子自身连接形成的环状 DNA 分子,即空载体;② 由一个载体分子和一个或数个外源 DNA 片段构成的重组体 DNA 分子;③ 单纯由数个外源 DNA 片段彼此连接形成的多聚 DNA 分子。另外,在转化实验中,也并不是所有的重组子都能通过转化形成转化子。因此,由这种连接混合物转化而来的成千上万个宿主细胞群中,真正含有期望的重组 DNA 分子的比例很少。所以,必须使用各种筛选与鉴定手段区分转化子(接纳载体或重组分子的转化细胞)与非转化子(未接纳载体或重组分子的非转化细胞)。而转化子又分为含有重组分子的转化子和仅含空载载体分子(非重组子)的转化子。前者所含的重组 DNA 分子中有期望重组子(含有目的 DNA 的重组子)与非期望重组子(不含目的 DNA 的重组子)。

从转化的细胞群中分离带有目的基因的转化子,是基因克隆和工程操作中极为重要的环节,其工作的难易在很大程度上取决于所采用的基因克隆的方法。目标克隆的筛选可以根据载体类型、受体细胞特性的变化、外源 DNA 分子本身的特性等,采用不同的重组子筛选与鉴定方法。常用的方法主要有:遗传学检测法、核酸分子杂交检测法、物理检测法、免疫化学检测法与核酸序列测序分析法等。

遗传学检测法实际上就是指利用机体遗传组成与环境相互作用所产生的外观或其他特征来对重组子进行筛选的方法,因此也称为表型筛选法。这种筛选法对具有明显形态学特征或比较容易检测的生化特性的基因筛选是非常有效的,比如营养缺陷型相关的基因和抗生素抗性基因等。该方法要求宿主为不携带该目的基因或是该基因的缺失突变体。这里讲的供筛选用的表型特征来自两个方面:一个是克隆载体分子提供的,这是主要的和应用最多的;另一方面,插入的外源 DNA 序列也能够提供表型特征以供筛选,相对来说数量要少一点。因此,遗传学检测法可分为根据载体表型特征和根据插入序列的表型特征选择重组子两种方法。

1. 根据载体表型特征选择重组体分子的直接选择法

目前,常用的基因工程载体在构建时,载体分子上通常携带了一个或多个选择性遗传标记基因,转化或转染宿主细胞后可以使后者呈现出特殊的表型或遗传学特性。根据载体分子所提供的表型特征,可以进行转化子或重组子的筛选,这种选择重组体 DNA 分子的遗传选择法,可适用于大量群体的选择,它能够在很短的时间内从细胞群体中直接选择出重组子,因此是一种比较简单而又十分有效的方法。

质粒以及柯斯载体往往具有抗药性标记或营养缺陷型标记,而对于噬菌体载体来说,噬菌斑的形成或显色反应则是它们自我选择的特征,这就为重组子的筛选提供了方便。

抗药性筛选主要是指受体细胞不抗药而载体分子具有抗药性,将转化后的细胞涂到含有抗生素的培养基平板上进行筛选,能在这种培养基上生长的就是转化子。营养缺陷型筛选主要是指受体细胞不能合成某种必需的营养物质,而载体分子却携带有合成这种营养物质的基因,将转化后的细胞涂到不含这种营养物质的培养基平板上进行筛选,能在其上生长的菌落则认为是转化子。

上面所说的抗药性筛选与营养缺陷型筛选方法虽然能够筛选到包含载体分子的转化子,但并不能区分开含有空载体的转化子与含有重组子的转化子。因此,筛选出的细胞群中仍然混有大量的由载体自连产生的假阳性克隆。为了进一步筛选出真正含有重组子的转化子,在实际操作中,往往采用抗药性标记插入失活选择法与 β-半乳糖苷酶显色反应选择法等方法来进行筛选。

(1) 抗药性标记插入失活选择法　目前常用的载体上的抗性基因内往往都带有限制性内切酶的识别位点,当用某种限制性内切酶将其切开后,并在此位点插入外源目的 DNA 片段时,载体上的这个抗性基因就失去了相应的抗药性功能,由抗性变为了敏感,这就是所谓的插入失活效应。因此,当此插入外源 DNA 的重组载体转化宿主菌并在含有抗生药物的选择性培养基平板上培养时,根据其对该药物的敏感性,便可筛选出重组转化子。这种方法就是用来检测外源 DNA 插入的一种通用的方法,即抗药性标记插入失活选择法。

大肠杆菌中的质粒 pBR322 是 DNA 分子克隆中最常用的一种载体,它的相对分子质量小,仅为 2.9×10^6。pBR322 质粒上有两个抗生素抗性基因:① 四环素抗性基因 tet^r;② 氨苄青霉素抗性基因 amp^r。其中 tet^r 基因内有 $BamH \ I$ 和 $Sal \ I$ 两种限制性核酸内切酶单一的酶切位点,amp^r 基因内含有一个 Pst I 限制性核酸内切酶酶切位点。如果在 tet^r 基因内任何一个酶切位点(BamH I 或 Sal I)处插入外源 DNA 片段,都会导致 tet^r 基因出现功能性失活。所以由此形成的重组质粒都将具有 Amp^rTet^s 的表型,即重组质粒不再具有四环素抗性,只具有氨苄青霉素抗性。重组质粒转化的细菌能够在含有 Amp 的选择培养基固体平板上生长,但不能在含有 Tet 的培养基上生长。在进行筛选时,我们首先将转化细菌涂布在含有 Amp 的选择培养基固体平板上,能够生长的菌落则具有 Amp 抗性,表明这些菌中都含有 pBR322 质粒,说明转化成功。而没有转入质粒 pBR322 的细菌由于没有 Amp 抗性(Amp^s),故不能在培养基上生长。将筛选出的转化子再通过菌落影印到含有 Tet 的培养基上生长,并标记好长出菌落的位置,与原来 Amp 培养基上的菌落进行比较,就可以得到能在 Amp 培养基上生长但不能在 Tet 培养基上生长的菌落,即为外源 DNA 插入质粒 tet^r 基因的重组菌。这种重组子的选择方法属于负选择。

负选择操作较为繁琐,在实际操作中往往将其变为正选择。在涂布之前,先在转化扩增后的细胞悬浮液中加入含有氨苄青霉素和四环素及适量的环丝氨酸的培养基,继续培养一段时间。其中的非转化子（Amp^{s}Tet^s）被氨苄青霉素杀死，Amp^{r}Tet^s 型的重组转化子也因四环素的存在而停止生长，但并没有死亡，只有 Amp^{r}Tet^r 型非重组转化子能够继续生长，但在生长过程中被环丝氨酸杀死。然后通过离心的办法去除培养基并收集细菌，再用新鲜的无任何抗生素的培养基洗涤并悬浮这些细菌。最后将这些细菌悬浮液涂布于只含氨苄青霉素的固体培养基上培养，长出的菌落即为携带外源 DNA 片段的 Amp^{r}Tet^s 型重组子。

前面主要讲了利用质粒 tet^r 基因的插入失活来筛选重组子。事实上，插入失活检测法也同样适合于质粒 amp^r 基因的 Pst Ⅰ酶切位点处插入外源 DNA 片段的筛选。当然，所挑选的菌落应该具有 Amp^{s}Tet^r 的表型。

（2）β-半乳糖苷酶显色反应选择法　质粒载体除了可以应用抗生素抗性筛选外，有许多质粒载体还具有 β-半乳糖苷酶显色反应的检测功能。应用这样的载体系列，当外源 DNA 插入到它的 lacZ 基因上时，可造成 β-半乳糖苷酶的失活效应，就可以通过大肠杆菌转化子菌落在添加有 X-gal-IPTG 培养基中的颜色变化直接鉴别出重组子和非重组子。

β-半乳糖苷酶（β-galactosidase）是由大肠杆菌乳糖操纵子中的 lacZ 基因编码的一种酶，呈四聚体蛋白结构，它能将乳糖水解为葡萄糖和半乳糖。现在最常用的一些质粒（pUC、pBS 等）上大多带有 β-半乳糖苷酶的调控序列与 β-半乳糖苷酶 N 端 146 个氨基酸（α 肽）的编码序列，在这个编码区中还插入了一个多克隆位点（MCS），它并不破坏 lacZ 的读码框，不会影响其正常功能。另外，常用的大肠杆菌 DH10β 等菌株也带有 β-半乳糖苷酶 C 端部分序列（β 肽）的编码信息。在各自独立的情况下，这些质粒载体（pUC 等）与大肠杆菌菌株（DH5α 和 DH10β 等）各自编码的 β-半乳糖苷酶的片段都没有酶的活性。只有当携带有 α 肽编码信息的克隆载体成功进入宿主细胞（含有 β 肽的编码信息）中，在培养基中诱导物异丙基-β-D-硫代半乳糖苷（IPTG）的诱导下，质粒 pUC 等能合成 β-半乳糖苷酶 N 末端片段即 α 肽段，这样就与宿主菌 DH10β 等合成的 β-半乳糖苷酶 β 肽段相互补，形成一个完整的具有 β-半乳糖苷酶活性的蛋白。这种现象称作 α 互补。这种由 α 互补产生的具有活性的 β-半乳糖苷酶能够分解培养基中的色素底物 5-溴-4-氯-3-吲哚-β-D-半乳糖苷（5-brom-4-chloro-3-indolyl-β-D-galactoside，X-gal），最终形成蓝色的化合物，培养基平板上出现易于识别的蓝色菌斑。

当这种携带 α 肽编码信息的质粒载体中插入外源 DNA 片段时，因插入失活而不能产生 α 肽链，导入宿主菌后，不能产生 α 互补，不能形成具有活性的 β-半乳糖苷酶，X-gal 也不能被分解形成蓝色化合物，最终在培养基平板上形成了白色菌斑。

通过观察培养基上菌斑的显色反应就可以筛选出重组菌，因此这种重组子的筛选也称作蓝白斑筛选。

2. 根据插入序列的表型特征选择重组体分子的直接选择法

重组 DNA 分子转化到大肠杆菌宿主细胞后，如果插入到载体分子上的外源基因能够在宿主细胞中实现功能的表达，能够对大肠杆菌宿主菌株所具有的突变产生体内抑制或互补效应，从而使被转化的宿主细胞表现出外源基因编码的表型特征。那么分离带有此种基因的重组克隆，最简单的途径便是根据表型特征的直接选择法。

目前已拥有相当数量的对其突变做了详尽研究的大肠杆菌实用菌株，其中有多种类型的突变，只要克隆的外源基因产物获得低水平表达，便会被抑制或发生互补作用。一些真核生物的基因能够在大肠杆菌中表达，并且还能够与宿主菌株的营养缺陷突变发生互补作用。

lacY 是大肠杆菌的乳糖操纵子中编码 β-半乳糖苷透性酶的结构基因，其大小为

1.3kb。大肠杆菌基因组约为 4000kb，用限制性内切酶 $EcoR$ I 切割会得到大约 1000 个大小不同的片段，其中某一片段上可能携带 $lacY$ 基因。用 pBR322 质粒作为载体，将外源 DNA 片段插入 $EcoR$ I 酶切点上，再把所有重组体 DNA 通过转化导入宿主细胞。该宿主具有两个供筛选的遗传标记：一是对氨苄青霉素敏感（Amp^s）；二是不能合成 β-半乳糖苷透性酶（$lacY^-$），即不能利用乳糖。当涂布在含有氨苄青霉素和以乳糖作为碳源的选择培养基上时，只有 $Amp^r\ lacY^+$ 类型的细胞才能生长，也就是说，只有导入了携带 $lacY$ 基因的 pBR322 载体的宿主细胞才能生长。这是因为 pBR322 的 Amp^r 基因赋予宿主细胞以氨苄青霉素抗性，而携带的 $lacY$ 基因则弥补了宿主细胞的遗传缺陷。当然，用这种方法筛选得到的不是 $lacY$ 基因本身，而是内含该基因的 DNA 片段，因此需要对它作进一步修剪（亚克隆），最后得到纯的 $lacY$ 基因片段。

Cameron 等人（1975）将野生型的大肠杆菌连接酶基因克隆到 λgt·λB 噬菌体载体上。由于 C 片段的缺失而造成重组缺陷的 λred⁻ 噬菌体载体，在允许的温度下，生长在大肠杆菌 lig ts 菌株上并不能形成噬菌斑，但却能够在具有连接酶功能的大肠杆菌 lig⁺ 菌株上形成噬菌斑。因此，Cameron 等人构建的带有连接酶基因的重组体噬菌体 λgt·λB 被涂布到长有大肠杆菌 lig ts 的平板上时，通过与宿主细胞缺陷型之间的互补作用，便能够形成噬菌斑。于是根据能形成噬菌斑这种表性特征，就可以十分方便地选择出具有野生型连接酶功能的重组体噬菌体。

现已发现，一些真核生物的基因也能够在大肠杆菌中表达，并且还能够与宿主菌株中出现的缺陷型突变发生互补作用。利用外源基因对宿主细胞的这种互补作用的筛选方法，已成功地分离到了小鼠的二氢叶酸还原酶（dihydrofolate reductase，DHFR）基因。具体的实验步骤是，先将含有 DHFR mRNA 的小鼠总 mRNA 反转录为 cDNA，构建 cDNA 文库。根据小鼠 DHFR 对于药物三甲氧苄二胺嘧啶（trimethoprim）呈现抗性这种性状特征，将转化的细菌生长在含有三甲氧苄二胺嘧啶的培养基中（其含量水平为可以抑制大肠杆菌的 DHFR 的活性），选择转化子。这样分离出来的抗性克隆，显然都是由于具有小鼠 $dhfr$ 基因的克隆片段，赋予宿主细胞新的抗性表型所致。这是关于哺乳动物结构基因在大肠杆菌中实现表达的一个早期例子。当然，影响异源基因表达的因素是多方面的，复杂的。因此，为了从那些含有不表达的 DHFR cDNA 的克隆中鉴定出合成小鼠 DHFR 酶的克隆，需要一种有效的选择程序。

根据克隆片段为宿主提供的新的表型特征选择重组体 DNA 分子的直接选择法，是受一定条件限制的，它不但要求克隆的 DNA 片段必须大到足以包含一个完整的基因序列，而且还要求所编码的基因能够在大肠杆菌宿主细胞中实现功能表达。无疑，真核基因是比较难以满足这些要求的，原因在于有许多真核基因是不能够与大肠杆菌的突变发生抑制或互补效应的。此外，大多数的真核基因内部都存在着间隔序列，而大肠杆菌又不存在真核基因转录加工过程中需要的剪接机理，这样便阻碍了它们的大肠杆菌宿主细胞中实现基因产物的表达。当然，在有些情况下，可以通过使用 mRNA 的 cDNA 拷贝构建重组体 DNA 的办法来解决这些问题。

7.5　物理检测法

常用重组体分子的物理检测法主要有凝胶电泳检测法和 R-环检测法两种。

7.5.1 凝胶电泳检测法

重组体分子是载体与外源 DNA 片段的结合,因此携带插入 DNA 片段的重组子在相对分子质量上要大于载体本身。根据重组体 DNA 分子的大小,可以判断出载体上是否加载了外源 DNA 片段。通过凝胶电泳检测,就能够快速地判断出 DNA 相对分子质量的大小。因此,凝胶电泳检测法已成为重组子筛选与检测中一种简单、直接的常用方法。

电泳检测筛选比抗阳性插入失活平板筛选更进一步。有些假阳性转化菌落,如自我连接载体、缺失连接载体、未消化载体、两个相互连接的载体以及两个外源片段插入的载体等转化的菌落,用平板筛选法不能将其鉴别开来,但可以被电泳法鉴别与淘汰。因为由这些转化菌落分离的质粒 DNA 分子的大小各不相同,与真正的阳性重组体 DNA 分子相比,前三种 DNA 分子较小,在电泳时迁移速度较快,其在凝胶上的位置位于真阳性重组体 DNA 分子的前面;相反,后两种 DNA 分子较大,电泳迁移速度较慢,其在凝胶上的位置位于真阳性重组体 DNA 分子的后面。所以,凝胶电泳检测法能筛选出有插入 DNA 片段的真阳性重组体。

凝胶电泳检测法包括直接凝胶电泳检测法、酶切检测法与 PCR 检测法。

1. 直接凝胶电泳检测法

直接凝胶电泳检测法就是从转化菌中分离出重组质粒 DNA 后,直接将其点样于凝胶上进行电泳,根据重组质粒 DNA 在凝胶上的迁移位置,确定其相对分子质量大小,最后判断其是否为真正的重组体。

直接凝胶电泳检测法常用的操作程序为:分别挑取单个转化菌悬浮于破碎细胞缓冲液(50mmol/L Tris-HCl、1%SDS、2mmol/L EDTA、400mmol/L 蔗糖、0.01%溴酚蓝)中,37℃保温使细胞破裂,蛋白质沉淀,再高速离心,除去细胞碎片、蛋白质和大部分的染色体 DNA、RNA,将含有质粒 DNA 的上清液直接点样于琼脂糖凝胶上,电泳分离,经 EB 染色后,用凝胶成像系统观察并拍照,获得可显示含有染色体 DNA、不同大小的质粒 DNA 以及 RNA 的电泳图谱。最后,根据电泳条带迁移率来判断相对分子质量的大小,这样就能容易地判断出哪些菌落是含有外源 DNA 插入片段的重组质粒。

除了上面所述的细胞破碎法鉴定转化子之外,还可以使用煮沸法(boiling)快速分析转化子 DNA。此法对于从大量转化子中制备少量部分纯化的质粒 DNA 十分有用,不仅快速简单,能同时处理大量试样,而且所得 DNA 有一定的纯度,能满足其他核酸分析的要求。其具体方法是:从琼脂平板上分别挑取单克隆接种培养过夜,取 1.5mL 菌液离心,剩余培养液保存,等待结果出来选择重组子备用。将菌落沉淀悬浮于 STET(0.1mol/L NaCl、10mmol/L Tris-HCl、10mmol/L EDTA、5% Triton X - 100)中,破碎细胞壁与细胞膜后,立即在沸水中煮沸 40s,让质粒 DNA 快速释放出来,离心,使变性的大分子染色体 DNA、蛋白质及大部分 RNA 与细胞碎片等一起沉淀而弃去。取上清质粒 DNA 点样电泳,根据外源 DNA 插入序列重组质粒相对分子质量增大这一特性,即可判断出具有外源 DNA 插入序列的重组质粒。

上述根据 DNA 的相对分子质量大小鉴定重组子的方法,适用于载体 DNA 与重组 DNA 相对分子质量差别较大的比较,如果两种 DNA 相对分子质量之间相差小于 1kb,也即插入的外源 DNA 片段小于 1kb,加上各质粒 DNA 之间还存在三种构型的差异,DNA 的大小比较就有困难。在这种情况下,一般将快速抽提出的转化子 DNA 和原载体 DNA 用单一识别位点的限制性内切酶切割后,再进行凝胶电泳比较。

2. 酶切检测法

在外源 DNA 片段的大小以及限制性酶切图谱已知的情况下,往往采用酶切检测法来鉴定重组子。酶切检测法不仅能够区分重组子与非重组子,而且有时还能够区分出期望的重组子与非期望的重组子。因此,这种方法是常用的重组子筛选与鉴定的方法之一。

酶切检测法的操作程序为:挑取经初步筛选的重组子菌落,进行少量培养,再分离出重组质粒或重组噬菌体 DNA,用相应的限制性内切酶切割重组子,释放出插入片段,然后通过凝胶电泳观察其电泳图谱。如果电泳图谱上显示的插入片段的大小与供体的目标片段大小一致,则说明这个重组子正好是携带有目标片段的期望重组子;否则,这个重组子不是期望的重组子。如果目的 DNA 片段自连后与载体连接获得多聚体转化子,那么电泳图谱上将出现类似于期望重组子的带型,但插入片段在凝胶上的亮度比正常的条带要强一倍以上。因此,根据插入片段的亮度,也能够将这种重组子准确地辨别出来。

3. PCR 检测法

PCR 检测法是基于 PCR 技术发展起来的、并被广泛应用的一种重组子筛选与鉴定方法。PCR 检测法就是根据载体克隆位点两端的序列或目的 DNA 片段两端的序列,设计出一对特异的扩增引物,以转化生长的细菌质粒 DNA 为模板进行扩增,并用凝胶电泳检测 PCR 产物,如果电泳图谱上出现了与预期长度相符的扩增片段,则认为这个被检测的克隆可能就是含有目的 DNA 片段的重组子。

PCR 检测尽管是一种有效、方便的检测手段,但若插入的外源 DNA 太大,超过 3.5kb 时,扩增起来则比较困难,用 PCR 检测法效果不佳。

7.5.2　R-环检测法

R-环检测法的基本原理是,在接近双链 DNA 变性温度下和高浓度(70%)的甲酰胺溶液中,双链的 DNA-RNA 分子要比双链的 DNA-DNA 分子更稳定。因此,将 RNA 及 DNA 的混合物置于这种退火条件下,RNA 便会与其中的一条 DNA 互补结合,退火形成稳定的 DNA-RNA 杂交分子,从而使被取代的另一条 DNA 链处于单链状态。这种由 DNA 单链分支与 DNA-RNA 杂交双链所形成的"泡状"体,叫做 R-环结构。R-环结构一旦形成就十分稳定,而且在电子显微镜下能够观察到。所以采用 R-环检测法可以容易地鉴定出双链 DNA 中存在的与特定 RNA 分子同源的区段。

我们可以根据这样的原理,将 R-环检测法用于重组子的筛选与鉴定中。首先分离获得外源目标 DNA 片段转录出来的 mRNA,然后把待检测的纯化的质粒 DNA 与该 mRNA 混在一起,在有利于形成 R 环的条件下,让质粒 DNA 局部变性。如果质粒 DNA 分子上插入了外源的目标片段,那么在退火条件下,mRNA 就会与插入片段互补配对,形成 R-环结构。通过电子显微镜观察,就可以检测出重组子质粒的 DNA 分子。

7.6　核酸分子杂交检测法

利用碱基配对的原理进行分子杂交是核酸分析的重要手段,也是鉴定基因重组体的常用方法。杂交的双方是待测的核酸序列和插入片段基因制备的 DNA 或 RNA 探针。根据待测核酸的来源以及将其分子结合到固体支持物上的不同,核酸杂交主要有菌落印迹原位杂交、斑点印迹杂交和 Southern 印迹杂交。这些方法都是通过一定的物理方法将菌落(或噬菌斑)或提取的 DNA 从平板或凝胶上转移到固体支持物上,然后与液体中的探针进行杂交。菌落(或噬菌斑)或 DNA 从平板或凝胶向滤膜转移的过程称为印迹(blotting),故这些杂交又都称为印迹杂交。

7.6.1　菌落印迹原位杂交

菌落印迹原位杂交就是将待检测的菌落转移到硝酸纤维素滤膜上,然后再利用探针检测细菌或噬菌斑中特异的 DNA 序列或基因,从中筛选出重组子阳性克隆。这种方法最早是由 M. Grunstein 和 D. Hogness(1975)发明的,接着经过 D. Hanahan 和 M. Meselson(1980)改良之后,便可适用于高密度菌落杂交筛选,使重组子检测效率大大提高。这对于从成千上万的菌落或噬菌斑中鉴定出含有重组体分子的菌落或噬菌斑具有特殊的使用价值。

这种方法的基本操作程序为:将被筛选的菌落,从其生长的琼脂平板中通过影印方法,小心地原位转移到放在琼脂平板表面的硝酸纤维素滤膜上,并保存好原来的菌落平板作为参照,以便从中挑取阳性克隆。菌落转移时一定要在琼脂平板与硝酸纤维素膜的相应位置做好标记,便于以后辨认原始菌落。取出已经长有菌落的硝酸纤维素滤膜,用碱处理,于是细菌菌落溶解,它们的 DNA 也就随之变性。然后再用适当的方法处理滤膜,以除去蛋白质,留下的便是与硝酸纤维素膜结合的变性 DNA。因为变性 DNA 与硝酸纤维素膜有很强的亲和力,所以在膜上形成 DNA 的印迹。在 80℃下烘烤滤膜,使 DNA 牢固地固定下来。用带有放射性标记的特定 DNA 探针与滤膜上的由菌落释放并变性的 DNA 杂交,漂洗除去多余的 DNA 探针,然后通过放射自显影技术显示杂交结果。含有与探针序列互补的菌落 DNA,就会在 X 光胶片上出现曝光点。根据曝光点的位置,可以从保留的模板上相应的位置上挑出含有目标插入片段的重组体克隆。

7.6.2　斑点印迹杂交

斑点印迹杂交法与菌落印迹原位杂交的原理一样,但方法更简单、迅速。斑点印迹杂交法的具体操作是:培养待筛选鉴定的菌落,提取其 DNA,将 DNA 变性后,直接点样于硝酸纤维素膜上,然后同核酸探针进行分子杂交。通过放射自显影,从底片中找出黑点即为阳性斑点。斑点印迹杂交法是实验室常用技术之一,常用于基因组中特定基因及其表达的定性及半定量研究,可在同一张膜上同时进行多个样品的检测;对于核酸粗提样品的检测效果也较好。缺点是不能鉴定所测基因的相对分子质量,不能确定外源 DNA 在细胞染色体中的整合情况,而且特异性不高,有一定比例的假阳性。

7.6.3　Southern 印迹杂交

Southern 印迹杂交是指将电泳分离的 DNA 片段从凝胶中转移到一定的固相支持物上进行杂交的过程。该转印技术是在 1975 年由 E. M. Southern 建立的,故称为 Southern 印迹杂交法。

Southern 印迹杂交法是进行基因组 DNA 特定序列定位的通用方法,常用于对上述原位杂交所得到的阳性克隆的进一步分析,检测重组 DNA 分子中插入的外源 DNA 是否是原来的目的基因,并验证插入片段的相对分子质量大小。

这种方法的基本操作程序为：将初筛的重组 DNA 提取出来，用合适的限制性内切酶将其切割成不同的 DNA 片段，通过琼脂糖凝胶电泳，将这些 DNA 片段按相对分子质量大小分离成不同区带，然后将含 DNA 片段的琼脂糖凝胶变性，并利用毛细虹吸作用由转移缓冲液带动其中的单链 DNA 片段转移到硝酸纤维素膜或其他固相支持物上，而各 DNA 片段的相对位置保持不变。当然也可以利用电场作用进行电转；还可以利用真空抽虑作用进行真空转移。最后将此膜同标记的核酸探针进行分子杂交。如果被检测 DNA 片段与核酸探针具有互补序列，就能在被检测 DNA 的条带部位结合成双链的杂交分子，并通过放射自显影显示出黑色条带来。

由于 Southern 印迹杂交中滤膜是从凝胶上原位印迹而来，因而能够显示出与探针杂交的 DNA 片段的大小。因此，Southern 杂交能测出基因重排，而斑点杂交则不能。

7.7　免疫化学检测法

当待检测的重组克隆既无任何可供选择的遗传表型标记，又没有合适的核酸探针用于杂交检测时，那么采用免疫化学检测法来筛选重组子将是一种重要的手段。免疫化学检测法是一种间接的筛选方法，它利用特异性抗体与外源 DNA 编码的抗原的相互作用进行筛选，是一种特异性强、灵敏度高的检测方法。只要有一个克隆的目的基因能够在受体细胞中表达，合成外源的蛋白质，就可以采用免疫化学法来检测重组体克隆。因为这种方法是通过检测受体细胞中是否有外源目标基因的蛋白产物来筛选与鉴定重组子的，所以使用免疫化学检测法的前提是插入的外源基因必须在受体细胞内表达，并且具有目的蛋白质的抗体。常见的免疫化学检测法主要有放射性抗体检测法（radioactive antibody test）和免疫沉淀检测法（immunopre-cipitation test）。

7.7.1　放射性抗体检测法

1978 年，Broome 和 Gilbert 设计了一种免疫筛选方法，现在已发展成为常规的放射性抗体测定法之一。该方法的基本原理及操作步骤是：首先把转化的菌落涂布在琼脂培养基平板上，同时制备影印的复制平板，备用。接着把原平板放置在氯仿蒸汽中处理，使细菌菌落裂解，阳性菌落释放出外源 DNA 表达出的蛋白产物，即抗原蛋白质。将吸附有相应抗体的固体支持物聚乙烯薄膜轻轻地敷在先前裂解的菌落平板上，让聚乙烯薄膜与裂解的菌落相互接触。这样，阳性菌落释放出的抗原蛋白将与聚乙烯薄膜上的抗体蛋白相互识别，发生免疫反应，形成抗原-抗体复合物。然后将这种吸附有这种抗原-抗体复合物的固体支持物聚乙烯薄膜取出来，与预先用放射性同位素 ^{125}I 标记好的第二种抗体放在一起进行温育，带有放射性标记的抗体与前面的抗原-抗体复合物再次发生免疫反应，形成携带有同位素 ^{125}I 的新的复合物。最后经放射自显影，显示出抗原与 ^{125}I 标记的抗体结合的位置，并由此确定复制平板上能够合成抗原的菌落，即重组体菌落。

这种检测方法与菌落原位杂交检测方法有些类似，它们都需要将菌落原位转移到固相支持物上，都需要用放射性标记的探针来杂交筛选。但是菌落原位杂交检测中的固相支持物一般为硝酸纤维素膜，而放射性抗体检测法所用的固相支持物为聚乙烯薄膜；前者所用的探针为核酸，而后者所用的探针为蛋白；前者采用核酸互补配对的规则来进行核酸杂交，而后者却采用抗体-抗原的免疫反应来进行蛋白质杂交。前者是直接用来检测目的基因的，而后者却是通过检测目的基因表达的蛋白产物来间接检测目的基因。

考虑到放射性抗体检测法存在对人体的辐射危害,近年来非放射性抗体检测法逐渐被广泛应用。非放射性抗体检测法的发展得益于非放射性标记物的发展与成功应用。例如,可以采用直接与辣根过氧化物酶(HRP)或碱性磷酸酶(AP)偶合的第二抗体,检测目的蛋白抗原-抗体复合物。也可以采用与 HRP 偶联的抗生素蛋白来检测与生物素偶联的第二抗体等。利用酶可催化特定的底物反应而呈现颜色变化,可以指示出含有目的基因的克隆位置。非放射性抗体检测法具有安全、半衰期短且易保存等特点,因此该检测方法是一类很有发展前途的检测方法。

7.7.2　免疫沉淀检测法

免疫沉淀检测法是在平板培养基上直接进行免疫反应,以鉴定产生蛋白质的重组菌落。具体操作方法是:将补加有抗体和溶菌酶的琼脂,小心倾注到长有菌落的平板培养基上,并使之凝固。在溶菌酶的作用下,菌落表面的细菌发生溶菌反应,逐步释放出细胞内部的蛋白质。如果有某些菌落的细胞能够分泌出目的基因编码的蛋白质,它们就会同包含在琼脂培养基中的抗体发生反应,在菌落周围出现一条由一种叫做沉淀素的抗体-抗原沉淀物所形成的白色沉淀圈。这种方法简便且快速,但有报告称此法灵敏度低,易受干扰。

7.8　核酸序列测序分析法

尽管经过上述各种方法可以对重组子进行筛选与鉴定,但是要真正对其进行最后鉴定仍需要采用核酸序列测序分析法。核酸序列测序分析法是指通过一定的方法确定 DNA 分子上的核苷酸排列顺序,也就是测定 DNA 分子的 A、T、G、C 的排列顺序。测序的结果直接反映了转化子中有无目的基因的存在,同时也能直接看出目的基因的核酸序列在一系列操作过程中是否发生了变化。如果克隆的 DNA 片段的序列是未知的,那么通过测序才能确知其序列结构、推测其功能,用于进一步的研究。因此,核酸序列测序分析是分子克隆中必不可少的鉴定步骤。

目前,DNA 序列测定方法主要有两种:一种是 Sanger 发展的双脱氧链终止测序法,另一种是 Maxam 与 Gibert 建立的化学降解测序法。这两种方法对 DNA 测序的原理不相同,但都建立在高分辨率的变性聚丙烯酰胺凝胶电泳技术之上,将差别仅有一个核苷酸的单链 DNA 区分开来,其分离长度可达 300～500bp。随着 DNA 测序技术的不断发展和其重要性的日益提高,DNA 序列分析已变得越来越简单快速,朝着自动化和商品化的方法发展,从而极大地提高了 DNA 序列分析的速度及准确性。

7.9　报告基因检测法

作为报告基因必须具备以下条件:① 不存在于正常受体细胞中;② 较小,可构成嵌合基因;③ 能在转化体中高效表达;④ 具有相应的有效选择剂,或容易检测,并能定量分析。

报告基因通常是指用于检测与其组装在一起的嵌合基因在导入细胞后是否表达的一种指示基因。理论上说,在有合适种类和浓度的选择剂存在时,存活的细胞或由之再生的植株均是转化了的,但是在培养过程中通过突变可产生抗性变异体,也有因产生生理抗性而逃脱选择的同时,转化植株通常是嵌合体,即混有未转化的细胞。因此,测定外源基因的表达,对于确证转化子显得十分重要。但有的外源基因的表达很难检测,只有通过检测与其构建在一起的报告基因表达。许多抗生素标记基因都可以作为报告基因,常用的如:

7.9.1　新霉素磷酸转移酶基因

新霉素磷酸转移酶基因(Npt-Ⅱ)又称为氨基葡萄糖苷磷酸转移酶基因,是至今在植物遗传转化中运用最广泛的选择标记。Npt-Ⅱ基因表达可使转化细胞对氨基葡萄糖苷类抗生素(如卡那霉素、庆大霉素、G418 等)产生抗性。Npt-Ⅱ基因最初是从细菌的转座子 Tn5 中分离得到,所编码的新霉素磷酸转移酶通过磷酸化使抗生素失活而发挥作用。Npt-Ⅱ对茄科植物的转化选择特别有效,对豆科植物和单子叶植物效果不佳。

7.9.2　双氢叶酸脱氢酶基因

氨甲喋呤钠是一种对植物细胞毒性极大的化合物,能强烈抑制双氢叶酸脱氢酶(DHFR)的活力。在一种该酶突变的鼠中,该酶与氨甲喋呤钠的亲和性降低了 260 倍,将该基因与 35S 启动子拼接后转入植物,可使矮牵牛、烟草、油菜等多种植物产生抗性。不过,也已发现在矮牵牛的某些品种中,利用该基因作为标记基因的转化频率不如使用 Npt-Ⅱ基因,这可能与氨甲喋呤的毒性太强有关。

7.9.3　潮霉素磷酸转移酶基因

潮霉素(hygromycin)是一种对大多数植物有毒性的抗生素。把从细菌中分离到的潮霉素磷酸转移酶(HPT)基因构建成能在植物细胞中表达的嵌合基因后导入植物,使其获得对潮霉素的抗性,因为该基因产物通过酶促磷酸化而使潮霉素失活。特别是对某些植物(如拟南芥)在用卡那霉素不能进行有效筛选时,通过导入此基因而使用潮霉素作为选择剂显得十分有用。对禾谷类作物用潮霉素作为选择剂比用卡那霉素更为有效。

7.9.4　氯霉素乙酰转移酶基因

氯霉素乙酰转移酶(CAT)基因(cat)来自细菌转座子 Tn9,它编码的氯霉素乙酰转移酶催化氯霉素形成 3-乙酰氯霉素、1-乙酰氯霉素和 1,3-二乙酰氯霉素,而使抗生素失活。将 cat 基因构建成可在植物中表达的嵌合基因导入植物即可使转化细胞抗氯霉素。但在一些情况中,CAT 作为选择标记并不理想,实验的重复性也不很好。虽然如此,由于用 [14]C 标记的氯霉素试验可通过放射自显影或直接测定放射强度,即可知 cat 基因的表达活性,方法十分灵敏而简便,因此 cat 基因同时也就成为一种常用的报告基因。值得注意的是,已在 Brassica 属植物中发现有相当高的内源 CAT 活性,同时在油菜和芥菜中还存在一种 CAT 活性的抑制物,这使得测定油菜的转化细胞或转基因植株中的 CAT 活性十分困难。

7.9.5　冠瘿碱合成酶基因

冠瘿碱合成酶是位于 T-DNA 上的基因所编码的一类与冠瘿碱(如章鱼碱、胭脂碱、农杆碱等)合成有关的酶,由于大多数植物中并不存在这类酶,这类基因在农杆菌中也不表达(因为它们的启动子是真核型的),故通过鉴定冠瘿碱的存在可以确定外源基因的表达。使用纸电泳方法测定章鱼碱和胭脂碱更为简便有效。

7.9.6　β-葡萄糖苷酸酶基因

β-葡萄糖苷酸酶(GUS)基因是目前应用最广的报告基因之一。该基因由大肠杆菌中分离到,由 Jefferson 最先应用于植物细胞转化。通过组织化学染色而定位,可观察不同器官和组织中 GUS 的活性,也可通过荧光分光光度计进行定量测定。两者的反应底物分别为 5-溴-4-氯-3-吲哚-β-葡糖苷酸酯(X-Gluc)和 4-甲基伞形花酮-β-D-葡糖苷酸酯(4-MUG)。X-Gluc 使存在 GUS 活性的细胞染成蓝色,而 4-MUG 在 GUS 作用下形成 4-MU(4-甲基伞形花酮),后者在 365nm、455nm 光下激发荧光,在 455nm 下检测,这一方法相当灵敏方便。但是 Hu 等(1990)对包括被子植物和裸子植物在内的共 52 种植物的内源 GUS 活性进行了测定,发现对于所试的多种植物在营养生长阶段并没有 GUS 活性,但在大多数植物的果实、种皮、胚乳和胚中却都可以测到明显的 GUS 活性。随着种子的萌发,GUS 的活性逐渐消失。因此,在应用这一报告基因时,应排除假阳性存在的可能。另外,在一些植物(如烟草)中也可能存在干扰 GUS 测定的物质。

7.9.7　荧光素酶基因

目前用作报告基因的荧光素酶基因来源于细菌或萤火虫。在转基因植物或细胞、或提取物中,荧光素酶在存在 Mg^{2+} 和 ATP 的条件下可氧化荧光素,在此过程中产生荧光,其强弱可用荧光计测定,在一定条件下,也可在暗处直接进行观察鉴定。

本 章 小 结

DNA 体外重组技术,主要依赖于限制酶和 DNA 连接酶的作用。目的基因与质粒载体的两端如果是匹配的黏性末端,可直接连接。如果是平末端,需要将平末端 DNA 分子处理成带有黏性末端的分子,再进行连接。这些处理方法大致有:同聚物加尾法、加人工接头连接法、加 DNA 衔接物等。将外源重组体分子导入受体细胞的途径包括转化、转染、转导、显微注射、电穿孔等多种不同的方式。这些途径将随载体种类和受体系统的不同而异。

重组子的筛选与鉴定就是从转化细菌菌落中筛选含有阳性重组子的菌落并鉴定重组子的技术方法。常用的重组子筛选与鉴定方法主要有遗传学检测法、物理检测法、核酸分子杂交检测法、免疫化学检测法与核酸序列测序分析法。这些方法是从不同的层次(DNA、RNA 和蛋白质)与不同的角度(载体、受体细胞与外源目标 DNA)来进行筛选与鉴定的。根据不同的克隆载体、外源目标 DNA 及受体细胞,其重组子的筛选与鉴定方法也各不相同,而且各具优缺点。筛选与鉴定方法的正确选择是保证结果准确性与有效性的重要前提。

思考题

1. 什么是人工接头? 如何利用它进行平末端 DNA 的连接?
2. 重组子筛选与鉴定主要有哪些方法? 其原理是什么?
3. 以 pBR322 为例,论述重组体分子插入失活筛选方法。
4. 如何利用 β-半乳糖苷酶对 X-gal 的呈色反应选择重组体分子?

5. 一个携带有氨苄青霉素和卡那霉素抗性基因的质粒仅在卡那霉素基因中有识别位点的 *Eco*R Ⅰ 消化。消化物与酵母 DNA 连接后转化对两种抗生素都敏感的 *E. coil* 菌株，试问：

(1) 利用哪一种抗生素抗性选择接受了质粒的细胞？

(2) 怎样区分接受了插入酵母 DNA 的质粒的克隆？

6. 菌落原位杂交、斑点印迹杂交和 Southern 印迹杂交各有何优点和缺点？

（叶子弘　赵彦宏）

第 **8** 章

外源基因在大肠杆菌中的表达

在基因工程中，人们的主要兴趣往往不是目的基因本身，而是其编码的蛋白质产物，特别是那些在商业上、医药上以及科研工作方面具有重要意义的蛋白质。但真核基因不能在原核细胞中表达，绝大多数原核基因不能在真核细胞中表达，并且一些基因在自身表达调控体系下表达水平比较低。因此，在基因工程中需要构建用来在宿主细胞中高水平表达外源蛋白质的表达载体。

在原核生物系统中，基因是以多顺反子形式存在的，无内含子间隔区域，并且翻译和转录过程是偶联进行的；但在真核生物系统中，基因是以单顺反子形式存在的，并且有内含子间隔区域，转录是在核内进行的，先在核内转录出 hnRNA，再进行 5′和 3′末端的修饰及内含子的剪切、外显子的连接等过程，才能形成成熟的 mRNA。mRNA 到达细胞质中才可以作为模板与核糖体结合进行多肽链或者蛋白质的合成，经过加工、糖化及各种修饰形成高级结构，才形成具有活性的蛋白质。所以真核生物系统的基因表达较原核生物系统复杂得多，基于真核生物与原核生物基因表达的差异，本章主要讨论真核基因在大肠杆菌中的表达。

大肠杆菌是迄今为止研究得最为详尽的原核细菌，其 K-12 MG1655 菌株已测序完成。作为一种成熟的基因克隆表达受体细胞，大肠杆菌广泛用于分子生物学研究的各个领域，如基因分离扩增、DNA 序列分析、基因表达产物功能鉴定等。大肠杆菌基因工程的表达系统由三部分组成：外源基因、表达载体和宿主细胞。外源基因的表达除了与基因的来源、基因的性质有关，同时还与载体及宿主细胞有关。在大肠杆菌中表达外源基因，首先将目的基因插入到质粒或其他载体上，然后将该载体导入大肠杆菌细胞中。

作为宿主细胞的大肠杆菌细胞结构简单，生理代谢途径以及基因的表达调控机制相对较为清楚，易于遗传操作和大规模培养，并且是一种安全的基因工程实验体系，拥有各类适用的宿主菌株和不同类型的载体，因此 DNA 重组技术首先在大肠杆菌中获得成功并得到广泛应用。由于这些特征，使其成为高效表达异源蛋白最常用的原核表达系统。

尽管大肠杆菌有众多的优点，但并非每一种基因都能在其中有效表达，尤其是真核基因在大肠杆菌中的表达还存在很多不足。大肠杆菌中表达体系的不足主要表现为：① 在基因结构上，真核基因同原核基因之间存在着很大的差别，大肠杆菌中没有对初级转录本进行剪辑修饰的系统；② 真核基因的转录信号同原核基因不同。细菌的 RNA 聚合酶不能识别真核的启动子;外源基因可能含有具大肠杆菌转录终止信号功能的核苷酸序列;③ 真核基因 mRNA 的分子结构同细菌的有所差异,影响真核基因 mRNA 的稳定性;④ 许多真核基因的蛋白质产物,都要经过转译后的加工修饰(正确折叠和组装),而大多数的这类修饰作用在细菌细胞中并不存在;⑤ 细菌的蛋白酶,能够识别外来的真核基因所表达的蛋白质分子,并把它们降解掉。

大肠杆菌作为表达系统既有其优越性也存在着不足。为了克服上述不足,近年来,国内外许多学者对大肠杆菌中高效表达外源蛋白的策略做了优化和改进,以其提高外源基因尤其是真核基因在大肠杆菌表达系统中的表达。

8.1 外源基因正确表达的基本条件

鉴于原核基因表达和真核基因表达之间的差异,克隆的真核基因在大肠杆菌表达系统中正确表达的最基本条件是,能够进行正常的转录和转译,转译后加工、新生多肽在细胞中的稳定性及分布。克隆的外源基因的正确转录,需要置于能够被宿主细胞 RNA 聚合酶识别的启动子的控制下,并且最好是可调控的启动子;在 mRNA 分子具有核糖体小亚基的结合部位(ribosome binding site,RBS),主要指一段与 16S rRNA 3′末端的碱基互补的 Shine-Dalgarno 序列和翻译的起始密码子 AUG(少数情况为 GUG);在理想条件下,还应在其 3′末端具有转录终止子。

真核生物基因表达产物往往还要经过糖基化、酰胺化、磷酸化等翻译后的修饰过程,但大肠杆菌细胞中并不具备翻译后的修饰系统,可以通过人为的一些方法解决,如可将合成后的蛋白质从细胞中分离出来,经过人工的化学方法恢复其活性,但表达细胞中遇到的主要问题是编码的外源基因的产物对于宿主细胞而言是一种外源物质,宿主细胞蛋白水解酶会对外源蛋白进行降解,因而外源基因表达的另一重要条件是:编码产物应能维持正常的稳定性。

以下对外源真核基因在大肠杆菌中正确表达的条件逐一介绍。

8.1.1 启动子

启动子(promoter)是一段能被宿主 RNA 聚合酶特异性识别和结合的从起始基因转录的顺式作用原件。启动子一般位于基因的上游。其序列组成、长度因生物种类的不同而异,一般认为大肠杆菌基因启动子区越接近保守序列(即−10 区 的 TATAAT 序列和−35 区的 TCT-TGACAT 序列)及彼此的间隔长度接近 17bp,启动效率越强,但对外源基因而言,这个距离范围未必最佳,需要进行最佳启动子的探测。不同种生物的 RNA 聚合酶不同,均有其特异的识别序列,原核生物与真核生物宿主启动子序列差异很大,原核生物的 RNA 聚合酶不能识别真核基因的启动子序列。如何在所表达的外源基因上游构建有效的启动子是外源基因表达的关键。

可使克隆的外源基因高水平表达的最佳启动子须具备以下几个条件:① 必须是一种强启动子,能够使克隆基因的蛋白质产物表达量占细胞总蛋白的 $10\%\sim30\%$ 以上;② 必须表现最低水平的基础转录活性。若要求大量的基因表达,最好选用高密度培养细胞和表现最低活性的可诱导和非抑制启动子;③ 启动子应是能通过简单的方式进行诱导的。例如 IPTG 是强启动子 tac 的一种有效的化学诱导物;目前也常用温度的调节方式来诱导基因表达,如引入编码热敏感 lac 阻遏物的温度敏感突变体。

1. 功能启动子的分离

　　分离功能启动子一般的方法是用合适的内切酶将 DNA 分子酶解成 DNA 随机片段后，直接克隆到无启动子的质粒载体上，并按照设计的要求使克隆的片段插入在邻近报告基因的上游位置，再将重组体转化入大肠杆菌的宿主细胞中，检测报告基因的表达活性。所谓报告基因（reporter gene），是一种编码可被检测的蛋白质或酶的基因，也就是说，是一个其表达产物非常容易被鉴定的基因。如 β-半乳糖苷酶基因、氯霉素乙酰转移酶基因、四环素抗性基因、新霉素磷酸转移酶基因、葡萄糖苷酶基因、荧光酶基因等。β-半乳糖苷酶基因催化底物形成 β-D-葡萄糖苷酸，它在植物体中几乎无背景，组织化学检测很稳定，可用分光光谱、荧光光谱等进行检测。氯霉素乙酰转移酶基因、四环素抗性基因、新霉素磷酸转移酶基因均为抗生素筛选基因，可通过抗生素抗

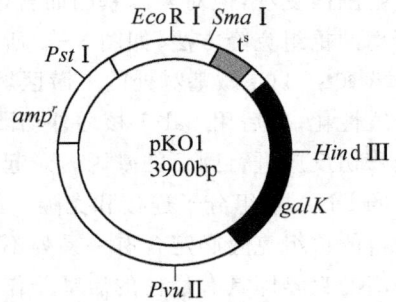

图 8-1　pKO1 的质粒图谱

性进行筛选。荧光酶基因表达与否可通过染色后在紫外光下观察荧光现象来判断。

　　常使用的如 pKO1 探针质粒，如图 8-1 所示，具有一个氨苄青霉素抗性基因（amp^r），作为选择记号，同时含有一个失去启动子序列的半乳糖激酶基因（galK），作为报告基因。在 galK 基因上游有一段由若干限制酶单克隆位点组成的多克隆位点（MCS）区，用以接受外源 DNA 片段（可能包括启动子的序列）的插入。在 MCS 和 galK 基因之间的 DNA 序列较 t^s 区，这组终止密码子的引入可以有效地阻止外源 DNA 片段和载体上其他基因所属启动子可能造成的 mRNA 翻译过头，进而带动 galK 基因的间接表达。如果没有这组终止密码子，GalK 阳性重组子中的外源 DNA 片段极有可能除了启动子结构外，还携带有一段结构基因的 5′端序列，而这种具有启动子活性的 DNA 片段一般不能用于表达目的基因。用具有全部读码结构的翻译终止密码子可以防止假阳性的产生。galK 基因来自大肠杆菌半乳糖操纵子（galactose operon），galK 基因的编码产物半乳糖激酶（GalK），能通过从 ATP 分子上转移一个磷酸基团给半乳糖分子，从而催化半乳糖发生磷酸化，形成 1-磷酸-半乳糖。由此，重组分子转化 GalE$^+$、GalT$^+$、GalK$^-$ 大肠杆菌受体细胞，转化物涂布在以半乳糖为唯一碳源的选择样培养基上进行筛选。凡是具有启动子活性的插入片段才有可能启动 galK 报告基因的表达，并使半乳糖在受体细胞中发生糖酵解反应，重组克隆分泌红色素；而缺乏半乳糖激酶活性的转化细胞则呈乳白色。

　　分离启动子区序列可用酶保护法进行。这种方法是依据 RNA 聚合酶与启动子区域的特异性结合原理设计的。将大肠杆菌基因组文库中的重组质粒与 RNA 聚合酶在体外保温片刻，然后选择合适的限制性内切酶进行消化，未与 RNA 聚合酶保温的同一重组质粒作酶切对照。如果试验质粒的限制性片段比对照质粒减少，则表明被钝化的酶切位点位于 RNA 聚合酶保护区域内，即该区域存在启动子结构。将这个区域的 DNA 片段次级克隆在启动子探针质粒上，测定其所含有启动子的转录活性。

　　另外，启动子区序列也可用滤膜结合法分离。其原理是双链 DNA 不能与硝酸纤维素薄膜有效结合，而 DNA-蛋白质复合物却能在一定条件下结合在膜上。将待检测 DNA 片段与 RNA 聚合酶保温，并转移保温混合物至膜上，温和漂洗薄膜，除去未结合 RNA 聚合酶的双链 DNA 片段，然后再用高盐溶液将结合在薄膜上的 DNA 片段洗下。一般来说，这种 DNA 片段在膜上的滞留程度与其同 RNA 聚合酶的亲和性（即启动子的强弱）成比例，然而这种强弱难

以量化,通常仍需将之克隆在探针质粒上进行检测。

2. 启动子最佳作用距离的探测

在大肠杆菌细胞中,虽然大多数启动子与所属基因转录起始位点之间的距离在 6~9 对碱基范围内变动,但对外源基因而言,这个距离范围未必最佳。一种能准确测定启动子最佳作用距离的重组克隆方法,如图 8-2 所示,目的基因克隆在质粒的 $EcoR$ I 位点上,在距目的基因 5′端 100~200 碱基对处的上游区域选择一个单一的限制性酶切位点,并用相应的酶将重组质粒线性化;然后用 Bal31 核酸外切酶在严格控制反应速度的条件下处理线状 DNA 重组分子,当酶切反应进行到目的基因转录起始位点时,迅速灭活 Bal31;最后将启动子片段与经上述处理的 DNA 重组分子连接和克隆。由于 Bal31 酶解速度在重组 DNA 分子之间的差异性,由此获得的重组克隆必定含有一系列不同长度的启动子-目的基因间隔区域,其中目的基因表达量最高的克隆即具有最佳的启动子作用距离。

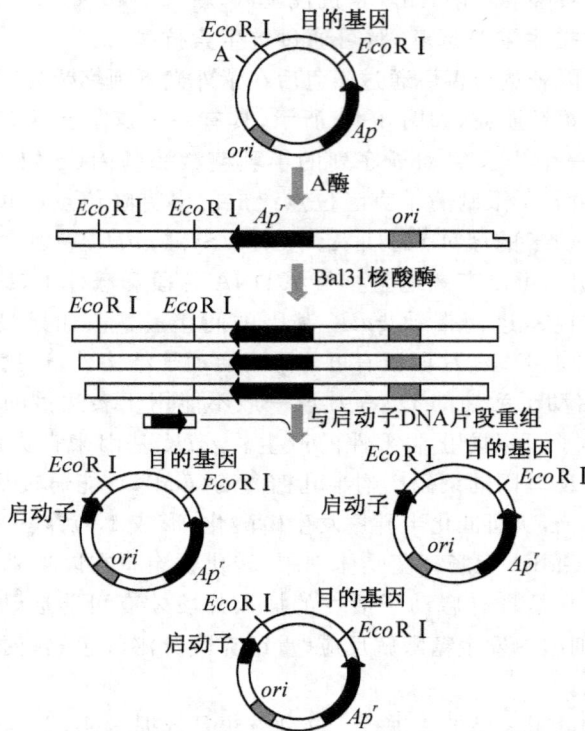

图 8-2　启动子最佳距离探测的重组质粒

上述重组分子的线性化位点选择对实验成败相当重要。若该位点距目的基因太远,则 Bal31 需将重组分子两端切去很长的片段,这有可能触及到载体质粒上的功能区,导致无法克隆;若线性化位点离目的基因太近,又很难精确控制 Bal31 的酶切片段长度,常常会破坏目的基因编码序列。在目的基因与一个较强启动子的重组过程中,若克隆菌细胞内检测不到相应的 mRNA,有必要考虑调整启动子基因之间的距离。

3. 启动子的可控性

在大肠杆菌表达系统中表达外源基因,需要有一个强的原核启动子,并且这个启动子应是能够严格调控的。若启动子为强的不可调控的启动子,外源基因的高水平全程表达往往会对大肠杆菌细胞的生理生化过程造成不利影响,在很大程度上导致能量耗竭,从而抑制受体细胞正常必需的代谢途径,某些外源的基因表达产物可能对大肠杆菌产生毒素,因此在宿主细胞生长时需关闭外源基因的表达。另外通过转录的调控,可在短时间内快速地合成外源蛋白质,以减少宿主细胞酶的破坏作用。

在原核生物中,对启动子调控的最普遍的形式是通过可诱导的阻遏蛋白的作用,阻遏蛋白与调控区中操纵子的结合和解离起着转录关与开的作用。如 IPTG 可诱导 Lac 操纵子的阻遏蛋白失活,致使 Lac 操纵子转录被打开,结构基因表达。

8.1.2　转录终止子

终止子(terminator)指在一个基因的末端往往有一段具有转录终止功能的特定顺序。在原核生物中,转录终止有两种不同的机制,一种是 ρ 因子依赖性的转录终止,另一种是 ρ 因子非依赖性转录终止,两类终止子的共同顺序特征是在转录终止点之前有一段回文顺序,约 7~20 核苷酸对。ρ 因子非依赖性终止子是一种强终止子,除了在终止点之前具有一段富含 G-C 的回文区域,富含 G-C 的区域之后是一连串的 dA 碱基序列,它们转录的 RNA 链的末端为一连串 U,转录过程中连续的 A-U 配对的方式,使 RNA 与模板之间的结合力降低,再加上发夹结构形成的张力,迫使 RNA 分子解离,转录终止。

外源基因在强启动子的控制下表达,容易发生转录过头现象,即 RNA 聚合酶滑过终止子结构继续转录质粒上的邻近 DNA 序列,形成长短不一的 mRNA 混合物,这种情况的发生在 T7 表达系统中尤为明显。过长转录物的产生不仅影响 mRNA 的翻译效率,同时也使外源基因的转录速度大幅度降低:首先,转录产物越长,RNA 聚合酶转录一分子 mRNA 所需的时间就相应增加,外源基因本身的转录效率下降;其次,如果外源基因下游紧邻载体质粒上的其他重要基因或 DNA 功能区域,如选择性标记基因和复制子结构等,则 RNA 聚合酶在此处的转录可能干扰质粒的复制及其他生物功能,甚至导致重组质粒的不稳定性;再次,转录过长的 mRNA 往往会产生大量无用的蛋白质,增加工程菌无谓的能量消耗;最后也是最为严重的是,过长的转录物往往不能形成理想的二级结构,从而大大降低外源基因编码产物的翻译效率。因此,重组表达质粒的构建除了要安装强的启动子以外,还必须注意强终止子的合理设置。虽然转录终止子在表达质粒的构建过程中常被忽略,但有效的转录终止子是表达载体必不可少的元件,贯穿启动子的转录将抑制启动子的功能,造成启动子封堵。所谓启动子封堵作用,指由一个上游启动子驱动的转录作用,当其通读过下游启动子时,便会使该启动子的功能受到抑制,将这种由一个启动子的功能活性抑制另一个启动子转录的现象。这种效应可以通过在编码序列下游的适当位置放置转录终止子,阻止转录贯穿别的启动子来避免。同样地,在启动目的基因的启动子上游放置转录终止子,将最大限度地减小背景转录。

8.1.3　核糖体结合位点

基因表达过程中,除了转录,翻译也是非常重要的一步,翻译效率取决于 mRNA 5′端与 30S 核糖体小亚基的结合能力,这段区域又被称为核糖体结合位点(ribosome binding site)。该区域由如下组成:

1. SD 序列

位于翻译起始密码子上游的一段富含嘌呤的区域,均有一序列 5′AGGAG3′,即 Shine-Dalgarno 序列,简称 SD 序列,它通过识别大肠杆菌核糖体小亚基中的 16S rRNA 3′端区域(3′UCCUC5′),并与之专一性结合,将 RNA 定位于核糖体上,从而启动翻译,结构不同的

mRNA分子具有不同的翻译效率,它们之间的差别有时可高达数百倍,这主要由于SD序列的差异引起,不同基因的SD顺序不完全相同,长度变化在3~9bp。SD序列中单个碱基变化会明显影响单位时间内起始复合物的形成速率及数目。真核基因的mRNA与核糖体的结合通过其他机制完成,其5′端无此特征序列,因此真核基因在大肠杆菌中表达时,需在基因的5′端安置一段SD序列。

2. 翻译起始密码子

大肠杆菌中的起始tRNA分子可以同时识别AUG、GUG和UUG三种起始密码子,但其识别频率并不相同,通常GUG为AUG的50%,而UUG只及AUG的25%。除此之外,从AUG开始的前几个密码子碱基序列也至关重要,至少这一序列不能与mRNA的5′端非编码区形成茎环结构,否则便会严重干扰mRNA在核糖体上的准确定位。以AUG作为阅读框的起始位点的基因,当第二个密码子为AAG或GCU时,翻译效率较高。

3. SD序列与翻译起始密码子之间的距离

SD序列与起始密码子之间的精确距离保证了mRNA在核糖体上定位后,翻译起始密码子AUG正好处于核糖体复合物结构中的P位,这是翻译启动的前提条件。在很多情况下,SD序列位于AUG之前大约7个碱基处,在此间隔中少一个碱基或多一个碱基,均会导致翻译起始效率不同程度的降低。间距对翻译的影响与SD序列本身的长短也有一定的关系,如当SD序列较长,如为UAAGGAGG时,间距范围为4~12个碱基对翻译的效率几乎没有影响,但当SD序列较短时,如为AAGGA时,则产生较大的变化。

4. 基因编码区5′端若干密码子的碱基序列

SD序列后面的碱基若为AAAA或UUUU,翻译效率最高;而CCCC或GGGG的翻译效率分别是最高值的50%和25%。紧邻AUG的前三个碱基成分对翻译起始也有影响,对于大肠杆菌β-半乳糖苷酶的mRNA而言,在这个位置上最佳的碱基组合是UAU或CUU,如果用UUC、UCA或AGG取代之,则酶的表达水平低20倍。

核糖体结合位点对翻译的影响有这样一个规律:① 在间隔相同的情况下,UAAGGAGG的SD序列比AAGGA的SD序列能使蛋白质的产量提高3~6倍;② 对于同一SD序列,存在一最佳的间隔,AAGGA的间隔为5~7个核苷酸,而UAAGGAGG的间隔为4~8个核苷酸;③ 对于同一SD序列,有一翻译所必需的最小间隔,AAGGA的最小间隔为5个核苷酸,而UAAGGAGG的最小间隔为3~4个核苷酸。这些间隔提示,在16S rRNA的3′末端和结合于核糖体P位点的fMet-tRNAf的反义密码子之间存在精确的物理关系。目前广泛用于外源基因表达的大肠杆菌表达型质粒上,均含有与启动子来源相同的核糖体结合位点序列,例如所有含有 P_{lac} 启动子以及由其构建的杂合启动子的质粒,均使用 lacZ 基因的RBS。

另外,翻译起始区(TIR)的二级结构也是影响外源基因在大肠杆菌中表达的一个原因。TIR指一切与翻译起始相关的顺式原件,包括RBS及其他参与二级结构形成并影响翻译的序列。降低TIR的二级结构的稳定性可以提高翻译起始的效率,提高mRNA的稳定性,从而利于外源基因的表达;重组蛋白可能会被大肠杆菌中的蛋白酶降解,一些公司已经开发出蛋白酶缺陷型菌株,减少目的表达产物被降解的可能。

8.1.4 密码子偏好

除了上述几个条件外,真核生物基因在大肠杆菌中的表达还与密码子偏好有关。由于密码子的简并性,在组成蛋白质的20种氨基酸中,只有甲硫氨酸和色氨酸对应唯一的密码子(分别为 AUG 和 UGG)，其他 18 种氨基酸均拥有 2～6 种不同的密码子。编码同一种氨基酸的一组密码子称为同义密码子(synonymous codon)。原核和真核生物的基因对同义密码子的使用均表现非随机性，不同的生物，甚至同种生物不同的蛋白编码基因，对于同一氨基酸所对应的简并密码子，使用频率并不相同，也就是说，生物体基因对简并密码子的选择具有一定的偏爱性。对 E.coli 中密码子的使用频率进行系统分析得到以下结论：① 对于绝大多数简并密码子中的一个或两个具有偏好；② 某些密码子对所有不同的基因都是最常用的，无论蛋白质的含量多少，例如 CCG 是脯氨酸最常用的密码子；③ 高度表达的基因比低表达的基因表现更大程度的密码子偏好；④ 同义密码子的使用频率与相应的 tRNA 含量有高度相关性。这些结果暗示，富含 E.coli 不常用密码子(表 8-1)的外源基因有可能在 E.coli 中得不到有效表达。已经证明，微精氨酸 tRNA$^{\text{Arg(AGG/AGA)}}$ 是多种哺乳动物基因在细菌中表达的限制因子，因为 AGA 和 AGG 在 E.coli 中不常用。

由于原核生物和真核生物基因组中密码子的使用频率具有不同程度的差异性，因此外源基因，尤其是哺乳动物基因在大肠杆菌中高效翻译的一个重要因素是密码子的正确选择。一般而言，有两种策略可以使外源基因上的密码子在大肠杆菌细胞中获得最佳表达，首先，采用外源基因全合成的方法，按照大肠杆菌密码子的偏爱性规律，设计更换外源基因中不适宜的相应简并密码子，重组人胰岛素、干扰素以及生长激素在大肠杆菌中的高效表达均采用了这种方法；其次，对于那些含有不和谐密码子种类单一、出现频率较

表 8-1 *E.coli* 中不常用的密码子

密码子	氨基酸
AGA,AGG,CGA,CGG	Arg
UGU,UGC	Cys
AUA	Ile
CUA,CUC	Leu
CCC,CCU,CCA	Pro
UCA,AGU,UCG,UCC	Ser
ACA	Thr

高、而本身相对分子质量又较大的外源基因而言，则选择相关 tRNA 编码基因同步克隆表达的策略较为有利。例如在人尿激酶原 cDNA 的 412 个密码子中，共含有 22 个精氨酸密码子，其中 AGG 七个，AGA 两个，而大肠杆菌受体细胞中 tRNA$_{\text{AGG}}$ 和 tRNA$_{\text{AGA}}$ 的丰度较低。为了提高人尿激酶原 cDNA 在大肠杆菌中的高效表达，可将大肠杆菌的这两个 tRNA 编码基因克隆在另一个高表达的质粒上。由此构建的大肠杆菌双质粒系统有效地解除了受体细胞由于 tRNA$_{\text{AGG}}$ 和 tRNA$_{\text{AGA}}$ 分子匮乏而对外源基因高效表达所造成的制约作用。

8.2 常用的大肠杆菌表达载体

根据所表达的蛋白是否分泌到细胞外，表达载体可分为非分泌型表达载体(胞内表达载体)和分泌型表达载体；而根据表达所用的受体细胞，表达载体又可分为原核细胞表达载体和真核细胞表达载体。

表达载体是外源基因表达的关键，在大肠杆菌中表达外源基因的表达载体须符合以下几个条件：① 在宿主细胞中能自我复制；② 含有大肠杆菌适宜的选择标记，具多克隆位点，方便目的基因以正确的方向插入；③ 具有可控制的启动子，一个可诱导的强启动子可使外源基因有效地转录；④ 在启动子下游区和 ATG 起始密码子上游区有核糖体结合位点序列(SD 序列)，促进蛋白质翻译；⑤ 在外源基因插入序列的下游区要有一个强转录终止序列，保证外源

基因的有效转录和 mRNA 的稳定性。大肠杆菌中常用的启动子有 Lac、Trp、Tac 以及来自 λ 噬菌体的强启动子 P_L、P_R 和来自 T7 噬菌体的 T7 启动子等。前几类启动子可被大肠杆菌的 RNA 聚合酶所识别而起始转录,而 T7 启动子必须由 T7 噬菌体来源的 T7 噬菌体 RNA 聚合酶所识别而起始转录。因此,在表达载体中用 T7 启动子时,必须用能产生 T7 噬菌体 RNA 聚合酶的受体菌做宿主,如 JM109(DE3)菌株。

迄今为止,基因工程学家已经在改建质粒载体方面作出了巨大的努力,他们设计并构建了一系列的以原核启动子取代真核启动子的质粒表达载体系统。目前广泛使用的大多数质粒表达载体,主要是大肠杆菌乳糖操纵子的 lac 启动子、色氨酸操纵子的 trp 启动子、λ 噬菌体的 pL 启动子及新近发展起来的 T7 表达系统,下面将逐一介绍这些常用的表达载体。

8.2.1 Lac 启动子的表达载体

大肠杆菌乳糖操纵子模型如图 8-3 所示,包括 4 部分:① 结构基因:能通过转录、翻译使细胞产生一定的酶系统和结构蛋白,这是与生物性状的发育和表型直接相关的基因。乳糖操纵子包含 3 个结构基因:lacZ、lacY、lacA。lacZ 合成 β-半乳糖苷酶,lacY 合成透过酶,lacA 合成乙酰基转移酶。② 操纵基因 O:与调节基因的表达产物(阻遏蛋白)结合,控制结构基因的转录开启与闭合,位于结构基因的附近,本身不能转录成 mRNA。③ 启动子区 P:位于操纵区上游,部分与 O 区重叠。④ 调节基因 I:可调节操纵基因的活动,调节基因能转录出 mRNA,并合成一种蛋白,称阻遏蛋白。操纵基因、启动基因和结构基因共同组成一个单位——操纵子(operon)。其调控机制如下:

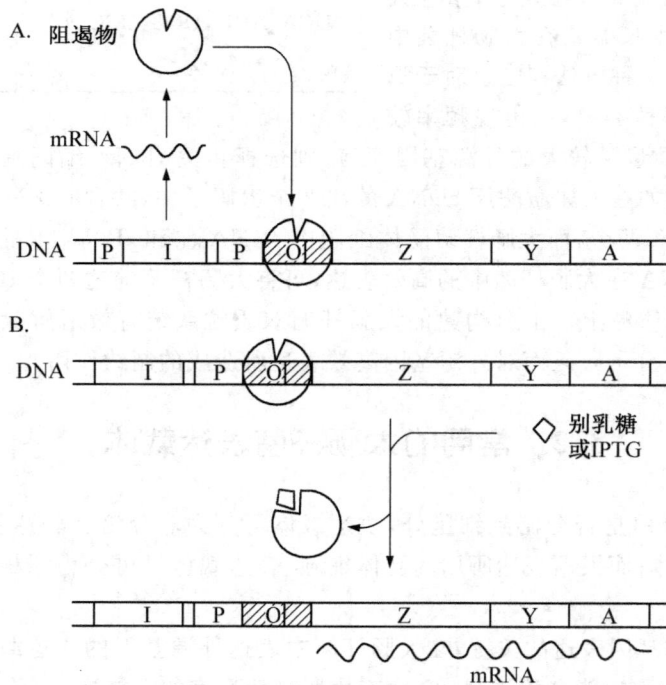

图 8-3 A. 在不存在诱导剂时,阻遏物对乳糖操纵子结构基因表达的阻遏作用;B. 诱导剂与阻遏物共存时,结构基因顺利表达

抑制作用：调节基因转录出 mRNA,合成阻遏蛋白,阻遏蛋白能够识别操纵基因并结合到操纵基因上,妨碍了 RNA 聚合酶的启动效果,因此 RNA 聚合酶就不能与启动基因有效结合,结构基因也被抑制,结果是结构基因不能转录出 mRNA,不能翻译蛋白。

诱导作用：存在乳糖的情况下,乳糖代谢产生别乳糖(allolactose),别乳糖能与调节基因产生的阻遏蛋白结合,使阻遏蛋白改变构象,不能再与操纵基因结合,失去阻遏作用,结果 RNA 聚合酶便与启动基因结合,并使结构基因活化,转录出 mRNA,翻译出蛋白。若培养基中出现乳糖或加入非代谢的诱导物,例如异丙基-β-D-半乳糖苷(IPTG),都可对阻遏物产生诱导失活作用。

乳糖操纵子具有负反馈调节作用,当细胞质中有了 β-半乳糖苷酶后,便催化分解乳糖为半乳糖和葡萄糖。乳糖被分解后,又造成了阻遏蛋白与操纵基因结合,使结构基因关闭。

乳糖操纵子还具有正调节作用：在启动子的上游有 CAP 的结合位点(CAP binding site),在培养基中缺乏葡萄糖的条件下,ATP 在腺苷酸环化酶的作用下转变成 cAMP,cAMP 便同其受体蛋白 CAP(cyclic AMP receptor protein)结合成一种活跃的 CAP-cAMP 复合物,因此,对于 lac 操纵子来说,CAP 蛋白是正性调节因素,lac 阻遏蛋白是负性调节因素。两种调节机制根据存在的碳源性质(葡萄糖/乳糖)及水平协同调节 lac 操纵子的表达。当 lac 阻遏蛋白封闭转录过程时,CAP 蛋白对该系统不能发挥作用;但是如果没有 CAP 蛋白存在来加强转录活性,即使阻遏蛋白从操纵序列上解聚仍几乎没有转录活性。可见,两种机制相辅相成、互相协调、相互制约。

因为 lac 启动子具有上述可控性,所以最早期研究中常用来构建表达载体,构建时,将 P_{lac} 连同其下游编码 β-半乳糖苷酶的 Z 基因一起构建到载体上,并且在 Z 基因中设立多克隆位点,供目的基因插入。P_{lacuv5} 是以 P_{lac} 为启动子的改造形式,其起始效率比原型高,培养基中加入 X-gal 显色剂及 IPTG 诱导物,未插入目的基因时,IPTG 诱导物诱导阻遏蛋白失活,结构基因 Z 基因表达,产生 β-半乳糖苷酶,与培养基中的 X-gal 显色剂反应呈现蓝色菌落;当插入了目的基因破坏了 Z 基因的结构时,可使重组克隆表现为无色菌落,利用这种特点,容易进行重组子的筛选。

8.2.2　trp 启动子和 tac 启动子的表达载体

色氨酸操纵子(tryptophane operon),又称 trp 操纵子,其结构如图 8-4 所示,负责色氨酸的生物合成,当培养基中有足够的色氨酸时,这个操纵子自动关闭,缺乏色氨酸时操纵子被打开,trp 基因表达,色氨酸或与其代谢有关的某种物质在阻遏过程(而不是诱导过程)中起作用。由于 trp 体系参与生物合成而不是降解,所以它不受葡萄糖或 CAP-cAMP 的调控。

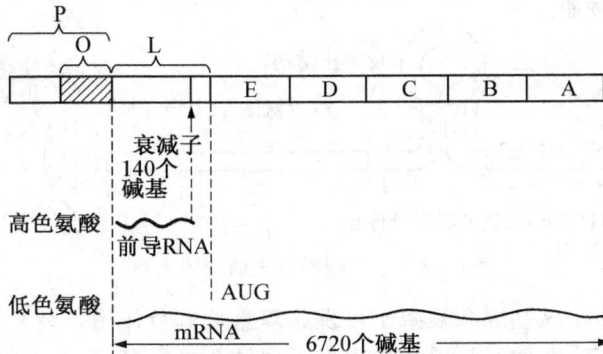

图 8-4　色氨酸操纵子结构及其转录模式

色氨酸的合成分 5 步完成，每个环节需要一种酶，编码这 5 种酶的基因紧密连锁在一起，被转录在一条多顺反子 mRNA 上，分别以 trpE、trpD、trpC、trpB、trpA 代表，它们分别编码邻氨基苯甲酸合成酶、邻氨基苯甲酸焦磷酸转移酶、邻氨基苯甲酸异构酶、色氨酸合成酶和吲哚甘油-3-磷酶合成酶。trpE 基因是第一个被翻译的基因。trp 操纵子中产生阻遏物的基因是 trpR，该基因距 trp 基因簇很远，后者在大肠杆菌染色体图上 25min 处，而前者则位于 90min 处。在 65min 处还有一个 trpS(色氨酸 tRNA 合成酶)，也参与 trp 操纵子的调控作用。

trp 操纵子的另一个调控方式是衰减(attenuation)机制，如图 8-5 所示，衰减子位于结构基因 E 和操纵基因(O)之间的 L 基因中。大肠杆菌在无色氨酸的环境下，L 基因和结构基因能转录产生具有 6700 个核苷酸的全长多顺反子 mRNA，当细胞内色氨酸增多时，结构基因转录受到抑制，但 L 基因转录的前导 mRNA(140 个核苷酸)并没有减少，这部分转录物称为衰减子转录物。衰减子转录物中具有 4 段特殊的序列，片段 1 和 2、2 和 3、3 和 4 能配对形成发夹结构，而形成发夹结构能力的强弱依次为片段 1/2＞片段 2/3＞片段 3/4。片段 3 和 4 所形成的发夹结构之后紧接着寡尿嘧啶，出现不依赖于 ρ 因子的转录终止信号。这 4 个片段形成何种发夹结构，是由 L 基因转录物的翻译过程所控制的。L 基因的部分转录产物(含片段 1)编码 14 个氨基酸，其中含有两个相邻的色氨酸密码子。这两个相邻的色氨酸密码子在原核生物中转录与翻译的偶联是产生衰减作用的基础。L 基因转录不久核糖体就与 mRNA 结合，并翻译 L 短肽序列。细胞内有色氨酸时，形成色氨酸-tRNA，核糖体翻译可通过片段 1，并通过片段 2。因遇到翻译终止密码，核糖体在到达片段 3 之前便从 mRNA 上脱落。在这种情况下，片段 1/2 和片段 2/3 之间都不能形成发夹结构，而只有片段 3/4 形成发夹结构，即形成转录终止信号，从而导致 RNA 聚合酶作用停止。如果细胞内没有色氨酸，色氨酰-tRNA 缺乏，核糖体就停止在两个相邻的色氨酸密码的位置上，片段 1 和 2 之间不能形成发夹结构，片段 2 和 3 之间可形成发夹结构，则片段 3/4 就不能形成转录终止信号，后面的基因得以转录。

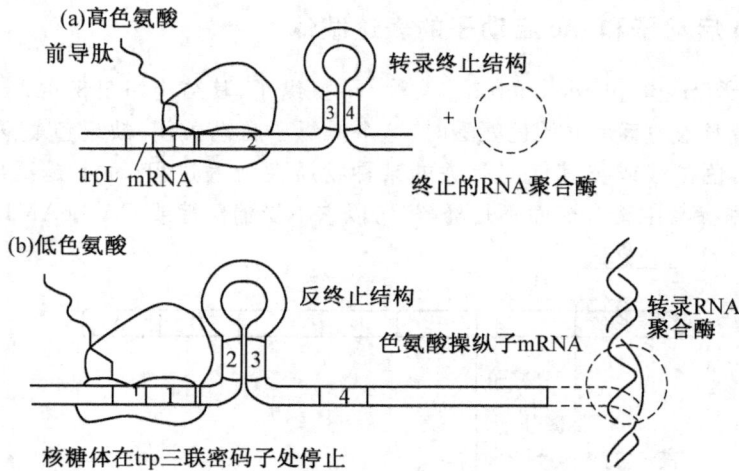

图 8-5　色氨酸操纵子的衰减机制

色氨酸操纵子中的操纵基因和衰减子可发起双重负调节作用。衰减子可能比操纵基因更灵敏，只要色氨酸一增多，即使不足以诱导阻遏蛋白结合操纵基因，也足可以使大量的 mRNA

提前终止。反之,当色氨酸减少时,即使失去了诱导阻遏蛋白的阻遏作用,但只要还可以维持前导肽的合成,仍继续阻止转录。这样可以保证尽可能充分地消耗色氨酸,使其合成维持在满足需要的水平,防止色氨酸堆积和过多地消耗能量。同时,这种机制也使细菌能够优先将环境中的色氨酸消耗完,然后开始自身合成。

利用 trp 启动子构建的表达载体如 ptrED5-1,是将大肠杆菌染色体 DNA 的利用 *Hind* Ⅲ酶切产生的含有 Trp 操纵子片段连接到 pBR322 质粒的 *Hind* Ⅲ位点,然后用 *Hind* Ⅲ做部分酶切消化,接着用核酸外切酶Ⅲ和 S1 核酸酶处理,便可将靠近 *Eco*R Ⅰ 单切点的 *Hind* Ⅲ位点消除,获得只有单一 *Hind* Ⅲ识别位点的 ptrED5-1 表达载体。

tac 启动子是 trp 启动子和 lacUV5 的拼接杂合启动子,且转录水平更高,比 lacUV5 更优越。trc 启动子是 trp 启动子和 lac 启动子的拼合启动子,同样具有比 trp 更高的转录效率和受 lacI 阻遏蛋白调控的强启动子特性。在常规的大肠杆菌中,lacI 阻遏蛋白表达量不高,仅能满足细胞自身的 lac 操纵子,无法应付多拷贝的质粒的需求,导致非诱导条件下较高的本底表达,为了让表达系统严谨调控产物表达,能过量表达 lacI 阻遏蛋白的 lacIq 突变菌株常被选为 Lac/Tac/trc 表达系统的表达菌株。现在的 Lac/Tac/trc 载体上通常还带有 lacIq 基因,以表达更多 lacI 阻遏蛋白实现严谨的诱导调控。IPTG 广泛用于诱导表达系统,但是 IPTG 有一定毒性,有人认为制备医疗目的的重组蛋白并不合适,因而也有用乳糖代替 IPTG 作为诱导物的研究。其中 Tac 1 是由 Trp 启动子的－35 区加上一个合成的 46bp DNA 片段(包括 Pribnow 盒)和 Lac 操纵基因构成,Tac 12 是由 Trp 启动子的－35 区和 Lac 启动子的－10 区,加上 Lac 操纵子中的操纵基因部分和 SD 序列融合而成。Tac 启动子受 IPTG 的诱导。

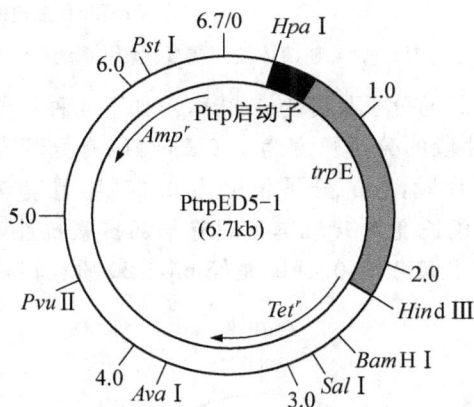

图 8-6 Ptrp 启动子质粒图谱

8.2.3 P_L 启动子表达载体

野生型的 λ 噬菌体中 P_L 和 P_R 启动子的转录决定着 λ 噬菌体进入裂解循环或溶原循环(图 8-7),在正常的感染周期,P_L 启动子控制着从基因 N 到 int 的 λ 噬菌体左边的 DNA 的早期转录,是一种活性比 trp 启动子高 11 倍左右的强启动子,这个启动子受 cI 基因编码的阻遏蛋白的正调控。cI 基因存在着一个温度敏感突变体 cIts857,存在温度敏感突变等位基因 cI857,它所编码的基因或是存在于大肠杆菌染色体上,或是存在于相容性的质粒分子上,它所产生的阻遏蛋白在 42℃ 时会被失活。所以当大肠杆菌宿主细胞在 42℃ 下生长时,它编码产生的阻遏蛋白质被破坏而失去活性,P_L 启动子便启动转录合成出大量的 mRNA 分子;而在 28～

30℃下培养时,cI基因则合成出有活性的阻遏蛋白质,使 P_L 启动子进入完全抑制的状态。由于具有这样一种特性,我们只要简单地改变培养的温度,就可以诱导或关闭 P_L 启动子的活性。这就是 P_L 启动子的一个突出优点,而且与 lac 启动子相比,由单拷贝的 λcI 基因所产生的 λ 阻遏蛋白质,就足以使多拷贝的 P_L 表达载体的转录处于阻遏状态,如pPLa2311表达载体,pPLa2311 质粒是 PLa 载体系列中一个有代表性的表达载体,它带有一个 λP_L 启动子,可以控制具有转译起始区的外源插入基因的表达。由于 pPLa2311 质粒所携带的这种 λP_L 启动子可以接受热敏感的 λ 阻遏蛋白质的抑制,故在低温下,λP_L 启动子的表达活性被完全关闭;而在 42℃高温下这种阻遏物失去活性,λP_L 启动子的表达活性又恢复。所以这种质粒载体可以与带有热敏感的 λ 阻遏基因 cI875 的大肠杆菌菌株(如 M5219 或 K12ΔHI)配合使用,也可以与带有编码 cI875 基因的相容性质粒 pcI875 的大肠杆菌菌株配合使用。也就是说,用这些菌株作为 pPLa2311 质粒的宿主,可以建立起良好的质粒表达体系。

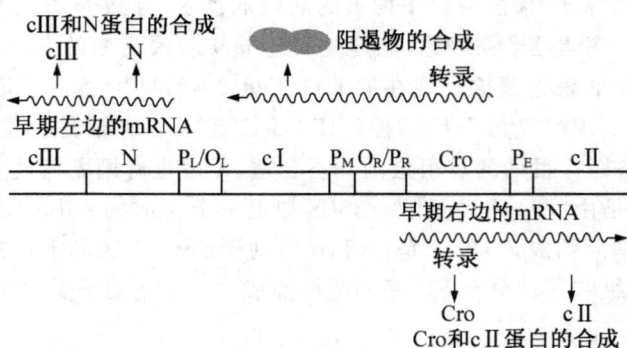

图 8-7 噬菌体的阻遏物-操纵系统

pPLa2311 质粒(图 8-8)的分子长度为 3.8kb,由如下 4 种片段组成:① 来自 pBR332 的 *Hae* Ⅱ-*EcoR* Ⅰ 片段,该片段的分子长度为 1.6kb,编码有氨苄青霉素抗性基因 *amp*[r];② λ 噬菌体的 *Hae* Ⅲ-*Hae* Ⅱ 片段,它的分子长度为 0.36kb,具有 λ 噬菌体左边启动子 λP_L;③ pMK20质粒的 *Hae* Ⅱ 片段长度为 1.5kb,编码有卡那霉素抗性基因(*kan*[r]);④ 具有 ColE1 复制起点的 *Hae* Ⅱ 小片段,长度仅有 0.4kb,是经 pMK20 质粒转移而来的。

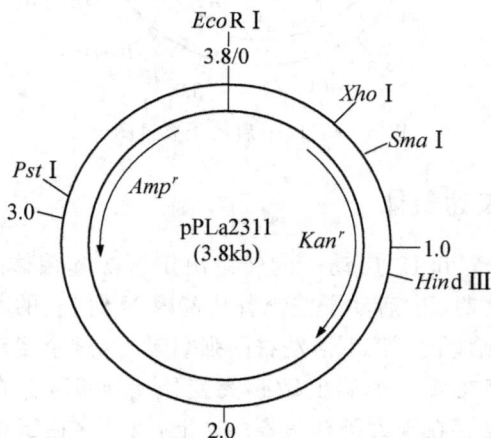

图 8-8 pPLa2311 质粒表达载体图谱

pPLa2311 质粒,对于常用的限制酶,例如 Hind Ⅲ、Pst Ⅰ、Sma Ⅰ 和 Xho Ⅰ、EcoR Ⅰ 等,都只有一个识别位点。而且,当外源基因克隆到 Hind Ⅲ、Sma Ⅰ 和 Xho Ⅰ 三个位点上时,会导致 kan^r 基因的失活,而克隆到 Pst Ⅰ 位点上时,又会造成 amp^r 基因的失活,所以在基因克隆中是一种有用的表达载体。

属于 PLa 质粒系列的表达载体,常见的还有 pPLa8、pPLa83、pPLa831、pPLa832 等,这些质粒基本上都有与 pPLa2311 质粒类似的性质,但又各自带有一些独特的特性。例如,pPLa8 质粒与 pPLa2311 的差别,只有在于它的 amp^r 基因上由 BamH Ⅰ 位点取代了 Pst Ⅰ 位点。但尽管如此,却使 pPLa8 质粒失去了对氨苄青霉素的抗性。将一条具有 BamH Ⅰ-EcoR Ⅰ-lac 操纵单元-EcoR Ⅰ-BamH Ⅰ 编码构造的 DNA 片段,插入到 pPLa8 amp^r 基因 BamH Ⅰ 位点上,而后再做一些其他的改造,便构成了一种新的质粒 pPLa83。它同样也是由 λP_L 启动子控制表达的,不过除此之外,还带有一个 lac 操纵单元编码区段,所以由这种质粒转化的大肠杆菌细胞,在 Xgal 平板上会形成蓝色菌落,因而易于检测。

为了能够在大肠杆菌宿主细胞中最有效地高水平表达克隆的真核基因,人们已经利用 λ 噬菌体的调节型强启动子(regulatable strong promoter)构建了许多质粒载体,除了上述 pPLa2311 质粒之外,pPLc2833 也是有效的表达系统之一。pPLc2833 质粒载体的主要结构包括三个部分:① 一个调节型的强启动子 P_L;② 一个用作选择记号的氨苄青霉素抗性基因 amp^r;③ 一个直接位于 P_L 启动子下游的多克隆位点(MCS)区。

若用 pKN402 质粒的 DNA 复制起点取代 pPLc2833 质粒的 DNA 复制起点,由此形成的新质粒 pCP3 如图 8-9 所示,在大肠杆菌宿主细胞中指导外源蛋白质合成的有效性,便得到明显的提高。而且这个质粒还是一种温度敏感型的载体,当培养温度上升到 42℃ 时,其拷贝数就会比平常增加 5~10 倍。PCP3 质粒,具有来自 pPLc2833 质粒的一个 P_L 启动子和一个氨苄青霉素抗性基因,以及一个来自 pKN402 质粒的 DNA 复制起点。

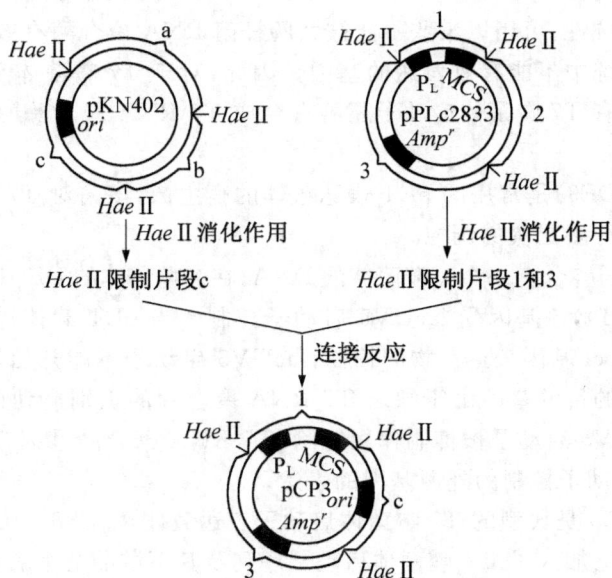

图 8-9　pPLc2833 和 pKN402 质粒图谱及 pCP 质粒载体的构建途径

被 pCP3 质粒转化的大肠杆菌宿主细胞,放置在较低的温度(28℃)下培养时,整合在染色体 DNA 中的 cI 基因是有功能的,在其表达的阻遏物的作用下,P_L 启动子的活性被关闭,同时 pCP3 质粒亦具有正常的拷贝数,即每个细胞平均拥有 60 个左右;而当大肠杆菌宿主细胞被转移到较高温度(42℃)下培养时,cI 阻遏物失去活性,于是 P_L 启动子的功能便被启动,而且质粒的拷贝数也明显上升,平均每个细胞达 713 个左右。

PCP3 质粒所具有的这些特性,特别是对培养温度的敏感性,使之成为一种十分有效的表达载体。把 T4 DNA 连接酶基因克隆在 pCP3 质粒的多克隆位点上,并将其宿主细胞放置在 42℃下培养,由此制备的大肠杆菌细胞总蛋白质中,T4 DNA 连接酶占 20% 左右,达到了相当高的表达水平。

8.2.4　T7 噬菌体 RNA 聚合酶/启动子表达载体系统

尽管大肠杆菌表达载体的种类繁多,但基于 T7 噬菌体 RNA 聚合酶(T7 RNAP)及其启动子之间识别的表达系统,因其高特异性、高效性及可控性,而成为在大肠杆菌中克隆和表达重组蛋白的最强大的表达系统之一。一些公司(如 Novagen 公司)出品的 pET 系列载体是目前应用最为广泛的原核表达系统,已经成功地在大肠杆菌中表达了各种各样的异源蛋白。pET 系列载体是利用大肠杆菌 T7 噬菌体转录系统进行表达的载体。pET 系列载体的构建的原理如下:T7 噬菌体基因编码的 T7 RNA 聚合酶选择性地激活 T7 噬菌体启动子的转录,并对大肠杆菌任何基因的启动子没有激活作用。它是一种高活性的 RNA 聚合酶,其合成 mRNA 的速度比大肠杆菌 RNA 聚合酶快 5 倍左右,可以转录某些不能被大肠杆菌 RNA 聚合酶有效转录的序列。在细胞中存在 T7 RNA 聚合酶和 T7 噬菌体启动子的情形下,大肠杆菌宿主本身基因的转录竞争不过 T7 噬菌体转录体系,最终受 T7 噬菌体启动子控制的基因的转录能达到很高的水平,在适宜的条件下,T7 噬菌体 RNA 聚合酶/启动子表达系统表达的基因产物可占细胞总蛋白的 25% 以上。另外,T7 噬菌体 RNA 聚合酶对大肠杆菌 RNA 聚合酶的抗生素(如利福平)有抗性,可用以某些不能被大肠杆菌 RNA 聚合酶有效转录的序列,高水平地表达在其他表达系统中不能有效表达的基因。因此,对于 T7 噬菌体 RNA 聚合酶/启动子表达载体系统中除了有 T7 噬菌体启动子还需有合成 T7 RNA 聚合酶的基因,并处于可控状态。

大肠杆菌 BL21(DE3)是常用的 pET 表达载体的宿主菌,该菌对 T7 噬菌体 RNA 聚合酶和目的基因的转录实行多层次的调控。

在该菌株 BL21 区整合有一个 λ 噬菌体的 DNA,在 λ 噬菌体的 DE3 区有一个 T7 RNA 聚合酶的基因(T7 基因 1),该基因受 lacUV5 启动子控制。当 pET 载体进入 BL21(DE3)细胞后,由于宿主细胞的 lacI 基因表达产物的抑制,lacUV5 启动子不能开始转录,便不能产生 T7 RNA 聚合酶,载体上的目的基因由于缺乏 T7 RNA 聚合酶的识别启动而无法转录。当存在 IPTG 诱导物后,lacUV5 启动子被抑制作用解除,T7 RNA 聚合酶基因表达产生 T7 RNA 聚合酶,从而启动 T7 启动子控制的外源基因的表达。

表达载体 pET-5α 是典型的 T7 噬菌体启动子表达载体,如图 8-10 所示,其组成是在载体的基本结构的基础上加入了 T7 噬菌体启动子序列及其下游的几个酶切位点。当外源基因插入到这些酶切位点后,就可在特定的宿主细胞中诱导表达。

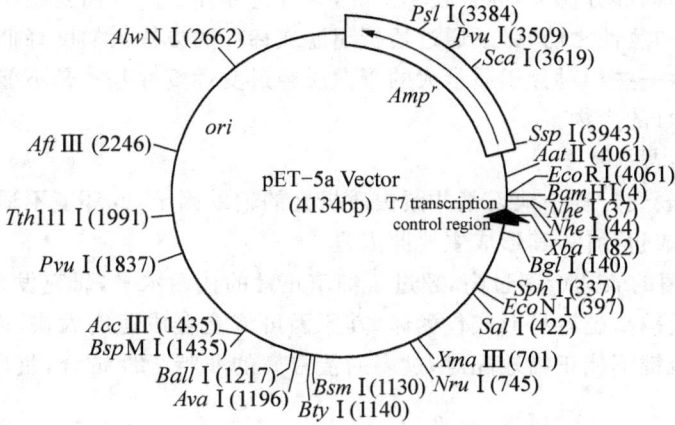

图 8-10 大肠杆菌表达载体 pET-5α 基因图谱

8.3 外源蛋白质表达部位

大肠杆菌细胞被内膜（又称质膜）和外膜分隔成胞内、周质和胞外三个腔室，相应地在 *E. coli* 中表达的异源重组蛋白可定位于胞内、周质空间或胞外培养基中。外源目的基因在原核细胞中的表达形式包括包涵体、融合蛋白、寡聚型外源蛋白、整合型外源蛋白、分泌型外源蛋白等 5 种，有些在细胞质中表达，有些在细胞周质中表达，还有的则分泌到细胞外，然而表达部位不同，对制备克隆基因的表达产物有很大的影响，各种表达形式各有利弊，目前关于如何获得有生物活性的蛋白是科研工作者研究的重点。

8.3.1 细胞质表达

1. 包涵体概念及性质

细胞质中表达的外源蛋白多以包涵体的形式存在。所谓包涵体（inclusion bodies，IB），是指存在于细胞质中的一种不可溶性的蛋白质聚集折叠而成的晶体结构物，除了主要含有重组蛋白外，还有 RNA 聚合酶、核糖核蛋白体和外膜蛋白、DNA、质粒 DNA、RNA、脂多糖等，具有很高的密度。包涵体具有正确的氨基酸序列，但空间构象往往是错误的，因而没有生物活性。包涵体具有很高的密度（约 1.3mg/ml），无定形，呈非水溶性，只溶于变性剂（如尿素、盐酸胍等）。包涵体在相差显微镜下观察为黑色的斑点，也称为折射体（refractile body）或光遮射体。

以包涵体形式表达的外源蛋白有其优缺点，其优点表现在：① 简化了外源基因表达产物在大肠杆菌细胞内的分离纯化程序，因为包涵体的水难溶性及其密度远大于其他细胞碎片结合蛋白，通过高速离心即可将重组异源蛋白从细菌裂解物中分离出来；② 以包涵体形式存在于细胞中，外源蛋白在宿主细胞中往往面临着被宿主细胞的蛋白酶降解的威胁，形成包涵体速度较快时，就可以避免降解；③ 蛋白质的产量高，二硫键的断裂以及转译修饰作用的丧失，会导致外源片断编码的蛋白质在大肠杆菌中超量表达；④ 蛋白质没有活性，因此不会使宿主细胞受伤害。

其缺点主要体现在包涵体的分离及生物活性的恢复方面，在离心洗涤分离包涵体的过程中,难免会有包涵体的部分流失,导致收率下降,并且包涵体的溶解需要使用高浓度的变性剂,在无活性异源蛋白的复性之前,必须通过透析超滤或稀释的方法大幅度降低变性剂的浓度,这就增加了操作难度,一些相对分子质量大的蛋白质经过变性复性基本是不能正确地进行折叠,很难获得有活性的目的产物。

2. 包涵体的形成原因

在重组蛋白的表达过程中缺乏某些蛋白质折叠的辅助因子,或环境不适,无法形成正确的次级键等原因而形成包涵体,其形成主要原因是:

(1) 基因工程菌的表达产率过高,超过了细菌正常的代谢水平,研究发现在低表达时很少形成包涵体,表达量越高越容易形成包涵体,其原因可能是合成速度太快,以至于没有足够的时间进行折叠,二硫键不能正确地配对,过多的蛋白间的非特异性结合,蛋白质无法达到足够的溶解度等。

(2) 重组蛋白的氨基酸组成:一般来说,含硫氨基酸和脯氨酸的含量明显与包涵体的形成呈正相关,另外,亲水性氨基酸和氨基酸总数也对形成包涵体有重要作用,电荷的平均数、形成转角的氨基酸组分是形成包涵体的关键原因。

(3) 重组蛋白所处的环境:发酵温度高或胞内 pH 接近蛋白的等电点时容易形成包涵体。

(4) 重组蛋白是大肠杆菌的异源蛋白,由于缺乏真核生物中翻译后修饰所需酶类和辅助因子,如折叠酶和分子伴侣等,致使中间体大量积累,容易形成包涵体沉淀。所谓分子伴侣(molecular chaperone),是专指一类能够阻止诸如聚合作用并帮助其他含多肽结构的物质在体内进行正确组装或折叠,而其本身并不是最终形成的功能蛋白质的组成部分。近几年的研究发现,分子伴侣在生物大分子的折叠(folding)、组装(assembly)、转运及降解等过程中都起着协助作用,也参与协助抗原的呈递和遗传物质的复制、转录及构象的确立,细胞周期调控、抗衰老、凋亡调控等过程,其中最大一类分子伴侣是热休克蛋白(heat shock proteins,HSP)。

(5) 蛋白质在合成之后,在中性 pH 或接近中性 pH 的环境下,其本身固有的溶解度对于包涵体的形成比较关键,而有的表达产率很高,如 Aspartase 和 Cyanase,表达产率达菌体蛋白的 30%,也不形成包涵体,而以可溶形式出现。

3. 包涵体的分离及复性

包涵体的分离主要包括菌体破碎、离心收集以及清洗三大操作步骤。

菌体破碎大多采用高压匀浆、高速珠磨或低温反复冻融、超声破碎等物理方法或酶裂解法。单纯超声破碎,在小规模下且菌量较少的情况下效果较好,由于能量传递和局部产热等原因,很难用于大体积细胞悬液的破碎,这样部分未被破碎细胞与包涵体混在一起,给后期纯化带来困难;在较大规模纯化时先用溶菌酶破碎细菌的细胞膜,再结合超声破碎方法,可显著提高包涵体的纯度和回收率。用化学方法使细菌裂解,然后以 5000～20000g 15min 离心,可使大多数包涵体沉淀,与可溶性蛋白分离。依据表达目标产物的性质选用不同的方法。

洗涤主要是为了除去包涵体上黏附的杂质,如膜蛋白或核酸。应用洗涤液洗涤包涵体,通常用低浓度的变性剂,过高浓度的尿素或盐酸胍会使包涵体溶解,如 2mol/L 尿素在 50mmol/L Tris pH7.0～8.5,1mmol/L EDTA 中洗涤。此外,可以用去垢剂 TritonX-100、SDS、脱氧胆酸盐等洗涤去除膜碎片和膜蛋白,其中 Triton X-100 可以较高的回收率获得包涵体重组蛋白,但去除杂蛋白的效果不完全;脱氧胆酸盐的清洗的纯度较高,但会使重组异源蛋白部分溶解并损失,导致回收率下降。由于去垢剂的效果与包涵体中重组异源蛋白的性质具有一定关系,因此包涵体清洗条件的优化显得尤为重要。

在包涵体中，重组蛋白处于错误折叠的状态，二硫键大部分也是错搭的，它们之间的聚集靠非共价键维持，包括疏水力、范德华力、氢键、静电引力等，唯一的共价键是半胱氨酸之间的二硫键。要获得正确折叠的蛋白首先是溶解包涵体，使蛋白变性，变性即破坏非共价键，并用还原剂打开二硫键。溶解过程一般用强的变性剂，如尿素（6～8mol/L）、盐酸胍，通过离子间的相互作用，打断包涵体蛋白质分子内和分子间的各种化学键，使多肽伸展。

一般来讲，盐酸胍优于尿素，因为盐酸胍是较尿素强的变性剂，它能使尿素不能溶解的包涵体溶解，而且尿素分解的异氰酸盐能导致多肽链的自由氨基甲酰化，特别是在碱性 pH 值下长期保温时。或用去垢剂，如 SDS、正十六烷基三甲基铵氯化物、Sarkosyl 等，可以破坏蛋白内的疏水键，也可溶解一些包涵体蛋白质。另外，对于含有半胱氨酸的蛋白质，分离的包涵体中通常含有一些链间形成的二硫键和链内的非活性二硫键。还需加入还原剂，如巯基乙醇、二硫基苏糖醇（DTT）、二硫赤藓糖醇、半胱氨酸。还原剂的使用浓度一般是 50～100mmol/L 2-BME 或 DTT，也可使用 5mmol/L 浓度。还原剂的使用浓度与蛋白二硫键的数目无关，而有些没有二硫键的蛋白加不加还原剂无影响，如牛生长激素包涵体的增溶。对于目标蛋白没有二硫键的某些包涵体的增溶，有时还原剂的使用也是必要的，可能由于含二硫键的杂蛋白影响了包涵体的溶解。因此，选择溶解方法时要根据目标产物的组成。

分离溶解包涵体后最重要的任务是使蛋白质复性，包涵体蛋白的复性被认为是一种复杂的工作。由于每一种蛋白都有其特殊性，因而重组蛋白的复性方案一直是决定基因工程产品产业化是否成功的关键因素之一。除去变性剂及还原剂，给变性的蛋白分子提供正确的再折叠及恢复活性的环境，可以获得天然的活性蛋白。

应用最普遍的再折叠方法有透析、稀释、超滤等。透析法通过逐渐降低外透液浓度来控制变性剂去除速度，如用 8mol/L 的尿素溶液作为起始透析液，然后逐渐稀释透析液的尿素浓度，由于变性剂浓度连续下降，不会出现变性剂浓度突变的情况，可能有助于减少某些蛋白质复性中产生的沉淀，提高活性蛋白收率。稀释是最简单、也较有效的复性方法，经稀释，变性剂及还原剂浓度下降至一定时，蛋白质分子开始重新折叠。稀释法主要有一次稀释、分段稀释和连续稀释。超滤复性是选择合适截留相对分子质量的膜，允许变性剂通过膜而蛋白质不通过，伴随变性剂除去以相同的速度加入复性液。

高蛋白质浓度下的复性通常有三种方法，一是缓慢地连续或不连续地将变性蛋白加入到复性缓冲液中，使得蛋白质在加入过程中或加入阶段之间有足够的时间进行折叠复性；二是采用温度跳跃式复性，即让蛋白质先在低温下折叠复性以减少蛋白质聚集的形成，当形成聚集体的中间体已经减少时，迅速提高温度以促进蛋白质折叠复性；三是复性在中等变性剂浓度下进行，变性剂浓度应高到足以有效防止聚集，同时又必须低到能够引发正确的复性。

复性是一个非常复杂的过程，除与蛋白质复性的过程控制相关外，还很大程度上与蛋白质本身的性质有关，有些蛋白非常容易复性，如牛胰 RNA 酶有 12 对二硫键，在较宽松的条件下复性效率可以达到 95% 以上，而有一些蛋白至今没有发现能够对其进行复性的方法，如 IL-11，很多蛋白的复性效率只有百分之零点几，如在纯化 IL-2 时以十二烷基硫酸钠溶液中加入铜离子（0.05% SDS，7.5～30μmol/L $CuCl_2$）的方法，25～37℃下反应 3h，在 EDTA 浓度至 1mmol/L 时终止反应，复性后的二聚体低于 1%。一般说来，蛋白质的复性效率在 20% 左右。

影响复性效率的因素主要有：

（1）蛋白质的复性浓度：正确折叠的蛋白质的得率低通常是由于多肽链之间的聚集作用。蛋白质的浓度是使蛋白质聚集的主要因素，因而一般浓度控制在 0.1～1mg/ml；如果变性蛋白加入复性液中过快,容易形成絮状沉淀,可能是蛋白重新聚集的缘故。所以采用再水浴和磁力搅拌下,逐滴加入变性蛋白,使变性蛋白在复性液中始终处于低浓度状态。

(2)pH 和温度:复性缓冲液的 pH 值必须在 7.0 以上,这样可以防止自由硫醇的质子化作用影响正确配对的二硫键的形成,过高或过低会降低复性效率,最适宜的复性 pH 值一般是 8.0~9.0。

(3)此外,影响复性效率的因素还有变性剂的起始浓度和去除速度、氧化还原电势、离子强度、共溶剂和其他添加剂的存在与否等。

如何提高包涵体蛋白的复性产率?目前方法主要有:

(1)氧化-还原转换系统:对于含有二硫键的蛋白质,复性过程应能够促使二硫键形成。常用的方法有:空气氧化法、使用氧化交换系统、混合硫化物法、谷胱甘肽再氧化法及 DTT 再氧化法。最常用的氧化交换系统是 GSH/GSSG,而 cysteine/cystine、cysteamine/cystamine、DTT/GSSG、DTE/GSSG 等也可应用。氧化交换系统通过促使不正确形成的二硫键的快速交换反应提高了正确配对的二硫键的产率。通常使用 1~3mmol/L 还原型巯基试剂,还原型和氧化型巯基试剂的比例通常为 10∶1~5∶1。

(2)添加低分子化合物。低分子化合物自身并不能加速蛋白质的折叠,但可能通过破坏错误折叠中间体的稳定性,或增加折叠中间体和未折叠分子的可溶性来提高复性产率。如盐酸胍、脲、烷基脲以及碳酸酰胺类等,在非变性浓度下是很有效的促进剂。蛋白质的辅因子、配基或底物亦可起到很好的促折叠作用,如蛋白质的辅因子 Zn^{2+} 或 Cu^{2+} 可以稳定蛋白质的折叠中间体,从而防止蛋白质的聚集,加入 Tris 浓度大于 0.4 mol/L 的缓冲液可提高包涵体蛋白质的折叠效率。L-Arg 浓度为 0.4~0.6mol/L 有助于增加复性中间产物的溶解度,已成功地应用于很多蛋白(如 t-PA)的复性中,可以抑制二聚体的形成。NDSBs 是近年来出现的可促进蛋白复性的新家族,NDSBs 由一个亲水的硫代甜菜碱及一个短的疏水集团组成,故不属于去垢剂,不会形成微束,易于透析去除,目前常用的有 NDSB-195、NDSB-201、NDSB-256。

(3)PEG-NaSO₄ 两相法。用 PEG(聚乙二醇)和 NaSO₄ 作为成相剂,然后加入盐酸胍,再把变性的还原的蛋白质溶液加入其中进行复性,但这种方法需复性的变性蛋白质的浓度必须低。

(4)分子伴侣和折叠酶法。这类蛋白质主要包括硫氧还蛋白二硫键异构酶、肽酰-辅氨酰顺反异构酶、分子伴侣、FK506 结合蛋白、Cyclophilin 等。分子伴侣和折叠酶等不仅可在细胞内调节蛋白质的折叠和聚集过程的平衡,而且可在体外促进蛋白质的折叠复性。

(5)另外,提高复性率的策略还有许多,如非离子型去垢剂,尤其是离子型或两性离子去垢剂或表面活性剂 CHAPs、Triton X-100、磷脂、laury lmaltosid、Sarkosyl 等对蛋白质复性有促进作用;待折叠复性的蛋白质的抗体可有效协助其复性;多聚离子化合物如肝素不仅可以促进蛋白质复性的作用,而且具有稳定天然蛋白质的作用。

8.3.2 细胞外周质表达

与在细胞质中表达的蛋白相比,在细胞外周质进行蛋白质表达有许多优越之处。外周质蛋白占总细胞蛋白的 4%,较有利于目的蛋白的浓缩和纯化。其次,外周质的氧化环境有利于蛋白质的正确折叠,在转移到外周质的过程中,信号肽在细胞内剪切更有可能产生目的蛋白的天然 N-末端。此外,外周质中的蛋白质降解作用也较少发生。

蛋白质通过内膜转运到外周质需要信号肽。表达的目的蛋白多数不含有信号肽,需要构建特殊的载体,在目的基因前加上一段信号肽,许多原核和真核细胞来源的信号肽已成功地用于 $E.coli$ 中外源蛋白质从内膜到外周质的转运,如 $E.coli$ 的 $PhoA$ 信号、$OmpA$、$OmpT$、$LamB$ 和 $OmpF$ 以及金黄色葡萄球菌 A 蛋白、鼠 RNase 和人生长激素信号肽等。但是,蛋白质转运到细菌外周质是一个特别复杂和尚未完全明了的过程,信号肽的存在并不总能保证蛋白质有效地通过内膜转运。改善蛋白质转运到外周质的策略包括提供蛋白质转运和加工所需的成分:过量表达信号肽酶Ⅰ,利用 $prlF$ 突变株,共表达参与膜转运的几种蛋白质,降低蛋白质的表达水平以防止转运工具的过载。

8.3.3　细胞外分泌

将蛋白质分泌到细胞外是人们最期望的一种策略,因为这样容易纯化目的蛋白质,减少细菌的蛋白酶对目的蛋白质的裂解。但是,$E.coli$ 在正常情况下只有很少量的蛋白质分泌到细胞外。要解决蛋白质外泌方面的难题,必须弄清 $E.coli$ 的分泌途径。

Pugsley 对革兰阴性菌的分泌途径进行了详细的研究。在 $E.coli$ 中将蛋白质分泌到培养基中的方法大致分为两类:① 利用已有的"真正"的分泌蛋白所采用的途径;② 利用信号肽序列、融合伴侣和具有穿透能力的因子。第一种方法具有将目的蛋白质特异性分泌的优点,并最小限度地减少了非目的蛋白的污染,最突出的例子是溶血素基因,该基因曾被用于构建分泌的杂交蛋白;第二种方法依赖于有限渗透的诱导而导致蛋白质的分泌。

在大肠杆菌表达系统中,金黄色葡萄球菌 A 蛋白的信号肽能引导带有 E 结构域的 A 蛋白片段或融合产物从细胞质外泌到培养基中,蛋白的外泌表达发生于细胞生长后期。但所用的启动子为 A 蛋白自身的启动子,该启动子在大肠杆菌中为非可控性的组成性表达,且强度较弱。如果能利用可控的强启动子进行 A 蛋白信号肽引导的基因表达,则有望在蛋白质外泌方面有所突破。目前研究者正在进行这方面的尝试,且已经取得初步成效。如分泌型表达载体 pEZZ18 的表达元件有 lac 启动子、蛋白质 A 的信号肽序列和两个合成的 Z 功能域(domain)(图 8-11)。

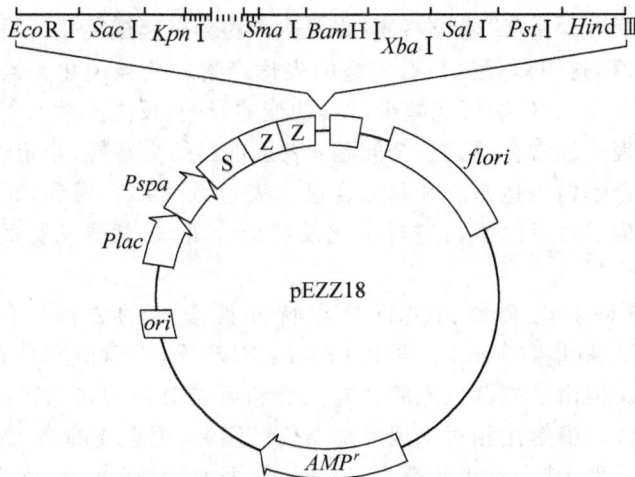

图 8-11　分泌表达载体 pEZZ18 质粒图谱

来自金黄色葡萄球菌($Staphylococcus\ aureus$)的蛋白质 A 具有与抗体 IgG 结合的能力,Z 功能域就是根据蛋白质 A 中结合 IgG 的 B 功能域而设计的。融合蛋白表达后,在信号肽序列的指导下,分泌到培养基中。然后用固定了 IgG 的琼脂糖层析柱,通过与 ZZ 功能域的结合而得到纯化的融合蛋白。这个相对分子质量为 14000 的"ZZ"肽链对融合蛋白的正确折叠几乎没有影响。这种表达方式可避免细胞内蛋白酶的降解,或使表达的蛋白正确折叠,或去除 N -末端的甲硫氨酸,从而达到维护目标蛋白活性的目的。

此类载体的主要元件除启动子和 SD 序列外,在 SD 下游,选用有效的信号肽序列编码信号肽,对引导蛋白跨膜到细胞周质中或细胞外非常关键。

8.3.4 融合蛋白

1. 融合基因和融合蛋白

融合基因(fusion gene)通常是指通过自发突变事件形成的、或是应用 DNA 重组技术构建的、具有来自两个或两个以上不同基因的核苷酸序列的新型基因。由 DNA 体外重组构成的融合基因有两种类型:① 由报告基因的编码序列区和另一个基因的启动子及其调节序列构成的;② 由一种异源蛋白质基因的编码序列区同宿主细胞的诱导型启动子构成。

所谓融合蛋白(fusion protein),是指由克隆在一起的两个或数个不同基因的编码序列组成的融合基因转译产生的单一的多肽序列。它们的功能往往是异常的,或者是已经发生了变化。在这种方式中,目的基因被引入某个高表达蛋白序列(fusion tag)的 $3'$ 末端,它提供良好表达所必需的信号,而表达出的融合蛋白的 N 末端含有由高表达蛋白序列编码的片段。表达蛋白序列所编码的可能是整个功能蛋白或是其中的一部分,比如 6x His Tag、β-半乳糖苷酶融合蛋白和 trpE 融合蛋白、谷胱甘肽 S-转移酶(GST)融合蛋白以及硫氧还蛋白(Trx)融合蛋白等。

由于利用所引入的高表达蛋白序列的特性通常可以对融合蛋白进行亲和层析等分离提纯,更多情况下选择融合表达是为了简化重组蛋白的纯化,因此出现两种融合表达类型:一是高表达蛋白序列位于目的蛋白的 N 端,这时高表达蛋白序列可以提供良好表达所必需的信号,帮助提高目的蛋白的表达,缺点是纯化的表达产物中可能会有不完整的目的蛋白,原因是在翻译过程中意外中断的少量(C 端)不完整的表达产物会一起被纯化。另一是高表达蛋白序列位于目的蛋白的 C 端,这可以保证只有完整的表达产物才会被纯化。当目的蛋白的功能区位于 N 端时,fusion tag 位于 C 端可能减少对其功能的影响,反之亦然。

进行融合蛋白的表达经常会遇到三个问题:表达蛋白的溶解性、稳定性和 fusion tag 的存在。前两个问题在融合蛋白表达系统和非融合蛋白表达系统都会遇到,而第三个问题是融合蛋白系统所独有的。为了对目的蛋白进行生化及功能分析,通常要从目的蛋白上去除 fusion tag 部分。

早期已建立了数种对融合蛋白进行位点特异性裂解的方法。化学裂解如溴化氰(Met↓)、BNPS-3-甲基吲哚(Trp↓)、羟胺(Asn↓Gly)等,不但便宜且有效,往往还可以在变性条件下进行反应。但由于裂解位点的特异性低和可能对目的蛋白产生的不必要修饰,使该法渐渐被酶解法取代。酶解法相对来说反应条件较温和,更重要的是,普遍用于此用途的蛋白酶都具有高度的特异性,其中有用的酶有 Ⅹa 因子、凝血酶、肠激酶、凝乳酶、胶原酶。所有这些酶都具有较长的底物识别序列(如在凝乳酶中为 7 个氨基酸),从而降低了蛋白质中其他无关部位发生断裂的可能性。但酶解法存在成本高(这些蛋白酶价格一般都相当昂贵)、反应时间长等问题,更重要的是蛋白酶本身不可避免地会混入目的蛋白中,造成新的污染,提高纯化的复杂性。

　　IMPACT 系统的推出是融合表达系统的一个重大突破。该系统最大的优点是表达的融合蛋白无需蛋白酶裂解即可实现目的蛋白与 fusion tag 的精确切割。IMPACT(intein mediated purification with an affinity chitin-binding tag)系统利用一个来源于枯草杆菌的 5000 大小的几丁质结合域(chitin binding domain,用于亲和纯化)和一个来源于酵母 intein 的蛋白质组成一个双效的 fusion tag,再与克隆到多克隆位点的目的基因融合表达。Intein 是一个蛋白质剪接元件,类似于基因组中的内含子 intron 在 RNA 的剪接中所起的重要作用,intein 在较低的温度和还原条件下发生自身介导的 N 端裂解,可以释放出与之相连的目的蛋白,也就是说,融合表达产物在挂上亲和层析柱后只需要在低温(4℃)条件下用含 DTT 或者巯基乙醇或者半胱氨酸的溶液洗脱,即可将目的蛋白洗脱,而将 fusion tag 留在纯化柱上,而还原剂的小分子可以非常简单地去除。该系统的出现是融合表达系统的重大突破,完全避免了蛋白酶的使用,不但可以有效降低成本,提高效率,也避免了蛋白酶与目的蛋白的分离纯化的麻烦。

　　随后改进的 IMPACT-CN 系统提供了两种选择,即 fusion tag 可以选择在目的蛋白的 C端或者 N 端,使克隆或表达都能满足不同需要。但是这一系统仍然有一个缺陷,那就是含有较多二硫键的蛋白不适用这一系统,因为还原剂的存在会破坏/影响蛋白的二级结构。

　　IMPACT-TWIN 系统在多克隆位点的两端各有一段 intein 和几丁质结合域的 fusion tag,提供了三种选择:① 在克隆时切掉 N 端的 fusion tag 1,插入目的基因,同原来的系统一样,可以在表达产物挂上亲和纯化柱后加入还原剂,将目的蛋白从 fusion tag 上解离并洗脱下来,得到的目的蛋白 C 端带有硫酯键,可以直接用于连接一个标记物、非编码氨基酸或者另一个蛋白;② 在克隆时切掉 C 端的 fusion tag 2 并插入目的基因,当表达产物挂上亲和纯化柱时只需改变 pH 值和温度(pH7,25 度)即可将目的蛋白从 fusion tag 上解离并洗脱下来。这不但避免了蛋白酶的使用,更重要的是也避免了还原剂对含丰富二硫键的蛋白二级结构的破坏。由于调节缓冲液的 pH 值非常方便且无需另外去除洗脱产物中的还原剂,这大大简化了目的蛋白的纯化过程,也扩大了该系统的应用范围。③ 可以将目的基因插入两个 fusion tag 之间,这样表达产物的两端都含有 fusion tag,当产物挂上亲和纯化柱并经过两级洗脱后,由于目的蛋白两端分别有一个硫酯键和半胱氨酸,可以自身环化得到环形蛋白。

　　2. 表达 GST 融合蛋白的表达载体

　　GST 表达载体在启动子 tac 和多克隆位点之间加入了两个与分离纯化有关的编码序列,其一是谷胱甘肽转移酶基因,其二是凝血蛋白酶(thrombin)切割位点的编码序列。当外源基因插入到多克隆位点后,可表达出由三部分序列组成的融合蛋白。GST 是来源于血吸虫的小分子酶(26kDa),在 *E. coli* 易表达,在融合蛋白状态下保持酶学活性,对谷胱甘肽有很强的结合能力。将谷胱甘肽固定在琼脂糖树脂上形成亲和层析柱,当表达融合蛋白的全细胞提取物通过层析柱时,融合蛋白将吸附在树脂内,其他细胞蛋白就被洗脱出来。然后再用含游离的还原型谷胱甘肽的缓冲液洗脱,可将融合蛋白释放出来。再用凝血蛋白酶切割融合蛋白,便可获得纯化的目标蛋白。除了凝血蛋白酶的切割位点外,其他还有 Ⅹa 因子(factor Ⅹa)和肠激酶。

　　谷胱甘肽转移酶又称为配偶体,是指融合蛋白中与目标蛋白质连接的别种蛋白质组分。常见的配偶体除了谷胱甘肽转移酶外还包括葡萄球菌蛋白质 A(SPA)、链球菌蛋白质 G(SPG)、麦芽糖结合蛋白(MBP)、硫氧还蛋白等。配偶体的存在为融合蛋白质提供了许多便利,诸如阻止包涵体的形成,改善了蛋白质的折叠性能,限制了蛋白质的酶解活性。应用附加的亲和标记物,如 FLAG、His_6、c-Myc 多肽等可简化一般性的蛋白质的检测与纯化程序。

8.4　提高外源基因表达效率的方法

研究者在大肠杆菌中合成某种特殊的真核生物的蛋白质,若基因的表达量仅仅停留在实验室检测水平是不够的,要满足商品生产的需要,大量地获得目的蛋白,须高效率地表达外源基因。影响外源基因的表达的因素有很多,如启动子强度、DNA 转录起始区的序列、密码子的选择等。提高外源基因的表达从以下几个方面考虑,mRNA 分子的二级结构、$5'-$ UTR 的序列、转录的终止、质粒的拷贝数、宿主细胞的特性、目的蛋白的稳定性及其对宿主细胞的影响等等。这些因素都会影响外源基因在宿主细胞中的表达量。提高外源基因的表达效率可以从以下几个方面着手:

8.4.1　外源基因的有效转录与外源基因高效表达

1. 外源基因

外源基因不能带有内含子序列,因为原核细胞没有能够对 pre-mRNA 进行剪接修饰的系统,所以获得目的基因的 mRNA 后反转录成 cDNA 后进行操作。考虑大肠杆菌宿主细胞的密码子偏好问题(见 9.1 节),大肠杆菌基因对密码子的使用表现了较大的偏爱性,在几个同义密码子中往往只有一个或两个被频繁地使用,其他不常使用的被称为稀有密码子,稀有密码子的 tRNA 在细胞中的丰度很低,外源基因的 mRNA 的翻译过程中,往往会由于外源基因中含有过多的稀有密码子而使细胞内稀有密码子的 tRNA 供不应求,影响翻译的效率,因此,对目的基因可以通过点突变的方法,将外源基因中的稀有密码子转换为在大肠杆菌细胞中高频出现的同义密码子。

2. 提高质粒拷贝数及稳定性

基因的拷贝数越大,表达的强度必定越高,除了上述方法外,提高基因剂量的有效方法,将基因克隆到高拷贝数的质粒上。质粒分离还存在着分离的不稳定性,如果细菌由于产生出某种突变而失去了重组质粒,或者经过结构的重排使重组基因无法表达,或者质粒的拷贝数大大降低,那么突变的菌株即有较高的生长速度,迅速生长的菌株称为培养物中的优势菌株。由于缺陷型分配可造成质粒分离的不稳定性。

3. 高效表达载体

构建高效率的表达载体,着重于转录起始的启动效率及翻译的起始效率两方面。① 引入强启动子,启动子的效率与 -10 区、-35 区及两个区域之间的距离有关,一般来说 -10 区、-35 区碱基组成越接近保守序列,及两者之间的距离越接近 17bp,启动效率越强,但具体实验还须根据不同的启动子通过点突变的方法来确定最佳的启动子效率;② 调整 SD 序列,使 SD 序列完全与 16S rRNA 的反 SD 序列互补配对,并且根据外源基因的表达不同情况,调整 SD 序列与起始密码子 ATG 之间的距离及碱基的种类,设法防止转录后的 mRNA 的 $5'$UTR 区形成二级结构。

在原核生物中,最理想的强启动子应该是:在发酵的早期阶段,表达载体的启动子被紧紧地阻遏,这样可以避免表达载体不稳定、细胞生长缓慢或由于产物表达而引起细胞死亡等问题;当细胞数目达到一定的密度,通过各种诱导(如温度、诱导物等)使阻遏物失活,RNA 聚合酶快速启动转录。Lac、Trp、λP_L、λP_R、Tac、PhoA 等都属于原核细胞的可调控强启动子。T7

噬菌体启动子则是另一种类型的启动子,由于其只为 T7 噬菌体 RNA 聚合酶所识别,被 T7 噬菌体 RNA 聚合酶所起始的转录是非常活跃的,在 1～3h 之内目标基因的 RNA 转录物可达 rRNA 水平,而宿主细胞 RNA 聚合酶不能识别它起始转录。由于 T7 噬菌体 RNA 聚合酶几乎能完整地转录在 T7 启动子控制下的所有的 DNA 序列,所以近年来很多实验室开始选用 T7 噬菌体启动子对外源基因进行高水平表达。所以无论是可诱导的(inducible)还是组成型的(constitutive)启动子,在适当的条件下都可以使外源基因高水平表达。

4. 增强子

另外,构建载体时可增加翻译增强子序列,已经在细菌和噬菌体中鉴定了一些在 *E. coli* 中显著增强异源基因表达的序列。从 T7 噬菌体基因 10 前导序列 g10-L 中鉴定了一9bp 的序列,该序列似乎能替代有效的 RBS。同 SD 共有序列相比,g10-L 能使多种基因的表达水平提高几十到几百倍。若将其置于合成 SD 序列的上游,按照 β-半乳糖苷酶的活性与 Lac-ZmRNA 的水平来估计,g10-L 序列能使 LacZ 的翻译水平提高上百倍。另外有人研究表明,在 mRNA 的 5′非翻译区(UTR)鉴定了一个 U 富含序列,该序列同样具有翻译增强子活性。在编码 RNaseD 的 rndmRNASD 位点的上游,有一个 U8 序列对该 mRNA 的有效翻译是必需的。缺失这一区域会显著降低翻译水平,但不影响 mRNA 的水平和转录起始位点。

8.4.2 转录的有效延伸和终止与外源基因高效表达

外源基因的转录一旦被起始,接下来的问题是如何保证 mRNA 有效地延伸、终止,这也是影响基因高效表达的重要因素。转录衰减和非特异性终止可诱发转录提前终止。例如可以通过下列方法:① 除去衰减子。衰减子具有简单终止子的特性,在原核细胞中它处于启动子和第一个结构基因之间。由于衰减子是负调控元件,为保证 mRNA 转录完全,在表达载体的组建中要尽量避免其存在。② 插入抗转录终止序列。为了防止 mRNA 在转录过程中非特异性终止,抗转录终止序列可加入到表达载体上。③ 强转录终止序列。存在正常的转录终止子也是外源基因高效表达的一个因素,其作用是保证正确的转录终止,防止不必要的转录,使 mRNA 的长度限制到最小,增加表达质粒的稳定性。

所以在设计表达载体时要考虑到上述因素。对于真核细胞而言,表达载体上含有转录终止序列和 poly(A)加入位点,是外源基因高水平表达的重要因素。转录终止信号使 DNA 从反向链进行转录,产生反义 mRNA 的几率减小到最低限度,从而减少了这种反义 mRNA 通过分子杂交阻遏基因表达的几率。poly(A)加入的信号序列 AAUAAA 对于 mRNA 3′端的正确加工和 poly(A)的加入至关重要,有实验指出,AAUAAA 位点的缺失,使基因的表达减少 90%。但无论是转录终止序列、衰减序列还是抗终止序列,都是通过宿主细胞内的反式作用因子来起作用的。从这个意义上讲,基因的高效表达是基因、载体、受体细胞协同完成的。

8.4.3 有效的翻译起始与外源基因高效表达

目前公认有效的转录起始和翻译起始是外源基因高效表达最为关键的两个因素。翻译起始是多种成分协同作用的过程,这其中包括 mRNA、16S rRNA、fMet-tRNA 之间的碱基配对,同时还包括它们与核糖体 S1 蛋白、蛋白合成起始因子之间的相互作用,从而促进蛋白合成的起始。在原核细胞中影响翻译起始的 mRNA 结构因素有:起始密码子、核糖体结合位点(SD 序列,即原核细胞 mRNA 5′端非翻译区同 16S rRNA 3′端的互补的保守序列)、起始密码与 SD 序列之间的距离和核苷酸组成、mRNA 的二级结构、SD 序列上游的 5′末端翻译序列、蛋白编码区的 5′端序列等。

翻译起始可达最大效率的一般条件是：① AUG 是最佳的起始密码子,GUG、UUG、AUU 和 AUA 有时也用,但非最佳选择。② SD 序列(即核糖体结合位点的序列)一般至少含 AGGAGG 序列中的四个碱基。SD 序列的存在对原核细胞 mRNA 翻译起始至关重要。③ SD 序列与起始密码子之间的距离以 9 ± 3 个核苷酸为适宜。也有报道,如果 SD 序列同 16S rRNA 3′端的互补碱基大于 8,那么上述两者之间的距离不重要。④ 除 SD 序列外,处于起始密码子前的两个核苷酸应该是 A 和 U(在 -3 位为 A),即 AUA 序列。⑤ 如果在起始密码子 AUG 后的序列是 GCAU 或 AAAA,能使翻译效率提高。⑥ 在翻译起始区周围的序列应不形成明显的二级结构。实验表明,通过突变 mRNA 5′末端翻译区减少或除去某些茎环结构可以提高翻译的起始效率。

对于真核细胞基因,在 mRNA 的 5′末端翻译区不存在 SD 序列,但对绝大多数有效的 mRNA 翻译起始而言,一个共有序列 $5'-CCA(G)CCATGG-3'$ 是必需的,而其中最重要的是在 -3 位应是嘌呤碱基,而在 $+4$ 位应为 G。通过突变改变起始密码子附近的这一共有序列,可使翻译起始频率下降 90%。如果在起始密码子的上游区存在另外一个起始密码子,而特别是又不被一个符合读码框的终止密码子所隔断,那么这个上游起始密码子会降低正常翻译的起始。在表达载体构建中应注意这些问题。

8.4.4　终止密码子选择与外源基因高效表达

在原核生物中,翻译的终止由两个释放因子所调控,RF1 识别 UAA 和 UAG,而 RF2 识别 UAA 和 UGA。三个终止密码子的翻译终止效率是不同的,其中 UAA 在基因高水平表达中终止效率最高。特别是在原核细胞中,由于 UAA 为两个释放因子所识别,因此在基因工程中,一般采用 UAA 作为终止密码子。在实际操作中,为了保证翻译有效终止,万全之策是用一连串的终止密码子,而不只是一个终止密码子。

8.4.5　外源蛋白的稳定性与外源基因高效表达

外源蛋白质表达后是否能在宿主细胞中稳定积累,不被内源蛋白水解酶所降解,这是基因能否高效表达的一个重要因素。蛋白质水解是一个非常有选择性的、严格控制的过程,它影响到蛋白质在细胞中的积累。很多克隆的蛋白质被宿主细胞中的蛋白水解体系视为"非正常"蛋白而加以水解。这种选择性降解意味着,受体细胞中的自身蛋白所具有的确定的构象特性,使其不受蛋白水解酶的降解。如果外源蛋白的构象与天然产物相似,遭到降解的可能性就低。可采取以下措施避免表达的蛋白被选择性降解：

(1) 构建融合基因,产生融合蛋白　融合蛋白的载体部分通过构象改变,使外源蛋白不被选择性降解。这对编码相对分子质量较小的多肽或蛋白的外源基因尤为合适。

(2) 构建成可分泌的蛋白　通过基因操作将外源蛋白的 N 端带上信号肽,使外源基因表达产物可以分泌到 *E. coli* 细胞的周质或直接分泌到培养基中。应该指出,并不是所有的外源蛋白都可以通过基因操作成为可分泌蛋白。

(3) 使外源蛋白在宿主细胞中以包涵体的形式表达　这种不溶性的沉淀复合物可以抵抗宿主细胞中蛋白水解酶的降解,也便于纯化。然而,包涵体的形成给如何获得具有天然构象和活性的蛋白质提出挑战。经过包涵体纯化的重组蛋白必须经过变性-复性的处理,此过程到目前也没有统一的工艺过程。尽管目前还利用包涵体来高效表达外源基因,但人们正在努力寻求出一种稳定、可溶（或分泌）的高效表达技术。总之，构建表达载体应根据表达体系的特性，选择性地应用上述原则，删除降低外源基因表达的一些元件，插入提高外源基因表达的一些必需元件。

（4）提高外源蛋白的稳定性　大肠杆菌中含有多种蛋白水解酶，某些外源基因的表达产物会被宿主细胞的蛋白水解酶识别而降解。因此，须采取多种措施提高外源蛋白在大肠杆菌细胞内的稳定性。常用的方法包括：① 采用分泌型表达载体系统，使外源基因表达的蛋白质分泌到细胞周质腔或直接分泌到培养基中，避免细胞内的水解酶对表达蛋白的降解。② 使目的基因表达为融合蛋白的一部分。融合蛋白形成的杂合构象，能在较大程度上封闭外源蛋白分子上的水解酶位点，从而增加其稳定性。③ 构建包涵体表达系统，外源基因的表达产物以包涵体的形式存在于受体细胞中，这种难溶性沉淀复合物不易被宿主细胞蛋白水解酶所降解。④ 选用某些蛋白水解酶缺陷型菌株作为受体菌，这种细胞中具有较低水平的水解酶活性或完全丧失某种水解酶活性，可保证基因表达产物在受体细胞内的相对稳定。⑤ 对外源蛋白水解酶敏感的序列进行修饰或改造。

（5）减轻宿主细胞的代谢负担。外源基因在细菌中高效表达，合理地调节好宿主细胞的代谢负荷与外源基因高效表达的关系，是提高外源基因表达水平不可缺少的环节。

8.5　表达产物的检测

8.5.1　含有报告基因的融合蛋白表达的检测

报告基因编码序列和基因表达调节序列相融合形成嵌合基因，或与其他目的基因相融合，在调控序列控制下进行表达，从而利用它的表达产物来标定目的基因的表达调控，筛选得到转化体，鉴定基因表达状况，因而作为报告基因，在遗传选择和筛选检测方面必须具有以下几个条件：① 已被克隆和全序列已被测定；② 表达产物在受体细胞中不存在，即无背景，在被转染的细胞中无相似的内源性表达产物；③ 其表达产物能进行定量测定。常使用的报告基因如荧光素酶基因（luciferase gene），该酶在有 ATP、Mg^{2+}、O_2 和荧光素存在下发出荧光，这样就可将表达载体用 X-光片或专门仪器进行检测。绿色荧光蛋白（gfp）基因编码绿色荧光蛋白，该蛋白来源于海洋生物水母，其肽链内部第 65～67 位丝氨酸-脱氢酪氨酸-甘氨酸通过自身环化和氧化形成一个发色基因，在长紫外波长或蓝光照射下发出绿色荧光。新霉素磷酸转移酶基因（npt Ⅱ）、氯霉素乙酰转移酶基因（cat）及庆大霉素转移酶基因均为抗生素筛选基因，相关的酶可以对底物进行修饰（磷酸化、乙酰化等），从而使这些抗生素失去对宿主的抑制作用，使得含有这些抗性基因的转化体能在含这些抗生素的筛选培养基上正常生长。选用何种报告基因可根据其特性进行筛选。

8.5.2　免疫技术

外源基因的表达蛋白的免疫检测多采用酶联免疫法（ELISA）与免疫荧光技术。其原理是将特殊的抗体结合在固体表面（如微孔板）上，加入样品，抗原与抗体结合，未被结合的成分被洗掉。通过带有酶的抗体来检测抗原，形成抗体-抗原-酶标抗体复合物，而未被结合的成分再次被洗掉，经过显色或荧光变化即可测定抗原的含量。检测抗原的另外一种方法是将样品（抗原）包被在固相载体上，然后与一抗结合，再加上与一抗特异结合的酶标二抗，使酶固定在抗原上，通过相同的检测手段测定抗原的含量。由于免疫技术通过酶反应的放大作用，所以检测灵敏度极高,且具有特异性,使得免疫技术在基因表达研究中处于很重要的地位。

8.5.3 Western 杂交

Western 杂交的原理是从表达载体中提取蛋白质,经 SDS-PAGE 使蛋白质按相对分子质量的大小分离,再转移至固相膜上。依次加入特异抗体(一抗)与标记的二抗,根据二抗上标记的化合物的抗性进行检测。如果转化的外源基因正常表达,那么转基因植株中就会含有对应的目的蛋白。

总之,检测外源蛋白在大肠杆菌中的表达,还可以通过宿主细胞蛋白质的含量进行,根据所要表达的目的蛋白的特性,选用不同的方法。

本 章 小 结

克隆的真核基因在大肠杆菌表达系统中正确表达的最基本条件是,能够进行正常的转录和转译、转译后正常地被加工成有生物活性的新生多肽。克隆的外源基因正确转录,需要置于能够被宿主细胞 RNA 聚合酶识别的启动子的控制下,在理想的条件下,还应在其 3′ 末端具有转录终止子。基因表达过程中,除了转录,翻译也是非常重要的一步,翻译效率取决于 mRNA 上的核糖体结合位点。

表达载体是外源基因表达的关键,在大肠杆菌中表达外源基因的表达载体须符合的条件是:① 在宿主细胞中能自我复制;② 含有大肠杆菌适宜的选择标记;③ 具多克隆位点,方便目的基因以正确的方向插入;④ 具有可控制的启动子;⑤ 在启动子下游区和 ATG 起始密码子上游区有核糖体结合位点序列(SD 序列),促进蛋白质翻译;⑥ 在外源基因插入序列的下游区要有一个强转录终止序列,保证外源基因的有效转录和 mRNA 的稳定性。

大肠杆菌中常用的启动子有 Lac、Trp、Tac 以及来自 λ 噬菌体的强启动子 P_L、P_R 和来自 T7 噬菌体的 T7 启动子等。根据启动子的不同,大肠杆菌表达载体有:Lac 启动子的表达载体、trp 启动子和 tac 启动子的表达载体、P_L 启动子表达载体、T7 启动子表达载体。

外源目的基因在原核细胞中的蛋白表达形式主要有包涵体、融合蛋白、寡聚型外源蛋白、整合型外源蛋白、分泌型外源蛋白等 5 种。外源蛋白有些在细胞质中表达,有些在细胞周质中表达,还有的则分泌到细胞外,各种表达形式各有利弊。进行融合蛋白表达的标签有:6x His Tag、β-半乳糖苷酶融合蛋白、trpE 融合蛋白、谷胱甘肽 S-转移酶(GST)、融合蛋白以及硫氧还蛋白(Trx)、融合蛋白等。

要提高外源基因的表达效率必须满足以下条件:① 外源基因的有效转录;② 转录的有效延伸和终止;③ 有效的翻译起始;④ 选择有效的终止密码;⑤ 外源蛋白稳定而不被降解。对于表达产物的检测,可以采用报告基因的生化反应、蛋白的酶联免疫法和 Western 杂交等方法。

思考题

1. 原核表达载体有什么特点?

2. 什么是包涵体?如何避免形成包涵体?

3. 如何提高外源基因的表达效率?

(张海燕)

第 9 章

酵母菌和丝状真菌基因工程

　　酵母菌(Yeast)是一类以芽殖或裂殖进行无性繁殖的单细胞真核微生物,并非系统分类单元,分属于子囊菌纲(子囊菌酵母)、担子菌纲(担子菌酵母)和半知菌类(半知菌酵母)。目前已知有 1000 多种酵母菌。根据酵母菌产生孢子(子囊孢子和担孢子)的能力,可将酵母菌分成 3 类:形成孢子的株系属于子囊菌和担子菌;不形成孢子但主要通过芽殖来繁殖的称为不完全真菌,或者叫"假酵母"。如果说大肠杆菌是外源基因表达最成熟的原核生物系统,那么酵母菌则是外源基因最理想的真核生物表达系统。

　　近年来,随着丝状真菌转化技术的迅猛发展,许多丝状真菌被应用到工业、农业、医药行业中,生产出了许多真菌或非真菌来源的重组蛋白,如葡糖淀粉酶(glucoamylase)、牛凝乳酶原(bovinechymosin)、人体乳铁蛋白(human-lactoferrin)、鸡蛋清溶菌酶(henegg-whitelysozyme)和人体白细胞介素-6(humaninterleukin-6)及甜味蛋白(thaumatin)等。

9.1　酵母菌的基因工程

　　酵母菌的基因工程作为一个真核生物表达系统,相对于应用成熟的原核生物基因工程而言表现出一些优点,具体体现在以下几个方面:① 基因表达调控机制比较清楚,遗传操作相对较为简单,并于 1996 年完成了对酿酒酵母基因组全序列的测定;② 具有原核生物无法比拟的真核生物蛋白翻译后修饰加工系统;③ 能将外源基因表达产物分泌至培养基中;④ 不含有特异性的病毒,不产生毒素,有些酵母菌属(如酿酒酵母等)在食品工业中有着几百年的应用历史,属于安全型基因工程受体系统;⑤ 大规模发酵工艺简单而成熟,成本低廉;⑥ 酵母菌是最简单的真核生物,利用酵母菌表达动植物基因能在相当大的程度上阐明高等真核生物乃至人类基因表达调控的基本原理以及基因编码产物结构与功能之间的关系。因此,酵母菌的基因工程具有极为重要的经济意义和学术价值。

9.1.1　酵母菌的宿主系统

　　酵母菌的种类繁多,但不是所有的酵母菌都可以发展成基因表达系统的宿主。能够发展成基因表达系统的宿主应具备一定的条件,如安全无毒、不致病,遗传背景清楚、容易进行遗传操作等。目前已广泛用于外源基因表达的酵母菌有：酵母属（如酿酒酵母，*Saccharomyces cerevisiae*）、克鲁维酵母属（如乳酸克鲁维酵母，*Kluyveromyces lactis*）、毕赤酵母属（如巴斯德毕赤酵母，*Pichia pastoris*）、裂殖酵母属（如非洲酒裂殖酵母，*Schizosaccharomyces pombe*）以及汉逊酵母属（如多态汉逊酵母，*Hansenula polymorpha*）等。

1. 酿酒酵母

酿酒酵母是最早应用于酵母基因克隆和表达的宿主菌，它具有许多宿主菌必须具备的条件，并且人类对酿酒酵母的利用有相当长的历史，因此它的遗传学和分子生物学研究最为详尽。

与原核细菌相比，酿酒酵母作为外源基因表达受体菌具有很多突出优点：

（1）提高重组异源蛋白的合成产物。

利用经典诱变技术筛选分离酿酒酵母的核突变株或细胞质突变株，可以提高重组异源蛋白在酵母菌中的合成产率。由于呼吸链缺陷型的胞质突变株很容易分离筛选，因此具有更大的实用性。例如，携带 SSC 遗传位点（超分泌性）的显性突变和两个 SSC1 和 SSC2 基因的隐性突变的酿酒酵母突变株是第一个被筛选鉴定的突变株，能提高重组异源蛋白的分泌产率。研究表明，尽管 SSC 显性突变基本上与基因的启动子和分泌信号功能无关，但是 SSC1 和 SSC2 的隐性突变则具有一定程度的累加性，能显著提高凝乳酶原和牛生长因子的分泌水平；而另一个突变株不仅能高效分泌重组人血清白蛋白，也可大大促进 α_1-抗胰蛋白酶和纤溶酶原激活剂抑制因子的表达。许多突变株可提高人溶菌酶在酿酒酵母中的表达与分泌，但其影响机制也呈多样性。例如，SS11 突变株通过影响由羧肽酶催化的蛋白加工反应而提高表达产物的分泌产率；而在一个呼吸链缺陷的细胞质突变株（rho⁻）中，人溶菌酶的高效表达主要表现在转录水平上，而且相同的结构基因在不同的启动子（如 PGAL9、PGAPDH、PPHO5 和 PHIS5）控制下，均表现出不同程度的高效表达特征，也就是说，rho⁻ 突变株能促进宿主染色体和质粒上许多基因的高效表达。

（2）具有完整高效的异源蛋白修饰系统，尤其是糖基化系统。

酿酒酵母细胞内的天门冬酰胺侧链糖基修饰和加工系统对来自高等动物和人的异源蛋白活性表达是极为有利的，然而这恰恰也是它作为受体菌的一个缺点，因为在野生型酿酒酵母中，分泌蛋白的糖基化程度很难控制，筛选和分离在蛋白糖基化途径中不同位点缺陷的突变株能有效地解决酿酒酵母的超糖基化问题。

在真核生物中，分泌蛋白的糖基化反应在两种不同的细胞器中进行：糖基核心部分在内质网膜上与蛋白质侧链连接，而外侧糖链则在高尔基复合体中加入。酿酒酵母对重组异源蛋白的糖基化作用与其他高等真核生物不同，但一般来说更接近于哺乳动物系统。目前已从野生型酿酒酵母中分离出许多类型的糖基化途径突变株，如甘露聚糖合成缺陷型的 mnn 突变株、天门冬酰胺侧链糖基化缺陷的 alg 突变株以及外侧糖链缺陷型的 och 突变株等。在这些突变株中，具有重要实用价值的是 mnn9、och1、och2、alg1 和 alg2，因为它们不能在异源蛋白的天门冬酰胺侧链上延长甘露多聚糖长链，这是酿酒酵母超糖基化的一种主要形式。含有 mnn9 突变的酵母菌细胞缺少能聚合外侧糖链的 α-1,6-甘露糖基转移酶活性，而 och1 突变株则不能产生膜结合型的甘露糖基转移酶。尽管其他类型的突变株尚未进行有效的鉴定，但它们却能使异源蛋白在天门冬酰胺侧链上进行有限度的糖基化作用，基本上杜绝了糖基外链无节制延长的超糖基化副反应。人 α_1-抗胰蛋白酶基因、酿酒酵母性激素加工的蛋白酶基因（BAR1）以及人组织型纤溶酶原激活剂编码基因在酿酒酵母 mnn9 和 och1 突变株中的活性表达,充分显示了其理想的抗超糖基化效应。

(3) 减少泛蛋白因子依赖型蛋白降解作用。

由于异源蛋白在受体菌中或多或少会表现出不稳定性,因此不管采用哪种受体菌,蛋白降解作用始终是外源基因表达过程中不容忽视的影响因素。尽管目前对重组异源蛋白在受体细胞中的降解机制还不甚了解,但泛蛋白因子(ubiquitin)依赖型的蛋白降解系统在真核生物的 DNA 修复、细胞循环控制、环境压力响应、核糖体降解以及染色质表达等生理过程中均起着十分重要的作用。

泛蛋白因子是一种高度保守并分布广泛的真核生物多肽,由 76 个氨基酸残基组成。在泛蛋白因子依赖型的蛋白质降解途径中,这个蛋白因子的 C 端 Leu-Arg-Gly-Gly 序列首先与各种靶蛋白的游离氨基基团形成三种不同结构形式的共价结合物,这些共价结合物在泛蛋白激活酶 E1、泛蛋白运载酶 E2 以及泛蛋白连接酶 E3 的作用下,最终降解为短小肽段直至氨基酸。因此减少泛白因子的浓度,就能减少重组异源蛋白的降解。

在酵母菌中共有四个基因编码泛蛋白因子,UBI1 和 UBI2 编码融合蛋白泛蛋白-CEP52,UBI3 编码泛蛋白-CEP76,而 UBI4 则编码一个五聚体泛蛋白因子。UBI1、UBI2 和 UBI3 基因均能在酵母菌对数生长期内表达,当菌体进入稳定期后便自动关闭,UBI4 的表达时序与前三种基因恰好相反,这说明四种基因编码产物的生物学功能并不完全相同。酿酒酵母的 UBI1 和 UBI2 基因分别定位于第九号和第十一号染色体上,而 UBI3 和 UBI4 则定位于第十二号染色体上。此外,几个编码泛蛋白因子接合酶系统的酵母菌基因(UBC)也已克隆鉴定,这些基因编码产物大多与 E2 蛋白质同源。根据其活性也可分为两大类:第一类基因包括 UBC4、UBC5 和 UBC7,其编码产物只拥有相应的保守结构域,多肽序列的其他区域并没有明显的同源性,这些蛋白形成泛蛋白-靶蛋白共价接合物的活性严格依赖于 E3 蛋白的存在;第二类基因包括 UBC1、UBC2、UBC3 和 UBC6,它们的表达产物具有天然的 C 端延伸活性,不需要 E2 蛋白的参与便可进行泛蛋白的接合反应。

在酿酒酵母中,泛蛋白因子的主要来源是多聚泛蛋白基因 UBI4 的表达,UBI4 突变株能正常生长,但其细胞内游离的泛蛋白因子浓度比野生型菌株低得多,因此这种缺陷株是一个理想的外源基因表达受体。编码泛蛋白激活酶 E1 的基因也可作为突变的靶基因,含有该基因突变的哺乳动物细胞内几乎检测不出泛蛋白-外源蛋白的共价结合物。酿酒酵母编码 E1 蛋白的基因 UBA1 是一种看家基因,UBA1 突变株是致死性的,但编码 UBA1 蛋白的等位突变株却可减少泛蛋白因子依赖型异源蛋白的降解作用。此外,上述六个 UBC 基因的突变也是构建重组异源蛋白稳定表达宿主系统的选择方案,例如,一个带有 UBC4-UBC5 双重突变的酿酒酵母突变株对特异性短半衰期的宿主蛋白以及某些异常蛋白的降解活性大幅度下降,如果这种突变株对重组异源蛋白也具有同等功效,那么也可用作受体细胞。

(4) 有些蛋白酶的缺陷有利于重组异源蛋白的稳定表达。

酿酒酵母拥有 20 多种蛋白酶,尽管不是所有的蛋白酶都能降解外源基因表达产物,但实验结果表明有些蛋白酶缺陷有利于重组异源蛋白的稳定表达。例如,将大肠杆菌的 lacZ 作为报告基因分别导入两株具有相同遗传背景的酿酒酵母菌中,其中一株含有编码空泡蛋白酶基因 PEP4 的野生型菌株,另一株则为 PEP4-3 突变株,后者空泡中蛋白酶的活性显著降低。比较这两株菌中 α-半乳糖苷酶的活性,在同等试验条件下 PEP4-3 突变株中的 α-半乳糖苷酶活性明显高于 PEP4+ 的野生菌,而且在间歇式发酵罐中,PEP4-3 突变株也能长到相当高的密度。

PEP4 蛋白酶除了具有降解蛋白质的功能外,还能对某些重组异源蛋白进行加工。例如,MFα₁ -人神经生长因子(hNGF)原前体的融合蛋白只能在 pep4 突变株细胞中进行正确地加工剪切,这说明 PEP4 蛋白酶或者细胞内其他一些被 PEP4 蛋白酶激活和修饰的蛋白酶系统与重组异源蛋白的正确加工剪切过程有关。由于 PEP4 蛋白酶定位在细胞的空泡内,上述这种人神经生长因子加工剪切的前提条件是:① 在 hNGF 加工剪切的内质网膜或高尔基复合体中存在着一种依赖于 PEP4 蛋白酶成熟作用的另一种蛋白酶,它直接参与融合蛋白的加工剪切;② 融合蛋白首先定位于空泡中,然后分泌;③ PEP4 蛋白酶不仅定位于空泡内,而且也存在于内质网膜和高尔基复合体中。虽然 PEP4 蛋白酶对 MFα₁ -人神经生长因子原前体融合蛋白的加工剪切作用是否专一还是个未知数,但这种现象的存在至少有助于理解酵母菌中重组异源蛋白正确加工剪切的分子机制。

目前利用酿酒酵母为宿主系统表达了多种外源基因产物,如乙型肝炎疫苗、人胰岛素、人类细胞集落刺激因子等。利用经典诱变技术对野生型菌株进行多次改良,酿酒酵母已成为酵母菌中高效表达外源基因尤其是高等真核生物基因的优良宿主系统。

但酿酒酵母在表达外源基因的过程中也存在一些缺陷:① 在发酵过程中会产生乙醇,而乙醇在培养基中累积会影响酵母的生长代谢和基因产物的表达,尤其是进行高密度发酵时该效应更明显;② 蛋白的分泌能力较差;③ 虽然能进行蛋白质的糖基化修饰,但是和高等真核生物相比所形成的糖基侧链太长。这种过度糖基化可能会引起副反应。

2. 巴斯德毕赤酵母

面对酿酒酵母上述问题,人们一方面对其进行遗传改造,改善其特性,另一方面又开始从酵母菌这个巨大的生物资源中寻找更好的宿主。近年来被大家所熟悉,并已被广泛应用的巴斯德毕赤酵母就是其中成功的一个。

巴斯德毕赤酵母是一种甲醇营养菌,于 20 世纪 80 年代初开发获得,大多数应用宿主菌是通过对野生型石油酵母 Y211430 进行突变改造而来,在组氨酸脱氢酶基因(his4)处有一突变,用于转化后筛选重组菌株。

培养基中的甲醇可诱导与甲醇代谢相关酶的高效表达,其代谢过程的乙醇氧化酶基因 AOX1 表达产物可在细胞中积累到很高的水平,表达蛋白的总量可达细胞总蛋白的 30%。AOX1 的启动子是一种可诱导的强启动子,利用该启动子可高效表达外源基因。目前一般选择组氨酸醇脱氢酶突变株作为受体细胞,利用该受体系统时对载体上携带 his 标记基因的转化子进行筛选。此外,以 AOX1 启动子表达外源基因时必须选择 AOX1 基因缺失的突变株作为受体细胞,以阻断受体菌的甲醇代谢途径,使其丧失合成阻遏物的能力。相对于酿酒酵母来说,毕赤酵母的分泌表达能力更强,其实外源基因在细胞中为单拷贝,其表达效果也较为理想。目前已有数十种重组异源蛋白在毕赤酵母中得到表达,如乙型肝炎表面抗原、人肿瘤坏死因子、人表皮生长因子和链激酶等。

巴斯德毕赤酵母比较好地互补了酿酒酵母的不足,但也应该看到它的缺点:① 分子生物学的研究基础差,要对其进行遗传改造困难较大;② 不是一种食品微生物,发酵时又要添加甲醇,所以要用它来生产药品或食品还没有被广泛接受;③ 发酵虽然能达到很高的密度,但是发酵周期一般较长。

3. 乳酸克努维酵母

乳酸克努维酵母也是一种长期被人类利用的酵母菌,在工业上用它来发酵生产 β-半乳糖苷酶,其遗传背景比较清楚。某些载体可在该酵母中稳定保存下来,即使在没有选择压力的情况下大部分质粒载体也不会丢失。乳酸克努维酵母可表达分泌型和非分泌型重组异源蛋白，并且其表达水平和效果高于酿酒酵母系统。由于乳酸克努维酵母在分泌表达外源重组蛋白的过程中能形成正确的蛋白构象，因而利用该系统表达高等哺乳动物蛋白具有一定的优越性。目前已有多种外源蛋白在乳酸克努维酵母系统中得到表达，如人白细胞介素－1 和 β－牛凝乳酶等。

9.1.2　酵母菌的载体系统

酵母克隆和表达载体是由酵母野生型质粒、原核生物质粒载体上的功能基因（如抗性基因、复制子等）和宿主染色体 DNA 上自主复制子结构（ARS）、中心粒序列（CEN）、端粒序列（TEL）等一起构建而成的。酵母基因表达系统的载体一般是大肠杆菌和酵母菌的穿梭质粒，能在酵母菌和大肠杆菌中进行复制。其细菌部分主要包括可以在大肠杆菌中复制的复制起点序列和特定的抗生素抗性基因序列，供在大肠杆菌中进行增值和筛选；酵母部分包括与宿主互补的营养缺陷型基因序列或特定的抗生素抗性基因序列、编码特定蛋白基因的启动子和终止子序列。

1. 酵母载体的基本结构

（1）DNA 复制起始区　研究表明，酵母表达载体包含两类复制起始序列：一类是在大肠杆菌中进行复制的复制起始序列，另一类是由酵母菌种引导进行自主复制的序列。而后者通常是来自酵母菌的天然 2u 质粒复制起始区及酵母基因组中的自主复制序列。复制起始区赋予酵母载体在细胞每个分裂周期的 S 期自主复制一次的能力，将其与酵母菌染色体上的 ARS 序列进行比较，发现一个 ARS 一致序列，长 11 个核苷酸：$5'(A/T)TTTATPTTT(A/T)3'$。在自主复制序列的下游还有一个序列区，为 DNA 复制起始复合物的形成提供结合位点。这两个序列区共同组成 DNA 复制起始区。

（2）选择标记　选择标记是载体转化酵母筛选转化子时必需的构件。在酵母表达载体系统中的选择标记有两类：一类是营养缺陷型，它与宿主的基因型有关。宿主为营养缺陷型，表达载体提供其代谢途径所必需的相应的基因产物。另一类是显性选择标记，如 G418 和 cyclohexamide 等，它的优点是可以用于各种类型的宿主细胞（包括野生型酵母菌）并提供直观的选择标记。

（3）有丝分裂稳定区　酵母表达载体不同于原核生物的质粒载体，它在细胞内的拷贝数较低，但相对分子质量较大，相当于微型染色体，因此决定转化子稳定的一个重要因素就是如何保证表达载体在宿主细胞有丝分裂时有效地分配到子细胞中去。有丝分裂稳定区来源于酵母染色体着丝粒片断，它的主要作用就是当细胞有丝分裂时能帮助载体在母细胞和子细胞之间平均分配。除此之外，来自酵母 2u 质粒的 STB 片段也有助于提高游离载体的有丝分裂稳定性。

（4）表达盒　表达盒是酵母表达载体的重要元件，它由启动子、分泌信号序列和终止子等组成。酵母基因启动子的长度一般在 1～2kb 左右，在启动子的上游含有各种调控序列，如上游激活序列、上游阻遏序列和组成性启动子序列等。在启动子的下游存在转录的起始位点和 TATA 序列。TATA 序列可被转录因子蛋白识别、结合并形成转录起始复合物，它决定了一个基因的基础表达水平。位于启动子上游的 UAS、URS 等序列分别与一些调控蛋白相结合，并与转录起始复合物相互作用，以激活、阻遏等方式影响基因的转录效率。

分泌信号序列是前体蛋白 N 端一段长为 1730 个氨基酸残基的分泌信号肽编码区，主要功能是引导分泌蛋白在细胞内沿着正确的途径转移到细胞外,并对蛋白质翻译后的加工和生物活性起到重要作用。由于酵母细胞识别外源分泌蛋白信号肽的效率较低,所以需要依赖酵母本身的分泌信号肽来指导外源基因表达产物的分泌。常用的分泌信号序列一般来自酵母本身分泌蛋白的信号序列,常用的有 α 因子前导肽序列、蔗糖酶和酸性磷酸酯酶的信号肽序列。

终止子是决定 mRNA 3′端稳定性的重要结构,酵母中 mRNA 3′端与高等真核生物类似,须经过前体 mRNA 的加工和多聚腺苷酸化反应。在酵母中这些反应都是偶联的,一般发生在基因 3′端的近距离内,因而酵母基因的终止子序列相对较短,一般不超过 500bp。

多数酵母菌株含有一种小的能独立复制的天然环状 dsDNA,称为 2u 质粒,长约 6.3kb,有单一的复制起始位点和一个自主复制功能区域(ARS 片段)。ARS 片段长 60bp,富含 AT,有特征性保守序列 AAAT(C)ATAAA,2u 质粒存在于酵母核质中,每细胞 50 拷贝,其基因能编码两个 REP 功能蛋白。在质粒拷贝数低的时候,REP 促进质粒复制,维持 2uDNA 在酵母细胞中的稳定。

2. 酵母载体的种类

酵母表达载体可以根据载体在酵母中的复制形式、载体的用途、载体表达外源基因的方式等来分类,其中载体在酵母细胞中的复制形式应该是酵母载体最重要的特性。如果酵母载体按此标准进行分类,一般可以把它们分为:整合型质粒载体(YIp)、附加型质粒载体(YEp)、自主复制型质粒载体(YRp)、着丝粒型质粒载体(YCp)、酵母人工染色体(YAC)。

(1) 整合型质粒载体(YIp) 该质粒不含酵母 DNA 复制起始区,而是含与受体菌株基因组有某种程度同源性的一段 DNA 序列,不能在酵母中进行自主复制。它能有效地介导载体与宿主染色体之间发生同源重组,将外源基因整合到酵母染色体上并随染色体一起进行复制。一般地说,酵母染色体的任何片断都可作为整合介导区,但最方便、最常用的单拷贝整合介导区是营养缺陷型选择标记基因序列。整合型质粒与染色体 DNA 的同源重组主要有两种方式:单交换整合和双交换整合。单交换整合,即在整合位点附近将外源基因整合到染色体上,由于单交换整合时染色体出现局部双拷贝同源序列,所以在随后的细胞分裂周期中有可能因染色体 DNA 的同源重组而将外源基因从染色体上切割下来。但由于自然发生的同源重组频率很低,所以单交换整合转化子一般还是相当稳定的。双交换整合,是整合载体的一部分通过与染色体 DNA 的同源重组将两个整合位点之间的染色体 DNA 片断置换下来。其结果不会在整合位点附近形成同源序列的重复,进而避免了再次发生同源重组的可能性,所以双交换的转化子稳定性好;但要实现外源基因的高效表达,必须在酵母细胞内找到拷贝数很高的靶位点。

(2) 附加型质粒载体(YEp) 是利用酿酒酵母 2μ 质粒的 DNA 复制有关的元件所构建,这类载体的转化效率很高,每微克 DNA 可得 93~94 个转化子。但是这类载体在没有选择压力时不能稳定存在。野生型 2μ 质粒在酵母细胞中非常稳定,每个细胞中的拷贝数可高达 60~90,这是因为 2μ 质粒的复制除了需要 ORI-STB 复制区外,还需要自己编码的 rep1 和 rep2 基因的配合等。另外,野生型 2μ 质粒由于存在 FLP-FRT 位点特异重组系统,使它可以具有超越染色体 DNA 复制周期而增加 DNA 复制的机会,这是野生型 2μ 质粒在细胞中拷贝数高的基础。初期的 YEp 型载体仅含有 2μ 质粒的 ORI-STB 区,当它转化带有内源性 2μ 质粒的宿主细胞时,质粒相当稳定,质粒拷贝数也较高。但是,当它转化不带 2μ 质粒的宿主细胞时,载体就很不稳定,拷贝数也很低。这充分说明野生型 2μ 质粒中其他编码基因的作用。大量研究表明,2μ 质粒的 SnaBⅠ 位点附近为一非必要区。将构建酵母载体的所有其他构建都插入这个位点，就能保持 2μ 质粒的完整功能，从而使其成为一个高稳定、高拷贝的 YEp 型载体。

（3）自主复制型质粒载体（YRp） 该质粒含有酵母基因组的 DNA 复制起始区、选择标记和基因克隆位点等关键元件。由于含有酵母基因组复制起始区，能够在酵母细胞中进行自我复制。载体的克隆位点序列来源于大肠杆菌的质粒载体，如 pBR322 等。这类载体的特点是转化效率高，并且每个细胞的质粒拷贝数可高达上百个。但由于质粒载体在细胞分裂过程中不能均匀地分配到子细胞中，因而即使在有选择压力的条件下，随着转化细胞不断地分裂繁殖，子代细胞中的 YRp 质粒拷贝数也会迅速减少，最终经过多代的培养后，子细胞中质粒载体的拷贝数迅速减少。如果在没有选择压力的条件下培养，丢失了载体的细胞会以每世代高达 20% 的速率累积。因此 YRp 质粒载体很难用于工业生产中高表达外源基因。

（4）着丝粒型质粒载体（YCp） 该质粒载体是在自主复制型质粒载体的基础上构建而成的，增加了酵母染色体有丝分裂稳定序列元件，因而能保证质粒载体在细胞分裂时平均地分配到子细胞中去，同时提高质粒在宿主细胞中的稳定性。由于 DNA 的复制受到限制，细胞中质粒载体的拷贝数远不如自主复制型质粒载体，通常只有 1~2 个。这种质粒常用于构建基因文库，特别适用于克隆和表达那些多拷贝时会抑制细胞生长的基因。

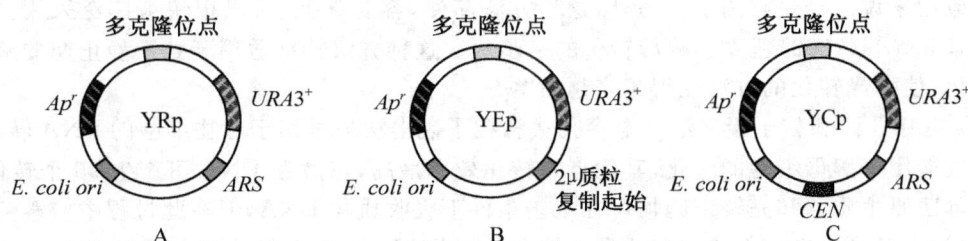

图 9-1 三种酵母载体结构图
A：自主复制型质粒载体 B：附加型载体质粒 C：着丝粒型质粒载体

（5）酵母人工染色体（YAC） 该载体包含酵母染色体自主复制序列（ARS）、着丝粒序列（CEN）、端粒序列（TEL）、酵母菌选择标记基因以及大肠杆菌的复制子和选择标记基因等。在酵母细胞中的 YAC 载体能够以线性双链 DNA 的形式存在，具有高度的遗传稳定性。由于 YAC 含着丝粒，在细胞分裂过程中能将染色体载体黏连，并避免在 DNA 复制过程中造成基因的缺失，因而保证了染色体载体在细胞分裂和遗传过程中的相对独立和稳定。在 ade2 基因赭石突变株中，SUP4 标记基因的表达使转化子呈白色，而非转化子或 SUP4 基因不表达时菌落呈红色。将外源基因插入到 YAC 载体的 Sma I 克隆位点上后，则可灭活 SUP4 基因，获得红色的重组克隆子。YAC 载体可插入 200~800kb 的外源 DNA 片断，因此特别适合高等真核生物基因组的克隆与表达的研究。

9.1.3 酵母菌的转化系统

酵母菌的转化程序首先是在酿酒酵母中建立的，类似的方法也同样适用于非洲酒裂殖酵母和乳酸克鲁维酵母的转化。质粒进入酵母菌细胞后，或与宿主基因组同源整合，或借助于 ARS 序列进行染色体外复制。这种特征与原核细菌颇为相似，但与包括真菌在内的其他真核生物有明显的区别，后者中的非同源重组占主导地位。操作简便的转化系统是酵母菌作为 DNA 重组和外源基因表达受体的另一优势。

1. 酵母菌的转化程序

酵母的 DNA 转化方法有以下几种方法。

(1) 原生质体法　由于酵母有结构复杂的细胞壁,所以最早用于酵母载体 DNA 转化的方法是原生质体法。其缺点是控制酵母细胞原生质体化的程度比较困难,转化效率不稳定。另外,做原生质体转化时间长、成本较高。

早期酵母菌的转化都采用在等渗缓冲液中稳定的原生质球转化法。在钙离子和 PEG 的存在下,酵母菌原生质球可有效地吸收质粒 DNA,转化效率与受体菌的遗传特性以及使用的选择标记类型有关。在无选择压力的情况下,转化细胞可达存活的原生质球总数的 $1\%\sim$ 5%。此外,将酵母菌原生质球与含有外源 DNA 的脂质体或者含有酵母菌-大肠杆菌穿梭质粒的大肠杆菌微小细胞融合,也能获得较高的转化效率。但以 Zeocin 为筛选标记的表达载体时,不宜使用原生质体法转化,因为 Zeocin 对原生质体有致死性。

(2) 离子溶液法　由于原生质体法的局限性,人们相继建立了几种全细胞的转化程序,其中离子溶液法的转化率与原生质体法不相上下。Ito 等(1983)将酵母细胞进行各种离子溶液的处理,然后进行 DNA 转化,发现一价碱性阳离子 Cs^+、Li^+ 能明显地增加外源 DNA 的吸入,首次实现了完整酵母细胞的 DNA 转化。这种方法的转化效率达 93 个转化子/mg DNA,对于一般的应用来说已经足够高了。另外,这种方法简便,容易掌握,所以很快被广泛采用。在此基础上,Chen 等(1992)建立了酵母转化的一步法。这种方法特别适用于处于静止期的酵母细胞的转化,使酵母转化的方法变得越来越简单。

(3) 电穿孔法和粒子轰击法　电穿孔法和粒子轰击法最早用于植物细胞的 DNA 转化,后来证明也能用于酵母细胞的转化,其优点是转化效率最高,每微克 DNA 可产生 95 个转化子。

酵母菌原生质球和完整细胞均可在电击条件下吸收质粒 DNA,但在此过程中应避免使用 PEG,因为它对受电击的细胞的存活具有较大的副作用。电穿孔转化法与受体细胞的遗传背景以及生长条件关系不大,因此广泛适用于多种酵母菌属,而且转化率可高达 95 个转化子/μg DNA。此外,采用类似于接合的程序也可将原核细菌中的质粒 DNA 转移到酵母菌中,只是其接合频率比原核细菌之间的接合低 9~90 倍。

2. 转化质粒在宿主细胞中的命运

双链 DNA 和单链 DNA 均可高效转化酵母菌,但单链 DNA 的转化率是双链 DNA 的 9~ 30 倍。含有酵母复制子结构的单链质粒进入受体细胞后能准确地转化为双链形式,而不含复制子结构的单链 DNA 则可高效地同源整合到受体菌的染色体 DNA 上;另一方面,酵母菌细胞中含有活性极强的 DNA 连接酶,但 DNA 外切酶的活性比大肠杆菌低得多,因此线型质粒或带有缺口的双链 DNA 分子均可高效转化酵母菌,甚至几个独立的 DNA 片段进入受体细胞后也能在复制前连接成一个环状分子。将人工合成的 20~60bp 寡聚脱氧核苷酸片段转化酵母菌,这些 DNA 小片段能整合在受体菌的染色体 DNA 的同源区域内。例如某一酵母菌突变株呈 cyc^- 遗传特性,其 CYC1 基因的第四位密码子突变为终止密码子,将含有 CYC1 $5'$端完整编码序列的寡聚脱氧核苷酸转化这株突变株,可筛选到 cyc^+ 的转化子,这一技术为酵母菌基因组的体内定点突变创造了极为有利的条件。

除此之外,进入同一受体细胞的不同 DNA 片段,如果存在同源区域,也能发生同源重组反应,并产生新的重组分子。将外源基因克隆在含有一段酵母菌质粒 DNA 的大肠杆菌载体(如 pBR322 及其衍生质粒)上,重组分子直接转化含有酵母菌质粒的受体细胞,重组分子中的外源基因便可通过体内同源整合进入酵母菌质粒上,这种方法尤其适用于酵母菌载体因分子太大、限制性内切酶位点过多而难以进行体外 DNA 重组的情况。同理,含有酵母菌染色体 DNA 同源序列以及合适筛选标记基因的大肠杆菌重组质粒转化酵母菌后,借助于体内同源整合过程可稳定地整合在受体菌的同源区域内,YIp 整合型质粒就是根据这一原理构建的。同源重组的频率取决于整合型质粒与受体菌基因组之间的同源程度以及同源区域长度,但在一般情况下,50%～80%的转化子含有稳定的整合型外源基因。迄今为止,许多基因工程酵母菌都是采用整合的方式构建的,如产人血清白蛋白的巴斯德毕赤酵母工程菌等。

3. 转化子的筛选

转化子筛选的主要目的在于能找出高效表达外源基因蛋白的克隆子。目前,用于酵母菌转化子筛选的标记基因主要有两大类:营养缺陷互补基因和显性基因。

营养缺陷互补基因主要包括营养成分的生物合成基因,如氨基酸(LEU、TRP、HIS 和 LYS)和核苷酸(URA 和 ADE)等,在使用时,受体菌必须是相对应的营养缺陷型突变株。这些标记基因的表达虽具有一定的种属特异性,但在酿酒酵母、非洲酒裂殖酵母、巴斯德毕赤酵母、白化假丝酵母(*Candida albicans*)以及脂解雅氏酵母等酵母菌种之间,种属特异性表达的差异并不明显。目前用于实验室研究的几种常规酵母菌属受体菌均已建立起相应的营养缺陷系统,但对大多数多倍体工业酵母而言,获得理想的营养缺陷型突变株相当困难,甚至不可能,为此在此基础上又发展了酵母菌的显性选择标记系统。

显性标记基因的编码产物主要是干扰酵母菌受体细胞正常生长的毒性物质的抗性蛋白,其中来自大肠杆菌 Tn601 转座子的 aph 基因编码氨基糖苷类抗生素 G418 的蛋白(磷酸转移酶),这个基因能在酵母菌中表达,但其转化酵母菌的能力只及营养缺陷型标记基因的 9%。

利用质粒上的营养成分作为标记基因互补相应的营养缺陷型受体菌,可以在不添加任何筛选试剂的条件下维持转化子中质粒的存在,但这种筛选互补模式并不稳定,而且对选择培养基的要求也很高,在大规模传统发酵中普遍使用的复合培养基一般不能用作这种转化菌的培养。近年来发展起来的自选择系统是克服上述困难的一种有效方法。

酿酒酵母的一种 srb-1 突变株对环境条件极为敏感,它只能在含有渗透压稳定剂的培养基中正常生长,而在普通复合培养基中细胞会自发裂解。用含有野生型 SRB1 基因的自主复制型多拷贝质粒转化这种突变株受体细胞,则只有转化子能在不含渗透压稳定剂的普通培养基中生长,因此任何培养基均可用于转化细胞的筛选以及质粒的稳定维持。更为优越的是,含有 SRB1 标记基因的多拷贝载体能在受体菌中稳定复制 80 代以上。相对化学试剂或营养缺陷互补筛选程序而言,这种自选择系统具有更高的应用价值。

酵母转化较为复杂。只有外源基因整合到染色体上才能稳定存在,如果转化后的重组载体未能整合到染色体上,而是以游离的附加体形式存在,那么这种转化子是不稳定的,重组载体极易丢失。5′AOX1,3′AOX1 和 His 位点为整合区。对于巴斯德毕赤酵母而言,重组可分为两种情况:一是单交换,即插入,外源基因通过重组插入到酵母染色体基因组 His4 位点或 AOX1 基因的上游或下游,AOX1 仍然保留,得到的转化子表型为 Mut$^+$,此种整合的成功率为 50%～80%,而且这一整合过程可重复发生,使得更多拷贝的表达单位插入基因组中,形成多拷贝转化子;另一种情况是双交换,即替换,载体经酶切后,使其外源基因表达元件和标记基因的两端与酵母染色体 AOX1 基因被载体外源基因表达元件和标记基因所代替,因此酵母只能依赖 AOX2 基因编码的或活性较低的纯氧化酶进行甲醇代谢,这样得到的转化子表型为 Mut^s,利用甲醇的效率很低,但它表达外源基因的效率高。双交换产生的转化子多为单拷贝。一般情况下,对于胞内表达最好选择 Mut^s 表型,因为 Mut^s 表型转化子胞内纯氧化酶含量很低,有利于目的蛋白的纯化。对于分泌表达,应尽量选用 Mut⁺ 表型,它能正常利用甲醇生长,所以发酵培养时,更容易达到高密度,产量可能相对较高。但无论是采用单交换还是双交换,得到的 His⁺ 转化子中有一部分是假阳性,这是因为当载体的 His4 位点和宿主基因组 His4 位点发生同源重组时,不带任何其他载体的野生型 His4 基因也可以发生同源重组,此种概率约占 His⁺ 转化菌落的 9%～50%;采用电激转化法时发生频率最高。

因此,只通过在不含组氨酸的培养基筛选是远远不够的,还需要利用 PCR 方法对少量转化子进行复筛,即提取转化子 DNA,用外源基因两侧特异引物扩增筛选。然而,这只限于少量转化子。转化子太多,则工作量太大。对于大量转化子的筛选,可用原位点杂交进行,即把等量的不同转化子点在 NC 膜上,在原位对酵母细胞壁进行裂解,使之释放 DNA。DNA 经过变性、中和后,可与有外源基因制备的探针杂交。用这种方法,在一张 NC 膜上,可完成对几百个转化子的筛选。用原位点杂交不仅可以筛选大量转化子,而且可以鉴定多拷贝。这是因为当点到 NC 膜上的菌量相同时,转化子中外源基因拷贝数越多,则杂交后信号越强。

9.1.4 常用的酵母表达系统

最早成功地表达外源基因的宿主菌是大肠杆菌,但是它不能表达结构复杂的蛋白质;随后发展的哺乳类细胞、昆虫细胞表达系统虽然能表达结构复杂的哺乳类细胞蛋白,但表达水平低,操作复杂,不易推广使用。酵母表达系统是在这种条件下迅速发展起来的,具有很多突出的优点,如拥有转录后加工修饰功能,操作简便,成本低廉,适合于稳定表达有功能的外源蛋白质,而且可大规模发酵,是最理想的重组真核蛋白质生产制备用工具。截至目前,它已成功地生产和分泌人类、动物、植物或病毒来源的异源蛋白,获得一些传统方法无法得到的异源蛋白。

应用酵母表达系统生产外源基因的蛋白质产物时也存在一些不足之处:① 在翻译异源蛋白时,遗传和翻译的稳定性常常受影响,如点突变等。这可通过大量的基因拷贝数解决,因为突变会被大量的正常基因覆盖掉;② 翻译产物不稳定,可以用液泡蛋白酶缺陷型来解决,以防止产物降解。③ 翻译中,翻译错误可通过对 DNA 修改来防止,如选用酵母偏爱的密码子以避免错误地插入 tRNA 和由于使用酵母中稀有密码子而引起的翻译中断和移位,以提高正确产物的产量。④ 选择翻译后具有修饰能力的酵母以及合适的载体,得到有活性的成熟产物。⑤ 生产分泌蛋白时,能够糖基化和形成二硫键,而且能在信号肽的引导下进行分泌,但 KEX2 蛋白酶除去 α-因子的前导肽序列常不够完全,导致分泌蛋白有一个过长的氨基末端。这可采用氨基酸末端间隔序列解决,在 α-因子的前导肽序列和产物之间加一个间隔序列,这个间隔序列肽可在体外或体内用特异蛋白酶或酵母天冬氨酰蛋白酶切除。⑥ 糖基化,酵母能进行 N-糖基化,主要是甘露糖型,还会发生过度糖基化,导致潜在的免疫原性。改变表达宿主糖基化背景能使产生的糖蛋白符合要求,但由于每种糖蛋白的糖基化都不同,因而要分别测试所要表达的各种临床中使用的糖蛋白。⑦ 蛋白折叠和分泌。有证据表明,有一些蛋白分泌后是错误折叠,滞留在内质网腔内。但目前对腔内蛋白在折叠和分泌中的作用还不清楚,这将是阻碍发展酵母表达系统的一个难题。

随着现代分子生物学技术的发展,人们将进一步探索各种酵母表达系统的强启动子元件、分泌信号肽以及对外源蛋白表达、分泌的影响因素。酵母表达系统在未来的发展和应用中占有重要的地位。

1. 酿酒酵母(*Saccharomyces cerevisiae*)表达系统

酿酒酵母又名面包酵母,是迄今为止人们了解最完全的真核生物(其全部序列的测定已于

1996 年完成），也是人们最先建立的酵母表达系统，一直以来被称为真核生物中的"大肠杆菌"。1981 年 Hitzemom 等在酿酒酵母中表达了人 α-干扰素，开始将酿酒酵母表达系统推向了应用开发，此后酿酒酵母已被广泛地用作外源蛋白表达的宿主，如乙型肝炎疫苗、人胰岛素、人粒细胞集落刺激因子、人血管抑制素等，并发展了许多相应的表达系统。人们还用酿酒酵母表达了多种原核和真核蛋白。长期实践已证明，酿酒酵母具有较高的安全性。

由于酿酒酵母本身含有质粒，其表达载体可以有自主复制型和整合型两种。自主复制型载体如 pYES2（图 9-2），可在细菌宿主中进行选择和增殖，常使用 pUC 质粒的复制起点和氨苄青霉素抗性选择标记。通常有 30 个或更多的拷贝，含有自动复制序列（ARS），能够独立于酵母染色体外进行复制，如果没有选择压力，这些质粒往往不稳定。为了克服这些载体的不稳定性，以脆弱的 srbl-1 突变的宿主作为基础建立自然选择系统。这个菌株要求渗透压稳定，否则会裂解，转化后带野生型 SRB 的自主复制 YEp 型质粒与此菌株进行互补，可在培养基上保持选择性。

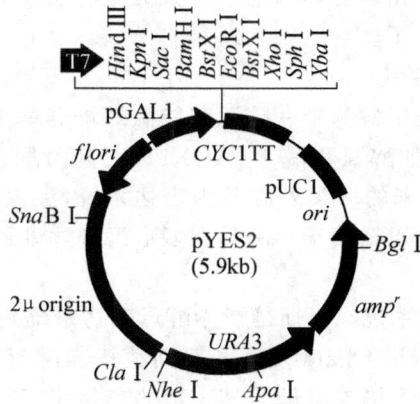

图 9-2 酿酒酵母附加型表达载体

整合型质粒不含 ARS，如 pHBM370（图 9-3）不能在酵母中进行自主复制，而是利用同源片段将载体整合到染色体上，随染色体的复制而复制。这类载体稳定性高，但是拷贝数很低，但采取一些措施可以初步解决这个限制问题：① 用酵母转座子易产生多个插入拷贝；② 将 reDNA 插入到核糖体 DNA 簇中，在宿主的 ⅩⅢ 号染色体上以 150 串联重复序列存在。用特殊的质粒如 pMIRY2 转化可产生上百个整合拷贝，整合的 pMIRY2 在无选择压力下分裂时保持稳定。

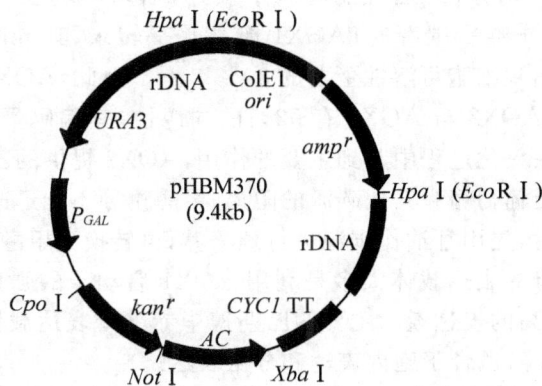

图 9-3 酿酒酵母整合型表达载体

在表达时,外源基因与来自酿酒酵母的高效表达基因启动子融合,这些启动子既有组成型表达,也有诱导型表达。启动子 PGAL1 在存在半乳糖的条件下表达水平提高 900 倍,诱导表达的 GAL1、GAL7 及 GAL9 基因产物占细胞总蛋白的 0.5%～1.5%,是常用的启动子。酿酒酵母可指导外源蛋白分泌,通常是将重组蛋白的成熟蛋白形式与酵母 α-交配因子前导序列融合,该引导序列可用 Kex2 酶的蛋白水解作用切去,这个步骤是广泛存在于真核生物中的。值得注意的是,酿酒酵母表达的外源蛋白质往往被高度糖基化,糖链上可以带有 40 个以上的甘露糖残基,糖蛋白的核心寡聚糖链含有末端 α-1-3 甘露糖,产物的抗原性明显增强。所以,酿酒酵母常常用来制备亚单位疫苗(如 HBV 疫苗、口蹄疫疫苗等)。

应用酿酒酵母表达系统生产外源基因的蛋白质产物时也有不足之处,如产物蛋白质的不均一、信号肽加工不完全、内部降解、多聚体形成等,造成表达蛋白质在结构上的不一致,酿酒酵母大规模发酵过程中会产生乙醇,难以进行高密度培养,分泌效率低,一般不能高效分泌相对分子质量大于 30000 的外源蛋白质。面对酿酒酵母上述问题,人们一方面对其进行遗传改造,改善其特性,另一方面又开始从酵母菌这个巨大的生物资源寻找更好的宿主。因此,许多新的酵母表达系统也发展起来了。

2. 甲醇营养型酵母表达系统

甲醇营养型酵母是能在以甲醇为唯一碳源和能源的培养基上生长的酵母,甲醇可以诱导它们表达甲醇代谢所需的酶,如醇氧化酶 I（AOX1）、二羟丙酮合成酶（DHAS）、甲酸脱氢酶（FMD）等,是近些年来发展起来的一类外源基因表达系统,涵盖假丝酵母、汉逊酵母、毕赤酵母、和球拟酵母 4 个属。其中,巴斯德毕赤酵母和多形汉逊酵母是主要用作表达宿主的甲醇型酵母。

（1）巴斯德毕赤酵母表达系统　巴斯德毕赤酵母表达系统是一种外源蛋白的高效表达系统。20 世纪 60—80 年代 Koichi Ogata 发现了巴斯德毕赤酵母可以利用甲醇作为碳源和能源;Pilips Petroleum 公司开发了毕赤酵母的高密度培养技术;随后巴斯德毕赤酵母作为外源基因表达系统被开发出来:研究人员分离出了赤毕酵母中的醇氧化酶 AOX1 基因(包括 AOX1 的强启动子),构建了毕赤酵母载体,从此开始利用此表达系统进行了大量外源基因的表达。

目前已有 20 余种具有经济价值的重组异源蛋白在巴斯德毕赤酵母中获得成功表达。甲醇能够迅速诱导巴斯德毕赤酵母合成大量的乙醇氧化酶。在巴斯德毕赤酵母中有 2 个基因（AOX1 和 AOX2）编码乙醇氧化酶,但在细胞中乙醇氧化酶的活力主要由 AOX1 提供。AOX1 严格地受甲醇专一诱导、调控且能高水平表达,当培养基没有甲醇存在时检测不到 AOX1 的表达,但以甲醇作唯一碳源时,AOX1 能高水平转录,其 mRNA 可占总 mRNA 的 5% 以上,乙醇氧化酶可达到细胞可溶性蛋白的 30% 以上。因此,AOX1 启动子可以用于调控外源基因的表达。虽然 AOX2 与 AOX1 有 92% 的同源性,其编码蛋白质 97% 的同源性,但 AOX1 基因的编码产物在氧化过程中起到主要的作用,AOX2 提供的乙醇氧化酶的活力很低。AOX1 基因的表达严格受葡萄糖和其他碳源的阻遏,甲醇诱导不能迅速解除葡萄糖的阻遏,因此在用于外源基因表达时,先用甘油作碳源进行预培养,再转换到甲醇作唯一碳源的培养基进行诱导。巴斯德毕赤酵母的表达载体大多是利用 AOX1 启动子的强诱导性使它下游的外源基因易于调控,并具有很高的表达量。主要的巴斯德毕赤酵母表达载体有 pPIC9K、pHILD2、pHILS1 和 pPICZα 系列等,适合于胞内表达和分泌表达。

大量研究结果表明,巴斯德毕赤酵母在异源蛋白的分泌表达方面优于酿酒酵母系统。酿酒酵母细胞中的乙醇积累是导致重组异源蛋白合成不足的主要原因,而由 AOX1 启动子介导的外源基因高效表达足以以单一拷贝获得较为理想的表达率,但建立多拷贝整合型的重组毕赤酵母菌具有更大的潜力。转化的 DNA 重组片段在受体细胞内环化后,通过单一交叉重组过程的重复使外源基因多拷贝整合在染色体 DNA 上,这种多拷贝整合型转化子在受体细胞有丝分裂生长期间具有显著的稳定性,而且能够通过诱导作用进行高密度培养。由于多拷贝整合机制与外源基因的序列特异性无关,因此这一高效表达系统具有广泛的应用价值。

此外,当使用 AOX1 启动子在巴斯德毕赤酵母细胞中表达外源基因时,选择 AOX1 缺乏的突变株作为受体细胞能获得比 AOX1$^+$ 野生菌更高的表达效率,因为野生型巴斯德毕赤酵母在甲醇培养基中生长期间能产生阻遏 AOX1 启动子的一种中间代谢产物,而这种阻遏物是由甲醇代谢基因控制合成的。AOX1 基因的缺失从源头上阻断了受体菌的甲醇代谢途径,因此尽管其他甲醇代谢基因依然存在,但由于没有合适的前体分子,从而丧失了其合成阻遏物的能力。

目前使用的巴斯德毕赤酵母受体菌大多是组氨醇脱氢酶的缺陷株,这样表达质粒上的 his 标记基因可用来正向筛选转化子。尽管两个自主复制序列 PARS1 和 PARS2 已从毕赤酵母菌属基因文库中克隆并鉴定,但由此构建的自主复制型质粒在该菌属中不能稳定维持,因而通常将外源基因表达序列整合入受体细胞的染色体 DNA 上,构建稳定的毕赤酵母工程菌。

巴斯德毕赤酵母作为外源基因表达系统具有很多优点:具有目前已知最强的启动子——AOX 启动子,可用于调控外源蛋白的表达;能在无机盐培养基中快速生长,以进行工业化生产,高密度培养干细胞量可达 90g/L 以上;产物既可胞内表达又可分泌表达,易于纯化;产物表达量高,最高可达十几克/升;整合性表达,菌株遗传稳定;与酿酒酵母相比,产物糖基化程度低,糖基化位点为 Asn-X-Ser/Thr,与哺乳动物细胞相同,适合医用。

虽然巴斯德毕赤酵母有许多优点,但真正实现高表达还必须根据它的特点进行周密的设计和精心的实验才能达到,实现外源基因在巴斯德毕赤酵母中的高表达应考虑以下几个问题:① 拷贝数:整合型载体的表达与自主复制的质粒型表达载体不同,前者转化子中表达载体的拷贝数变化较大,后者比较稳定,所以实现整合型表达载体的高表达,拷贝数是一个重要因素。野生型巴斯德毕赤酵母在甲醇诱导下,醇氧化酶蛋白含量可达细胞总蛋白的 30%,所以一般认为只要有一个拷贝的 AOX1 基因剂量即可达到 mRNA 的最高水平,但事实并非如此。在 HIV21 的 *Env* 基因表达中,随着整入的表达载体拷贝数的增加,mRNA 的水平可增加 2~3 倍,所以在研究一个基因表达时要充分考虑到表达载体的拷贝数;② 蛋白酶分解:在分泌表达中由于宿主蛋白酶的存在经常使表达产物不稳定,降低了表达量。在实际工作中一般采用下列方法防止产物降解:采用蛋白酶缺陷的宿主菌;降低发酵培养基的 pH 值,抑制蛋白酶的活性;在培养基中补加氨基酸或多肽以阻遏蛋白质降解;③ 发酵:在巴斯德毕赤酵母外源基因表达的发酵中,摇瓶发酵往往与发酵罐的结果差别很大,这是由于诱导条件对表达影响较大,而摇瓶的诱导条件又难以控制。

(2) 多型汉逊酵母表达系统 多型汉逊酵母是一种耐高温甲醇酵母,最适生长温度为 37~43℃。该系统内含有特殊的甲醇代谢途径,含甲醇氧化酶(MOX)、甲醇脱氢酶(FMD)和二羟丙酮合成酶(DNAS)几种特殊的酶;只有一个编码甲醇氧化酶的基因(MOX),其启动子是强诱导启动子,与其他醇氧化酶启动子不同,该启动子对葡萄糖的阻遏不敏感,在葡萄糖限制或缺乏的条件下,能够被甲醇诱导,因此从培养向诱导的转换非常容易,在实际应用中有很大的优越性,其表达量高于其他的酵母表达系统。该表达系统的整合方式与毕赤酵母不同,毕赤酵母通过同源重组进行整合,得到的重组子 90% 以上是单拷贝,通过筛选可以得到多拷贝重组菌,但拷贝数也不是很高。

多型汉逊酵母的表达载体含有宿主菌的 HARS 序列,通过自我复制引导外源基因非同源性整合到染色体,50% 以上的重组子是多拷贝,可以获得拷贝数为 90 以上的重组菌株。表达载体也可以利用 rDNA 的重复序列引导外源基因整合到染色体上,从而获得高拷贝数的重组菌。多型汉逊酵母能够形成高拷贝数的重组子,可以把多个基因分别整合到染色体上共同表达,并筛选到各基因拷贝数合适比例的重组菌,使各基因在重组子中按预期的剂量表达,形成甲醇酵母代谢工程菌,使甲醇酵母细胞变成一个生物反应器,从而使甲醇酵母能够高效合成需要多种酶才能合成而其自身不能合成的药物等物质。

多型汉逊酵母具有遗传操作简单、外源蛋白产量高、易于工业化生产等特点,但由于大肠杆菌和其他酵母的外源基因表达系统已得到广泛关注,所以对其表达系统的研究相对较少,不如巴斯德毕赤酵母应用广泛。

3. 其他酵母表达载体

乳克鲁维氏酵母是一种可以利用乳糖作为全部能源和碳源的真核微生物。乳糖存在时,与乳糖代谢有关的酶可大量被诱导。乳克鲁维氏酵母主要有两种类型的载体:pMIRK1 和 pDK1,稳定性均很好。目前已有人血清白蛋白、人白介素 1β 等利用此载体系统进行了表达。

Arxula adeninivorams 是近年来发现的一种酵母,1990 年定名为 Arxula 属。*A. adeninivorams* 可以利用多种复杂有机物作为碳氮源,可以适应的最高温度为 48℃,温度超过 42℃ 时可形成菌丝体,42℃ 以下时出芽生殖,它可耐受 20% 浓度的盐。基于这些特性,*A. adeninivorams* 既可作为外源基因表达系统,又可以为其他酵母表达系统提供某些特殊合适的基因。它的外源基因表达系统也已建立。

酵母种类繁多,各具特色,已经开发作为外源蛋白基因表达体系的只是沧海一粟,所以它是具有巨大潜力和开发价值的一类微生物,还有待于科研工作者的继续努力,相信酵母表达体系今后在人类生存和发展中将发挥越来越大的作用。

9.1.5 酵母菌的蛋白修饰分泌系统

不论是原核还是真核生物,在细胞浆内合成的蛋白质需定位于细胞特定的区域,有些蛋白质合成后要分泌到细胞外,这些蛋白质叫做分泌蛋白。酿酒酵母只能将几种蛋白质(如蔗糖酶、酸性磷酸酯酶以及杀手毒素等)分泌到细胞外或细胞间质中,而脂解雅氏酵母则可分泌相对分子质量较大的蛋白质(如蛋白酶、酯酶和 RNA 酶等),但总的说来,酵母菌的蛋白分泌能力远不如原核生物芽孢杆菌的分泌系统有效。

1. 蛋白质的分泌运输机制

在高等真核生物中,大多数分泌性蛋白质的运输线路是:内质网膜—高尔基复合体—泡囊—细胞表面。与高等真核生物相似,高度分化的细胞其结构在酵母菌蛋白分泌运输过程中起着重要作用。酵母菌蔗糖酶和酸性磷酸酯酶的分泌是在细胞分裂过程中进行的。分泌蛋白首先集中在胞芽结构中,然后通过膜融合作用将分泌蛋白转入分泌型泡囊中,泡囊再将蛋白质运输到细胞膜内侧,并在 GTP 结合蛋白复合物的协助下,与细胞膜发生融合作用,将蛋白质释放至细胞周质中。整个分泌过程需要受到 SEC 基因编码产物的参与。

外源基因表达产物能否分泌与其 N 端有无信号肽以及糖基化修饰有关。对于一个原本就不能分泌的蛋白来说,采用分泌方式生产是非常困难甚至是不可能的。但为了下游工程处理的方便,外源蛋白的生产应尽量考虑采用分泌表达的方式。有些情况下外源蛋白自身的信号肽就足够了。如果不能利用自身信号肽,那么酿酒酵母转换酶或 α 配对因子(AFM)的前导序列可以非常有效地引导体积稍小的产物出胞。一般情况下,应用酵母特有的分泌信号表达外源基因获得成功的可能性较大。

2. 信号肽的剪切

酵母含有典型高等真核生物的许多翻译后修饰功能,这些功能包括信号肽的加工、蛋白质折叠、二硫键的形成和 O- 及 N-型糖基化等,这对保证表达产物的天然活性是十分重要的。比如,人基质金属蛋白酶-9(hMMP-9)有 3 个糖基化位点,颜春红等用巴斯德毕赤酵母表达系统表达获得了相对分子质量为 92260 的重组 hMMP-9,相对分子质量略大于天然 hMMP-9(91270),这是由于酵母中蛋白的糖基化方式与哺乳动物不同所致,但糖基化方式的不同并没有明显影响蛋白的活性。

信号肽序列对异源蛋白的高效分泌表达起着重要的作用。酵母菌信号肽序列大都由15～30 个氨基酸残基组成,保守性较低,其中含有 3 个不同的结构特征:N 端带正电荷的 n 区、中间疏水残基的 h 区和 C 端极性的 c 区。这 3 个特征序列的氨基酸残基的组成对蛋白质分泌效率起着重要作用。例如,卡尔酵母菌 α-半乳糖苷酶(MEL1)的两个突变性信号肽序列能使异源蛋白 Echistatin 和人纤溶酶原激活 I 型抑制因子的分泌效率提高 20～30 倍。其中一个突变簇将野生型信号肽 N 端疏水区中的 Phe 和 Tyr 分别改为 Arg 和 Leu,另一种突变形式是将野生型信号肽-5 位上的 Lys 改为 Pro,后者是在各种信号肽中通常用来阻断 α 螺旋结构的常用残基,对信号肽酶的正确剪切起着重要作用。

除了信号肽序列及其构象特征外,受体细胞内信号肽剪切酶系的表达水平对异源蛋白的高效分泌也有很大的影响。在酿酒酵母细胞内,存在两种针对含有 MFα1 信号肽的重组异源蛋白前体进行剪切的酶系,即由 STE13 基因编码的二肽氨肽酶以及由 KEN2 基因编码的蛋白酶,它们分别作用于 α 因子前体分子中的 Glu-Ala 和 Lys-Arg 两个剪切位点。当含有 MFα1 信号肽编码序列的外源基因高效表达时,受体细胞中这两个剪切酶系的含量已不能满足要求,此时若将信号肽剪切酶基因与外源基因共表达,可以有效地促进重组异源蛋白的成熟,进而提高其分泌效率。例如,在含有 MFα1 信号肽编码序列和 α-TGF 融合基因的克隆菌中,转入 KEX2 基因并使其高效表达,则转化子分泌 α-TGF 的能力大幅度提高。

大多数巴斯德毕赤酵母表达系统都是利用来自 S. cerevisiae 的 α-MF 前原信号肽。α-MF 前原信号肽由长 19 个氨基酸残基的前肽和 66 个氨基酸残基的原肽组成,后者含有 3 个相同 N-糖基化位点和一个二烷内肽酶加工位点。信号肽的加工是在内质网中进行的,包括三个步骤:第一步是信号肽酶去除前肽;第二步是 Kex2 内肽酶在原肽的精氨酸和赖氨酸之间进行切割;第三步是 Ste13 蛋白谷氨酸-丙氨酸重复序列进行切割。酶切割位点周围氨基酸序列及外源蛋白的三级结构可以影响信号肽加工效率。

酿酒酵母中能用于促进异源蛋白高效分泌的信号肽序列并不多,它们主要来源于由 MFα1 基因编码的多肽性激素 α 因子、蔗糖酶(SUC2)、可阻遏型酸性磷酸酯酶(PHO5)以及杀手毒素因子(KIL)等,其中 α 因子的信号肽序列最为常用,因为它能促进多种异源蛋白的高效分泌。然而,异源蛋白的性质不同,α 因子信号肽序列的效率也有很大差异,从 9g/L 到5mg/L 不等,其主要原因是与 α 因子信号肽序列融合的异源蛋白编码序列对 mRNA 的稳定性、翻译效率以及新生多肽链的翻译后加工等过程也有很显著的影响,因此在重组异源蛋白一定的前提条件下,比较信号肽序列对异源蛋白分泌的效率才有意义。

3. 分泌蛋白的糖基化

分泌蛋白的糖基化与蛋白质的生物活性有着密切的关系，如大多数用作药物的蛋白质其天然状态一般都是糖基化的。糖基化也有利于蛋白质的折叠，使蛋白质具有某种构象，而蛋白质的构象与蛋白质在体内的可溶性、稳定性及对特异受体的相互作用等多种特性有关，所以发生正确的糖基化是非常必要的。

（1）N-和O-糖基化 尽管酵母菌都拥有完整的蛋白质糖基化修饰系统，但其修饰形式不同于高等真核生物，许多高等真核生物的蛋白在相同的糖基化位点上都含有唾液酸基团，而酵母菌的O-寡聚多糖链则由单一甘露糖残基组成；酵母菌糖蛋白的N-糖基外链的组成成分只有甘露糖，在动物细胞中，N-糖基外链除了含有甘露糖单体外，还包括N-乙酰葡萄糖胺、半乳糖、唾液酸等糖基，分别产生高甘露糖型、杂合型以及复合型3种寡聚多糖结构。

在酵母菌中，蛋白质糖基化修饰分为两个主要步骤：① 在内质网膜内腔中的寡聚多糖核装配，该步骤在长萜醇磷酸酯（Dol-P）上进行。首先须形成 Dol-PP-(GlcNAC)$_2$(Man)$_9$(Glc)$_3$ 的寡聚多糖核结构，然后将该结构翻转入内质网膜内腔中，加入相应的甘露糖和葡萄糖，最终形成的完整寡聚多糖核结构再转移到多肽链 Asn-X-Thr 序列中的天门冬酰胺残基的 N 原子上。Ser 和 Thr 羟基上的 O-糖基化则是由 Dol-P-Man 分子提供的甘露糖。② 高尔基复合体中的糖外链延伸，分泌蛋白进入高尔基复合体后，在其寡聚多糖核上进行外链的延伸反应。此外，在高尔基复合体中还会发生 O-糖基侧链的延伸反应。这两个步骤是在一个庞大的糖基化修饰酶系参与下进行，其中相当多的编码基因已克隆并鉴定。

酿酒酵母的 O-型寡聚糖是由 1～5 个甘露糖残基通过 α1-2 连接构成的，而在毕赤酵母中 O-型寡聚糖由 1～9 个甘露糖残基通过 α1-2、α1-3 和 α1-6 连接。目前对于表达蛋白质和 O-糖基化特定位点的氨基酸一致性尚未形成一致的认识，然而，当蛋白质中存在大量的丝氨酸或苏氨酸，或丝氨酸/苏氨酸残基附近有脯氨酸存在，以及在丝氨酸/苏氨酸残基附近氨基酸残基的电荷性发生改变时，都有可能促进 O-糖基化。

N-糖基化是外源蛋白质中含有一致性序列 Asn-Xaa-Thr/Ser（Xaa 代表任何氨基酸）时，毕赤酵母能在其天门冬氨酸残基上的酰氨氮进行糖基化。N-糖基化作用从内质网开始，在高尔基复合体中进一步加工修饰。酿酒酵母的 N-糖基化识别位点和高等真核生物的完全一样，不过，酵母细胞中合成的糖链多为甘露糖残基，并且会形成过长的侧链，即所谓的过度糖基化现象。这类糖基化上的差别可能也会影响生物活性或引起过敏反应。为了改造酵母的糖基化形式，现阶段主要采取两种措施：① 位点专一性突变，减少潜在的糖基化位点；② 利用酵母的突变株，产生类似哺乳动物的高甘露糖型糖链。例如，过度甘露糖基化是绝大多数酵母菌株共有的特征。而一个甘露糖合成途径的双突变株 mnn1mnn9，可表达非免疫原性、非过度糖基化的重组蛋白。

毕赤酵母表达的蛋白质的糖基化过程与酿酒酵母相似，但也存在差异。首先是前者的糖基化程度低，毕赤酵母中加到外源蛋白每条侧链的平均长度为 8～14 个甘露糖残基，较之酿酒酵母每条侧链平均 50～150 个甘露糖残基要短得多，这使表达的外源蛋白的构想更接近天然蛋白。其次是多糖的连接形式也不同，酿酒酵母核心寡糖含有末端以 α1-3 形式连接的多糖，这使其糖蛋白的抗原性明显增强，而在毕赤酵母表达的蛋白质的 N-多糖中则以 α1-6 形式连接的，其免疫原性较低，有利于临床应用。此外，毕赤酵母表达的蛋白质 N-糖基化的多糖大小相对一致，而酿酒酵母表达的蛋白质的多糖大小通常差异很大。

（2）糖基化对蛋白质产量及功能的影响 糖基化对酵母表达蛋白质产量的影响因蛋白不

同而异,既有糖基化会提高或降低表达产量的报道,也有糖基化对蛋白质表达量无明显影响的报道。造成这种影响的原因目前尚不明确。同样,糖基化对酵母表达蛋白功能的影响也因蛋白的不同会造成三种情况,即增强功能、降低功能和对蛋白功能无明显影响,这与蛋白糖基化位点所处的部位有关。

重组异源蛋白在酵母菌受体细胞中会产生超糖基化作用,这种超糖基化作用会产生许多不利影响,包括重组蛋白的生物活性下降或抑制以及蛋白质的免疫原性增加等。解决上述问题的方法有三种:① 利用基因体外诱变技术封闭重组蛋白中的糖基化位点,从而在根本上避免酵母表达系统的超糖基化作用,重组人尿激酶原和粒细胞-巨噬细胞集落刺激因子采用这种方法取得了较好的效果。然而,如果异源蛋白本身含有糖基化侧链,而且糖链的存在是其生物活性所需的,那么这种封闭方法并不适用。② 筛选受体菌的甘露糖生物合成突变株,例如酿酒酵母的 mmn1 突变株能合成不含 $\alpha-1,3$ 糖苷键的 N-和 O-寡聚甘露糖侧链,从而消除了甘露糖糖蛋白严重的免疫原决定簇。mmn9 突变株失去了超糖基化功能,只能合成缺少外链的 N-糖基化蛋白质,这对于表达生产只含有寡聚多糖核的真核生物重组蛋白(如人 α_1-抗胰蛋白酶)是非常有效的。但上述两种突变株的缺陷是在大规模发酵过程中生长缓慢。③ 选用其他的酵母菌表达系统,如巴斯德毕赤酵母、多型汉逊酵母以及非洲酒裂殖酵母等,它们的蛋白质糖基化修饰作用在大多数情况下更接近于哺乳动物。

9.2　丝状真菌的基因工程

9.2.1　丝状真菌

丝状真菌作为转化的宿主菌,有许多其他微生物如细菌、酵母等不可比拟的优点:① 丝状真菌具有很强的分泌胞外蛋白的能力,而细菌表达的重组蛋白往往以无活性的、难溶的包涵体形式存在;② 当细菌表达外源真核基因时,因其翻译和转录不同于真核生物,因此即便真核基因转入细菌,也有可能不表达,但丝状真菌不存在类似的情况;③ 丝状真菌能对表达蛋白进行正确的翻译后加工,包括肽链的剪切和糖基化等翻译后加工;④ 丝状真菌具有像细菌一样的快速繁殖能力和短的生活周期,比动植物的细胞培养要简单;⑤ 许多丝状真菌,如黑曲霉 (*Aspergillusniger*)、米曲霉 (*Aspergillusoryzae*) 等长期被用在食品工业,被公认是安全的;⑥ 丝状真菌具有成熟的发酵工艺和后处理工艺。因此,丝状真菌是良好的真核 (attractive) 异源基因表达系统。

丝状真菌中尤其是粗糙脉孢菌 (*Neutospora crassa*) 和构造曲霉 (*Aspergillus nidulans*) 是研究真核生物遗传重组、基因结构和基因表达的模式系统。丝状真菌的生殖方式有有性生殖和准性生殖两种。有性生殖可以通过有丝分裂产生重组体,实现基因的遗传重组,准性生殖也是真菌的一种导致基因重组的过程,包括异核体的形成、二倍体的形成及单倍体化。

真菌的遗传物质包括 5 种成分:染色体基因、线粒体基因、质粒、转座因子等,丝状真菌的核基因组和线粒体基因组及其结构功能与高等真核生物类似,其单倍体通常含有 6～8 个线状染色体,基因组大小平均为 $2 \times 9^7 \sim 4 \times 9^7$ bp,基因中也含有内含子,但一般较短。其启动子序列与真核生物类似,在 5′非编码区中具有 CAAT 和 TATA 盒,但有些基因不具有此典型特征,还含有上游激活序列及增强子。

真菌细胞中富含多糖等代谢产物,丝状真菌基因工程的第一步是核酸的分离。真菌的核酸酶、多糖和色素对核酸的分离影响很大,其标准分离程序如下:将冷冻的菌丝体在研钵中用玻璃珠研碎,加入 $500\mu l$ TES 缓冲液($20mmol/L$ Tris-HCl,pH7.4,$9mmol/L$ EDTA,9% SDS w/v)悬浮,然后与 $500\mu l$ TES 饱和的苯酚均匀混合,离心,水相用苯酚和氯仿各萃取一次,萃取液用乙醇沉淀,得到核酸粗提物。对于 RNA 纯化,可将上述核酸粗提物用 DNase I 处理,37℃保温 1h,反应液用苯酚萃取一次,然后用乙醇沉淀。对于 DNA 纯化,则先用 $250\mu l$ TE 缓冲液悬浮核酸粗提物,加入 $2.5\mu l$ RNase A($9mg/ml$),37℃保温 1h,反应液用苯酚萃取一次,氯仿萃取两次,然后在水相中加入 $150\mu l$ $5mol/L$ NaCl 和 $400\mu l$ 13% PEG6000,冰浴 1h,离心,即得丝状真菌 DNA。

9.2.2 丝状真菌的 DNA 遗传转化系统

丝状真菌的 DNA 遗传转化系统主要涉及:① 选择标记,如营养缺陷型、药物抗性、抗生素抗性、突变型表型;② 外源 DNA 引入丝状真菌受体的方法;③ 转化的类型:转化 DNA 进入宿主细胞后,可独立于宿主细胞核染色体而自主复制,即复制型转化;或整合到宿主染色体一道复制,即整合型转化;④ 关于转化子遗传稳定性。

1. 真菌遗传转化系统的选择标记

真菌的转化载体一般都是以细菌来源的质粒为基础构建的载体。由于这些载体要在原核细胞和真核细胞中扩增乃至表达目的基因,为了检测转化后的瞬时表达情况,载体上一般要加入选择性标记。选择性标记还具有进一步确定遗传转化子及转化子遗传特性的作用。通常使用的选择标记主要有三类:

(1) 营养缺陷型互补基因 营养缺陷型互补基因是通过转入的标记基因与受体细胞缺陷基因互补,使受体细胞表现野生型生长而作为选择标记的。由于使用营养缺陷型标记要求有特定营养缺陷型受体菌,因而限制了这一选择性标记的使用。目前,常用 5-氟乳清酸抗性来构造尿嘧啶营养缺陷型基因,因为其能与来自粗糙脉孢菌的 $pyr-4$ 基因和来自构巢曲霉(*Aspergillus nidulans*)的 pyr 基因形成互补。此外,被用作丝状真菌转化的选择性标记基因还有编码色氨酸生物合成酶的 $trp-1$ 基因;类似于粗糙脉孢菌 $trp-1$ 基因的 trp 基因,编码鸟氨酸氨甲酰基转移酶的 arg 基因;来自黑曲霉(*Aspergillus niger*)和产黄青霉(*Penicillium chrysogenum*)的 $trpC$ 基因;来自米曲霉(*Asergillus oryzae*)和产黄青霉的 $pyrG$ 基因等。

(2) 碳源、氮源、硫源等营养基因 营养基因,包括 $amdS$,$niaD$,MPI 等也常常用作筛选标记。例如,含有 $amdS$(编码乙酰胺酶基因,来源于 *A. nidulans*)的菌株能在含有乙酰胺的培养基上生长,而其野生型不能在含乙酰胺的培养基上生长。如枯壳多孢(*Stagonospora nodorum*)的硝酸盐还原酶基因 nia 被克隆,并被用于构建一种依赖于硝酸盐同化作用的转化系统;甘露糖-6-磷酸异构酶(MPI)是来源于大肠杆菌的 $manA$ 基因,可以将不能为真菌所利用的甘露糖-6-磷酸转化为果糖-6-磷酸,当在培养基中只有甘露糖-6-磷酸作为唯一碳源时,只有含有 MPI 基因的转化组织或细胞可以生长,而未转化部分因为不能利用甘露糖-6-磷酸而停止生长,直至死亡。这些标记基因具有与受体细胞染色体同源的序列,可以插入受体细胞染色体上的特定位点,从而破坏该位点附近基因的表达而产生突变型表型。

(3) 抗性基因 抗性基因的转入可以使受体细胞在一定的药物浓度下生长,表现出药物抗性,包括潮霉素、寡霉素、博来霉素、腐草霉素、卡那霉素等。卡那霉素能与细菌的 30 核糖体亚单位结合,抑制翻译的起始,潮霉素可以与肽链延长因子 EF-2 作用,从而抑制肽链的合成。抗性基因是显性选择标记,使用十分方便,无需筛选突变株作为受体。

一般说来,丝状真菌可高效率转化同源和非同源的序列使其整合到基因组上。此外,丝状真菌一个有用的特征是能与不带选择性标记的质粒高效率地共转导,而且可以获得较高的整合型转化子。

2. **丝状真菌的 DNA 遗传转化的方法**

(1) $CaCl_2$/PEG 介导的原生质体转化　许多丝状真菌采用 $CaCl_2$/PEG 介导的原生质体转化,因此制备高效的原生质体是进行转化的前提和基础,原生质体的状态对转化效率的影响很大。首先是用溶壁酶处理菌丝体或萌发的孢子获得原生质体,然后将原生质体、外源载体 DNA 混合于一定浓度的 $CaCl_2$、PEG(聚乙二醇)缓冲液中进行融合转化,去掉 PEG 则无转化发生,然后将原生质体涂布于再生培养基中选择转化子。

(2) 根癌农杆菌介导的转化　Ti 质粒上的 T-DNA 和 vir(virulenece)区是农杆菌侵染植物所必需的。T-DNA 的转化依赖于 Ti 质粒上一系列 *vir* 基因的表达,而这些 *vir* 基因的表达受小分子的酚类和糖类物质的双重调节。用与基因组没有同源性的 T-DNA 转化丝状真菌,可以使外源 DNA 插入基因组,标记的突变基因可以根据已知插入 DNA 序列,用质粒拯救或 PCR 方法克隆。若用同源基因转化,可发生同源重组,用于研究目标基因的功能。随着转化丝状真菌技术的不断成熟,根癌土壤杆菌介导的丝状真菌转化有单拷贝随机整合以及精确度高的特点,因此它有可能成为工农业生产中丝状真菌分子遗传学研究的重要手段之一。

(3) 电转化　电转化是一种使用瞬间高压电,使细胞膜破裂,短时间内保持小分子 DNA 进入细胞内,被广泛用于将外源核酸转化或转染原核与真核细胞的有效方式。电转化技术在细菌和酵母中的应用较为广泛,真菌也有报道。在丝状真菌中也应用了电转化技术。

(4) 限制酶介导的转化　限制性内切酶介导的 DNA 整合技术是通过转化而产生带有标记突变子的一项新技术。在转化混合物中添加限制性内切酶可明显提高异源整合的频率,其原因为限制性内切酶可识别受体基因组以及外源质粒的共同酶切位点,并在胞内实现切割和重新整合。限制性内切酶介导的转化需要根据实验来确定受体细胞、给定限制性内切酶以及外源质粒的最佳转化条件,以获得高的转化效率。现有的报道普遍证明限制性内切酶介导的转化方法因菌种不同,转化效率表现也不同。在构巢曲霉限制性内切酶中的转化效率可以提高 20~60 倍,线状质粒转化 *A. fumigatus* 的效率比环状质粒提高 5~9 倍;在粗糙脉孢菌中转化率影响不大,有的甚至降低。

另外还有基因枪技术、醋酸锂法等。

3. **丝状真菌的复制型转化和整合型转化**

转化 DNA 进入宿主细胞后,可独立于宿主细胞核染色体外而自主复制(复制型转化),或整合到宿主染色体上而随宿主染色体一起复制(整合型转化)。

(1) 复制型转化　复制型转化需要构建含有真菌复制子的复制型载体,已从多种丝状真菌的线粒体 DNA 或基因组 DNA 中分离到自主复制顺序(ars),如卷枝毛霉(*MucoCircinel-loids*)、布拉克须霉(*Phycomyceblakesleeanus*)、米曲霉(*A. oryzae*)、玉米黑粉菌(*U. maydis*)等。在丝状真菌体内获得能自主复制的重组质粒,这是通过非复制型载体与染色体 DNA 或线粒体 DNA 整合,获得受体菌能自主复制的顺序而形成重组质粒,这种重组质粒具有自主复制能力,目前,已在灰绿犁头霉(染色体 DNA 与非复制型载体的重组)、构巢曲霉(染色体 DNA 与非复制型载体的重组)、尖镰孢(染色体 DNA 的端粒顺序与非复制型载体的整合)、糙皮侧耳(染色体 DNA 与非复制型载体的重组)、花药黑粉菌(线粒体 DNA 与非复制型载体的重组)等丝状真菌体内获得复制型重组质粒。

(2)整合型转化　已实现转化的丝状真菌中,绝大多数都是整合型转化,在丝状真菌中存在着三种类型:第一种类型为转化 DNA 与受体染色体同源序列之间的重组,通过单交换导致转化 DNA 整合到染色体 DNA 上。第二种类型是转化 DNA 与受体染色体的异源重组,通过单交换导致转化 DNA 整合到受体染色体上。含有异源序列的载体和含有同源序列的载体均可产生异源重组,但含有同源序列的载体与受体染色体发生异源重组的比例较少。第三种类型是转化 DNA 与受体染色体同源重组,通过双交换导致转化 DNA 中的基因取代受体染色体中的基因。在丝状真菌中,第二种类型的异源整合转化是常见的,可能由于丝状真菌的异源整合转化不需要广泛的序列相匹配,因为整合连接处的核苷酸序列很少或没有同源性。不过,有关异源整合所需的最低程度的同源性尚未确定,这可能由于菌株或标记的不同而不同,也可能受目前尚不清楚的重复弥散顺序的分布的影响。总而言之,整合转化受多种因素的影响,如序列同源性的程度、转化 DNA 的构型、特异性选择标记、被转化的菌株种类,以及尚未确定的影响 DNA 断裂和修复的特异性基因及其产物的活性等。

4. 丝状真菌转化子的遗传稳定性

(1)整合型转化子无性繁殖稳定性　转化子的遗传稳定性是其应用的一个主要标准,整合型转化中由于转化 DNA 整合到染色体 DNA 中,因此其稳定性应如同任一染色体基因一样稳定,但事实并非总是如此。转化子中的转化 DNA 片段在有丝分裂过程中是十分稳定的,如有研究表明构巢曲霉的 *argB* 基因在 50 代以上的生长过程中仍未检测出丢失发生。有研究认为转化子的遗传稳定性可能也与转化方法有关。

(2)整合型转化子有性繁殖稳定性　转化子的减数分裂遗传稳定性通常是不规律的,有的研究没有检出转化 DNA 的丢失,而有的研究表明转化 DNA 丢失达 36% 以上。如有研究诱导黄枝孢(Cla-dosporiumfulvum)准性生殖循环中转化 DNA 的遗传时发现 85 个后代中,有 80% 的后代含有载体顺序,其中含载体顺序的后代中,有 70% 的后代对 HygB 具有抗性,有 8 个后代的 *hph* 基因失活,失活的原因是由于载体顺序的重新排列。

(3)复制型转化子的稳定性　有人研究构巢曲霉自主复制转化的转化子无性繁殖遗传稳定性,在无氨基酸培养菌中生长的转化子所形成的分生孢中,有 65% 的分生孢子丢失转化 DNA 成 Arg⁻;将 Arg⁺ 转化子在无 arg 培养基中连续培养 12 代后,发现后代 Arg⁺ 表型仍不稳定,Arg⁺ 后代的比例为 35%~53%,Southern 分析表明,Arg⁻ 后代均丢失了质粒 ARp1,在 ArgB⁺ 转化子分别与 ArgB⁻ 缺陷型菌株进行性杂交时发现,30%~61% 的后代是 Arg⁺,这表明 ARp1 可通过有性循环而传递。

9.2.3　丝状真菌载体质粒的构建

目前在丝状真菌基因工程中广泛使用的载体系统主要是整合型质粒和自主复制型质粒两大类。前者转化各种丝状真菌受体菌均能获得稳定的转化子,相对整合型质粒而言,自主复制型质粒在丝状真菌中较不稳定,其转化仅在少数宿主系统中获得成功,主要原因是丝状真菌的多核生长状态强烈抑制自主复制型质粒在子代细胞中的等量分配。典型的丝状真菌载体质粒如图 9-4 示。

　　酵母菌的自主复制型质粒系统相当完善,但其自主复制序列(ARS)在丝状真菌细胞中并无活性。因此,寻找丝状真菌自己的 ARS 是构建自主复制型质粒的关键。巢曲霉菌的自主复制型质粒 ARp1(11.5kb)是由携带 argB 基因的 pILJ16 载体 DNA 片段(5.4kb)与 6.1kb 的巢曲霉菌染色体 DNA 片段 AMA1 重组而成的。ARp1 转化巢曲霉菌的效率比野生型质粒 pILJ16 高 250 倍,而且这个质粒在硫曲霉菌(Aspergillus oryzae)和黑曲霉菌(A. niger)中也能自主复制,其转化率比 pILJ16 分别提高 30 倍和 20 倍。ARp1 质粒上的 AMA1 DNA 片段在其两端各含有一段短小的反向重复序列,该片段中部区域缺失并不影响 ARp1 的转化特性。因此,ARp1 的自主复制能力及其在宿主菌多核菌丝体中的稳定性仅与 AMA1 两端的反向重复序列有关。

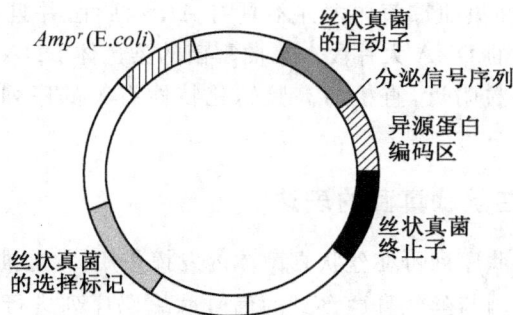

图 9-4　典型的丝状真菌载体质粒结构

　　显毛菌属的自主复制型质粒 pRR12 也已构建成功。其基本质粒为酵母菌整合型质粒 YIp5,含有显毛菌属自身的 ARS 活性片段以及来源于大肠杆菌 Tn903 转座子的卡那霉素抗性基因。但 pRR12 转化显毛菌属的转化率极低,只有 20/μg DNA,但在选择压力存在下,可进行高拷贝稳定复制。从上述转化子中提取总 DNA,再转化大肠杆菌,可分离出两种新的显毛菌属质粒 pG12-1(6.3kb)和 p12-6(3.1kb),它们都含有卡那霉素抗性基因、pBR322 复制子以及一段来自显毛菌属内源性环状质粒 pME(8.5kb)的 DNA 片段,其中 p12-6 是作为 pEM 质粒的一部分在显毛菌属中自主复制并稳定遗传的。将大肠杆菌的 lacZ 基因克隆到 p12-6 上所形成的重组质粒 pSV7 能直接转化显毛菌属,转化子在含有 X-gal 和卡那霉素的平板上呈现白色和蓝色两种菌落,所有的蓝色菌落中都含有完整的 pSV7;但当用 pSV7 重新转化大肠杆菌时,质粒发生重排,因此 pSV7 不能作为穿梭质粒使用。

　　在丝状真菌各种属中还发现了几种线粒体线状质粒,绝大部分的这种质粒在其 5′端与一个蛋白质结合。将从赤壳菌属(Nectria)线型质粒 pFSC1(9.2kb)上含有长末端反向重复序列(TIRs)的 4.9kb Hind Ⅲ DNA 片段克隆到美地黑粉菌质粒 pIC19RHL 的相应位点上,构成自主复制型载体 pTIR1。全长为 1211bp 的 TIR 片段含有与酵母菌 ARS 保守序列几乎完全相同的同源序列(只有一个碱基差异),而且与美地黑粉菌 383bp ARS 片段中的 11bp 特征序列也有较高的相似性。用超螺旋的 pTIR1 转化美地黑粉菌,其转化率比线性 pTIR1 以及 pIC19RHL 高 3.6~21.7 倍不等,所获得的潮霉素 B 抗性菌落也比线型 pTIR1 或 pIC19RHL 转化子要小得多,且生长缓慢。从这些菌落中提取出的载体 DNA 与原始质粒完全相同,而从 pIC19RHL 或线型 pTIR1 转化子中分离出的质粒往往整合了一段 DNA 大片段。值得注意的是,超螺旋的 pTIR1 转化子中也有一部分生长迅速的菌落,其所含的质粒上同样带有高相对分子质量的宿主 DNA 片段。

另一类丝状真菌的线型载体质粒是两端含有染色体端粒序列的重组分子,如 pPATura2 等系列。用这类质粒转化相应的受体菌,大约有 50% 的转化子能自主复制并稳定遗传原始的线性质粒,而且不含宿主整合型区域。在选择压力存在下,受体菌每 5~9 个核中含有一个线状质粒分子,但在无选择压力时,这些非染色体分子迅速丢失。

在丝状真菌中,整合型质粒的转化频率相当低,一般每微克质粒 DNA 只能产生 9~20 个转化子。pFB6 是一个颚突脉孢霉菌的整合型质粒,它含有颚突脉孢霉菌的复制子结构、pyrG 标记基因,以及 pBR325 上的 bla 抗性基因。将 90 个在酵母菌中具有 ARS 功能的巢曲霉菌 DNA 片段克隆在 pFB6 上构建出的重组质粒分别转化巢曲霉菌,只有一个重组质粒的转化率比原始的 pFB6 提高 90 多倍,达到 $5 \times 9^3/\mu g$ 质粒 DNA。这个重组质粒的克隆片段大小为 3.5kb,命名为 ans1,但它在巢曲霉菌体内并不具有 ARS 活性,并且在转化之后,重组质粒上同样也整合了一个宿主菌的 DNA 大片段。巢曲霉菌的染色体 DNA 上含有多个 ans 拷贝,大部分集中在染色体的中心粒附近,直接与高频转化特性有关的序列含有高达 81% 的 AT 碱基对。

9.2.4 外源蛋白在丝状真菌的表达

许多各种来源的信号肽序列可在丝状真菌体内发挥作用,并能准确切断形成成熟蛋白质,因此一般不需要将异源基因与丝状真菌自身的信号肽编码序列进行融合。例如,鸡蛋中的溶菌酶信号肽能在黑曲霉菌中高效介导蛋白质加工与分泌;将巢曲霉菌的葡萄糖淀粉酶信号肽取代溶菌酶信号肽,融合蛋白的分泌并没有任何改善。然而,也有不少例子表明信号肽序列对蛋白质分泌水平的影响:在巢曲霉菌中,小牛凝乳酶原基因与葡萄糖淀粉酶信号肽编码序列融合,成熟蛋白质的分泌量比使用自身的信号肽要高;在凝乳酶原基因的前面插入 11 个成熟葡萄糖淀粉酶的密码子,则巢曲霉菌分泌凝乳酶的水平可提高 5~6 倍。相似的结果在黑曲霉菌中也被发现,将凝乳酶原基因与 glaA 启动子重组,两者之间分别插入 glaA 基因的信号肽编码序列、酶原编码序列以及成熟葡萄糖淀粉酶 N 端前 47 个氨基酸残基密码子,并对各种转化子的 mRNA 合成及凝乳酶分泌水平进行比较,结果表明,蛋白分泌量最低的是同时含有凝乳酶和葡萄糖淀粉酶酶原肽段编码序列的重组子,而成熟的葡萄糖淀粉酶氨基酸残基的插入则能大幅度提高凝乳酶的产量。糖基化修饰反应是异源蛋白加工的一个重要内容。丝状真菌具有完善的 O - 和 N - 糖基化修饰酶系,有些蛋白质同时具有这两种修饰位点(如瑞赛木霉菌的纤维二糖水解酶 I 和黑曲霉菌的葡萄糖淀粉酶)。黑曲霉菌葡萄糖淀粉酶的催化活性区域及淀粉结合功能域均呈高度糖基化修饰,而糖基化位点则集中在由 72 个氨基酸残基组成的 Thr/Ser 富集区域内。在丝状真菌中表达的异源蛋白,即使它们都含有潜在的糖基化位点,但最终能否糖基化还取决于其他因素。例如,在阿洼曲霉菌中表达的凝乳酶并不被糖基化修饰,但在与此菌种亲缘关系很近的黑曲霉菌中,重组凝乳酶发生了 N - 糖基化反应。借助于 DNA 定点诱变技术在凝乳酶中再人工引入一个 N - 糖基化位点,则突变蛋白在阿洼曲霉菌中可被糖基化修饰,而且该位点的糖基化还能使蛋白的分泌量至少提高 3 倍。天然的溶菌酶不含潜在的 N - 糖基化位点,从体外引入 N - 糖基化位点同样能使溶菌酶糖基化,但其分泌水平并没有明显的提高。

丝状真菌的蛋白糖基化修饰和多糖的加工都是在蛋白质的分泌过程中进行的,糖基侧链相对较短,而且主要由甘露糖组成。这些特征与高等真核生物相似,但明显不同于酵母菌。

本 章 小 结

原核细胞（大肠杆菌）是首先成功地表达外源基因的宿主菌,但它不能表达结构复杂的蛋白质。相对于原核表达系统,真核细胞表达系统有许多优点,其中酵母菌和丝状真菌是近年来才迅速发展起来的具有诸多优点的表达系统,他们在表达外源蛋白时,不仅具有原核生物生长快、操作简便的特点,而且具有哺乳类细胞翻译后加工和修饰的功能,从而表达有生物活性的外源蛋白。

本章详细介绍了酵母基因工程和丝状真菌基因工程在宿主载体、转化载体、表达载体和蛋白分泌修饰方面取得的一系列进展,阐明了真菌基因表达系统的原理及其应用。尽管目前真菌基因工程还有很多不够完善的地方,如表达的外源蛋白会形成聚合体从而影响产率,信号肽加工不完全以及内部降解等因素造成表达产物结构上有差异等等。要解决这些问题,就需要从各个环节进一步深入研究外源基因在真菌中的表达规律,同时还要通过包括代谢工程在内的各种手段对现有真菌宿主进行改造。相信随着人类对真核基因表达的分子机理了解的加深,克隆基因表达的成功率会越来越高。

思考题

1. 举例说明酵母基因工程相对于大肠杆菌基因工程的优势与不足。
2. 酵母表达系统的基因表达载体的组成种类有哪些?
3. 酵母载体系统的基本结构是怎样的?
4. 试述附加型表达载体和整合型表达载体用在表达外源基因上的区别。
5. 酵母菌的转化方式有哪些?
6. 丝状真菌的遗传转化方式有哪些?

（刘　献）

第10章

转基因植物

将从动物、植物或微生物中分离到的目的基因，利用 DNA 重组技术整合到另一种植物的基因组中，使之稳定遗传并赋予受体植物新的特性，如增加粮食作物的产量、表达新的药用蛋白质或改变蛋白质的组成，以及提高受体植物的抗病和抗逆性等。这种利用基因工程技术获得的新植物品种就是转基因植物。

自 1983 年首次获得转基因植物以来，转基因技术发展十分迅速，科学家们已在多种植物中实现了基因转移，包括粮食作物、经济作物、蔬菜、瓜果、花卉及泡桐、杨树等造林树种。在世界上已有多例转基因植物批准进入田间试验，有些转基因产品，如转抗除草剂大豆已进入市场。通过基因工程改良作物品种在未来的农业生产中日益显示出巨大潜力。

植物基因工程技术主要内容包括：目的基因的分离、植物细胞的遗传转化和转基因植物的鉴定等。

10.1　目的基因的分离和鉴定

植物基因分离方法都是依据基因的核苷酸序列、基因在染色体上的位置、基因编码的mRNA 和基因的功能等基本特性创建的，在不同条件下运用这些特性的一种或者多种而产生了多种有效分离目的基因的策略。

10.1.1　人工合成

通过对表达产物的分析和测序，可以预测目的基因的核苷酸序列，人工合成基因的 DNA全序列。其优点是所合成的是单基因，能够根据需要合成突变基因，缺点是费用高。目前这种方法主要用于一些突变基因的合成等。

10.1.2　序列克隆法

1. 根据已知基因的序列

如果已经从植物或微生物中分离到一个基因，可以根据该基因的序列从亲缘关系较近的另一种植物中分离这个基因。分离方法主要有 2 种，一是根据已知基因序列设计一对寡核苷酸引物,以待分离此基因的植物核 DNA 或 cDNA 为模板,进行 PCR 扩增,对扩增产物进行测序,并与已知基因序列进行同源性比较,确认是否为待分离的基因;二是用已知基因的保守序列制备探针,筛选待分离基因的植物核 DNA 或 cDNA 文库,再对阳性克隆进行测序,并与已知基因序列进行同源性比较,最后经转化鉴定是否为待分离的基因。利用这种方法已分离许多植物基因,如花形态建成有关基因等。

2. 根据 DNA 测序结果

利用表达序列标签(expressed sequence tagging,EST)寻找新基因,即从组织或细胞特异性的 cDNA 文库中随机挑选克隆并进行 5′端或(和)3′端部分序列(EST,约 400bp)的测定。通过检索 Gene Bank 等数据库,就可了解所测序列及其氨基酸序列是否与已知序列具有同源性,从而发现新基因。

10.1.3 功能克隆法

1. 根据基因表达的蛋白质

根据已知的生化缺陷或特征确认与该功能有关的蛋白质,再分离纯化这一蛋白并制备相应抗体;或测定其氨基酸序列,推测可能的 mRNA 序列,根据 mRNA 序列设计相应的核苷酸探针或寡核苷酸引物,利用抗体或核苷酸探针筛选核 DNA 文库或 cDNA 文库,也可利用寡核苷酸引物对核 DNA 或 cDNA 进行 PCR 扩增。通过对阳性克隆或 PCR 扩增产物的序列分析鉴定分离基因。

2. 根据基因的表型突变互补和反义 mRNA 技术

许多研究表明,植物的许多基因可与细菌和酵母的突变体互补,如来自拟南芥的 cDNA 文库可与酵母的 8 个营养缺陷突变体互补。因此,能够通过功能互补这一表型特点来克隆有关基因。陈受宜等利用大肠杆菌脯氨酸缺陷型菌株,采用营养互补缺陷法分离到黑麦、水稻与脯氨酸合成有关的基因片段。但利用此法分离基因需做大量转化工作,且转化细胞中突变体频率较低。反义 mRNA 技术是先建立能够反义表达的 mRNA,然后获得转基因植株,根据转基因植株表型的变异,以鉴定某个基因的功能。

3. 转座子或 T-DNA 标签法

当转座子插入植物基因组某个基因或其邻近位置时,插入位置上的基因可能失活并诱导产生突变型,或在插入位置上出现新基因。通过遗传分析可以确定某基因的突变是否由转座子引起,由转座子引起的突变可以转座子 DNA 为探针,从突变体植株的基因组 DNA 文库中筛选到突变的基因,再利用这部分序列从野生型基因文库中获得完整的基因。该法缺点是需要创建转座子插入突变库,并进行筛选鉴定。

与转座子功能类似的根癌农杆菌 T-DNA 也可用来分离植物基因,T-DNA 能够从农杆菌中转移并稳定地整合到宿主基因组中,使整合位置上的基因失活或产生突变,通过 T-DNA 上的标记基因就可检测突变位置,得到与 T-DNA 相连的 DNA 片段。以此制备探针筛选野生型基因文库,就可得到与突变相应的完整基因。

4. 图谱分离法

首先找到与目的基因紧密连锁的分子标记,再结合染色体步行和跳跃技术(chromosom walking and jumping)、酵母人工染色体(yeast artificialch romosome,YAC)、细菌人工染色体(bacterial artificial chromosome,BAC) 和可转化人工染色体(transformation competent artificial chromosome,TAC) 等克隆技术达到分离和克隆基因的目的。

10.1.4 差异表达分析法

1. mRNA 差别显示法

该法建立在 RT-PCR 的基础之上,其原理是基于绝大多数 mRNA 具有 $3'$ poly(A)序列,针对 $3'$ poly(A)及邻近的两个碱基可以相应地设计与之对应的引物,$5'$ - T_{10}MN(其中 M 为 dG、dA 或 dC,N 为 dG、dA、dC 或 dT),如 $5'$ - T_{10}AG 等,共计 12 种组合,这些引物可将所有 mRNA 反转录分为 12 组。同时,针对 mRNA $5'$ 端设计数个任意引物,然后用 1 个 $5'$ 端的随机引物对这个 cDNA 亚群体进行 PCR 扩增,这个 $5'$ 端引物将随机结合在 cDNA 上。因为来自不同 mRNA 的扩增产物是有差异的,通过比较不同组间的结果,可以挑选差异表达的条带。差异 cDNA 片段经 Northern 杂交验证后用作探针就可从 cDNA 文库或基因组文库中筛选出完整基因。

2. 抑制消减杂交法

抑制消减杂交法(suppressive subtractive hybridization,SSH)是一种以抑制 PCR 为基础的 cDNA 削减杂交法。抑制 PCR 是利用非目标序列两端的长反向重复序列在退火时产生一种特殊的二级结构,无法与引物配对而选择性地抑制非目标序列的扩增。SSH 的基本步骤是:提取 2 个待分析样品的 mRNA 并反转录成 cDNA,用 *Rsa* I 或 *Hae* III 酶切,形成 driver cDNA 和 tester cDNA;将 tester cDNA 分成均等的 2 份,各自连上不同的接头,将过量的 driver cDNA 分别加入 2 份 tester cDNA 中,使 tester cDNA 均等化。第 1 次杂交后,合并 2 份杂交产物,与新的变性单链 driver cDNA 退火杂交,杂交产物中除第 1 次杂交产物外,还产生一种新的具有两端接头的双链分子。用根据 2 个 adaptors 设计的内外 2 对引物进行巢式 PCR,使含 2 个接头的目的片段以指数形式扩增,无接头序列或含相同接头的长反向重复序列在退火时产生一种特殊的二级结构而无法与引物配对扩增,或者只含单个接头而呈线性扩增。经过 2 次杂交 2 次 PCR 后,目的片段就得以富集分离,酶切去除接头的目的片段经 Northern 验证后,就可用作探针从 cDNA 文库或基因组文库中筛选出全长的 cDNA 或基因组 DNA 片段(基因)。

不同基因克隆方法和技术都有各自独特的优点和局限性,将不同方法有机地结合起来不失为快速有效的分离目的基因的良策。目前已有实验室将 cDNA 微阵列技术与 SSH 相结合,作为 SSH 产物的鉴定技术,对阳性差减产物进行快速、有效筛选。目前,大规模基因测序已经完成了多个重要物种的基因组序列分析,随着技术的进步,目的基因的分离也将向高通量方向发展,变得更加实用和快速。

10.2 植物表达载体——启动子

目前已从动物、植物及微生物中分离到许多适用于植物表达载体构建的启动子。按作用方式及功能将这些启动子分为三类:组成型启动子、诱导型启动子和组织特异型启动子。这种分类大体上反映了它们各自的特点,但在某些情况下,一种类型的启动子往往会表现出其他类型启动子的特性。

10.2.1 组成型启动子

目前使用最广泛的两个组成型启动子是花椰菜花叶病毒(CaMV)35S 启动子和来自根癌农

杆菌 Ti 质粒 T－DNA 区域的胭脂碱合成酶基因启动子(Nos)和章鱼碱合成酶基因启动子(Ocs)。其特点是：表达具持续性；RNA 和蛋白质表达量也是相对恒定的；它们不表现时空特异性；也不受外界因素的诱导；从结构上看,大多数组成型启动子转录起始位点上游几百个核苷酸处存在六聚体基元序列 TGACTG,其往往以重复形式出现并被 6～8 个核苷酸隔开,缺失及点突变分析指出六聚体基元序列的存在对维持 CaMV 35S 启动子、Nos 启动子和 Ocs 启动子的转录活性是必需的。目前已分离出了与六聚体基元序列相互作用的编码转录活化因子的基因。

1. Nos 和 Ocs 启动子

Nos 和 Ocs 启动子具有与植物基因启动子相似的共有序列。它们都含有与 TATA 盒同源的序列,该序列位于转录起点上游－30～－40 处,在转录起点上游－60～－80 处也有类似的 CAT 盒的序列。最近研究表明,Nos 和 Ocs 启动子也具有一定的损伤诱导和激素诱导活性,另外还发现,Nos 启动子的强度依组织部位及器官位置不同而变化,在老组织内通常比新生组织中强,在生殖器官内也随发育状态不同而变化。值得注意的是,Nos 启动子在禾本科植物中几乎没有启动表达能力或表达能力很弱。由此可见,启动子的分类不是绝对的,在某种意义上取决于研究方式。

2. CaMV 35S 启动子

CaMV 35S 启动子来自花椰菜花叶病毒(CaMV),由于启动 CaMV 基因组的一小段重叠序列转录产物的沉降系数为 35S,故将编码该转录产物的启动子称为 35S 启动子(p35S)。35S 启动子起始于 CaMV 35S RNA 转录起始点－941 至＋208 的 *Bgl* II 片段,在位于 CaMV DNA 中的－46 至－105 区段存在增强子序列,该启动子包括TATA盒、CAAT 盒、倒转重复序列和增强子核心序列四个部分。增强子核心序列与动物的增强子相同,即 GTGG/TITG。但动物系统中的增强子是组织特异性表达,而 35S 启动子是非特异性表达,这是一个有趣的现象,其原因尚未清楚。最近发现,35S 启动子可以划分为两个区域：A 区域(－90～＋8),主要负责在胚根及根组织内表达；B 区域(－343～－90)主要控制胚的子叶及成熟植株的叶组织及维管组织内表达。在 B 区域内的增强子序列可以提高表达水平,如果 35S 启动子中存在两个 B 区将能使 35S 启动子的活性提高 10 倍,对异源启动子也有作用。值得注意的是,对某些启动子,B 区起到一个表达的阻遏因子作用。35S 启动子－75 处含有一个 TGACGT 核苷酸的重复基元结构,如果这一序列突变,将引起转录因子与其结合力下降,导致启动子表达能力减弱。

关于上述启动子的表达强度已有了许多研究,p35S 比 pNos 的转录水平高 30 倍,但是这种差异也受植物种类、受体细胞的生理特性等影响。例如,CaMV 35S 启动子在禾本科植物细胞内的表达强度仅为双子叶植物中的 1%～10%。即使同一启动子、同一种植物,受体细胞的生理状态不同表达能力也有明显差异。因此,在植物基因工程中要根据不同的目的选择所需的启动子,以适合表达的要求。

近年来发现,CaMV 35S 启动子加上来自 AMV(紫花苜蓿花叶病毒)的一段 44bp 的引导序列,可使其表达强度增加 5 倍。44bp 序列是翻译增强序列。如果把加倍的 CaMV 35S 启动子与 AMV 引导序列结合构成一个复合串联启动子,则比未修饰的 CaMV 35S 启动子表达强度增加 20 倍。

10.2.2　组织特异性启动子

组织特异性启动子(tissue-specific promoter)也称为器官特异性启动子(organ-specific promoter)。在这些启动子调控下,基因的表达往往只发生在某些特定的器官或组织部位,并往往表现出发育调节(developmental regulation)的特性。组织特异性启动子除具有一般的结构外,同时往往还有增强子(enhancer)和沉默子(silencer)的一般特性。这种特异性通常以特定的组织细胞结构和化学物理信号为存在的基础。因此,这类转录调控序列与诱导型启动子有一定的共同点。

一个典型的组织特异性启动子是马铃薯块茎蛋白基因。该蛋白由多基因家族编码,并通常只在块茎中表达,有时也在茎秆和根系中表达,但不会在叶片中表达。实验已表明,该基因家族中有些基因的 5′端上游区段调控序列与马铃薯块茎蛋白的组织特异表达有关。其他一些植物组织特异性启动子有:小麦胚乳特异表达的 ADP-葡萄糖焦磷酸化酶(ADP-glucose pyrophos-phorylase)基因启动子、番茄果实成熟特异性表达的多聚半乳糖醛酸酶(polygalacturonase)基因启动子、花粉特异表达基因(*lat*52)启动子和木质部特异表达的苯丙氨酸脂肪酶基因(*pal*)启动子等。

组织特异性启动子为开展植物基因工程带来了便利条件,例如使用从烟草中分离到的花粉绒毡层细胞特异表达基因启动子 TA29,与 RNase 结构基因构成嵌合基因,在转化植物中 RNase 基因可在绒毡层细胞内特异性地大量表达,从而降解细胞内的 RNA,抑制绒毡层的形成,并引起花粉败育,最终导致雄性不育。

组织特异性启动子的调控往往受到组织细胞生理状态和化学等物质的诱导,还受到发育阶段的调控。组织特异性表达是多种因子相互作用的结果。

10.2.3 诱导型启动子

所谓诱导型启动子(inducible promoter),就是在某些特定的物理或化学信号的刺激下,可以大幅度地提高基因的转录水平的启动子。该类型启动子的共同特点如下:① 启动子的活化受到物理或化学信号的诱导;② 启动子的分子结构都具有增强子、沉默子或类似功能的序列结构;③ 感受特异性诱导的序列都有明显的专一性;④ 一部分该类型的启动子同时具有组织特异性表达的特点;⑤ 该类启动子常以诱导信号命名,可分为光诱导表达基因启动子(又称光诱导启动子)、热诱导表达基因启动子(又称热诱导启动子)、创伤诱导表达基因启动子(又称创伤诱导启动子)、真菌诱导表达基因启动子(又称真菌诱导启动子)、共生细菌诱导表达基因启动子(又称共生细菌诱导启动子)等。

1. 光诱导基因表达启动子

大量实验证明,光对基因的转录过程和转录后加工过程都有调节作用,其中许多转录调控是通过光诱导基因表达启动子来实现的。目前研究得较为清楚的是两个光合基因:核酮糖二磷酸羧化酶小亚基基因和叶绿素 a/b 结合蛋白基因。这两个基因均由核基因编码,并在胞浆内合成含有信号肽的前体蛋白,最终输入到叶绿体内发挥生物学功能。它们的光调节序列均位于转录起始位点上游几百个核苷酸的一段区域,即光诱导基因表达启动子。

2. 热诱导基因表达启动子

对动植物热激基因的结构分析表明,这些基因的 5′区段含有一段保守的热激序列,或称热激元件(HSE),也称之为热休克因子序列。HSE 含有热诱导基因表达的调控序列。迄今为止,已分析过的热激基因中,大多数都包含有类似 HSE 序列,并且是多拷贝的,其中有几个 HSE 序列常以 4 个核苷酸相互重叠。

此外,研究表明,来自果蝇 hsp70S 基因的 HSE 同样是适用于植物的理想热诱导启动子。将它与 *Npt* Ⅱ 连接,构成嵌合基因,转导入烟草后在转化愈伤组织、根、茎和叶中表现出热诱导表达,但不能在花粉中表达。这一个结果说明烟草的热激活因子可以很好地识别果蝇 HSE 的调控序列。

3. 损伤诱导基因表达启动子

损伤会引发植物的一系列生理生化变化,即一些基因的表达发生变化。已经鉴定了一些由机械损伤诱导产生的 mRNA 及相关的蛋白质。研究发现,植物损伤后会产生一些小分子物质和多糖成分,它作为损伤信号诱导蛋白酶抑制剂基因的表达,这种表达不仅出现在损伤部位,而且也出现在整个植株。蛋白酶抑制剂能够抑制外源蛋白酶的作用,从而抵抗昆虫和其他病原体对植物的再度攻击。

10.3　目的基因的转化方法

人们对外源基因导入植物细胞进行了大量的研究,迄今为止,已经建立了多种基因转化方法,这些方法可以分为两大类,即间接转化法和直接转化法。间接转化法是以生物体为媒介的植物转基因方法,包括农杆菌介导法和病毒介导法。

10.3.1　间接转化法

1. 农杆菌介导法

农杆菌是一种革兰阴性土壤杆菌,在自然条件下趋化性地感染大多数双子叶植物的受伤部位而诱发植物细胞形成肿瘤,能够诱发冠瘿瘤的称为根癌农杆菌,诱导毛发状根的称为发根农杆菌。用于植物遗传转化的农杆菌主要是根癌农杆菌(*Agrobacterium tumefaciens*)。在农杆菌中存在一种与肿瘤诱导有关的质粒,称为 Ti 质粒(tumor inducing plasmid)。农杆菌能够把 Ti 质粒上的一段称为 T-DNA 核苷酸片段转移至植物细胞,并整合到基因组得以表达。研究发现,T-DNA 的转移仅与边界序列有关,整合到基因组中的 T-DNA 片段能够通过减数分裂传递给后代而稳定遗传,因此可以利用根癌农杆菌 Ti 质粒作为植物基因工程载体,但野生型的 Ti 质粒存在着对感染的植物具有致病性,导致转化组织不能再生出健康的正常植株,并且相对分子质量很大,T-DNA 区段上无合适的多克隆位点,不利于 DNA 重组操作等缺点,因此野生型的 Ti 质粒必须经过改造使之成为双元载体和共整合载体才能在植物基因工程的实际操作中使用。

农杆菌对植物细胞的吸附是农杆菌对植物细胞进行侵染的第一步,植物细胞壁表面是否存在农杆菌的附着位点,决定着菌株与植物是否能够进行相互作用,不同植物的不同组织,以及不同生理状态下的分生细胞都对农杆菌有不同的吸附作用。同时,农杆菌的菌株类型也影响着农杆菌的吸附数目,胭脂碱型农杆菌比章鱼碱型农杆菌更易于附着在禾谷类细胞的表面。研究认为,单子叶植物不能被农杆菌转化是由于 AS (acetosyringone,乙酰丁香酮)或者 OH-AS 等酚类信号分子仅在特定发育时期的特定部位产生或者产生的量不足所导致。因此,对选择的植物受体做适当处理,通过添加外源信号物质如 AS 通常会极大地促进农杆菌对单子叶植物的侵染。此外,愈伤组织的胚性、光照时间、共转化时间和温度、抗生素浓度、选择压力和培养基成分也是影响转基因效率的主要因素。到目前为止,利用农杆菌介导法已经将一些功能基因导入了水稻、玉米、小麦等重要的单子叶植物中。已经获得的单子叶植物的成功转化实例表明,幼胚及来自成熟或未成熟胚经诱导所产生的胚性愈伤组织是农杆菌转化和再生的良好系统。

农杆菌介导法由于具有操作简单,可将较大片段 DNA 完整地转移到植物基因组中,转化效率高,外源基因多以单拷贝或低拷贝插入受体细胞,较少出现基因沉默现象,稳定性好等优点,目前已经成为植物基因转移的主导方法。缺点是由于 T-DNA 可以在植物染色体的任何区域内插入,有可能导致有益基因的插入失活。

2. 病毒介导法

病毒介导法是将外源基因插入(置换)到病毒基因组中,以病毒作为载体系统,通过病毒对植物细胞的感染而将外源基因导入植物细胞的一种植物转基因方法。利用 DNA 或 RNA 植物病毒作载体表达外源蛋白是近几年发展较快的一种新的遗传转化方式,植物病毒载体具有表达水平高、速度快、宿主广等优点,常用的有烟草花叶病毒(tobacco mosaic virus,TMV)和马铃薯 X 病毒(potato virus X,PVX)构建的载体。但植物病毒载体也存在遗传稳定性较低、外源基因大小受限制、经过修饰的病毒仍可能具有致病性而引发植物病害等缺点。用于构建表达载体的病毒种类仍然有限,只包括单链 RNA 植物病毒载体系统、单链 DNA 植物病毒载体系统和双链 DNA 植物病毒载体系统等三类。

10.3.2　直接转化法

直接转化法是指不依赖于载体将裸露的 DNA 直接转移到植物细胞和原生质体中。这种方法的前提是需要建立良好的细胞或原生质体培养及再生系统,适用于对农杆菌侵染不敏感的植物。该方法可以分为化学物质诱导法、电穿孔法、脂质体法、微注射法、基因枪法、离子束介导法和花粉管通道法。

1. 化学物质诱导法

化学物质诱导法是以原生质体为受体,借助于特定的化学物质 PEG（聚乙二醇）改变细胞膜的通透性诱导 DNA 直接导入植物细胞的方法。该方法具有操作简单、结果较稳定、无需特殊的仪器设备等优点,但存在原生质体培养较困难、再生的转化植株变异率高和转化率低的缺点,目前应用较少。

2. 电穿孔法

电穿孔法利用高压电脉冲在原生质体的质膜上形成瞬时可逆性开放小孔,为外源 DNA 提供通道,借此导入 DNA 等遗传物质而达到转化的目的。电穿孔法又称电激法。电穿孔法除了同样具有 PEG 原生质体转化的优点外,还具有操作简便,转化效率较高,特别适于瞬时表达的特点;缺点是原生质体培养麻烦,电穿孔易造成原生质体损伤,使再生率降低。近年来对电穿孔法的应用又有新发展,通过电穿孔法直接在带壁的植物组织和细胞上打孔,然后将外源基因直接导入植物细胞,现已在水稻上获得转基因植株。使用该技术可以不制备原生质体,提高了植物细胞的存活率,而且简便易行。

3. 脂质体法

脂质体是根据生物膜的结构和功能特性人工用脂类化合物合成的双层膜囊。脂质体法就是将包含外源基因的带负电荷的脂质体与植物原生质体融合,从而达到转基因目的的一种转化方法。该方法的优点是适用的植物种类广泛,重复性高,DNA 包装在脂质体内,可避免DNA 在导入受体细胞之前被核酸酶降解。缺点是必须使用具有全能性的原生质体作为受体细胞,包装 DNA 时必须有短时间的超声处理,会使相当多的 DNA 断裂,转化效率较低。

4. 微注射法

微注射法是使用毛细微管(一般针尖的直径为 0.5nm),在显微镜下将外源 DNA 注射入植物细胞或原生质体中。优点是转化效率高、无特殊的选择系统,但利用显微注射法需要以精细的显微操作技术和低密度的培养为基础,比较适合大细胞的操作。

5. 基因枪法

基因枪法利用高速运动的微粒将附着于表面的核酸分子引入受体细胞中的一种遗传物质导入技术。其工作原理是首先以氯化钙、亚精胺等试剂处理来促进 DNA 与金属粒子(钨粉、金粉等)结合,结合利用火药爆炸、高压放电或高压气体作为驱动力加速金属粒子,使携带有目的基因的金属粒子进入带壁细胞,外源 DNA 分子也就随之导入细胞并随机整合到宿主的基因组内。无宿主范围限制,受体类型广泛是基因枪转化的显著特点,不足之处是转化效率偏低。

6. 离子束介导法

利用一定能量和剂量的离子束对植物细胞壁的溅射作用破坏细胞壁和细胞膜的结构,结果在局部产生刻蚀和穿孔,为外源遗传物质进入细胞提供微通道;其次,用于注入的荷电正离子降低了细胞表面的负电性,从而减弱了对带负电的外源 DNA 的静电斥力,从而促进了外源 DNA 的吸附和进入;再者,离子束的直接和间接作用打断了细胞内的染色体 DNA 结构,有利于外源遗传物质整合到受体基因组中。该方法的优点是可突破生物远缘杂交的不亲和性和不结实性,能把许多野生的或不同种属生物的优良性状基因转移到农作物或经济作物中。缺点是需要在真空下进行离子注入,真空导致的冻害和脱水作用使注入后细胞或组织的存活率大大下降,限制了它的应用。

7. 花粉管通道法

花粉管通道法是利用植物授粉后所形成的天然花粉管通道,将外源 DNA 携带入胚囊,从而达到转化目的的一种植物转基因方法。优点是可直接获得转基因植株或转基因种子,在鉴定时可直接针对目的性状的表现型来进行,不需要复杂、昂贵的仪器设备。缺点是转化受体受植物花期的限制,转化效率低。

对于不同种类的植物,或者同一种类不同基因型的植物,应根据各种转基因方法的适用范围,选择不同的方法,从而达到理想的效果。

10.4　转基因植物的筛选与检测

在外源基因导入受体的过程中,转化细胞与非转化细胞相比只占少数,两者存在竞争,而作为异种细胞的转化细胞的竞争力很弱,因此必须对转化细胞进行筛选。另外,外源基因的整合、表达机制非常复杂,转基因植物体内的 DNA 分子被人为地修饰改造,遗传性状也发生了改变,转基因植物在带来巨大效益的同时,在环境安全性和食品安全性两方面的安全性也受到了人们的关注,我国于 2002 年 3 月 20 日开始实行的《农业转基因生物标识管理办法》规定,国家对农业转基因生物实行检验检疫和标识制度,凡是在中国境内销售的大豆、玉米及其制品若属转基因生物,必须进行标识,而各国政府建立的转基因标识制度能否顺利实行的关键就在于能否建立准确可靠的转基因检测技术。为了消除转基因产品的安全隐患,研究外源基因的整合机制、表达水平和遗传稳定性,必须对转基因植株中外源基因的特性进行检测。目前,转基因常用的检测方法有外源基因检测和外源蛋白质检测等,此外,对于一些特殊的转基因产品,如油类等只能通过色谱分析和近红外线光谱分析等方法进行检测。

10.4.1 转基因植物的筛选

报告基因是具有明显区别于受体细胞遗传背景的选择标记，因而易于进行转化后的筛选。利用酶法分析、通过同位素放射性自显影技术及底物的颜色反应可以快速鉴定报告基因的表达，从而有效地检测出重组细胞或组织。根据报告基因的编码特点，大致分为两类：抗性基因和编码催化人工底物产生颜色变化的酶基因。

在有选择压力的条件下，利用抗性基因在转化体内的表达，有利于从大量的非转化细胞中选择出转化克隆。目前使用的选择性试剂主要有抗生素类（如新霉素、卡那霉素、庆大霉素、G418 等）、除草剂类（草甘膦）。

由于植物种类、品种以及外植体类型不同，通常要通过预备试验以确定最佳的选择试剂种类及浓度。选择试剂可以由低浓度到高浓度逐渐加大，另外，选择试剂有时可能对分化产生影响，可适当降低分化阶段的选择压，甚至除去选择压。选择剂的加入时机，也因转化方法、物种、外植体类型的差异而不同，过早加入选择剂，抗性基因尚未表达，转化细胞被选择性试剂抑制或杀死；过迟加入选择剂，未转化的细胞则可能逃避选择，导致出现嵌合现象或假转化体。一般来讲，应用农杆菌介导的遗传转化，在外植体与菌体共培养 36h 至 5d 加入选择剂；而基因枪法、电穿孔法等直接转化法，宜在转化后 5～15d 加入选择剂。

10.4.2 外源基因表达的检测

转基因技术的核心是对植物遗传物质进行人为改造，因此检测改造过的遗传物质是转基因检测最直接的方法。外源基因检测方法适用范围广、准确性高，其他的检测方法，如外源蛋白检测法对于含不表达或表达量低得不可测的目的基因的转基因产品以及深加工产品则无法检测，故实际检测中多采用外源基因检测，包括定性检测和定量检测。

1. 外源基因的检测

（1）PCR 检测转化植株 PCR 是在体外快速特异地扩增目的基因 DNA 片段的有效方法。这项技术可用于转化后外源基因的鉴定。其中定性 PCR 已成为筛选转基因植物的主要方法。随着转基因技术所使用的启动子、终止子及各种选择标记的增加，研究者将多重 PCR（multiplex PCR）应用到转基因植物筛选中，在优化 PCR 的条件时，如果要优化的因素较多，可考虑采用正交设计法筛选出最佳组合。如 Permingeat 等（2002）仅用 2 对引物就可同时检测出 5 种转基因玉米中的 *CryIA*(*b*) 和 *pat* 基因。近年来，由于同一外源基因经常在不同的作物或同一作物的不同品种中使用，因而培育出许多含有相同外源基因的不同品种。研究发现，外源基因在重组过程中以特有的机制整合到基因组的单一序列中，并且结合位点（integration site）和边界序列是唯一的，因而可以将边界序列作为品种特异性鉴定的靶序列。此外，利用 RAPD-PCR 技术，可以检测出对照植株与转化植株的带型差异，还可用该技术检测不同代植株间基因组的稳定性及后代的分离。

在定性 PCR 的基础上发展起来的定量 PCR 检测法，包括定量竞争 PCR（quantitative competitive PCR，QC-PCR）和实时 PCR（real-time PCR）。一般认为，QC-PCR 适用于衡量样品转基因成分含量是否达到或者高于 1% 限量值，而不是对转基因成分含量进行精确测定。real-time PCR 是在 PCR 体系中加入荧光基团，利用荧光信号积累实时监控 PCR 过程，最后通过标准曲线对未知模板进行定量的方法，其灵敏度高、污染小，是目前最有效的转基因植物产品的定量检测方法。与 Southern 分析相比，PCR 检测 DNA 用量少，操作简单，成本低，能够检测目的基因的完整性。但 PCR 检测也存在缺点,DNA 插入植物基因组后易发生重排,即使载体上的抗性基因能表达,目的基因也未必完整地存在于转化体中,从而造成检测结果的误差。

(2) 分子杂交 点杂交是将提取 DNA 或 RNA 直接点到硝酸纤维膜或尼龙膜上与探针进行杂交的技术。利用点杂交,可以初步鉴定转化体中是否有整合的外源基因。但点杂交的特异性差,阳性植株还需进一步做 Southern 杂交验证。Southern 杂交是将经酶切 DNA 转移到杂交膜上与探针杂交的技术。利用 Southern 杂交,可以确定外源基因在植物中的组织结构、外源 DNA 整合的位置及拷贝数、转基因植株 F1 代中外源基因的稳定性。Southern 杂交准确度高,特异性强,但对实验技术条件要求较高。Northern 杂交是将试材 RNA 与探针杂交的技术,用于检测基因在转录水平上的表达。Northern 杂交的主要原理是把变性 RNA 转移和固定在特定的薄膜上,用特定的 DNA 探针来检测 RNA。Northern 杂交与 Southern 杂交相比,更接近于性状表现,被广泛用于转基因植株的检测,但 RNA 提取条件严格,不适于大批量样品的检测。

2. 外源蛋白质的检测

绝大多数转基因植物都以外源结构基因表达出蛋白质为目的,可通过免疫分析技术对外源蛋白质进行定性定量检测。免疫分析技术具有高度特异性,即便有其他干扰化合物的存在,特异性抗原抗体也能准确地结合。由于蛋白质容易变性,蛋白质检测方法只适用于未加工的产品。另外,蛋白质检测方法也不适用于外源基因无蛋白质表达产物的转基因植物检测。

(1) 酶联免疫吸附法 主要是基于抗原或抗体能吸附至固相载体的表面并保持其免疫活性,抗原或抗体与酶形成结合物仍保持其免疫活性和酶催化活性的特点。在测定时,把受检标本(测定其中的抗体或抗原)和酶标抗原或抗体按不同的步骤与固相载体表面的抗原或抗体起反应,用洗涤的方法使固相载体上形成的抗原抗体复合物与其他物质分开,最后结合在固相载体上的酶量与标本中受检物质量的多少直接相关,加入酶反应的底物后,底物被酶催化成为有色产物,有色产物的量与标本中受检物质的量直接相关,根据颜色反应的深浅进行定性或定量分析。一般为定性检测,但若作出已知转基因成分浓度与光密度值的标准曲线,也可根据标准曲线,由未知样品的光密度值来确定此样品的转基因成分含量,达到半定量测定的目的。

(2) Western 杂交 是利用 SDS 聚丙烯酰胺凝胶电泳分离植物中各种蛋白质,随后将其转移到固相膜上进行免疫学测定,据此得知目的蛋白质表达与否、大致浓度及相对分子质量。Western 杂交具有很高的灵敏性,可以测出粗蛋白提取物中小于 50ng 抗原,在较纯的制剂中,可测出 1~5ng 抗原。Western 杂交检测目的基因在翻译水平的表达结果,能直接显示目的基因在转化体中是否经过转录、翻译最终合成蛋白而影响植株的性状表现。但此法操作繁琐,费用较高,不适于批量检测。

(3) 抗性基因的酶活性检测 新霉素磷酸转移酶(NPT-Ⅱ)、氯霉素乙酰转移酶(CAT)、PPT 乙酰转移酶(PAT)的编码基因常用作报告基因。在转基因植物中,新霉素转移酶可以催化氨基糖苷类抗生素磷酸化,能够提高转化细胞对新霉素、卡那霉素、庆大霉素、G418 等抗生素毒性的耐受能力。氯霉素乙酰转移酶(CAT)能使氯霉素丧失抗菌素活性,PPT 乙酰转移霉(PAT)是由 *bar* 基因编码的,可使 PPT 失去对植物的毒害。通过检测抗性基因的酶活性,可以应用于转化体的检测。

(4) 荧光素酶活性检测 检测转化细胞中荧光素酶活性是一个简单、快速筛选转基因植物的有效方法。荧光素酶基因是一个灵敏的报告基因,检测的灵敏度比 CAT 高 100 倍,而且没有背景。荧光素酶基因的最大特点是不损害植物,即在整体植物或离体器官内,基因产物都可测定。但荧光素酶基因产物易在过氧化物酶体中积累,在植物体内产生光的部位不一定能反映荧光素酶基因的特定表达部位。

(5) GUS 酶活性检测　β-葡萄糖苷酶(β-glucuronidase,GUS)能催化裂解一系列的β-葡萄糖苷,产生具有发色团或荧光的物质,可用分光光度计、荧光计和组织化学法对 GUS 活性进行定量和空间定位分析,检测方法简单灵敏。GUS 基因的最大优点是它能研究外源基因表达的具体细胞和组织部位。但一些植物在胚胎状态时,能产生内源 GUS 活性,因此在检测 GUS 活性时,要注意植物的发育时期和取材部位,并设定严格的阴性对照。

3. 其他检测技术

(1) 基因芯片　将大量的探针按特定方式固定在支持物上,与标记的样品进行杂交,通过检测每个探针杂交信号的强度,可以判断该样品是否含有转基因成分。基因芯片技术可以同时对数以千计的样品进行处理分析,大大提高了检测效率,降低了检测成本。目前,已经有商品化的转基因检测芯片试剂盒,可对指定的转基因作物中的几种转基因成分做定性检测。

(2) 色谱分析　当转基因产品的化学成分较非转基因产品有很大变化时,可以用色谱技术对其化学成分进行分析,从而鉴别转基因产品。还有一些特殊的转基因产品(如转基因植物油等),无法通过传统的外源基因或外源蛋白质检测方法来进行检测,可以借助色谱技术对样品中脂肪酸或甘油三酸酯的各组分进行分析以达到转基因检测的目的。该方法是一种定性检测方法,对转基因与非转基因混合的产品进行检验时准确性有限。

(3) 表面等离子体谐振生物传感器技术(surface plasmon resonance,SPR)　生物传感器是将探针或配体固定于传感器芯片的金膜表面,含分析物的液体流过传感器芯片表面,分子间发生特异性结合时可引起传感器芯片表面折射率的改变,通过检测 SPR 信号改变而监测分子间的相互作用。Feriotto 等(2002)将这种方法与 PCR 相结合,将用生物素标记的 PCR 产物固定于传感器表面并用相应的探针进行杂交,成功检测了转基因大豆。与传统的分析技术相比较,它具有实时监控、无需标记、耗样量极少等特点。

(4) 光谱分析法　有的转基因过程会使植物的纤维结构发生改变,通过对样品的红外光谱分析可对转基因作物进行筛选。以转基因玉米及其亲本为实验材料,借助于近红外光谱仪对转基因玉米及其亲本进行识别分析,结果显示,通过扫描光谱及数学和计算机软件分析,非常准确、方便地识别了转基因农产品。近红外线光谱分析法的优点是不需要对样品进行前处理,具有无污染、成本低等优点,是一种极具前景的转基因食品安全检测识别技术,但它不能对转基因与非转基因混合的产品进行检验,且准确性有限。

以上方法分别从基因表达的不同水平,对目的基因或报告基因进行检测。但利用报告基因检测到的阳性植株,不能保证目的基因完整整合到植物染色体上,还需进一步检测。PCR 检测方法灵敏度高,操作简单,既能定性又能定量,在目前转基因检测中应用最为广泛,未来改进的重点在于提高定量 PCR 的测量限度(LOQ)和定性 PCR 的检测限度(LOD)。免疫分析技术需改进的重点在于如何用免疫分析技术进行转基因成分的定量检测以及如何降低免疫分析技术的成本。微阵列、生物传感器等微型、高通量、自动化的技术可以满足日益增加的转基因产品,如何提高它们的灵敏度并应用于定量检测也是目前的研究热点。在实际工作中多把几种方法结合运用,以获得外源基因不同表达水平的信息。总之,高灵敏度、高通量、自动化、低成本是转基因检测技术将来的发展趋势。

10.5 转基因植物中外源基因的沉默

研究表明,外源基因在转基因植物中有的能正常表达,有的表达量很低,甚至不表达,这种基因失活的现象被称为基因沉默(gene silencing)。研究表明,转基因诱导的基因沉默是植物遗传转化过程中普遍发生的,在谷类中,有超过 50% 的转基因植物在世代传递过程中发生基因沉默。

植物遗传转化中外源基因的整合具有很大的随机性,外源基因的沉默也表现出多种多样的形式。除了基因的拷贝数外,在受体植物染色体上的整合位点与外源基因的沉默也密切相关,并且基因沉默也不总是发生在转化体的每一个发育时期、每一个细胞中。例如在转基因豌豆中 chs 基因沉默时,表现为各种各样的花色类型。根据对现有转基因植物的分析和研究,外源基因沉默一般可归为两种类型:① 转录水平上的基因沉默(transcriptional gene silencing, TGS),由于某种原因造成启动子失活,从而不能正常合成 mRNA,使基因失活;② 转录后水平上的基因沉默(post transcriptional gene silencing, PTGS),则表现为启动子是活跃的,但 mRNAs 被降解而不能积累。

10.5.1 转录水平上的外源基因沉默(TGS)

转录水平上的外源基因沉默与位置效应、高度甲基化及启动子的失活相关。

1. 位置效应

位置效应(position effect)是指基因在基因组中的位置对基因表达的影响。当外源基因整合到高度甲基化、转录活性低的异染色质区域时,外源基因一般表现沉默,这说明毗邻 DNA 的甲基化和异染色质化对插入的外源基因影响很大,可能导致外源基因在转录水平上失活。如果整合到甲基化程度低、转录活性高的常染色体上,其表达受两侧 DNA 序列的影响。用玉米转座子 A1 对转基因矮牵牛的染色体进行实验,发现只有插入的 DNA 被高度甲基化,基因表现沉默,而其两侧 DNA 序列仍保持较低的甲基化程度,并能正常转录;还发现 A1 基因 GC 含量为 52.5%,其插入两侧矮牵牛基因组 DNA 序列的 GC 含量明显较低,分别为 26% 和 23%。在其他外源基因沉默的转基因植物中也发现了类似现象,这表明生物体可能通过不同的 GC 含量来识别侵入的外源基因,是宿主 DNA 对可能受到伤害的一种细胞防御反应。

2. 启动子区域或 5′端非编码区域的甲基化

转基因植物中甲基化也会导致外源基因的失活。一般来说,DNA 上的腺嘌呤都可能被甲基化,外源基因编码区域的甲基化对基因表达的作用并不明显,通常检测不到对转录的影响。而外源基因启动子区域或 5′端非编码区域的甲基化引起启动子失活或不能起始转录,在转录水平上诱导了外源基因的沉默。重复序列诱导的 DNA 甲基化和上位效应是诱导转基因植物中外源基因启动子区域或 5′端非编码区域甲基化的主要因素。

3. 重复序列诱导的 DNA 甲基化

当转化基因以正向重复(direct repeated,DR)或反向重复(inverse repeated,IR)插入时,容易引起外源基因的失活,这种重复序列诱导的基因沉默(repeat-induced gene silencing, RIGS)往往与 DNA 的甲基化相关。一般情况下,一个位点插入的外源基因拷贝数越多,失活的程度越高。导致重复插入的外源基因启动子区域甲基化的机制,可能是细胞对位点重复特性的一种反应。重复序列间容易自发产生异位配对,反向重复的 DNA 可能形成十字结构,这些构象的 DNA 易成为 DNA 甲基转移酶作用的底物;重复序列间的异位配对还可以导致自身的异染色质化,异染色质化相关蛋白质能识别重复序列间配对形成的拓扑结构,并与之结合,将重复序列牵引到异染色质区,或直接使重复序列局部异染色质化。

Wassengger 等研究认为植物细胞中存在一种 RNA 诱导的 DNA 甲基化(RNA-directed DNA-methylation,RdDM)的现象,在一定情况下 RNA 也可能引起 DNA 启动子区域甲基化。在烟草转化体中发现,由 CaMV 35S 启动子驱动的 3~4 个正向或反向重复的病毒 cDNA 常被甲基化。如果插入的是单拷贝或双拷贝的病毒 cDNA,在植物进一步被病毒 RNA 感染时也会被甲基化,说明病毒 RNA 是造成同源外源基因甲基化的主要原因,而不是外源基因的结构或整合位置。病毒 RNA 与同源的外源基因可能形成 DNA-RNA 杂合体,成为 DNA 甲基化酶作用的特异底物。

4. 上位效应

一个沉默的外源基因位点会导致上位另一个同源的外源基因的沉默。在研究含有两个外源基因表达载体的转基因烟草时,发现有 15% 的双转化体表现卡那霉素(Kan)敏感,而 Kan 抗性可以随着自交后代两个外源基因表达载体的分离而恢复,说明另一个表达载体的存在造成了 nptⅡ基因在双转化体中的失活。分析两个表达载体的结构,其中 nptⅡ基因与 ocs 基因具有相同的胭脂碱合成酶基因启动子,但位于不同的基因表达载体上,因此 nptⅡ基因的沉默可能与两个同源启动子的存在有关,进一步实验证明这种失活是由于转录水平很低造成的。对这种由于异位同源启动子的存在而导致的基因沉默,一种假说认为异位同源序列相互结合可形成 DNA-DNA 配对,由于不同来源的 DNA 甲基化程度不同,形成的杂种 DNA 分子多呈不完全甲基化状态,在植物细胞内极易过渡到完全甲基化状态,由此抑制了基因的转录和表达。

10.5.2　转录后水平上外源基因的沉默(PTGS)

在此情况下,启动子是活跃的,外源基因也能被转录,但不能正常积累 mRNA。当转基因植株中存在与外源基因同源的内源基因时,不但外源基因在转录后水平上失活,也诱导了与之同源的内源基因的沉默。由于外源和内源基因都表现沉默,故又被称为共抑制现象(cosupression)。共抑制首先是在研究与花色素形成有关的基因中观察到的,共抑制是一个复杂的过程,目前提出了一些假说。

1. RNA 阈值模型

该模型认为,由于外源基因的高水平转录,以至于积累到某个阈值,从而启动了降解特定 mRNA 的反应,造成转录后水平上的基因沉默(PTGS)。PTGS 一般与外源基因的高水平转录相关,并呈抗病性。外源基因转录水平高的转基因植株不积累外源基因的 mRNAs,也不被同源 RNA 病毒所感染;外源基因转录水平低的转基因植株,通常积累正常水平的外源基因 mRNA,但易被相应的病毒感染,这个结果支持了假设的 RNA 阈值模型。但是某些共抑制现象与转基因植株中外源基因的 mRNA 转录量无关,如转基因矮牵牛中 chs 基因的沉默也不完全与外源 chs 基因较高的转录水平有关。这表明共抑制与非正常 mRNA 和正常 mRNA 的比率相关,这些非正常的 mRNA 是激活转录后水平基因沉默所必需的。

2. 甲基化诱导的 PTGS

PTGS 常与外源基因的甲基化有关。Ingelbrecht 等在一株外源基因 nptⅡ发生了 PTGS 的转基因烟草中,发现 nptⅡ基因上游和下游区域被甲基化,甲基化引起外源基因转录的非正常终止产生非正常 mRNA。English 等对转基因烟草的研究提供了更为直接的证据,发现当

外源的 *uidA* 基因发生转录后水平基因沉默时,其含 poly(A) 的 3′端区域高度甲基化,且这个区域是转基因烟草保持抗病性所必需的,说明 DNA 甲基化可能与 RNA 水平上的基因沉默相关。但是当因外源基因甲基化而发生共抑制时,共抑制的内源基因却能正常转录而没有被甲基化,因此还不能完全认定甲基化是引起共抑制的原因。

3. RdRP-cRNA 模型

该模型认为在植物的细胞质中存在一种依赖于 RNA 的 RNA 合成酶,能以 mRNA 为模板合成小片段的互补 RNA(complementary RNAs, cRNA),cRNA 与 mRNA 杂交,从而成为专一性作用于双链 RNA 的 RNA 降解酶的底物。已从番茄中发现了 RdRP,体外实验证明该酶能以 RNA 为模板合成 cRNA,在体内这些 cRNA 杂合到相应的 mRNA 上,被特异的 RNA 降解酶降解。RdRP-cRNA 模型可以很好地解释 PTGS 很强的序列特异性。在研究转基因豌豆 *chs* 基因共抑制现象时,检测到 3′端截短的 mRNA,测序结果表明是由正常 mRNA 经剪切衍生来的,由于在某种程度上对原始转录子的处理遭到破坏,对 mRNA 的非正常剪切产生大量非正常 mRNA。

研究还表明,T-DNA 的多拷贝插入也有利于产生大量非正常 RNA。这些非正常 RNA 可能作为 RdRP 的底物,从而激活了 RNA 降解机制,导致外源基因转录后水平上的沉默。此外,还有"异位配对"模型认为异位配对的 DNA 转录出异常的 RNA (rRNA),在植物原生质中 rRNA 与 RNA 相互作用,使其降解,导致内外源基因的共抑制;"衰退调控"模型认为在外源基因反向重复的转基因植物中,从正链转录的反义 RNA 可与从负链转录的 RNA 形成双链 RNA,进而干扰 mRNA 的加工和翻译。

转基因植物中外源基因的沉默是植物细胞中基因表达调控的结果。真核生物的基因表达调控表现在多种水平上,因此造成转基因植物中外源基因沉默的因素有很多,这些众多的因素不一定在某一转基因植株中同时起作用。通过对大量转基因植株实例的分析和研究,从分子水平上阐明外源基因发生沉默的机制,以提高基因表达效率,是顺利开展植物基因工程的迫切需要。

10.6　植物转基因沉默防止与抑制策略

外源基因能否在植物体内稳定整合、遗传和表达决定了转基因植物的使用价值。植物转基因沉默是造成转基因植物非孟德尔遗传的主要原因,对于转基因作物的利用产生了非常不利的影响,已成为影响转基因技术推广应用的主要问题之一。根据转基因沉默抑制策略的时间先后,可以将抑制策略大致分为转化前防止与转化后抑制。

10.6.1　转化前防止策略

转化前防止是指在将外源基因转入植物之前,修饰外源基因,选择适当的转导方法,以达到优化外源基因密码子、避免同源序列等目的,从而避免植物自身发生转基因沉默或者降低其发生转基因沉默的概率。

1. 避免使用同源序列

同源序列是公认的产生转基因沉默的主要诱因,其转录可能会造成某种内源 mRNA 的过表达,从而导致 RdRP 被激活,由于 RdRP 能够指导不依赖引物的 RNA 互补链的合成,从而产生 dsRNA,进而发生 RNA 沉默。因此,在构建表达载体时,应尽量降低所设计序列与宿主植物内源基因的同源性,从而避免共抑制现象的发生。

2. 修饰外源基因

植物基因组中所含有的碱基组成比较固定,GC 或 AT 的含量在不同种间又具有差异。如果整合到植物 DNA 上的外源基因 GC 含量与整合位点差异较大,就会被植物识别,造成外源基因 DNA 的甲基化,从而发生转基因沉默。如玉米中 AL 基因的 GC 含量为 52.5%,而在转 AL 基因沉默的矮牵牛中,AL 基因两侧 DNA 序列的 GC 含量分别为 26% 和 23%,明显低于 52.5%,检测到 AL 基因超甲基化,而其两侧 DNA 的甲基化程度并不高,这表明植物体内有一套识别系统能够通过比较外源基因与两侧 DNA 的 GC 含量来识别外源基因,进而激活甲基化酶,使外源基因甲基化。

3. 选择偏爱密码子

基因的高效表达与载体生物使用的密码子及 tRNA 的数量匹配关系有关。因此,使用宿主植物偏爱的密码子,使转入的外源基因的密码子能够适应宿主植物的 tRNA,也是避免基因沉默的一个策略。

4. 核基质结合序列

核基质结合序列(matrix attachment region,MAR)是染色质上的一段序列,长度一般为 300~1000bp,通常富含 AT,它可以与核骨架相结合。两个 MAR 之间的染色质区域可形成大小为 5~200kb 的 DNA 环,构成一个独立的表达结构。因此,在目的基因的两侧翼接上 MAR 序列,利用 MAR 对染色质结构的直接限制,使目的基因不受周围染色质顺式调控元件的影响,相邻的转录单元保持相对的独立性,从而保证了转录的正常进行,提高了转基因的表达效率。近来多项研究表明,利用 MAR 与转基因构件转化载体协同转化植物后,转基因植物中转基因的表达量大幅度提高,同时避免了转基因的位置效应和转基因的沉默。如 MAR 序列的存在可以有效地缩小 β-葡糖苷酸酶(β-glucuronidase,GUS)基因在转基因植物当代和子代表达的变化程度。

5. 利用转化和重组系统

基于 AC/DS 转座系统建立的转化载体,Lebel 等人借助于该系统,通过基因直接转化法,把 10kb 的大片段以完整单拷贝的方式整合进受体细胞基因组;利用细菌噬菌体 P1 Cre-lox,酿酒酵母 FLP frt 和结合酵母 Rrs 位点特异性重组系统,这类系统可将外源基因以单拷贝、位点特异的方式整合到事先整合有 lox,FRT,rs 位点的植物上,Albert 等研究小组先后成功地利用细菌噬菌体 P1 Cre-lox 系统将 T-DNA 以单拷贝、位点特异的方式整合到烟草和拟南介中,实现了转基因的稳定表达。

6. 选择合适的转化方法

目前,植物基因工程中外源基因常用的转化方法有农杆菌介导法和基因枪法。基因枪法导入的外源基因为多拷贝,易导致目的基因发生沉默。农杆菌介导法能够减少导入外源基因的拷贝数,降低基因沉默发生的比例。

7. 选择单拷贝转基因植株

单拷贝个体的筛选可以在分子水平进行,如利用 Southern 杂交来确定;也可以在育种过程中进行,如采用常规的杂交、回交等方式,通过分析后代分离比来确定。筛选到单拷贝基因个体后,要对转基因纯合株系转基因表达的稳定性进行鉴定,从而达到防止子代出现转基因沉默的目的。

10.6.2 转化后抑制策略

1. 去甲基化

大多数基因沉默现象都与基因的甲基化密切相关。甲基化均是从启动子区开始的,可延伸至目的基因的 3′ 端,发生在 DNA 的 CG 和 CNG 序列上的胞嘧啶甲基化对维持转基因沉默是必需的,对于已经发生转基因沉默的植株通过采取去甲基化的措施可以使沉默的基因重新表达。主要的去甲基化试剂是二羟基丙基腺嘌呤或 5-氮胞苷,经过它们处理可使转基因序列非编码区约 30% 的胞嘧啶去甲基化,转基因水平相应提高 12 倍,但这类试剂使转基因植物普遍出现各种不利性状,且 5-氮胞苷价格昂贵并具有致癌性,故无实用价值。

2. 去除 MOM 基因

MOM 是一种编码核蛋白的基因,参与染色质重构。已有报道用突变 MOM 基因或通过其反义 RNA 的表达来消除 MOM 转录的 mRNA,可以使几种已经沉默的高度甲基化的位点恢复转录活性。

3. 甲基化作用相关基因的去除

既然基因沉默大多数情况下是与 DNA 序列甲基化有关,那么可以将与甲基化有关的基因去除,或者使其沉默从而消除其转基因的沉默。如 DNA 甲基化转移酶与转基因沉默有关,用 RNAi 技术去除水稻中的 DNA 甲基化转移酶,能消除由于甲基化导致的转基因沉默。但是去除某些与沉默有关的基因后对植物正常生理活动的影响需要进一步研究。

4. 病毒抑制因子

在病毒与植物长期的协同进化过程中,植物通过 PTGS 机制对病毒产生抗性,而病毒也进化出抑制 PTGS 的蛋白抑制因子,能抑制 PTGS 的启动和保持以及传导。因此,一些病毒的蛋白因子,如烟草蚀刻病毒蛋白(HC-Pro)、黄瓜花叶病毒蛋白(CMV-b)和马铃薯 X 病毒蛋白(P25)等可以用来抑制植物转基因沉默。

植物转基因沉默的机制尚未被人们完全掌握,但是通过一些策略和方法,人们已经能够防止或者抑制转基因沉默的发生。另外,植物转基因沉默的诱因除了基因本身之外,环境因素对于转基因沉默的发生也有一定的影响,进一步摸索环境因素的影响也是攻破植物转基因沉默的一个重要方面。

10.7 转基因植物的安全性和对策

目前对转基因植物的安全性评价一方面是环境安全性,另一方面是食品安全性。环境安全性评价的核心问题是转基因植物释放到田间后,是否会将所转基因移到野生植物中,是否会破坏自然生态环境,打破原有生物种群的动态平衡,这包括:① 转基因植物演变成农田杂草的可能性。② 基因漂流到近缘野生种的可能性。③ 对生物类群的影响。

关于食品的安全性评价,目前通用的是采用实质等同性原则,即通过对转基因食品各种主要营养物质成分、毒性物质以及过敏性成分等物质的种类与含量进行分析,如果转基因植物生产的产品与传统产品具有实质等同性,则可以认为是安全的;反之,则应进行严格的安全性评价。在进行实质等同性评价时,一般要考虑以下主要方面:① 有毒物质。必须确保转入的外援基因或基因产物对人畜无害。② 过敏源。在自然条件下存在着许多过敏源,在基因工程中如果将控制过敏源形成的基因转入目标植物,则会对过敏源造成不利的影响。

在转基因植物中，导入植物体内的外源基因通常包括两类：一是目的基因，它是用来优化或赋予植物特定性状的基因；二是标记基因，它能赋予转基因植株抗抗生素或抗除草剂等特性而提高转基因植物筛选的效率，但转化成功后仍保留在转基因植物体内的这些抗性标记基因不仅影响了二次转化，而且还存在安全性问题。随着越来越多的转基因植物不断地在自然界释放，转基因植物中标记基因的生物安全性已成为人们关注的一个焦点。目前的试验水平还不能对抗性标记基因进行准确的安全性评价，从而加剧了人们对转基因植物安全性的忧虑。

提高转基因植物中标记基因的安全性有 3 种策略：① 转化时使用抗性标记基因，转基因成功后将该基因彻底剔除；② 使用安全的筛选标记基因；③ 完全不用标记基因。

10.7.1　抗性标记基因的剔除技术

抗性标记基因的剔除技术包括共转化、位点特异重组系统、转座子和同源重组等剔除标记基因的方法。

1. 共转化法

共转化法是将选择标记基因和目的基因分别构建在不同的载体或同一载体的不同位点上，一起转化受体细胞，通过筛选和分子鉴定获得两者共整合的转基因植株，其中一部分转化植株中标记基因和目的基因是不连锁的，再经后代的有性分离获得仅含目的基因的转基因植株。根据所使用的农杆菌的种类、质粒的种类以及 T-DNA 在质粒上的数量的不同，共转化又可分为 3 种方式：① 一种或多种农杆菌介导多个质粒的共转化，共转化效率可达到 50% 或更高；② 将目的基因与标记基因构建在同一个 Ti 质粒的不同的 T-DNA 区上，通过一种农杆菌进行共转化；③ 将目的基因和标记基因分别置于同一质粒 T-DNA 区的左右边界的内部和外侧，相对于含有多个 T-DNA 区的双元载体而言，这个只有两个边界的双元质粒能提高共转化以及非连锁整合的概率，从而能更有效地产生无标记基因的转基因植株。由于该方法必须经过有性世代才能够获得无标记基因的植株，不适用于无性繁殖的品种。

2. 位点特异性重组系统

位点特异性重组系统是指通过重组酶作用于两个特定 DNA 序列实现重组，该系统由重组酶及其识别位点组成，当两个识别位点正向排列时，重组酶可专一性地催化切除两个识别位点之间的序列。在剔除标记基因技术中常用的是大肠杆菌噬菌体 P1 的 Cre/loxP 重组系统。Dale 等将 hpt 标记基因置于 2 个 loxP 位点之间，与目的基因一起转化烟草，再将 cre 基因通过二次转化导入烟草，结果与预期相同，检测表明剔除了 hpt 标记基因。在杂交方案中，首先分别将置于 2 个 loxP 位点之间的标记基因和 cre 基因导入植株，再将相应的转基因植株杂交，结果在 F1 代中标记基因得到剔除，最后在 F2 代中可分离得到只含有目的基因的转基因植株，但这一方法使用起来周期长，效率低。另一方面，已有证据显示 cre 基因在转基因植物中长期高水平表达可能导致植株叶子变黄、生长迟缓和育性降低等生长发育不良现象。相比之下，诱导型表达 cre 基因自动剪切剔除标记基因的方法不失为一种优秀的策略。该策略是将 cre 基因、标记基因、目的基因等元件紧密排列在同一个 T-DNA 区，其中受诱导型启动子控制的 cre 基因、标记基因位于 2 个正向 loxP 位点之间，因此，cre 基因的表达受诱导型启动子的严格调控，当标记基因完成筛选任务不再需要时，通过一定的化学或生理条件诱导 cre 基因的表达，从而只需一次转化就能高效地剔除标记基因获得仅含目的基因的转基因植株。以上剔除标记基因的方法中，诱导型自动剔除标记基因的体系有以下优点：① 适用范围广，对有性繁殖和无性繁殖的植物品种均适用；② 过程简化，既不需要通过二次转化或有性杂交导入 cre 基因，也不需要通过第二代的有性分离再来剔除 cre 基因，大大节约了时间，缩短了实验周期；③ 可按需要严格地掌握标记基因的剔除时机，也排除了 cre 基因的长期表达带来的不利影响。

3. 转座子、同源重组及其他剔除标记基因的策略

转座子系统普遍存在于植物界，而且通常一种植物转座子系统在异源植物中也能自由转座。当前应用较多的仍是最早发现的玉米 Ac/Ds 转座子系统，在此体系中，Ac 能够自发转座，Ds 则只有当 Ac 存在时才能够转座。利用这些特性，可将目的基因置于 Ds 之间或者将标记基因插于 Ac 中间，转基因完成后，目的基因和标记基因将随着转座作用而发生分离，从而获得无标记基因的转基因植物。同源重组法是将标记基因置于重复序列之间，通过两个重复序列发生重组作用，从而将标记基因切除。除了以上的方法以外，科研工作者们尝试着用其他物理方法来消除转基因植株中的标记基因，如 Tinoco 等成功地用 γ-射线照射的方法剔除了转基因大豆中的标记基因，但由于效率太低，尚未见在其他植物的应用。

10.7.2　安全标记基因

与传统的抗性标记基因不同，安全标记基因无抗生素或除草剂等抗性，因此，它对生态环境和生物健康来说是安全的。利用这些安全标记基因可使转化的细胞正常生长，非转化细胞的生长发育则受到抑制，从而有效地筛选出转化细胞和植株。

目前这类选择标记基因主要有 2 类：一类是有关激素代谢的基因，例如 ipt（异戊烯转移酶）基因、iaaH（吲哚 3-乙酰胺水解酶）基因。这类基因可通过调节植物体内激素代谢而使转化细胞的生长与分化不同于非转化细胞，从而有效筛选出转化细胞和植株，但这类基因也易导致激素过量使得转化植株生长发育呈现畸形，因而这类标记基因也常与位点特异性重组酶系统或转座子系统结合使用，使其最终从转基因植株中剔除。

另一类是有关糖代谢的基因，例如甘露糖磷酸异构酶（phosphomannose isomerase，pmi）基因和木糖异构酶（xylose isomerase，xylA）基因。pmi 编码的 6-磷酸甘露糖转移酶可催化 6-磷酸甘露糖转变为 6-磷酸果糖，xylA 基因编码的木糖异构酶能催化 D-木糖与 D-木酮糖的可逆转变，在仅含甘露糖（或 D-木糖）作为碳源的培养基上，非转化细胞由于不能利用甘露糖（或 D-木糖）作为碳源而被淘汰，整合了外源 pmi 基因（xylA 基因）的转化细胞则能够利用甘露糖（D-木糖）作为碳源而正常生长。目前，pmi 和 xylA 基因成功地用作马铃薯、烟草、西红柿、水稻、玉米、小麦、大麦和甜菜等作物遗传转化体系的标记基因，并获得了较为安全的能够正常生长的转基因作物。与 nptⅡ 等抗性标记基因相比，以糖类代谢相关基因作为选择标记基因不仅安全，而且具有更高的转化效率，与激素类标记基因相比，糖代谢相关标记基因一般对植物的正常生长没有影响，可以不剔除。

安全的非抗性标记基因被认为是提高植物转基因安全性的一条主流，尤其是糖代谢相关的标记基因，由于此体系以价格低廉的糖类物质作为筛选剂，同时筛选程序简单，筛选效果显著，因此以糖代谢相关基因作为标记基因的植物转基因体系具有广阔的应用前景。

10.7.3　无标记基因的安全策略

目前所使用的植物转基因手段，无论是基因枪法还是农杆菌介导法，如果不使用合适的标记基因，则在后期难以筛选到含有目的基因的转基因植株。相比之下，如果不使用标记基因就能获得只含目的基因的转基因植株，应该是最直接有效的方法。随着超强毒性农杆菌菌株

的发现和 PCR 技术的普及,de Vetten 等将这一设想变成了现实。他首先将含有目的基因但无其他任何标记基因的双元载体分别导入常用的农杆菌菌株 LBA4404 和强毒性农杆菌菌株 AGLO 中,并分别与茎外植体进行共培养,收获外植体上的再生芽于 MS 培养基中培养诱导成苗,PCR 鉴定显示 AGLO 转化的阳性率平均为 4.5%,进一步分析 220 株 PCR 阳性的 Karnico 品种转基因植株中 100 株(45%)出现了完全预期的表型,表明结合应用强毒型农杆菌菌株、PCR 鉴定筛选技术和优化的基因转化载体即使在没有使用标记基因的条件下也能获得大量的含目的基因的转基因植株。由于理想的转基因植物应该是除了含有目的基因之外,不应含有载体 DNA 骨架或多个 T-DNA 插入等多余 DNA 的转基因植株。他们通过多重 PCR 和 Southern 杂交鉴定出的 99 株有预期表型的转基因植物中共 39 株不含载体骨架 DNA,其中有 10 株仅含单拷贝目的基因的转基因植株。这表明采用这一转基因方法能够获得既无标记基因又无载体骨架 DNA 且仅含单拷贝 T-DNA 插入的转基因植株。

与其他获得无标记基因的转基因植株的方法相比,本方法具有不需要遗传分离或二次转化等步骤,也无需考虑转座或重组的片断重新插入到基因组的情况;可获得既无标记基因又无其他非必需 DNA 的大量转基因植株等优点。但当前该方法仅在马铃薯和木薯等植物中报道,尚有待进一步的推广。

转基因植物安全性是一个与人类自身生活密切相关的复杂问题,直接关系到一种转基因植物品种的未来命运。随着转基因植物不断地商业化,人们越来越重视由此带来的安全问题。前述的安全策略中,无标记基因的方法最为理想,通过这一方法获得的转基因植株既无标记基因也无其他多余的 DNA 序列,但目前仅局限于马铃薯和木薯,要使这一策略成功地应用于植物育种,还需要做大量的研究工作。

10.8　转基因植物的应用

10.8.1　转基因植物的应用

1. 培养抗虫、抗病毒的转基因植物

全世界每年因病虫害损失大量粮食,为降低农药用量、减轻环境污染和减少经济损失,急需培育抗虫转基因品种。抗虫基因主要有毒蛋白基因、蛋白酶抑制剂基因、植物凝集素基因和淀粉酶抑制剂基因。苏云金芽孢杆菌 Bt 晶体毒素蛋白基因是最早被利用的杀虫基因。Bt 基因对哺乳类动物、鸟类、鱼类和一些有益昆虫不产生毒害作用,也不造成环境污染,目前全球已获得了 50 多种转 Bt 基因植物。

病毒病是农业生产中较难对付的主要病害之一,会造成农作物产量降低与品质变劣。人们通过导入植物病毒外壳蛋白基因、病毒复制酶基因、核糖体失活蛋白基因、干扰素基因等来提高植物抗病毒的能力。目前用得最多的是病毒的外壳蛋白(CP)基因。现今利用 CP 基因培育成功的有烟草、番茄、马铃薯、首清等抗病毒转基因作物。

2. 培养抗除草剂的转基因作物

杂草是严重影响作物生长的因素之一,大量施用除草剂虽然能抑制杂草的生长,同时也对作物造成一定的伤害。抗除草剂转基因作物是通过基因工程技术将抗除草剂基因克隆到作物中,赋予其抗除草剂的新特性。目前市场上较多的是抗草甘膦和抗草丁膦转基因作物。

3. 提高植物的抗逆性

植物对逆境的抵抗一直是人们关心的问题，为提高植物对干旱、低温、盐碱等逆境的抗性，研究人员把这些逆境基因克隆后转入植物，使其获得抗性。我国在抗盐基因工程上已取得了一些进展，先后克隆了脯氨酸合成酶(proA)、山菠菜碱脱氢酶(BADH)、磷酸甘露醇脱氢酶(mtl)及磷酸山梨醇脱氢酶(gutD)等与耐盐相关基因，通过遗传转化获得了耐 1% NaCl 的苜蓿，耐 0.8% NaCl 的草莓及耐 2% NaCl 的烟草，这些转基因植物已进入田间试验阶段。中国科学院遗传所将 BADH 基因导入水稻，获得的转基因水稻有较高的耐盐性，并能在盐田中结实。

4. 改良作物的营养品质及延长果实的货架期

随着人们生活水平的提高，人们对饮食质量的要求越来越高。利用转基因技术可以有效地改良植物的营养成分、口感、观赏价值等品质性状。作物种子蛋白是人类和牲畜日常蛋白质的主要来源；与肉类相比，植物蛋白质的氨基酸比例不合理，主要表现在禾谷类单子叶植物种子蛋白质中的赖氨酸和色氨酸含量低，而豆类和蔬菜类等多数双子叶植物蛋白质中缺乏蛋氨酸和半胱氨酸等含硫氨基酸。目前科学家们按照人类的意愿，已对不同作物的蛋白质、碳水化合物、油脂、微量元素和维生素等营养物质进行了成功的改良实验，已获得许多有应用价值的转基因作物品系。北京大学已将编码必需氨基酸的基因转入马铃薯，获得含高必需氨基酸的马铃薯品系。中国农业大学成功地将高赖氨酸基因导入玉米，获得的转基因玉米中赖氨酸含量比对照提高 10%。国外科学家成功地将维生素 A 合成的关键基因导入到水稻中，并能够在水稻的种子中组织特异性表达，生产出含有维生素 A 的稻米。在控制植物果实发育的基因工程中，华中农业大学获得了延迟成熟的转基因番茄，与未转基因番茄相比，显著延长了贮存时间，1997 年农业部基因工程安全委员会已批准这种耐储存番茄进行商业化生产。

5. 生产药用蛋白质

利用转基因植物作为生物反应器生产药用蛋白的研究逐渐受到各国的重视，研究探索的热点之一是利用转基因植物生产口服疫苗。目前，香蕉、番茄、烟草、马铃薯、莴苣等植物都已被用来生产食用疫苗。中国农业科学院生物技术研究所的科研人员将乙型肝炎病毒表面抗原基因导入马铃薯和番茄，饲喂小鼠试验检测到较高的保护性抗体，浓度足以对人类产生保护作用。利用转基因植物生产口服疫苗可以大大降低疫苗的生产成本，在发展中国家更有良好的发展前景。

10.8.2　转基因植物研究发展趋势

转基因植物技术的大规模产业化具有巨大的经济效益，可以显著地降低成本，提高劳动生产率，改造传统产业，开辟新的产业领域，建立新的经济增长点。随着研究与开发的不断深入，出现了 3 个明显的趋势。

1. 对生物基因资源及其知识产权的争夺白热化

在巨额经济利益的驱使下，发达国家对生物基因资源及其知识产权展开了激烈的争夺，其核心是对农业主要栽培作物基因的争夺，主要表现在基因资源的鉴定、分离及其克隆的竞争。

2. 研究方式集约化，科学设施大型化、规模化和自动化

发达国家，特别是欧美等国家转基因研究的方式已开始向集约化方向发展，他们从事转基因研究的专业实验室所需要的研究设备已做到大型化、规模化、自动化，且转基因技术的技术标准体系完善，法规健全，环境保护意识强。尽管其转基因研究所采取的技术主要也是农杆菌

介导、基因枪介导、病毒介导、化学物质诱导、离子束介导等,但他们技术更新的速度快,培育的新品种多及推广快。

今后的发展趋势是对现有转基因技术体系进行完善与创新,建立起高效大规模的转基因技术体系,对每一个不同的植物品种建立具有独立自主知识产权的研究方法和技术体系,满足新种质创造与基因功能验证的要求。对已获得的种质材料,进行转基因育种体系的建设,培育出具抗病虫害、抗除草剂等性状的水稻、小麦以及具抗黄萎病、纤维品质改良性状的棉花等转基因新品种。在新基因与新种质开发方面,主要是对具有生产应用价值的棉花抗黄萎病新基因与纤维改良基因、水稻等作物的除草剂基因等,并以这些基因为目的基因通过规模化转基因技术创造出大批量的种质材料。在转基因新技术方面,主要是通过建立起棉花、水稻等作物的质体转化技术体系,以提高作物光合产率、肥料利用率、不育基因等为目标,获取新种质、新材料。在转基因植物快速检测技术方面,主要是对棉花、水稻等农作物转基因材料的快速检测技术加以研究,以满足对大批量材料的准确、低成本、高效检测需求,其重点为检测试纸的研制等。

我国1999年启动实施"国家转基因植物研究与产业化"专项,重点开展功能基因克隆、转基因新材料创制、基因转化核心技术创新、新产品培育和产业化、转基因植物安全性评价等研究。目前植物转基因核心技术取得突破,植物重要功能基因的分离克隆研究取得重要进展,获得了包括水稻分蘖基因 $MOC1$、融合抗虫基因 $CryCI$、新型抗除草剂基因、隐性抗水稻白叶枯病基因 $xa5$ 和 $xa13$ 等一批具重要应用价值并拥有自主知识产权的新基因。

高效、安全植物转基因核心技术取得突破,技术体系初具规模。在选择标记基因删除技术和目的基因产物定时降解技术、无选择标记的转基因技术等植物转基因核心技术创新方面取得重大突破;初步建立了棉花、水稻、油菜、玉米、大豆、花生、杨树等主要农作物和林草、花卉、果树高效、安全转基因技术体系,大大缩短了我国与世界先进水平的差距。创制了一大批优质、抗病、抗虫、抗旱、耐盐、抗除草剂转基因作物新品种、新品系和新材料,为转基因植物产业化奠定了扎实基础。共获得了转基因抗虫、抗病、抗逆、品质改良、抗除草剂等水稻、玉米、小麦、棉花、油菜、大豆以及主要林草等新株系和新品系20925份,新品种58个。建立了较为完善的国家植物转基因研究开发体系、国家植物基因研究中心、转基因植物中试及产业化基地的建设,为我国植物基因研究及生物技术育种提供了先进的基础设施和技术平台。

本 章 小 结

植物转基因技术是将人工分离或修饰过的目的基因利用DNA重组技术整合到植物的基因组中,由于外源基因的表达,赋予受体植物新的特性。植物转基因技术包括:目的基因的克隆、外源基因的转化和转基因植物的再生。

目的基因的导入主要有农杆菌介导法。其他转化方法包括:化学物质诱导法、电穿孔法、脂质体法、微注射法、花粉管通道法、离子束介导法和基因枪法等。

外源基因在转基因植物中有的表达量很低,甚至不表达,这种基因失活的现象被称为基因沉默。根据对现有转基因植物的分析和研究,外源基因沉默一般可归为两种类型:转录水平上的基因沉默(TGS)和转录后水平上的基因沉默(PTGS)。外源基因能否在植物体内稳定地整合、遗传和表达就决定了转基因植物的使用价值。根据转基因沉默抑制策略的时间先后,可以将抑制策略大致分为转化前防止与转化后抑制。大多数基因沉默现象都与基因的甲基化密切相关,可以将与甲基化有关的基因敲除,对于已经发生转基因沉默的植株通过采取去甲基化的措施使沉默的基因重新表达。

目前对转基因植物的安全性评价一方面是环境安全性，另一方面是食品安全性。在转基因植物中，导入植物体内的外源基因通常包括两类：一是目的基因；二是标记基因。提高转基因植物中标记基因的安全性有三种策略：转化时使用抗性标记基因，转基因成功后将该基因彻底剔除、使用安全的筛选标记基因和完全不用标记基因。

转基因植物的应用包括培养抗虫、抗病毒的转基因植物、培养抗除草剂的转基因作物、改良作物的营养品质及延长果实的货架期、生产药用蛋白质等多方面。

思考题

1. 简述转基因植物食品安全性评价中采用的实质等同性原则。
2. 试述转基因植物发生基因沉默的可能原因和防止策略。
3. 试述转基因植物的安全性风险和目前的解决方案。

（王为民）

第**11**章

转基因动物

转基因动物(transgenic animal)是指借助基因工程技术将外源基因导入受体动物染色体内,使之具有新的稳定遗传性状的动物。它是在胚胎和重组技术发展的基础上产生的,是实验动物学和分子生物学紧密结合的成果。1982 年,Palmiter 把大鼠的生长激素基因导入小鼠受精卵中,获得体重是对照组 2 倍的"超级鼠",实现了哺乳动物间遗传物质的交换和重组。1997年英国罗斯林研究所克隆羊"多莉"的诞生,突破了有性生殖的框架,表明高等动物也可以由无性生殖来繁殖。从此,动物转基因技术迅速发展,随着转基因小鼠、兔、猪、绵羊、山羊及牛等的相继问世,转基因动物技术能够使研究者通过人为的各种方法对动物基因组进行操作,并在 RNA、蛋白质等分子水平和形态、生理学等整体水平直接观察基因对动物活体的影响,是一个四维的研究体系。转基因动物技术已成为当今生命科学研究中一个发展最快、最有前途的领域。

11.1　生产转基因动物的关键技术

通过人工操作的方式,将外源基因整合到动物的基因组中,并使受体动物能稳定地将此基因遗传给后代的实验技术称为转基因动物技术。外源基因仅整合到动物的部分组织、细胞的基因组中,这样得到的动物称为嵌合体动物。主要步骤包括:外源目的基因的获得和载体的构建;将外源目的基因有效地导入生殖细胞或胚胎干细胞,选择获得转基因阳性细胞;选择合适的体外培养系统和宿主动物,使转基因胚胎发育;鉴定、筛选所得到的转基因动物品系。生产转基因动物的基因转移技术主要有以下几种:原核显微注射法、体细胞核移植技术、反转录病毒载体感染法、精子载体导入法和胚胎干细胞移植法等。

11.1.1　原核显微注射法

原核显微注射法是利用显微操作系统和显微注射技术将外源基因直接注入试验动物受精卵原核,使外源基因整合到动物基因组中,再通过胚胎移植技术将整合有外源基因的受精卵移植到受体子宫内继续发育,进而得到转基因动物。1980 年,Gorden 等首先建立了原核显微注射转基因方法,1982 年,Palmiter 报道将大鼠生长激素基因与金属硫蛋白基因的启动子拼接后,用显微注射器注入小鼠受精卵原核内,并将受精卵移植到假孕母鼠体内发育,结果得到 6 只显著大于同窝小鼠的"超级小鼠"。这种方法的优点是无需载体,目的基因片段大小不受限制,可以直接获得纯系,试验周期短,制备相对容易。但该方法操作技术复杂,设备昂贵,并且导入的外源基因的整合位点和拷贝数无法控制,遗传稳定性差,常导致宿主动物 DNA 序列的丢失或插入突变,造成严重的生理缺陷。尽管利用显微注射技术迄今已陆续育成了转基因小鼠、兔、猪、绵羊、山羊及牛,然而显微注射制备转基因动物效率低,在实用上受到了很大的限制。

11.1.2　胚胎干细胞法

胚胎干细胞(embryonic stem cells,ESC)是指从动物早期胚胎(桑椹胚或囊胚的内细胞团)分离的具有自我更新能力和分化潜能的细胞,它具有体外培养无限增殖、自我更新和多向分化的特性。胚胎干细胞法通过反转录病毒载体、电击等方法将外源基因导入到胚胎干细胞中。利用转染外源基因中的抗性筛选标记,在培养液中加入相应抗生素筛选转染后的胚胎干细胞,再将阳性的胚胎干细胞注射入感受态囊胚,并将其移植入假孕雌性动物体内。子代得到嵌合体转基因动物,再通过杂交繁育得到纯合目的基因的个体,即可生产出转基因动物。该法优点是借助于同源重组技术使外源基因整合到靶细胞染色体的特定位点上,实现基因定位整合;在克隆的胚胎干细胞被转移到动物胚胎之前,能够对胚胎干细胞进行筛选,使转基因动物的生产效率明显提高。其缺点是胚胎干细胞建株很困难,生产的部分嵌合体转基因动物生殖细胞内不含有外源基因,无法传代。

相对于胚胎干细胞的缺点,体细胞具有便于采集、数量巨大,并可以在体外增殖培养的特点,通过对体细胞进行基因打靶,使外源基因定点地整合到体细胞的基因组中,再结合体细胞克隆来生产转基因动物。体细胞克隆能够克服胚胎干细胞直接进行转基因的不足,应用此方法已经制备了不会发生乳房炎的奶牛和能够合成多不饱和脂肪酸的猪。

11.1.3　逆转录病毒感染法

在转基因小鼠出现之前,实验发现用逆转录病毒转染鼠的胚胎,逆转录病毒的 RNA 反转录成 DNA 后可以整合入宿主胚胎基因组中,这为用带有外源基因的逆转录病毒介导的基因转移奠定了基础。该方法是将外源目的基因构建到逆转录病毒载体上,然后用重组病毒人为感染着床前或着床后的早期胚胎,外源基因随着病毒基因的插入同时整合到宿主基因组中,再将带有外源基因的胚胎移植入假孕雌性动物体内就可获得转基因动物。

1998 年,Chan 等将乙肝表面抗原基因插入复制子缺失的逆转录病毒载体内,并注射入减数分裂期Ⅱ的牛卵母细胞,将之与精子共同孵育 24h 使其受精,体外培养到囊胚期后植入受体母牛的子宫,生产出 4 头健康的犊牛,在其皮肤和血液细胞检测到表达乙肝表面抗原,外源基因在宿主基因组中的整合成功率为 100%。由于禽类的受精卵产出后已经发育到桑椹胚期,不可能对其进行显微注射操作,所以此项技术是培育转基因家禽最有效的方法。该法具有宿主范围广、外源基因呈单一位点单拷贝整合、整合效率高等优点,缺点是由于病毒衣壳大小有限,对外源基因的长度有限制,并有潜在的致病性和致癌性,所得转基因家畜的嵌合性很高,建立转基因纯系需要进行广泛的杂交,使此项技术的应用受到一定限制。

11.1.4　精子载体法

这是一种直接用精子作为外源 DNA 载体的转基因方法。精子载体法广义地讲包括利用精子和精原干细胞作为载体携带外源基因两类方法。1993 年,Squires 等把外源 DNA 用脂质体包装后,与鸡精子共孵育,然后进行人工授精取得了成功。研究发现,几乎所有动物的精子都具有与外源 DNA 结合的能力,但只有附睾精子和经洗涤去除精清的精子才能够有效携带外源 DNA,这说明精清中的某些成分强烈抑制外源 DNA 的结合。已在哺乳动物精清中和低等动物(如海胆)的精子表面发现了一种 37kDa 的糖蛋白,称为 IF-1 抑制因子。N-糖基酶或 O-糖基酶预孵育能完全解除其对外源 DNA 结合的抑制作用。外源 DNA 与精子的结合可能还受一个相对分子质量为 $30\sim35$ kDa 精子蛋白质的调节,称其为 DNA 结合蛋白(DNA building protein, DBP)。IF-1 能选择性地结合到精子的核后帽区,与 DBP 相互作用,置换出与膜蛋白结合的 DNA 分子。Lavitrano 等实验表明,来自 MHC Ⅱ 基因敲除小鼠的精子结合 DNA 分子的能力比来自野生型小鼠的精子结合能力低,说明主要组织相容性复合物 Ⅱ 类分子(MHC Ⅱ)参与了 DNA-精子的结合过程,但用单克隆抗体在精子头部未能检测到 MHC Ⅱ 分子的表达,说明这些分子的作用并不是直接的。

CD4 是细胞膜上的跨膜蛋白分子,在外源 DNA 内化转运过程中起非常重要的作用。CD4 基因敲除小鼠的精子结合外源 DNA 的能力与 CD4 野生型小鼠相同,但基因敲除小鼠的精子经外源 DNA 转染后无法内化转运 DNA,将转染后的精子经 Dnase Ⅰ 消化后,利用 Southern 杂交检测不到信号,而野生型小鼠的精子却有 30% 以上的阳性率。基于上述研究成果,Lavitrano 提出了精子结合外源 DNA 及 DNA 内化的分子模型:正常射出的精子,顶体后膜上的 DBP 结合外源 DNA 的能力被 IF-1 因子抑制,因此保护了动物遗传的稳定性;当精子充分洗涤或精子膜被破坏后,IF-1 的抑制作用被解除,外源 DNA 与 DBP 相互作用形成 DNA-DBP 复合体,DNA-DBP 复合体结合到 CD4 上,并组装成 DNA-DBP-CD4 复合体,该复合体内化通过核孔到达核基质。在核基质区外源 DNA 被解离并与精子的染色体 DNA 紧密接触,游离的蛋白复合体循环到膜上再转运新的 DNA 分子。此外,外源 DNA 的浓度、序列以及精子来源均影响精子介导的基因转移效果。

该法优点是操作相对简单、易行,不需昂贵的显微操作设施,其实验干预发生于受精之前,对胚胎无损伤;结合利用体外受精技术,并对受精后培养的胚胎发育情况进行检测,可以用整合有外源基因的胚胎得到转基因个体,特别适合大型动物的转基因研究。但其整合率低,许多因素影响 DNA 与精子的结合,实验结果不稳定,可重复性差。

根据精子能够吸收外源 DNA 作为外源基因载体的原理,研究人员进一步利用性腺作为转基因的载体。Kim 等把外源基因用脂质体转染精原细胞,再将被转染的精原细胞微注射到精原细胞被破坏的雄性动物的睾丸的曲精细管内,结果发现小鼠在康复后可以产生携带外源基因的精子。如果利用这样的小鼠对雌鼠交配,可以预期能够产生含有所转外源基因的转基因小鼠。Shen 报道,直接向雄兔睾丸内注射携带绿色荧光表达的外源 DNA 及二甲基亚砜的介质,使 DNA 能够进入睾丸细胞和生精细胞。一个月后用处理的雄兔与雌兔交配,所产生后代的 56% 能高效地表达所导入的外源基因。Yang 等直接对小鼠的卵巢注射绿色荧光蛋白基因,也可以得到转基因小鼠,并且检测后代的阳性率达 54%,并且发现获得的 6 代以内的转基因小鼠都具有较好的遗传稳定性。由于通过性腺转基因操作简便、技术要求较低、难度较小、阳性率大大高于以往精子载体法或其他非定点转基因方法的结果,这种方法将成为一个制作转基因动物的方向,有可能用于如猪和牛这样的大动物的转基因操作。

然而,该方法依然存在基因随机整合、基因重排、基因丢失问题,因此目前还无法利用此方法随意地获得理想的转基因动物。

11.1.5 体细胞核移植法

该技术是将目的基因导入能传代培养的动物体细胞中,在以这些动物体细胞为核供体,进行动物克隆,进而得到带有外源基因的转基因动物。1997 年英国科学家用体细胞核移植转基因技术成功获得了世界上第一只转基因羊"多莉"。之后,各国科学家相继报道了类似的研究成果。1998 年,英国 PPL Therapeutics 公司与 Roslin 研究所合作用胚胎细胞为核供体,获得表达治疗人血友病的凝血因子Ⅸ转基因克隆绵羊 Polly。

2003 年,中国农业大学将含有新霉素抗性基因和增强绿色荧光蛋白基因的双标记选择载体导入牛输卵管上皮细胞,以转基因细胞为核供体,进行了牛的体细胞核移植,经体外发育至囊胚后移入发情牛子宫,得到 3 头转基因牛。PCR 和 Southern 检测结果表明,3 头转基因克隆牛的基因组中都整合有外源目标基因,绿色荧光蛋白在转基因克隆牛的耳部皮肤组织表达。

该方法的优点是可以实现大片断基因的转移,在胚胎移植之前,可以筛选阳性细胞作为核供体,并可预先选择雄性或雌性性别克隆而预定后代的性别,使所需实验动物数大幅减少。另外,体细胞核移植也为拯救珍稀濒危动物开辟了一条新的途径。目前体细胞克隆技术仍存在成功率低和克隆动物具有各种缺陷等问题,需要进一步解决。

11.1.6 转基因技术与其他生物新技术的结合

转基因技术与不断涌现出来的生物新技术结合,可以为转基因动物技术的发展和应用开拓新的方向。在线虫、果蝇和植物中发现的、导致转录后基因沉默的主要机制的 RNA 干涉(RNA interference,RNAi)被人们用来研究基因功能得到肯定后,这项技术近年已成功地与转基因动物技术结合用于研究动物体内的基因功能。

2002 年,第一种应用 RNAi 技术的转基因小鼠成功产生,这种转基因小鼠体内能产生特异针对 GFP 的 siRNA,可以在 GFP 转基因小鼠全身各个组织内敲低 GFP 的表达,对 GFP 表达的抑制程度最高能够达到 96%。RNAi 技术与四环素(tetracycline)诱导的载体相结合制备转基因动物,可以通过在食物中添加不同浓度的四环素来产生不同层次的抑制表型而研究基因的量效关系。在四环素诱导的载体中,四环素操纵子插入到 RNA 聚合酶的 H1 或 U6 启动子中。在四环素或者强力霉素(doxycycline)不存在的情况下,四环素的抑制子 TetR 就和四环素操纵子区域结合使 siRNA 无法产生。当加入四环素或强力霉素后就可以调节 TetR 从而产生 siRNA。在细胞水平的实验证实通过改变加入四环素的剂量浓度可以调节 siRNA 产生的量,进而调控对靶基因的抑制。此外,有报道利用基于 Cre-LoxP 原理构建的载体,成功建立了 Fgfr2 基因敲低的小鼠模型,使得 Cre-Loxp 介导的 siRNA 可以组织特异性地敲低靶基因的表达。

与基因剔除相比,这项技术具有操作过程简便,抑制基因功能的不完全性和可调控性等优点,但是由于 RNAi 的机制至今仍未解释清楚,很多设计的 dsRNA 不能产生抑制靶基因转录后沉默的效果,而且由于 RNAi 并不像基因敲除那样 100% 地把基因从基因组中剔除掉,所以有时也会因背景的不干净导致产生的表型难以分析。前者面临的问题会随着对 RNAi 机理的探明而得到解决,而后者则是由于 RNAi 本身的性质决定的。目前只有基因敲除小鼠或基因突变小鼠能达到基因水平的剔除或灭活。因此,在研究工作应根据具体的研究目标选择转基因动物的制备方法。

转基因动物技术经过多年的发展,在技术的多样性和实用性方面都取得了显著进步,从起初的显微注射方法,到近年来发展的体细胞克隆技术,给制备转基因和基因打靶大型动物提供了手段,使人们在制备转基因动物时的选择性增多。但在制备技术方面和应用范围上,都还存在很大的发展空间。

11.2 转基因动物的检测

由于外源基因整合到受体动物基因组中,存在着拷贝数低、基因表达效率低、不表达、外源基因与内源性基因同源性高以及嵌合体等问题,所以有必要选择适当的检测方法,确认目的基因整合到受体动物中后是否能够稳定遗传和发挥功能。

11.2.1 染色体和基因水平

1. DNA 斑点杂交

DNA 斑点杂交(DNA blot hybridization)是通过直接将变性的待测 DNA 样品点在尼龙膜(或硝酸纤维素膜)等固体支持物上,然后和探针杂交,从而检测样品中是否存在目的 DNA 序列。该方法具有快速、简便、灵敏度高(能从 $2\sim5\mu g$ 基因组 DNA 中检出单拷贝基因)等优点,适用于对大批子代转基因动物进行初筛,但易出现假阳性。

2. PCR 技术

PCR 技术是 DNA 体外扩增技术,在转基因动物研究中,用 PCR 先对着床前的胚胎进行筛选,再将阳性胚胎植入母体,可极大地提高转基因效率。但该方法易出现假阳性,仅用于转基因动物的初步检测。

3. Southern 印迹法

Southern 印迹杂交技术是通过探针和已结合于硝酸纤维素膜(或尼龙膜)上的经酶切、电泳分离的变性 DNA 链杂交,检测样品中是否存在目的 DNA 序列的方法。该法不仅灵敏而且准确,并且通过对多种(≥5)限制性内切酶酶切后的 Southern 杂交结果分析,可以初步确定外源基因整合的拷贝数,因而广泛用于转基因动物的筛选和鉴定。

4. 染色体原位杂交

染色体原位杂交(*in situ* hybridization)是确定转基因在染色体上确切位置的重要手段,其原理是利用碱基互补的原则,以放射性同位素或非放射性同位素标记的 DNA 片段作探针,与染色体标本上的基因组 DNA 进行杂交,经放射自显影或非放射性检测体系在显微镜下直接观察目的 DNA 片段在染色体上的位置。

11.2.2 转录水平

在 mRNA 水平检测外源基因是否表达,其中常用的有 Northern 印迹法、实时荧光定量 PCR、基因芯片等方法。

1. Northern 印迹法

该方法是通过探针和已结合于硝酸纤维素膜(或尼龙膜)上的 RNA 分子杂交,检测样品中是否存在目的 RNA 序列。该技术操作简便,在转基因和内源基因同源性较少时,可用于转基因表达的检测。

2. 实时荧光定量 PCR

实时荧光定量 PCR（real-time PCR，RT-PCR）是在 PCR 定性技术基础上发展起来的核酸定量技术。它是一种在 PCR 体系中加入荧光基团，利用荧光信号积累实时监测整个 PCR 进程，最后通过标准曲线对未知模板进行定量分析的方法。该技术不仅实现了对 DNA 模板的定量，而且具有灵敏度高、特异性和可靠性更强、能实现多重反应、自动化程度高、无污染性、具实时性和准确性等特点，目前已广泛应用于各种基因的定量表达分析。

3. 基因芯片

基因芯片又被称为 DNA 芯片、DNA 微阵列和生物芯片，是指以大量人工合成的或应用常规分子生物学技术获得的核酸片段作为探针，按照特定的排列方式和特定的手段固定在硅片、载玻片或塑料片上。使用时先将需分析的样品标记，然后与芯片上的寡聚核苷酸探针杂交，再用激光共聚焦显微镜等设备对芯片进行扫描，配合计算机软件系统检测杂交信号的强弱，从而高效且大规模地获得相关的生物信息。此项技术克服了传统核酸印迹杂交技术复杂、自动化程度低、检测目标分子数量少、成本高、效率低等的缺点。此外，通过设计不同的探针阵列（array），利用杂交谱重建 DNA 序列，还可实现杂交测序（sequencing by hybridization，SBH）。目前，该技术在基因表达研究、序列分析及基因诊断等领域已显示出重要的理论和应用价值。

其他方法，如 RNase 保护分析等也用于外源基因的转录水平检测，具有较高的灵敏性、不受同源性限制的优点，但操作步骤繁琐，目前应用较少。

11.2.3　翻译水平

在蛋白质水平检测转基因是否表达包括两个方面，即转基因的 mRNA 是否被翻译和被翻译的蛋白质是否有生物学功能。

1. Western 印迹分析

该方法是对非放射性标记复杂蛋白质混合中的某些特定靶蛋白进行定性鉴别及定量分析的方法，实验过程是在固相支持膜上进行，可检出 $1\sim5\text{ng}$ 中等大小的待检蛋白。缺点是由于在这一实验中靶蛋白是彻底变性的，故并非所有单克隆抗体都适合用于 Western 印迹。

2. 酶联免疫法（ELISA）

该方法以酶作为标记物或指示剂，进行抗原或抗体的检测，具有特异性高、所需仪器设备简单、试剂价廉、无放射性危害等优点。ELISA 方法中所用的酶有辣根过氧化物酶（HRP）、碱性磷酸酶、β-半乳糖苷酶等。一般来说，Western 印迹法更适用于少量样品的定性检测，而 ELISA 方法可一次方便检出几十甚至几百个样品。

3. 免疫荧光抗体法

利用待检细胞株先后与第一抗体（目的蛋白的单克隆抗体或多克隆抗体）、第二抗体（葡萄球菌蛋白质 A-FITC 或抗鼠 Ig 标记荧光素）反应，再用荧光显微镜观察照相。该方法简单易行，无需进行蛋白质的提取，适用于表达蛋白质的定性研究。

4. 免疫沉淀法

利用免疫反应沉淀已被放射性标记细胞提取物中的靶蛋白，可应用于复杂蛋白质混合物中靶抗原的定性与定量，整个实验过程是在液相中进行，其独特优点是高选择性、特异性及敏感性，可检出低至 100pg 的放射性标记蛋白。此法也还可被用于非标记蛋白的分析，当靶蛋白与抗体解离后，可使用如酶活性检测、Western 印迹分析等方法检出特定的非标记蛋白。免疫沉淀法与 SDS-PAGE 结合应用是研究转基因动物细胞表达外源抗原蛋白合成与加工过程的理想技术。

5. 活体动物体内成像(*in vivo* imaging)

这项技术包括生物发光成像和荧光成像，采用报告基因产生的生物发光、荧光蛋白质或染料产生的荧光作为体内生物光源，与新型冷 CCD 成像相结合，实时探测活体动物体内生理或病理条件下的细胞活动和基因行为。冯娟等把 DsRed-Express 和 EGFP 基因插入 chicken β-actin 强启动子下游构建转基因载体，建立红色荧光和绿色荧光转基因 C57BLP6J 小鼠。活体荧光影像系统分析转基因小鼠分别呈现红色荧光和绿色荧光。经荧光显微镜观察，DsRed-Express 转基因小鼠的红色荧光蛋白和 EGFP 转基因小鼠绿色荧光蛋白在胰腺、脑组织等多个组织器官中表达。该技术具有操作简便，可以实时定量检测目的基因的表达，是一项敏感的检测技术。

6. 生物化学性质和生物学活性分析

除直接测定基因表达产物外，还可通过定性或定量测定表达产物的生物化学性质和生物学活性，来鉴定表达产物的存在。其指标有酶活力测定、受体蛋白分析和激素活性的检测等。

11.2.4 其他

对于转基因动物来说除了以上分析方法外，还可以在动物整体水平上观察表现型的改变，进一步鉴定外源基因的整合与表达，以及对动物健康的影响。

综上所述，各种转基因检测方法各存利弊，因而在构建外源基因时应考虑到转基因的检测方法，选择(设计)的方法应尽可能精确、简便、经济易行。

11.3 转基因动物技术存在的问题

11.3.1 外源目的基因在宿主基因组中的行为难以控制

目前对外源目的基因的结构及其各种调控因子结合位点之间的关系、转基因过程中目的基因的整合机理、与宿主染色体之间的相互作用，以及相同的基因表达调控元件在不同种系的差异均未完全了解。目的基因的控制元件可能会缺乏宿主体内适当的调控和表达必需的重要序列，导致外源目的基因在宿主基因组中的行为难以控制，目的基因的整合和表达率低，即使已整合的外源基因也很容易从宿主基因组中消失，遗传给后代的概率很低。

另一方面，利用原核显微注射法生产转基因动物时，外源目的基因在宿主基因组中的插入是随机的，这可能会使内源基因遭到破坏或失活，也可能激活正常情况下处于关闭状态的基因，产生插入突变。同样也会影响目的基因自身的功能，由于受整合位点附近调控序列的影响，导致外源目的基因不表达或异位或(和)易时表达。伴随着主基因功能的丧失，受到干扰基因功能的影响，导致转基因阳性个体不育、胚胎死亡、四肢畸形、足趾相连等异常现象的发生。据 Gordon 报道，转基因鼠中插入突变的估计频率大约为 7%～20%。插入突变给动物带来了危害。

由于外源基因的异位或(和)易时表达，可能意外激活或抑制、改变动物体内一些正常生理过程，从而导致动物发育异常或疾病。Niemann 等报道，含有乳蛋白特异性基因启动子序列和预期在哺乳动物乳腺中表达的目的基因导入绵羊体内,检测发现在绵羊的心、脑等非特异组织中也能够表达。对带有编码促生长因子基因(bGH)的转基因猪研究表明,导入 bGH 基因的转基因猪虽然明显地提高了生长速度和瘦肉率,高浓度血浆 bGH 或 hGH 对转基因猪的健康产生不利影响,对其进行临床检查和尸体剖检,发现转基因猪最常见的症状是嗜睡、步态不稳、突眼等,组织病理变化为胃溃疡、变性关节病、心包炎等。转基因不在特定组织中表达的原因可能是调节基因表达的顺式调控元件和反式作用因子之间的不协调造成的, 也可能是宿主细胞基因和转基因之间的相互作用或转基因的整合位点不适引起的。

11.3.2　转基因动物技术给动物带来的危害

由于现有每一种转基因制作方法自身缺陷的存在,从而影响了所生产的转基因动物的健康状况和生长速度以及其他一些方面的影响。这里主要讨论与转基因家畜生产有关的两种技术:原核显微注射法和细胞核移植技术。

利用原核显微注射法迄今为止已经生产了大量转基因动物。利用显微注射生产转基因牛要进行包括收集卵母细胞、卵母细胞的体外成熟、体外受精、显微注射后的体外胚胎培养和转移胚胎到接受者体中等一系列的操作。由于外源 DNA 在受体基因组中的整合位点是随机的, 而且整合的拷贝数也是无法控制的,因此可能导致邻近内源基因的调控元件覆盖了转基因本身所在的位点,从而发生异常的表达模式(位点效应),包括不表达、加强表达或异常表达。另外,转基因的控制元件可能会缺乏适当的转基因调控和表达必需的重要序列,当转基因碰巧整合在具有重要功能的基因之中,就干扰了基因的正常表达,从而影响了转基因动物的正常发育与代谢。

细胞核移植是最近发展起来的一种生产转基因家畜的技术,用这种方法已经生产出了转基因牛和羊。有证据表明,在生产转基因牛和绵羊核移植过程中采用的与体内程序有关(如人工授精和体内胚胎发育)的体外技术可能导致机体产生有害的副反应,导致妊娠期流产率提高、先天畸形的增加和产期死亡率的提高。对由核转移或者是经体外胚胎培养在体外繁殖后得到的羔羊或小牛或死胎进行尸检,发现血管系统、尿道的发育不全、胸腺萎缩和脑部损伤等异常情况。这表明由于体外培养,胎儿器官和组织的发育模式发生了重大变化。但目前对于这一方面的机制仍不清楚,还需进一步的研究探讨。

11.3.3　转基因动物的成功率和成活率极低,生产成本高

尽管也有少数成功率较高的报道,但目前公认的体细胞克隆成功率在 $1\% \sim 3\%$。克隆胚胎移植后的出生率平均不到 10%。胎儿异常、流产和围生期死亡率高,出生后一周的死亡率最高可达 100%。造成这种结果的主要原因可能是与各种操作过程中的胚胎损伤有关。因此,生产一头有用的转基因动物,需用大量供体和受体动物,涉及很高的研究费用。即使用体外成熟和体外受精方法,花费依然昂贵,导致转基因动物产业化受到很大限制。

11.3.4　转基因动物的安全性问题

伴随着转基因动物技术的发展,转基因动物及其产品的安全性、对生态环境的影响、伦理道德等问题也日益显露出来。此外,转基因动物研究中还面临着社会对转基因动物接受能力问题。对转基因动物自身安全性的问题进行透彻的理解和研究,不但可以提高和改进与转基因动物相关的技术,而且也可以为人类更好地利用转基因动物服务。

11.4　提高外源目的基因的整合效率和表达水平的方法

11.4.1　外源目的基因的整合效率和定位

一般来讲，通过显微注射方法将外源DNA导入细胞，从技术角度说受到DNA浓度、缓冲液的组成成分、外源DNA的构型和受体细胞周期等因素的影响。随着所注射外源DNA浓度的增加，整合效率也随之提高，但大量外源DNA的注射将使细胞成活率降低。一般采用细胞核注射，线状DNA分子整合效率远高于超螺旋DNA分子的整合效率。如将两种线性DNA分子共注射，其整合效率比共注射两种闭环DNA分子高20～70倍，且线性DNA能在宿主基因组中稳定整合。对不同细胞周期中外源基因的最佳整合时期研究表明，细胞分裂中期外源基因整合入细胞的效率最高（11％～47％）。Jankowsky等用共注射法研究了双基因转基因动物的制作策略，一种是两种基因各带有自己的启动子元件，共注射入受精卵雄原核，另一种是把两种基因共同克隆于同一启动子的控制之下共注射，发现此两种方法相对于单基因均能提高基因整合的百分率。

外源DNA的整合有随机重组、同源重组和逆转录病毒整合等几种方式。转基因动物的研究表明，导入的外源基因几乎全部以随机的方式整合在受体细胞中染色体的随机位点上，因而转基因动物都面临着遗传稳定性差、易引起插入突变体和基因修饰所导致遗传病变等问题。Brinster等提出假说：DNA随机整合在染色体DNA的断裂处，这些断裂决定其整合率，在注射的DNA末端和染色体断裂点之间的相互作用使外源DNA整合进基因组。由注入的DNA分子游离末端所诱导的修复酶可能引起染色体的随机断裂，断裂处可能就是外源DNA的整合位点。正因为如此，插入位点常出现宿主序列的重排、缺失、重复或易位，这些变化可能是注射后胚胎成活率不高的原因。

逆转录病毒整合的频率最高，有利于整合基因的表达调控，但该方法由于病毒容量的限制，要求外源DNA片段不能太大，且得到的动物是嵌合体，从而使逆转录病毒介导的方法在一定程度上受到限制。同源重组使外源DNA与受体细胞染色体上的同源序列发生重组，并整合到预定的位点上，改变细胞遗传特性，它能根据实验设计使哺乳动物细胞基因组结构进行定量定点改变，特异性很高，对靶细胞染色体的影响也很小，因而能定向改变细胞或整体本身的遗传结构和特征。利用同源重组的原理和胚胎干细胞培养技术，体外构建打靶载体，在受体细胞中通过一系列的体外转染筛选和制作胚胎嵌合体途径，获得含特定修饰的基因型或造成特定基因功能的缺失，这样一种基因操作技术称为基因打靶。基因打靶包括基因敲除(knock out)和基因敲入(knock in)技术。目前利用以上技术已经获得了通过基因敲入的转基因小鼠，实现了外源基因在宿主基因组的定点整合。

但是由于目前尚未建立起一套有效的、完善的适用于任何物种胚胎干细胞的分离和培养方法，到目前为止很多物种尚未得到胚胎干细胞，而体细胞便于采集，可以在体外增殖培养，所以通过对体细胞进行基因打靶，使外源基因定点整合到体细胞的基因组中，再结合体细胞克隆来生产转基因动物也是提高目的基因表达的一条途径。

此外，在制作转基因家禽时，可以对原始生殖细胞（PGC）进行基因打靶，van de Lavoir等将携带能表达绿色荧光蛋白基因的PGC注入孵化3d发育至13～15期的鸡胚内，获得8只公雏，成长后与母鸡交配产生7只生殖腺有转入外源基因和带有绿色荧光的转基因雏鸡。这一成功为今后进行禽类的定点转基因提供了示范。

11.4.2　外源目的基因的高效表达及调控元件

研究表明,启动子、内含子、增强子及插入整合的位点是决定表达的主要因素,此外还受到细胞反式调控因子、整合拷贝数、载体序列以及机体状态等因素的影响。

1. 启动子

启动子决定了外源基因在体内能否表达及表达效率的高低。一般对非特异性表达基因而言,选用组成型或广谱型启动子与之重组。对特异型表达基因而言,所选用的启动子必须具有严格的时空作用特异性,如组织细胞特异性启动子、生长发育特异性启动子和诱导特异性启动子等。对组织特异性启动子而言,其特异性的产生是由基因两侧翼或基因内部某些顺式调控元件与特定的反式调节因子相结合的结果。另一方面,要求所选用的外源基因具有内含子的真核基因,而不是用原核基因和真核 cDNA,否则就会因内含子负调控区的缺失而丢失遗传反馈元件。

2. 内含子

由于内含子中存在的增强子和其他转录调控元件可影响转录的起始和延伸,转基因动物中外源基因的有效表达还取决于转入基因是否含有内含子。Choi 等人把组蛋白 H4 启动子驱动的细菌氯霉素乙酰转移酶(CAT)基因转入小鼠,研究发现 CAT 基因的转录单位中带有异源内含子时,其 CAT 活性比不含此内含子的相应转基因小鼠的 CAT 活性要高 5～300 倍。Brinster 采用含有内含子基因的基因组构件比采用 cDNA 提高表达 10～100 倍,证实内含子有利于基因的转录。因此,在转基因动物中用 DNA 比 cDNA 更适宜表达。

3. 增强子

基因的启动子不是单独起作用的,它的活性还受到远端调控元件的影响,这种远端调控序列称为增强子。由于增强子的作用无方向性和位置性,外源 DNA 整合后可能受插入位点邻近部位宿主增强子序列的作用,因而基因带有增强子序列,将会有效地提高目的基因的表达水平。另外,研究发现,某些增强子具有组织特异性,对实现目的基因的组织特异性表达具有重要作用。

4. 反式作用因子

反式作用因子不仅能激活不同种外源基因的转录,而且能结合到染色体的不同位点,同时,将一个基因的调节序列与另一个基因的结构序列重新组合可以产生新的组织特异性表达。一个反式作用因子可对几个基因表达起作用,且具有组织特异性。Gordon 等将人的 Thy-1 基因导入小鼠中,发现该基因的表达模式与人完全相同,也主要是在胰脏、血管内皮及外周神经中表达。

5. 整合位点

转基因的整合位点是高度可变的,由于受整合位点周围染色质翼区的影响,使用结构相同的外源基因所制备的转基因动物,其表达水平存在着很大的差异,即使携带组织特异性调节元件的外源基因,其表达也并不一定具有明显的特异性,即外源基因的表达存在着位置效应,这种位置效应不仅影响外源基因的表达水平,而且也影响外源基因的表达模式,以致具有同一外源基因但不同染色体整合位点的转基因小鼠中,该基因的转录就在不同时期和不同组织中被激活。

6. 载体及载体序列

在转基因动物的制作中,目前克隆载体的整体结构与效率已有极大的发展和改进,现在使用的载体除噬菌体、黏粒外,还有酵母人工染色体(YAC)、细菌人工染色体(BAC)和哺乳动物人工染色体(MAC)。其中酵母人工染色体(YAC)载体是近年来发展起来的新型载体,其大容量能保证巨大基因的完整性,可消除或减弱位置效应,从而提高外源基因的表达水平。1999 年,Fujiwara Y 等利用该载体成功地使人的生长激素基因在大鼠的乳腺中高水平表达,乳汁中激素含量达 0.25~8.9mg/ml。此外,通过在目的基因两侧添加核基质附着区(MAR),能够增加目的基因的表达。因此,在转基因工作中需要考虑载体序列对表达的影响。

7. 共注射

不同的基因构件以首尾相连的形式共整合,在某种程度上形成相对独立的区域,或形成一个开放的染色体域,将特定的高水平表达基因与构件共注射,可以协同作用,从而提高外源基因的表达水平。

11.5　转基因动物乳腺生物反应器

转基因动物的问世,为利用基因工程手段获得低成本、高活性和高表达的蛋白质药物开辟了一条重要途径,即转基因动物制药(transgenic animal pharming)。转基因动物体内最理想的表达场所就是乳腺。因为乳腺是一个外分泌器官,乳汁不进入体内循环,不会影响转基因动物本身的生理代谢反应。从转基因动物的乳汁获取的目的基因产物不但产量高、易提纯,而且表达的蛋白质经过充分的修饰加工,具有稳定的生物活性,因此又被称为转基因动物乳腺反应器。利用转基因动物乳腺生物反应器来生产基因药物是一种全新的生产模式,具有投资成本低、药物开发周期短和经济效益高的优点。

建立转基因动物乳腺生物反应器首先要保证目的蛋白在动物乳腺的特异性表达,目前 用于转基因动物乳腺定位表达的调控元件主要有以下四类:第一类为 β-乳球蛋白(BLG)基因调控元件。第二类为酪蛋白基因调控序列,常用牛 αS1-酪蛋白基因和羊 β-酪蛋白基因的调控序列。第三类为乳清酸蛋白(WAP)基因调控序列。WAP 是啮齿类动物奶液中的主要蛋白质,在家畜奶液中没有 WAP 的存在,但 WAP 基因调控序列可以指导外源基因在家畜奶液中表达。第四类为乳清白蛋白基因调控序列。第三类和第四类可以指导外源基因的表达,但乳腺表达的特异性及表达量都不如第一类和第二类。

由于转基因动物制药的巨大发展前景,目前世界上有多家公司在从事这方面的研究。近年来,转基因动物制药的研究取得了极大的进展,2006 年 6 月 2 日,美国 Genzyme 转基因公司研制的世界上第一个利用转基因动物乳腺生物反应器生产的基因工程蛋白药物——重组人抗凝血酶(商品名:ATryn)的上市许可申请获得了欧洲医药评价署人用医药产品委员会的批准,ATryn 的主要成分——重组人抗凝血酶具有抑制血液中凝血酶活性,预防和治疗急慢性血栓形成,对治疗抗凝血酶缺失症有显著效果。

转基因动物制药将为人类解决许多生命科学领域的重大问题,是蛋白质药物生产领域的一场革命,这就决定了在今后这方面的研究将不断深入,竞争也将更加激烈。尽管转基因动物乳腺生物反应器制药给人们展示了美好的前景,但转基因动物制药尚存在研制周期较长、前期投资大、成功率低等较多的技术问题需要解决。目前,我国"863"计划已将山羊乳腺生物反应器研究列为重大项目,1996 年 10 月上海医学遗传研究所与复旦大学合作研制成功的能在乳腺中表达人凝血因子Ⅳ 的转基因羊,为我国在转基因动物制药方面的研究奠定了良好的基础。

11.6　转基因动物的应用

11.6.1　建立诊断和治疗人类疾病的动物模型

人类疾病的动物模型(animal model of human disease)是指医学研究中应用的具有人类疾病模拟表现的动物实验对象和相关材料。用产生某些疾病或遗传病的基因作为外源基因,通过转基因技术来制作各种研究人类疾病的动物模型,用于研究某些人类疾病或遗传病发生的机制、治疗方法,以及药物的治疗效果等,为诊断和开展治疗类似的疾病积累宝贵的资料,使转基因动物在人类医学研究中体现重要价值。

如乙型肝炎病毒(hepatitis B virus, HBV)是一种宿主特异性极强的嗜肝病毒,HBV 感染与慢性肝炎、肝硬化、肝细胞癌的发生密切相关,但 HBV 在自然状态下只能感染黑猩猩等少数几种动物,对这些病原体敏感、廉价的动物模型的寻找一直是各国学者坚持不懈奋斗的目标。目前已经建立乙型肝炎病毒核心抗原(ayw 亚型)转基因小鼠模型,为研究 HBV 在宿主体内的表达、包装以及分泌等生物学特性提供了良好的试验材料,也是抗 HBV 药物和临床相关疾病治疗的理想动物模型。总之,转基因动物模型具有能在整体水平从时间和空间四维角度同时观察基因表达功能和表型效应的独特优点,能从分子水平上研究健康或疾病状态的生物体生理和病理情况。

11.6.2　用转基因动物生产药用蛋白

20 世纪 70 年代后期,随着 DNA 重组技术的问世,诞生了基因工程药物,或称基因药物。高产值、高效率的基因药物的出现给药物生产带来了一场革命,推动了整个医药产业的发展。基因工程药物的发展主要经历了细菌基因工程药物,即把目的基因导入大肠杆菌等工程菌中,通过原核生物来表达目的基因蛋白。细菌基因工程的成功使大量生产人体内的稀有蛋白成为可能,改变了蛋白药物生产的传统模式。但是细菌缺乏真核生物基因所必需的一些翻译后加工机制,因此用于表达真核基因时的蛋白产物往往没有活性,必须经过糖基化、羧基化等一系列复杂的修饰加工后才能成为有效的药物,因而限制了细菌基因工程的发展。细胞基因工程药物,即利用哺乳动物细胞株来代替基因工程细菌来生产药用蛋白,克服了细菌基因工程制药的不足,用该方法生产的红细胞生成素(EPO)等已经上市。但是细胞基因工程也有不足之处,因为人或哺乳动物细胞培养条件相当苛刻,药物生产的成本太高,这样就限制了该方法的进一步发展。

利用转基因动物乳腺生产重要的蛋白质药物,即转基因动物制药。目的基因能稳定地遗传到下一代,用羊、牛等动物的乳腺表达人类所需蛋白就相当于一座药物工厂生产药物,具有投资成本低、经济效益高和没有污染的优点。

Berkel 等利用牛的 αS1 -酪蛋白启动子与人乳铁蛋白基因组的 6.2kb 片段构建转基因载体,通过显微注射获得转基因牛,ELISA 结果分析表明,转基因牛奶中人乳铁蛋白的含量为 $300\sim2800\mu g/ml$ 。其他目前已经能够从高等转基因动物乳腺反应器中生产的蛋白有抗凝血酶Ⅲ、长效组织纤溶酶原激活剂(tPA)、α-抗胰蛋白酶、凝血因子Ⅸ、乳铁蛋白等产品。但是用转基因动物进行药物生产还存在一些问题,如在转基因动物体内过量表达外源蛋白对动物造成的伤害,致使转基因动物在很多生理方面存在缺陷,这些问题需要进一步解决。

11.6.3 生产可用于人体器官移植的动物器官

每年由于可供移植的人体器官不足,成千上万的病人因得不到移植器官而死去。因此,异源器官移植是解决世界范围内普遍存在的器官短缺的有效途径。排斥反应是器官移植的最大障碍,而利用转基因动物可以解决这一难题。如供体猪组织的血管内皮细胞表面存在糖类表面抗原,可与人类血清中的相应抗体结合,已知这种抗原是由 $\alpha-1,3-$半乳糖转移酶催化合成的,用基因敲除的方法降低该酶的活性或使该酶失活,从而解决异种器官排斥反应问题。此外还可以通过核移植技术建立病人的胚胎干细胞系,并在体外培养使其发育成为各种组织、器官,之后再移植给病人,这从根本上解决了排异反应,为生产可供人类移植用的器官开辟了一条很有希望的途径。

目前对器官供体动物研究较多的是猪。作为人类器官移植的供体,猪在解剖、组织及生理等方面与人类最为相近,其器官与人的器官大小相仿,并且容易饲养。

11.6.4 基因动物在培养家畜新品种方面的应用

利用转基因技术可以加快动物改良进程。"超级小鼠"的成功使人们找到了一条加速经济动物生长的新技术途径。而且利用转基因技术有可能在较短的时间内培育出具有各种优良性状的家畜品种,培育出对某种疾病具有抵抗能力的转基因动物等。

11.6.5 展望

虽然转基因动物还存在如对基因转移的过程和原理还不清楚、外源基因整合率低、转基因动物成活率低及转基因动物的安全性等问题,但转基因动物已经影响到工业、农业、医学及其他许多领域,特别是在医药生产和供人类移植所用器官的生产等方面,其经济效益和社会效益将是难以估量的。转基因动物生产将会成为生物工程技术领域最活跃、最具有实际应用价值的内容之一。因此,实现转基因技术实用化、商业化、转基因动物的产业化,是当代生物科学工作者的努力目标。

本 章 小 结

转基因动物是指借助基因工程技术将外源基因导入受体动物染色体内,使之具有新的稳定遗传性状的动物。生产转基因动物的基因转移技术主要有以下几种:原核显微注射法、体细胞核移植技术、反转录病毒载体感染法、精子载体导入法和胚胎干细胞移植法等。上述分别通过直接或间接地将外源基因导入配子、合子和早期发育的胚胎细胞中,再利用胚胎繁殖技术获得转基因动物。

外源基因整合到受体动物基因组过程中,存在着拷贝数低、基因表达效率低、不表达,以及嵌合体等问题。因而有必要选择适当的检测方法,确认目的基因整合到受体动物中。检测技术有 PCR 技术、Southern 印迹杂交技术、Northern 印迹法、实时荧光定量 PCR、基因芯片技术、Western 印迹和酶联免疫法、活体动物体内成像技术等。

外源 DNA 的整合有随机重组、同源重组和逆转录病毒整合等几种方式。启动子、内含子、增强子及插入整合的位点是决定表达的主要因素,此外还受到细胞反式调控因子、整合拷贝数、载体序列以及机体状态等因素的影响。

从转基因动物的乳汁获取目的基因产物不但产量高、易提纯,而且表达的蛋白质经过充分的修饰加工,具有稳定的生物活性,因此转基因动物乳腺反应器是最理想的表达场所。

思考题

1. 通过举例,详细阐述转基因动物乳腺生物反应器的制备过程。

2. 简述目前生产转基因动物的关键技术中存在的问题及其发展趋势。

3. 试解释基因打靶,并结合目前的研究现状,综述在转基因动物的制备中提高外源目的基因的整合效率和表达水平的方法。

（王为民）

第12章

转基因生物安全

生物技术是 20 世纪末期在现代分子生物学等生命科学的基础上发展起来的一个新兴技术领域,在医药、农业生产、食品加工、资源开发与利用、环境保护等方面有着巨大的应用前景,成为发展最迅猛的高新技术之一,包括基因工程、细胞工程、发酵工程、酶工程、组织工程、生物信息和生物芯片等。目前人们常说的生物技术一般是指基因工程技术,是现代生物技术的核心。在农业生产领域,利用基因工程技术改变基因组构成而形成的动植物、微生物及其产品被称为农业转基因生物产品。由于基因工程技术在农业生产上的应用打破了物种间天然杂交的屏障,不同物种间的遗传物质可以相互流动,因此,人们有理由相信这种技术的实际应用会对人类、动植物、微生物及其生态环境构成危险或潜在风险,即生物安全。从 20 世纪 70 年代开始,生物技术的安全性问题越来越受到人们的关注,并开展了深入的研究。广义的"生物安全"是指在一个特定的时空范围内,由于自然或人类活动引起的新的物种迁入,并由此对当地其他物种和生态系统造成危害和改变,进而对生物的多样性产生不利影响和威胁,对人类健康、生态环境和社会生活产生有害的影响。一般包括外来生物入侵、重大生物灾害、转基因生物和生物武器等。狭义的生物安全特指转基因生物安全,指防范农业转基因生物对人类、动植物、微生物和生态环境构成的危险或潜在风险。

12.1 基因工程实验室安全性的基本要求

基因工程实验室操作的对象主要是病毒、细菌等微生物和一些实验动植物。它们可以是重组实验中的 DNA 供体、载体、宿主乃至遗体嵌合体,这些试验对象的致病性、致癌性、抗药性、转移性和生态环境效应往往千差万别,一旦操作不当就会引起严重的后果。

12.1.1 基因工程实验室重组 DNA 存在的潜在危害

基因工程实验室安全性主要是重组 DNA 操作的潜在危险,主要表现在两个方面:一是实验室生物感染操作者所造成的实验室性感染;二是带有重组 DNA 的载体或受体的动植物、细菌及病毒逃逸出实验室所造成的社会性污染。

实验室的感染途径很多,诸如操作者体表污染未能及时清除、在实验室进食将实验微生物带入消化道、实验操作失误导致创口感染等都是常见的感染方式。此外,很多常规实验操作都容易产生气溶胶,实验材料形成的气溶胶颗粒进入实验人员的呼吸道也是造成实验室性感染的重要原因之一,这是一种不易察觉和防范的感染方式。实验室性感染的可能危害,一方面在于可能危害实验室工作,危害实验室工作人员身体健康(如致癌、致病或破坏操作者体内原有菌群的生理性平衡,影响人体正常生理),另一方面若实验室生物通过操作者的社会活动带至实验室外扩散,则有可能进一步危害社会。

实验室生物逸出实验室引起社会性污染的主要途径有:实验微生物通过空气进入外界环境;实验微生物借助空气和食物进入操作者体内和体表再带入外界环境中;昆虫和啮齿类动物侵入实验室被污染上实验微生物并进入外界环境;实验的废弃物和污物未经处理彻底而污染环境;另外,实验设计和管理不完善造成实验室生物在环境中扩散(如转基因植物通过花粉在自然界中扩散,转基因动物逃出实验室并与野生物种进行交配,以及火灾、泄露及其他意外事故等造成的逃逸)。

以上各种情况的发生都有可能导致很大的危害。基因工程实验室使用的微生物很多能够使人畜及农作物致病,一旦进入外界很可能引起疾病流行和农业危害。一些带有重组 DNA 的细菌或病毒有可能在环境中获得旺盛的繁殖力并伴有高度的传染性、侵染性和抗药性,进入自然界会引起意想不到的疾病流行。此外,带有毒性或抗性的遗传工程体一旦进入环境后,其所带的重组 DNA 在不同生物类型间转移可能给其他生物的生活状态带来影响,乃至破坏自然界的生物资源,影响生态平衡。

30 多年的实践证明,重组 DNA 操作的潜在危害至少在理论上是可以采用适当的措施防止的。首先,要求从事基因工程操作的实验人员要具备良好的从事微生物操作的能力以及关于安全防护的基本知识;同时要正确认识实验生物的危害等级以及有关的重组 DNA 工作的类型,从而采用不同的操作技术和封闭措施;当然,积极采用具有生物控制功能的宿主-载体系统也是十分必要的;最后,加强立法管理基因工程试验也是保障安全的重要环节之一。

12.1.2　基因工程安全等级的划分及安全控制措施

按照试验生物的系统地位、自然习性、地理分布或宿主范围、病原性和毒性、传播方式和机制、对抗生素和环境因素的抵抗力、与其他生物间的关系以及对人类及其他高等动物的致病性等潜在的危险程度,我国《基因工程安全管理办法》将基因工程工作分为四个安全等级(表12.1)。

表 12.1　基因工程工作安全等级划分

安全等级	要　求
安全等级 Ⅰ	该类基因工程工作对人类健康和生态环境尚不存在危险
安全等级 Ⅱ	该类基因工程工作对人类健康和生态环境具有低度危险
安全等级 Ⅲ	该类基因工程工作对人类健康和生态环境具有中度危险
安全等级 Ⅳ	该类基因工程工作对人类健康和生态环境具有高度危险

同时,基因工程实验室也分为 4 个级别:BSL1、BSL2、BSL3、BSL4,其中,BSL1 或 BSL2 级:不需过滤空气,台面防酸碱、耐热,有通风柜,生物材料排放以前需高压消毒等;BSL3 或 BSL4 级:特殊空气双过滤系统和排放液体的消毒系统。

重组 DNA 试验的安全控制措施主要有物理控制(physical containment)和生物控制(biological containment)。

物理控制的目的是限制和控制含有重组 DNA 分子的有机体与实验工作人员、实验室以外的人和自然环境之间接触的可能性。物理控制通过运用试验操作规程、技术控制设备和特殊的实验室设计来达到,其重点放在由实验室操作规程和控制所提供的基本物理控制手段上。实验室许多特殊设计是作为一种次级手段用来预防偶然事故中有机体被释放到实验室以外的环境中的可能。特殊的实验室设计主要是用于有中度或高度潜在危险的试验,实验室操作规程、封闭设备和特殊的实验室设计相结合可以达到不同的物理控制水平。

重组 DNA 实验根据其特定的性质还可以利用其高度特异的生物屏障,即生物控制来保证其安全性。这种屏障可以限制载体或媒介物(质粒或病毒)侵染特定的宿主,并可以限制载体或媒介物在环境中的传播和生存。

给重组 DNA 分子提供复制途径的载体或重组 DNA 分子以及这些载体或分子的宿主细胞都可用来进行遗传设计和改造,从而使得该载体或重组 DNA 分子在实验室外传播的可能性减少若干个数量级。在考虑生物控制时,应将重组 DNA 载体(细菌、动植物细胞)一起考虑。必须对载体和能提供生物控制的宿主进行选择和构建,使载体在实验室外存活和载体从其繁殖的宿主传播至其他非实验室宿主的可能性减至最小程度。

12.2 基因工程产品释放的规则及要求

基因工程技术的成就之一是用于生物治疗的新型药物的研制。从 1982 年第一个基因重组产品——人胰岛素在美国问世以来,吸引和激励着科学家利用基因工程技术研制新产品,迄今累计已有 30 多种基因工程药物投放市场,产生了巨大的社会效益和经济效益。生物技术用于疾病的预防和治疗已成为现实。

12.2.1 基因工程药物投放的规则和要求

基因工程药物是利用克隆技术和组织培养技术,对 DNA 进行切割、插入、连接和重组,从而获得生物医药制品。生物药品是以微生物、寄生虫、动物毒素、生物组织为起始材料,采用生物学工艺或分离纯化技术制备并以生物学技术和分析技术控制中间产物和成品质量制成的生物活化制剂,包括菌苗、疫苗、毒素、类毒素、血清、血液制品、免疫制剂、细胞因子、抗原、单克隆抗体及基因工程产品(DNA 重组产品、体外诊断试剂)等。

生物技术引入医药产业,使得生物医药业成为最活跃、进展最快的产业之一。目前,人类已研制开发并进入临床应用阶段的生物药品,根据其用途不同可分为三大类,即基因工程药物、生物疫苗和生物诊断试剂,这些产品在诊断、预防、控制乃至消灭传染病,保护人类健康、延长寿命中发挥着越来越重要的作用。

基因工程药物审批和投放一般需要 5～9 年,其一般程序是:首先是实验室研究,为以后大规模生产提供理论依据,然后是小量试验,是小试试验,即临床前的安全性和有效性试验,制订制造与检测的基本要求;其次是中间试制,即动物实验,Ⅰ 期、Ⅱ 期、Ⅲ 期和 Ⅳ 期临床试验;最后进入环境释放或正式生产。

基因工程药物生产环境的要求按照 GMP(good manufacturing practice for drug)认证(各国政府对本国医药业的质量评审标准)。基因工程药物的生产必须在洁净环境中进行,为了避免生物、微粒和热源污染,要求在密封舱和洁净区进行。

12.2.2　转基因植物品种的释放要求

转基因植物品种在释放前必须明确以下条件:

1. 首先要对受体植物进行安全性评价

其中包括受体植物的背景资料:学名、俗名和其他名称;分类学地位、试验用受体植物品种(或品系)名称;是野生种还是栽培种;原产地及引进时间、用途、在国内的应用情况;对人类健康和生态环境是否发生过不利影响;从历史上看,受体植物演变成有害植物(如杂草等)的可能性;是否有长期安全应用的记录;受体植物的生物学特性;是一年生还是多年生;对人及其他生物是否有毒,如有毒,应说明毒性存在的部位及其毒性的性质;是否有致敏原,如有,应说明致敏原存在的部位及其致敏的特性;繁殖方式是有性繁殖还是无性繁殖,如为有性繁殖,是自花授粉还是异花授粉或常异花授粉,是虫媒传粉还是风媒传粉;在自然条件下与同种或近缘种的异交率、育性(可育还是不育,育性高低,如果不育,应说明属何种不育类型)、全生育期、在自然界中生存繁殖的能力,包括越冬性、越夏性及抗逆性等。

2. 基因操作的安全性评价

对转基因植物中引入或修饰性状和特性的叙述,实际插入或删除序列的以下资料:插入序列的大小和结构,确定其特性的分析方法;删除区域的大小和功能;目的基因的核苷酸序列和推导的氨基酸序列;插入序列在植物细胞中的定位(是否整合到染色体、叶绿体、线粒体,或以非整合形式存在)及其确定方法;插入序列的拷贝数;目的基因与载体构建的图谱,载体的名称、来源、结构、特性和安全性,包括载体是否有致病性以及是否可能演变为有致病性;载体中插入区域各片段的资料:启动子和终止子的大小、功能及其供体生物的名称;标记基因和报告基因的大小、功能及其供体生物的名称;其他表达调控序列的名称及其来源(如人工合成或供体生物名称);转基因方法;插入序列表达的资料:插入序列表达的器官和组织,如根、茎、叶、花、果、种子等;插入序列的表达量及其分析方法;插入序列表达的稳定性。

根据上述评价,参照《基因工程安全管理办法》第十二条有关标准划分基因操作的安全类型。

3. 转基因植物的安全性评价

包括转基因植物的遗传稳定性;转基因植物与受体或亲本植物在环境安全性方面的差异;生殖方式和生殖率,传播方式和传播能力,休眠期,适应性,生存竞争能力,转基因植物的遗传物质向其他植物、动物和微生物发生转移的可能性;转变成杂草的可能性,抗病虫转基因植物对靶标生物及非靶标生物的影响,包括对环境中有益和有害生物的影响,对生态环境的其他有益或有害作用;转基因植物与受体或亲本植物在对人类健康影响方面的差异:毒性、过敏性、抗营养因子、营养成分、抗生素抗性、对人体和食品安全性的其他影响。根据上述评价,参照《基因工程安全管理办法》第十三条有关标准划分转基因植物的安全等级。

4. 转基因植物产品的安全性评价

包括生产、加工活动对转基因植物安全性的影响;转基因植物产品的稳定性;转基因植物产品与转基因植物在环境安全性方面的差异;转基因植物产品与转基因植物在对人类健康影响方面的差异;参照《基因工程安全管理办法》第十四条有关标准划分转基因植物产品的安全等级。

5. 环境释放的申报要求

项目名称:应包含目的基因名称、转基因植物名称、试验所在省(市、自治区)名称和试验阶段名称四个部分,如转 Bt 杀虫基因棉花 NY12 和 NM36 在河北省和北京市的环境释放;试验转基因植物材料数量:一份申报书中不超过转化体 5 个。这些转化体应当是由同一品种或品系的受体植物、相同的目的基因、相同的基因操作方法所获得的,每个转化体都应有明确的名称或编号,并与中间试验阶段的相对应;试验地点和规模:不超过 2 个省,每省不超过 7 个点,试验总面积为 4～30 亩(多年生植物视具体情况而定)。试验地点应明确试验所在的省(市、自治区)、县(市)、乡、村;试验年限:一次申报环境释放的期限一般为一至两年(多年生植物视具体情况而定);申请环境释放一般应当提供以下相关附件资料:目的基因的核苷酸序列及其推导的氨基酸序列,目的基因与载体构建的图谱,目的基因与植物基因组整合及其表达的分子检测或鉴定结果(PCR 检测、Southern 杂交分析、Northern 或 Western 分析结果、目的基因产物表达结果),转基因性状及其产物的检测、鉴定技术,实验研究和中间试验总结报告,试验地点的位置地形图,试验设计,包括安全性评价的主要指标和研究方法等。

12.2.3　ISO 认证

国际标准化组织(International Organization for Standardization,ISO)的宗旨是"在世界上促进标准化及其相关活动的发展,以便于商品和服务的国际交换,在智力、科学、技术和经济领域开展合作"。

ISO14000 认证即环境管理体系认证,ISO14000 系列标准是国际标准化组织 ISO/TC207 负责起草的一份国际标准。ISO14000 是一系列的环境管理标准,它包括环境管理体系、环境审核、环境标志、生命周期分析等国际环境管理领域内的许多焦点问题,旨在指导各类组织(企业、公司)取得和表现正确的环境行为。该 14000 系列标准共预留 100 个标准号。该系列标准共分七个系列,编号为 ISO14001—14100。ISO1400 是继 ISO9000 认证之后,又一个以统一的国际标准为依据的管理体系认证,是国际标准化组织(ISO)环境管理标准化技术委员会(TC207)制定的,并经 ISO 颁布了两批共 5 个属于环境管理体系和环境审核方面的标准。第一批颁布的 5 个国际标准,我国均已等同转化为国家标准,即

　　GB/T24001 - ISO14001 环境管理体系——规范及使用指南;

　　GB/T24004 - ISO14004 环境管理体系——原则、体系和支持技术指南;

　　GB/T24010 - ISO14010 环境审核指南——通用原则;

　　GB/T24011 - ISO14011 环境审核指南——审核程序—环境管理体系审核;

　　GB/T24012 - ISO14012 环境审核指南——环境审核员资格要求。

上述 5 个标准,前两个是有关建立环境管理体系的,后 3 个是有关对环境管理体系进行审核的标准。有了这 5 个标准,就为开展 ISO14000 的环境管理体系认证审核具备了统一的国际准则。我国当前开展的环境管理体系认证,完全是依据这 5 个标准进行的。ISO 颁布这 5 个标准的目的,是支持联合国环境与发展会议所提出的"可持续发展"目标,对实施和改善环境管理体系的组织提供帮助,向组织提供一套关于有效地建立、改善并保持环境管理体系的方法,使组织具备适应未来环境工作及国家和国际社会不断发展的需要的能力。

12.3　现代生物技术专利

知识产权(intellectual property right)包括商业机密、版权、商标和专利四大类。专利申请要求具有新颖性、创造性和实用性;专利类型包括产品发明专利、方法发明专利、应用发明专

利;另外专利还具有地域性,专利离不开基础研究。

众所周知,没有科学技术的发展就没有人类的进步。而科学技术的发展一直是靠科学家的献身精神(即道义的力量)和专利制度的作用(即经济利益)来推动的。争论的双方正好是这两种力量的代表,所进行的公权与私权之争恰恰是一对矛盾的统一体,两者缺一不可。如果没有科学家的献身精神,公众的利益就难以保证,发达国家与发展中国家的差距就会加大,从而有可能引起世界局势的不稳定;而如果没有知识产权保护制度,就会出现世界性的"大锅饭",不利于促进生物技术的发展和产业化,从而影响整个人类的进步。我国在制定生物技术领域的专利保护政策时应当采取较为积极的态度,对来自人体的产物如细胞线、基因、DNA 序列等给予专利保护。而且,专利保护与人类基因组宣言看似矛盾,实际上与其所提倡的原则是统一的。

在生物技术迅猛发展过程中也出现了许多问题,例如,怎样确定可否给予专利保护的范围、如何定义科学发现、怎样才能可重复地实现所申请保护的生物技术发明、如何防治克隆技术的滥用、怎样对待可能出现的基因歧视以及可能由生物技术引起的生态环境问题等。所有这些问题,都需要得到及时而有效的解决,以避免现代生物技术的发展引发社会动乱和变成人类的灾难。

1980 年,美国最高法院以 5∶4 微弱多数决定授予第一个遗传工程专利,一种用于吞噬海洋中泄露石油的遗传工程微生物。随后,生物技术专利申请迅速增加。按常规,人们可以发现和利用人类及其他动植物基因,不应申请专利,但由于寻找基因的巨额投入和巨大商业价值,欧美国家除了基因序列共享外,对一些新的基因功能发现可以申请专利。申请基因专利要求的高低、保护范围宽窄与国家利益相关,没有专利基因,生物工程产业将难以发展。

最近,美国、日本和欧洲三方专利局专家对 DNA 相关发明实用性审查标准进行的比较研究已经得出了一些倾向性的结果,即:仅仅测定了基因的 DNA 序列,但对其功能一无所知或无法断定其作用者,不具备专利法所要求的实用性,不能授予专利权;不仅测定了基因的 DNA 序列,而且通过确切的生物学试验确定了其功能者,具有专利法所要求的实用性,可以依法授予专利权;测定了基因的 DNA 后,通过同源性对比推测其功能者,可分为以下两种情况:

(1) 与已知功能基因的 DNA 序列相似性不高,所推测的功能不可靠,不具备实用性;

(2) 与已知功能基因的 DNA 序列相似性很高,所推测的功能比较可靠,具备实用性,但不具备专利法所要求的创造性。

从总体上说,专利制度应当能够促进科学技术和经济的发展,尤其是要符合本国的国情。过早地对距离工业应用尚有较大距离的发明授予专利权,虽然可以促进诸如基因测序这样的基础性研究开发工作,但却有可能阻碍其最终产品,例如生物医药的产业化,原因是人们继续进行二次开发的负担太重,以至于可能会放弃这种高风险投资,使得后期开发无以为继,从而葬送了整个生物制药产业;然而,如果对诸如功能基因这样具有一定应用前景的新技术迟迟不给予专利保护,过度提高专利申请的门槛,则有可能挫伤人们前期研究的积极性,使得有利的资源条件得不到充分利用,也不可能继续进行使之产业化的后期开发。因此,如何在两者之间寻找一种合理的平衡,确实是摆在我们面前的艰巨的课题。根据多数专家的意见,我国似乎应当从严掌握,只有当所申请的基因具有通过生物学实验证明具有确定的功能时才能被认为具备了实用性。这主要是由于我国在生物技术领域与发达国家的差距仍然比较大,短时间内还无法与国外抗衡,政策从严有利于民族工业的发展。基于这种考虑,我们在审查指南中作出了类似的规定。

在生物多样性公约和遗传资源的保护方面,1992 年,180 多个国家的首脑参加了在巴西里约·热内卢召开的世界首脑会议,并签署了旨在保护遗传资源和人类的生存环境、促进资源合理研究、开发和利用、保证资源提供者知情同意和利益共享的权利的生物多样性公约。

1996年,印度代表团在WTO的有关会议上提出TRIPS协议17条3款(b)关于生物技术专利保护的规定与生物多样性公约有冲突,要求对规定进行研究和修改,巴西和不少非洲国家也表示了支持和赞同。

1999年9月,哥伦比亚代表团在专利法常设委员会的一次会议上提出一项提案,要求各国在授予生物技术知识产权时必须确保其遗传资源系合法获得并提供有关利益共享的合同。此后,有关国际组织虽然为此召开了几次有关的研讨会,但都没有得到一致的结论。

我国是全球生物多样性大国之一,具有独特的优势,既有丰富的基因资源,又有较先进的生物技术,因此,更应当在这种争论中持积极的态度。根据邓小平同志关于"发展是硬道理"的论述,建议我国在注意加强基因资源保护的同时,更要积极进行遗传资源的开发和利用,并加强知识产权保护,以便使其尽早产业化,生产可以为人类造福的食品、药品等,以促进我国的经济发展,尽快增强我国的综合实力。

在遗传资源保护方面,建议我国采用多管齐下的方针,从多方位采取行之有效的措施。首先,应当提高遗传资源持有人的自我保护意识,并辅之以行政手段,只有在知情同意和利益共享的前提下才能提供遗传资源;其次,要积极研究开发我国的遗传资源,使其尽快转化成为可以通过现有知识产权制度进行保护的客体;最后,还要加强我国对生物技术等高新技术领域的知识产权保护,以便更好地促进我国遗传资源的开发利用,并充分发挥知识产权保护制度对于技术创新的促进作用。

12.4　基因工程产品的安全性问题

随着转基因技术的飞速发展以及转基因生物的大面积推广,在关注转基因生物所带来的巨大社会、经济和生态效益的同时,转基因生物及其产品的安全性问题也引起世界范围内的广泛关注。农业转基因生物及其产品对人类健康和生态环境是否会带来潜在不良影响?民意调查显示,农业转基因生物及产品对环境潜在益处重要性顺序是:土壤解毒(74%),减少水土流失(73%),减少化肥流失(72%),降低作物需水量(68%),开发抗病濒危树种(67%),减少原始森林采伐(63%),减少化学农药使用量(61%)。可能导致的环境风险顺序为:基因漂移,产生"超级杂草",提高有害生物抗性,影响非目标生物体,减少生物多样性,改变生态系统。因此,加强农业转基因生物及产品安全性监管,对保护和促进我国农产品贸易和我国农业生物技术产业的发展非常重要。

12.4.1　环境安全性

1. 转基因生物可能对人类健康产生的影响

人们担心转基因产品可能对人体健康产生的潜在影响主要有:

(1)"异源重组"或"异源包装"产生有害"突变体"　人们担心外源基因会通过转基因产品进入人的遗传体系中。专家认为这种可能性在理论上概率极小。此种现象的发生在使用"抗生素标记基因"时有很小的可能,但随着"标记基因定位删除技术"及更安全的标记基因的使用,这种担忧可被解除。担心由"异源重组"或"异源包装"所产生的具有"超级抗性"的病原微生物会危害人类健康。

(2) 转基因食品"毒性"问题 人们担心转基因食品有毒性或引起人体过敏反应。转基因食品毒性问题目前只有一些相关的动物试验报道。据美国孟山都公司测定,转基因抗虫棉植株中 Bt 含量很低(约占棉株鲜重的 0.0001%)。用含 5%～10%棉籽的饲料喂养小鼠 28 天,转基因棉籽与非转基因棉籽对小鼠增重、饲料消耗量、死亡率、行为、器官毛重均无影响。用含10%棉籽的饲料喂养鹌鹑 8 天,对鹌鹑的饲料消耗、增重、死亡率、行为等无影响。用含 20%转基因棉籽的饲料喂养鲇鱼 10 周,鲇鱼的增重、饲料消耗、饲料转化率、死亡率、体征等与用非转基因棉籽饲喂的无显著差异,说明 Bt 蛋白对啮齿类动物、鸟类、鱼类安全。转基因棉籽脂肪酸组成与非转基因棉籽无差别。转基因棉籽油或纤维中检测不到 Bt 蛋白,说明 Bt 蛋白难以进入食物链。目前尚无关于人体的研究报告。转基因食品引起人体过敏性反应的发生概率相对高一些,但随着相应的过敏源检测和安全管理的完善和严格,该类问题可以解决或避免。

(3) 转基因药物"毒性"和"人兽共患"疾病传播 据报道,日本和欧洲发现 11 例用转基因方法生产的人类生长激素治疗儿童白血病的发病率比对照高出 3 倍。有人担心用转基因动物的器官进行移植会将一些"人兽共患"疾病传给人体。此类问题正在进一步观察研究中。

2. 转基因生物可能对农业生产的影响

(1) 对生物种类的影响 担心转基因作物"新"基因"逃逸",如抗除草剂的基因通过花粉漂移转到杂草上,使杂草获得除草剂抗性,特别在同一地区推广抗不同除草剂作物时,若多种除草剂抗性基因都转到同一杂草上,将使所有的除草剂失效。向日葵、草莓、油菜等作物异交率较高,其长期效应需跟踪研究。

(2) 标识基因毒性问题 转基因作物植入了抗生素基因作为"标识基因",人们担忧这些基因会不会逃逸到人体内,或者进入环境中其他植物或动物体的染色体。一些新的基因改良食品可能会涉及健康和安全问题,导致一些难以预见的后果。

(3) 对生物抗性的影响 "病毒重组"或"异源包装"是否会产生新的农作物病原物? 自然界存在着植物病毒的重组现象,包括 DNA 病毒和 RNA 病毒,这是人类所担心的问题。转外壳蛋白(CP)基因的抗病毒植物,当有其他病毒侵染时,入侵病毒的核酸有可能被转基因植物表达的外壳蛋白质包装,从而改变病毒的宿主范围,使防治病毒病更加困难。担心作物中转入抗虫或抗病基因后,会加大对某一种害虫或病原体的选择压力,使害虫或病原体加速突变产生抗性,给防治增加麻烦;但在田间试验中尚无报道。已有实验证明,棉铃虫对 Bt 棉的耐受性已提高了十余倍,任其发展,约 80 年后,棉铃虫有可能对现在种植的转基因抗虫棉产生抗性。

3. 对生态平衡的影响

在自然进化过程中,自然界不同物种间遗传物质交流缓慢。转基因技术使物种间遗传物质交流频率成倍提高。人们担心转基因生物的释放会对人类生存环境产生不利影响。已知的转基因作物的影响和传统栽培作物的影响非常相似,目前尚无实例证明和传统培育方式相比,转基因作物对环境和社会生态系统存在更大的潜在影响。转基因生物进入自然环境的主要途径和影响有:

(1) 对野生生物的影响 转基因植物种植推广后,释放到自然环境中的机会多。因其具有野生植物缺少的多种抗性,将会迅速成为新的优势种群,从而影响生态平衡。虽然利用"终止因子技术",以及"化学催化"技术可以限制转基因植物的扩散,但因此项技术对农业的持续发展等诸多方面产生影响而受到多方面的关注。

(2) 对非靶标生物的影响 对非目标生物的危害将不利于生物的多样性。Hilbeck 用转基因 Bt 玉米,Birch 用转基因马铃薯进行的研究表明,转基因抗虫作物可减轻虫害,也会对有益昆虫种群产生不利影响。但英国耕地研究所（IACR）研究认为，Bt 蛋白对小菜蛾寄生蜂的生存无直接不利影响。需要对该问题进行长期细致的研究。

4. 转基因产品可能引起的社会问题

国际上对转基因生物安全性的争论已不是纯粹的科学技术问题，包含政治、经济、伦理等诸多方面。一些发达国家对发展中国家在技术上加以限制，并在安全法规的制定上采取不平等的政策；为减少转基因产品对本国可能产生的不良影响，将其研制的转基因生物及产品输入到发展中国家进行实验或经营。欧美国家之间在转基因产品进出口问题上的争论不仅仅是安全技术，也是政治与经济的相互制约。有人对转基因动物器官移植给人体持有伦理学上的异议，认为这对于动物和人类两者都是不仁道的。在转基因产品的销售过程中，经营者与消费者之间缺乏公平，消费者经常是在不知情或被动的情况下接受了转基因产品。

转基因产品对人类的影响主要取决于转基因在受体中的表达安全性及"基因逃逸"所造成的"基因污染"问题。但目前的科技水平还不能完全确定转移的基因在受体遗传背景中的全部表达情况，对"基因逃逸"的控制能力也很有限。而"基因"具有强大的增殖能力，若一旦发生由转基因产品所引起的负面效应，将可能是不可逆转的和无法控制的。

12.4.2 转基因食品安全性问题

香港绿色和平组织多次在香港、北京、上海、广州等城市对近 60 个著名食品品牌进行采样检测，结果发现 16 个样品含有转基因成分。调查结果被印制成一本小册子，名为《如何避免转基因食物》，并用醒目的绿、黄、红三种颜色分别标识了这些公司对转基因食品的不同立场。不肯做出"不使用转基因原料"承诺的食品商，被贴上了红色标签，其产品因而被认为可能含有转基因成分。

大多数人对转基因食品了解甚少，对转基因食品的安全性存有怀疑。西欧出现了强烈抵制转基因食品的潮流。欧盟对转基因食品的生产和销售制定了一系列法规，要求基因改变不得超过基因总量的 1%，市场上出售的转基因食品必须贴标签，要求有关国际机构对转基因食品的无害性及其对环境的影响进行科学检验。对转基因食品评估主要包括：是否有毒性、过敏反应、营养或毒蛋白特性、基因稳定性、基因改变引起的营养效果及其他不需要功能等。使用不同的基因技术可得到不同的转基因食品，须逐个进行检验。目前，国际市场上的转基因食品按照上述要求进行了严格审查，证明它们对人类健康无副作用。检验不仅在生产国进行，而且联合国粮农组织和世界卫生组织联合委员会负责监管。

亚洲食品信息中心对 600 名亚洲消费者（包括 200 名普通中国市民）进行了调查。受访者对番茄、大豆、玉米、大米和马铃薯 5 种已开发的生物技术作物普遍知晓。亚洲消费者对生物技术可能给他们的饮食带来的好处持谨慎乐观的态度，66% 的被访者相信在未来 5 年内他们会亲身受益于生物技术食品，他们普遍预期会在营养价值、饮食质量、安全性提高及成本降低方面受益。但也有一些消费者在可能对身体产生副作用或食品可能产生潜在的过敏反应等方面心存疑虑，这些疑虑表现为期望获得更多信息。

美国在将高含硫蛋白质基因转入大豆时发现有过敏性反应。2004 年 12 月，美国农业部下令焚毁奥热拉地区的玉米，原因是人们不小心将这些普通食用大豆与用于生产抗猪腹泻疫苗的转基因玉米混杂。这次"猪腹泻玉米"事件，使一些大公司避开"农场带"，转而到亚利桑那州、加州和华盛顿州的隔离地带种植药用玉米，并不断加强对转基因药用作物的管理、检查与监测，在美国的玉米主要生产区限制种植制药作物，将转基因药用玉米和食用玉米之间的缓冲区扩大到 1.6km。

不过，人们对转基因技术的最大担忧还是来自对环境的影响方面。有人认为，外源基因的导入可能会造就某种强势生物，从而破坏原有生物种群的动态平衡和生物多样性。1995 年，加拿大首次商业化种植了通过基因工程改造的转基因油菜。但在种植后的几年里，其农田便出现了对多种除草剂具有耐抗性的野草化的油菜植株，即超级杂草。如今，这种杂草化油菜在加拿大的草原农田里已非常普遍。因为一些转基因油菜籽在收获时掉落，留在了泥土中，来年它们又重新萌发。如果在这片田地上种下去的不是同一个物种，那么萌发出来的油菜就变成了一种不受欢迎的野菜，而且这种能够同时抵御三种除草剂的野草化的油菜不但很难铲除，而且还会通过交叉授粉等方式，污染同类物种，使种质资源遭到破坏。

另据英国《新科学家》报道，该国曾出现植入了抗虫基因的转基因土豆抵御咀嚼型害虫却不能抵御吸食型昆虫(如蚜虫)的情形，原因是植入了某种能产生豇豆胰蛋白酶阻滞剂的基因却可能降低了某种配糖生物碱(Glycoalkaloid)的水平，而后者的味道对于许多哺乳动物和昆虫来说是极其难闻的。

还有一种忧虑是经济方面的。一些专家指出，国际上几家大公司控制着这种技术，它们关注的是商业利益，并不是真心实意地为第三世界国家创造出增加产量的作物，有时甚至利用转基因种子和作物的专利权把发展中国家的农民逼入困境。

本 章 小 结

国际上对转基因生物安全性的争论已不是纯粹的科学技术问题，还包含政治、经济、伦理等诸多方面。基因工程实验室安全性主要是重组 DNA 操作的潜在危险，表现在两个方面：一是实验室生物感染操作者所造成的实验室性感染；二是带有重组 DNA 的载体或受体的动植物、细菌及病毒逃逸出实验室所造成的社会性污染。

目前，在生物技术制药中，人类已研制开发并进入临床应用阶段的生物药品，根据其用途不同可分为三大类，即基因工程药物、生物疫苗和生物诊断试剂。

基因工程产品的安全性问题主要集中在对环境安全的影响、对人类健康的影响、对生物种类的影响、对生态平衡的影响以及转基因食品安全性问题。

思考题

1. 简述基因工程研究实验室安全性的基本要求。
2. 转基因生物安全包括哪几方面的内容？

(叶子弘)

主要参考文献

［1］程备久.现代生物技术概论.北京：中国农业出版社,2003

［2］陈宏.基因工程原理与应用.北京：中国农业出版社,2004

［3］陈永青,王文华.微生物遗传学导论.上海：复旦大学出版社,1990

［4］陈受宜,王阁,劳为德.黑麦和水稻与脯氨酸合成有关的基因片段的克隆和鉴定
［J］.中国科学(B辑),1991,2：139-145

［5］冯娟,高苒,全雄志,等.红色荧光和绿色荧光转基因小鼠模型的建立.中国实验动
物学报［J］.2007,15(4)：267-270

［6］高勤学等.基因操作技术.北京：中国环境科学出版社,2007

［7］龚国春,戴蕴平,樊宝良,等.利用体细胞核移植技术生产转基因牛［J］.科学通
报,2003,48(24)：2528-2531

［8］贺淹才.简明基因工程原理.北京：科学出版社,1998

［9］黄留玉,王恒,史兆兴等.PCR最新技术原理、方法及应用.北京：化学工业出版
社,2005

［10］贾士荣.农业生物技术进展与展望.合肥：中国科学技术大学出版社,1993

［11］静国忠.基因工程及其分子生物学基础.北京：北京大学出版社,1999

［12］李立家,肖庚富.基因工程.北京：科学出版社,2005

［13］李育阳.基因表达技术,北京：科学出版社,2005

［14］刘红,姚玉成,何金,等.乙型肝炎病毒核心抗原转基因小鼠的建立［J］.第二军医大
学学报,2003,24(2)：172-174

［15］刘谦,朱鑫泉.生物安全.北京：科学出版社,2002

［16］楼士林,杨昌盛,龙敏南,章军.基因工程.北京：科学出版社,2002

［17］陆德如,陈永青.基因工程.北京：化学工业出版社,2005

［18］卢圣栋.现代分子生物学实验技术.北京：高等教育出版社,1993

［19］马建岗等.基因工程学原理.西安：西安交通大学出版社,2003

［20］马文丽,郑文岭等.核酸分子杂交技术.北京：化学工业出版社,2007

［21］欧立军,黄光文,王京京,等.水稻叶绿体DNA提取和纯化方法优化［J］.湖南师范

大学自然科学学报，2006，29(1)：92-94

[22] 裴得胜，蔡平钟，李名扬，等．提取水稻线粒体 DNA 的一种简易方法．四川大学学报（自然科学版），2002，39[增刊]：18-20

[23] 彭燕，崔晓峰，周雪平．植物病毒——新型的外源基因表达载体[J]．浙江大学学报（农业与生命科学版），2002,28(4)：465-472

[24] 彭银祥，李勃，陈红星，等．基因工程．武汉：华中科技大学出版社，2007

[25] 邱泽生，刘祥林，吴晓强．基因工程．北京：首都师范大学出版社，1993

[26] 阮力，汪垣，强伯勤．新型疫苗研究的现状与展望．北京：学苑出版社，1992

[27] 芮玉奎，罗云波，黄昆仑，等．近红外光谱在转基因玉米检测识别中的应用[J]．光谱学与光谱分析，2005,25(10)：1581-1583

[28] 孙明．基因工程．北京：高等教育出版社，2006

[29] 孙汶生，曹英林，马春红．基因工程学．北京：科学出版社，2004

[30] 沈珏，方德福．真核基因表达调控．北京：高等教育出版社，1998

[31] 沈子龙，廖建民，徐寒梅．转基因动物技术与转基因动物制药[J]．中国药科大学学报，2002,33(2)：81-86

[32] 童克中．基因及其表达．第 2 版．北京：科学出版社，1996

[33] 王廷华，景强，Pierre Dubus．PCR 理论与技术．北京：科学出版社，2005

[34] 吴冠云，方福德．基因诊断技术及应用．北京：北京医科大学中国协和医科大学联合出版社，1992

[35] 吴乃虎．基因工程原理．北京：科学出版社，1998

[36] 吴乃虎．基因工程原理．第 2 版．北京：科学出版社，2000

[37] 熊宗贵．生物技术制药．北京：高等教育出版社，2002

[38] 薛达元．转基因生物风险与管理——转基因生物与环境国际研讨会论文集．北京：中国环境科学出版社，2005

[39] 杨汝德．基因工程．广州：华南理工大学出版社，2003

[40] 杨珍珍，李萍，王崇英．T‐DNA 介导的基因诱捕技术及其在植物功能基因组学研究中的应用[J]．植物学通报，2008,25(1)：102-120

[41] 应丹平，张恒木，陈剑平，等．提高转基因植物安全性的策略[J]．浙江农业学报，2007,19(2)：130-134

[42] 张惠展．基因工程．上海：华东理工大学出版社，2005

[43] 张佳星，何聪芬，叶兴国．农杆菌介导的单子叶植物转基因研究进展[J]．生物技术通报，2007,2：23-26

[44] 张献龙，唐克轩，等．植物生物技术．北京：科学出版社，2006

[45] 周涛，韩彧，巩伟丽，等．活体动物体内成像技术及其在生物医学中的应用进展[J]．中国体视学与图像分析，2007,11(1)：69-74

[46] 朱守一．生物安全与防止污染．北京：化学工业出版社，1999

[47] 《中国国家生物安全框架》课题组．中国国家生物安全框架．北京：中国环境科学出版社，2000

[48] Baulcombe DC, English JJ. Ectopic pairing of homologous DNA and post-transcriptional gene silencing in transgenic plants[J]. Curr Opin Biotechnol, 1996,

7(2)：173-180

[49] Berkel PH，Welling MM，Geerts M，et al. Large scale production of recombinant human lactoferrin in the milk of transgenic cows [J]. Nat Biotechnol，2002，20(5)：484-487

[50] Briand L，Perez V，Huet J C，et al. Optimization of the production of a honeybee odorant-binding protein by Pichia pastoris[J]. Protein Expr Purif，1999，15(3)：362-369

[51] Brinster RL，Chen HY，Trumbauer ME，et al. Factors affecting the efficiency of introducing foreign DNA into mice by microinjecting eggs [J]. Proc Natl Acad Sci USA，1985，82(13)：4438-4442

[52] Brinster RL，Allen JM，Behringer RR，et al. Introns increase transcriptional efficiency in transgenic mice [J]. Proc Natl Acad Sci USA，1988，85(3)：836-840

[53] Campbell KH，McWhir J，Ritchie WA，et al. Implications of cloning [J]. Nature，1996，380(6573)：383

[54] Chada K，Magram J，Costantini F. An embryonic pattern of expression of a human fetal globin gene in transgenic mice. Nature，1986，319(6055)：685-689

[55] Chan AW，Homan EJ，Ballou LU，et al. Transgenic cattle produced by reverse-transcribed gene transfer in oocytes [J]. Proc Natl Acad Sci USA，1998，95(24)：14028-14033

[56] Coumoul X，Shukla V，Li C，et al. Conditional knockdown of Fgfr2 in mice using Cre-LoxP induced RNA interference [J]. Nucleic Acids Res，2005，33(11)：102-105

[57] Choi T，Huang M，Gorman C，et al. A generic intron increases gene expression in transgenic mice [J]. Mol Cell Biol，1991，11(6)：3070-3074

[58] Cregg JM，Cereghino JL，Shi J，et al. Recombinant protein expression in Pichia pastoris[J]. Mol Biotechnol，2000，16：23

[59] Dale EC，Ow DW. Gene transfer with subsequent removal of the selection gene from the host genome[J]. Proc Natl Acad Sci USA，1991，88(23)：10558-10562

[60] Day CD，Lee E，Kobayashi J，et al. Transgene integration into the same chromosome location can produce alleles that express at a predictable level，or alleles that are differentially silenced[J]. Genes Dev，2000，14(22)：2869-2880

[61] Dorer DR，Henikoff S. Transgene repeat arrays interact with distant heterochromatin and cause silencing in cis and trans[J]. Genetics，1997，147(3)：1081-1090

[62] English JJ，Mueller E，Baulcombe DC. Suppression of virus accumulation in transgenic plants exhibiting silencing of nuclear genes[J]. Plant Cell，1996，8(2)：179-188

[63] Feriotto G，Borgatti M，Mischiati C，et al. Biosensor technology and surface plasmon resonance for real-time detection of genetically modified roundup ready soybean gene sequences[J]. J Agric Food Chem，2002，50(5)：955-962

[64] Furner IJ，Sheikh MA，Collett CE. Gene silencing and homology-dependent gene

silencing in arabidopsis: genetic modifiers and DNA methylation[J]. Genetics, 1998, 149: 651-662

[65] Fujiwara Y, Miwa M, Takahashi R, et al. High-level expressing YAC vector for transgenic animal bioreactors [J]. Mol Reprod Dev, 1999, 52(4): 414-420

[66] Goodwin J,Chapman K, Swaney S, et al. Genetic and biochemical dissection of transgenic RNA-mediated virus resistance[J]. Plant Cell, 1996,8(1): 95-105

[67] Gordon JW, Chesa PG, Nishimura H, et al. Regulation of Thy-1 gene expression in transgenic mice [J]. Cell, 1987, 50(3): 445-452

[68] Gordon JW, Scangos GA, Plotkin DJ, et al. Genetic transformation of mouse embryos by microinjection of purified DNA[J]. Proc Natl Acad Sci USA, 1980, 77(11): 7380-7384

[69] Gordon JW. Transgenic animals [J]. Int Rev Cytol, 1989,115: 171-229

[70] Hasuwa H, Kaseda K, Einarsdottir T, et al. Small interfering RNA and gene silencing in transgenic mice and rats[J]. FEBS Lett, 2002 Dec 4;532(1-2): 227-230

[71] Higgins DR, Cregg JM. Pichia protocols, methods in molecular biology humana press,totowa,NJ 1998,93

[72] Huang S, Gilbertson LA, Adams TH, et al. Generation of marker-free transgenic maize by regular two-border agrobacterium transformation vectors[J]. Transgenic Res, 2004,13(5): 451-461

[73] Kalda SC,Joshil B. Characterization of glycosylated variants of beta-lactoglobul in expressed in Pichia pastoris[J]. Protein Eng,2001,14(3): 201-207

[74] Jahi CM,Gustavsson M,Jansen AK, et al. Analysia and control of proteolysis of a fusion protein in Pichia pastoris fed-batch processes[J]. J Biotechnol,2003,92(1): 45-53

[75] Ingelbrecht I, Houdt HV, Montagu MV, et al. Posttranscriptional silencing of reporter transgenes in tobacco correlates with DNA methylation[J]. PNAS, 1994, 91: 10502-10506

[76] Jankowsky JL, Slunt HH, Ratovitski T, et al. Co-expression of multiple transgenes in mouse CNS: a comparison of strategies [J]. Biomol Eng, 2001,17(6): 157-165

[77] Jorgensen RA. Cosupression,flower colour patterns and metastable gene expression states[J] . Science, 1995, 268: 686-691

[78] Kemper EL, Silva MJ, Arruda P. Effect of microprojectile bombardment parameters and osmotic treatment on particle penetration and tissue damage in transiently transformed cultured immature maize (Zea mays L.) embryos[J]. Plant Sci, 1996, 121(1): 85-93

[79] Kerbach S, Lorz H, Becker D. Site-specific recombination in Zea mays[J]. Theor Appl Genet, 2005,101(8): 1608-1616

[80] Kim JH, Jung-Ha HS, Lee HT, et al. Development of a positive method for male stem cell-mediated gene transfer in mouse and pig [J]. Mol Reprod Dev, 1997,46

(4)：515-526

[81] Lai L，Kang JX，Li R，et al. Generation of cloned transgenic pigs rich in omega-3 fatty acids [J]. Nat Biotechnol，2006,24(4)，435-436

[82] Lee J，Prohaska JR，Dagenais SL，et al. Isolation of a murine copper transporter gene，tissue specific expression and functional complementation of a yeast copper transport mutant[J]. Gene，2000,254(1-2)：87-96

[83] Liang CY，Xi Y，Shu J，et al. Construction of a BAC library of physcomitrella patens and isolation of a LEA gene[J]. Plant Sci，2004,167(3)：491-498

[84] Lindbo JA，Silva-Rosales L，Proebsting WM，et al. Induction of a highly specific antiviral state in transgenic plants：implications for regulation of gene expression and virus resistance[J]. Plant Cell，1993，5(12)：1749-1759

[85] Liu L. Cloning efficiency and differentiation[J]. Nat Biotechnol，2001,19(5)：406

[86] Machida T，Murase H，Kato E，et al. Isolation of cDNAs for hardening-induced genes from chlorella vulgaris by suppression subtractive hybridization[J]. Plant Sci，2008，Available online

[87] Makeyev E，Bamford D. Cellular RNA-dependent RNA polymerase involved in posttranscriptional gene silencing has two distinct activity modes[J]. Molecular Cell，2002,10(6)：1417-1427

[88] Matsukura S，Jones PA，Takai D. Establishment of conditional vectors for hairpin siRNA knockdowns [J]. Nucleic Acids Res，2003,31(15)：77

[89] Meyer P，Heidmann I，Niedenhof I. Differences in DNA-methylation are associated with a paramutation phenomenon in transgenic petunia[J]. Plant J，1993,4(1)：89-100

[90] Miki B. McHugh S. Selectable marker genes in transgenic plants：applications，alternatives and biosafety[J]. J Biotechnol，2004，107(3)：193-232

[91] Morel J，Mourrain P，Béclin C，et al. DNA methylation and chromatin structure affect transcriptional and post-transcriptional transgene silencing in arabidopsis [J]. Curr Biol，2000,10(24)：1591-1594

[92] Niedz RP，McKendree WL，Shatters RJ. Electroporation of embryogenic protoplasts of sweet orange (Citrus sinensis (L.) Osbeck) and regeneration of transformed plants[J]. In Vitro Cell Dev Biol Plant，2003,39(6)：586-594

[93] Niemann H，Halter R，Carnwath JW，et al. Expression of human blood clotting factor Ⅷ in the mammary gland of transgenic sheep [J]. Transgenic Research，1999,8(3)：237-247

[94] Nohr J，Kristiansen K. Site-directed mutagenesis[J]. Methods Mol Biol，2003，232：115-125

[95] Palmiter RD，Brinster RL，Hammer RE，et al. Dramatic growth of mice that develop from eggs microinjected with metallothionein-growth hormone fusion genes [J]. Nature，1982,300(5893)：611-615

[96] Park J，Lee YK，Kang BK，et al. Co-transformation using a negative selectable

marker gene for the production of selectable marker gene-free transgenic plants [J]. Theor Appl Genet, 2004, 109(8): 1562-1567

[97] Paul VK (ed.). Genetic engineering applications for industry. Park Ridge, New Jersey: Noyes Data Corpration,1981

[98] Pei X, Li S, Jiang Y, et al. Isolation, characterization and phylogenetic analysis of the resistance gene analogues (RGAs) in banana (Musa spp.)[J]. Plant Sci, 2007,172(6): 1066-1074

[99] Permingeat HR, Reggiardo MI, Vallejos RH. Detection and quantification of transgenes in grains by multiplex and real-time PCR[J]. J Agric Food Chem, 2002,50(16): 4431-4436

[100] Pursel VG, Pinkert CA, Miller KF, et al. Genetic engineering of livestock [J]. Science, 1989,244(4910): 1181-1188

[101] Perry AC, Rothman A, de las Heras JI, et al. Efficient metaphase Ⅱ transgenesis with different transgene archetypes [J]. Nat Biotechnol, 2001 Nov;19(11): 1071-1073

[102] Roche Applied Science. Instruction manual: DIG DNA labeling and detection kits. 2004.

[103] Sambrook J, Fritsch EF, Maniatis T. 分子克隆实验指南. 第2版. 金冬雁, 黎孟枫等译. 北京: 科学出版社, 1995

[104] Sambrook J, Russell DW. 分子克隆实验指南. 第3版. 黄培堂等译. 北京: 科学出版社, 2002

[105] Schnieke AE, Kind AJ, Ritchie WA, et al. Human factor Ⅸ transgenic sheep produced by transfer of nuclei from transfected fetal fibroblasts[J]. Science, 1997, 278(5346): 2130-2133

[106] Schiebel W, Haas B, Marinković S, Klanner A, Sänger HL. RNA-directed RNA polymerase from tomato leaves Ⅱ: Catalytic in vitro properties[J]. J Biol Chem, 1993 Jun 5;268(16): 10858-10867

[107] Scutt CP, Zubko E, Meyer P. Techniques for the removal of marker genes from transgenic plants[J]. Biochimie, 2002, 84(10): 1019-1026

[108] Shen W, Li L, Pan Q, et al. Efficient and simple production of transgenic mice and rabbits using the new DMSO-sperm mediated exogenous DNA transfer method [J]. Mol Reprod Dev, 2006,73(5): 589-594

[109] Shiba H, Takayama S. RNA silencing systems and their relevance to allele-specific DNA methylation in plants[J]. Biosci Biotechnol Biochem, 2007,71(10): 2632-2646

[110] Singer M, Soll D. Guidelines for DNA hybrid molecules. Science,1973,181: 1114-1116

[111] Sijen T, Vijn I, Rebocho A, et al. Transcriptional and posttranscriptional gene silencing are mechanistically related[J]. Curr Biol, 2001,10(6): 436-440

[112] Sonodal S, Nishiguchi M. Delayed activation of post-transcriptional gene silen-

cing and de novo transgene methylation in plants with the coat protein gene of sweet potato feathery mottle potyvirus[J]. Plant Sci, 2000,156(2): 137-144

[113] Stem M, Mol NMJ, Kooter J. The silencing of genes in transgenic plants[J]. Annals of Botany, 1997,79: 3-12

[114] Squires EJ, Drake D. Liposome-mediated DNA transfer to chicken sperm cells [J]. Animal genetics and breeding, 1993, 4(1): 71-88

[115] Tinoco ML, Vianna GR, Abud S, et al. Radiation as a tool to remove selective marker genes from transgenic soybean plants[J]. Biologia Plantarum, 2006, 50 (1): 146-148

[116] Tiwari VK, Zhang JT, Golds J, et al. Effect of heat shock treatment on hordeum vulgare protoplast transformation mediated by polyethylene glycol[J]. Biologia Plantarum, 2001,44(1): 25-31

[117] Tzfira T, Li J, Lacroix B, et al. Agrobacterium T-DNA integration: molecules and models[J]. Trends Genet, 2004,20(8): 375-383

[118] van Reenen CG, Meuwissen TH, Hopster H, et al. Transgenesis may affect farm animal welfare: a case for systematic risk assessment [J]. J Anim Sci, 2001, 79(7): 1763-1779

[119] van de Lavoir MC, Diamond JH, Leighton PA, et al. Germline transmission of genetically modified primordial germ cells [J]. Nature, 2006,441(7094): 766-769

[120] Verweire D, Verleyen K, de Buck S, et al. Marker-free transgenic plants through genetically programmed auto-excision[J]. Plant Physiol, 2007,145(4): 1220-1231

[121] Vetten N, Wolters AM, Raemakers K, et al. A transformation method for obtaining marker-free plants of a cross-pollinating and vegetatively propagated crop[J]. Nat Biotechnol, 2003, 21(4): 439-442

[122] Wall RJ, Powell AM, Paape MJ, Genetically enhanced cows resist intramammary staphylococcus aureus infection [J]. Nat Biotechnol, 2005,23(4): 445-451

[123] Wang Y, Chen B, Hu Y, et al. Inducible excision of selectable marker gene from transgenic plants by the Cre/lox site-specific recombination system[J]. Transgenic Res, 2005,14(5): 605-614

[124] Weigel D, Alvarez J, Smyth DR, et al. LEAFY controls floral meristem identity in arabidopsis[J]. Cell, 1992, 69(5): 843-859

[125] Wong EA, Capecchi MR. Analysis of homologous recombination in cultured mammalian cells in transient expression and stable transformation assays [J]. Somat Cell Mol Genet, 1986,11(1): 63-72

[126] Xu T, Zhang X Y, Dong Y SH. Expression analysis of HMW-GS 1Bx14 and 1By15 in wheat varieties and transgenic research of 1By15 gene[J]. Agricultural Sciences in China, 2006,5(10): 725-735

[127] Xu M, Cook PR. Similar active genes cluster in specialized transcription factories [J]. J Cell Biol, 2008, 181(4): 615-623

[128] Yan YS, Lin XD, Zhang YS, et al. Isolation of peanut genes encoding arachins and conglutins by expressed sequence tags[J]. Plant Sci, 2005,169(2): 439-445

[129] Yang SY, Wang JG, Cui HX, et al. Efficient generation of transgenic mice by direct intraovarian injection of plasmid DNA [J]. Biochem Biophys Res Commun, 2007,358(1): 266-271

[130] Liu Y-G, Mitsukawa N, Oosumi T, et al. Efficient isolation and mapping of arabidopsis thaliana T-DNA insert junctions by thermal asymmetric interlaced PCR. The Plant Journal, 1995,8(3): 457-463

[131] Liu Y-G, Chen YL. High-efficiency thermal asymmetric interlaced PCR for amplification of unknown flanking sequences. Biotechniques, 2007, 43 (5): 649-50, 652, 654.

[132] Young LE, Sinclair KD, Wilmut I. Large offspring syndrome in cattle and sheep [J]. Rev Reprod, 1998(3): 155-163

[133] Yu WC, Zhang R, Li RZH, et al. Isolation and characterization of glyphosate-regulated genes in soybean seedlings[J]. Plant Sci, 2007,172(3): 497-504

[134] Zani M, Lavitrano M, French D, et al. The mechanism of binding of exogenous DNA to sperm cells: factors controlling the DNA uptake [J]. Exp Cell Res, 1995, 217(1): 57-64

[135] Zhu Q-H, Ramm K, Eamens AL, et al. Upadhyaya transgene structures suggest that multiple mechanisms are involved in T-DNA integration in plants[J]. Plant Sci, 2006,171(3): 308-322

图书在版编目(CIP)数据

基因工程原理和技术/邹克琴主编. —杭州：浙江大
学出版社，2009.1(2022.2重印)
ISBN 978-7-308-06477-4

Ⅰ. 基… Ⅱ. 邹… Ⅲ. 基因—遗传工程—教材
Ⅳ. Q78

中国版本图书馆 CIP 数据核字(2008)第 203114 号

内容简介

本书系统阐述了基因工程的基本原理与技术，并将生命科学的最新研究成果融入其中，将基因克隆的技术与原理紧密结合，适应生命科学的飞跃发展与高等院校相关课程教学的需要。

全书共分为 12 章，第 1 章介绍基因工程的发展概况，使学生全面了解这一门学科；第 2 章介绍基因工程操作中涉及的工具酶；第 3 章介绍基因工程载体；第 4 章阐述基因工程基本操作技术；第 5 章阐述聚合酶链反应技术；第 6 章介绍基因文库构建技术；第 7 章介绍重组 DNA 的连接和筛选鉴定方法；第 8 章介绍大肠杆菌基因工程；第 9 章介绍酵母菌和丝状真菌基因工程；第 10 章介绍植物基因工程；第 11 章介绍动物基因工程；第 12 章介绍基因工程的专利以及安全性。

本书理论与实际相结合，在内容安排上注重科学性、系统性、条理性、实用性，可以作为高等院校生物工程、生物技术、应用生物技术等专业的教材，也可作为基因工程科研人员的参考书。

基因工程原理和技术

主 编 邹克琴

责任编辑 阮海潮(ruan100@yahoo.cn)
封面设计 刘依群
出版发行 浙江大学出版社
（杭州市天目山路 148 号 邮政编码 310007）
（网址：http://www.zjupress.com）
排 版 杭州大漠照排印刷有限公司
印 刷 广东虎彩云印刷有限公司绍兴分公司
开 本 787×1092 1/16
印 张 14.75
字 数 378 千
版 印 次 2009 年 1 月第 1 版 2022 年 2 月第 5 次印刷
书 号 ISBN 978-7-308-06477-4
定 价 37.00 元